Manfred Röseberg

Schiffe und Boote der Volksmarine der DDR

Ingo Koch Verlag
Rostock

Dieses Buch ist allen Angehörigen der Seepolizei (1950 bis 1952), der Volkspolizei - See (1952 bis 1956), der Seestreitkräfte (1956 bis 1960) und der Volksmarine (1960 bis 1990) gewidmet, die ihre ganze Kraft und ihr ganzes Wissen für den Aufbau und das Funktionieren maritimer bewaffneter Kräfte gegeben haben - in dem festen Glauben, einer gerechten Sache und einem den Menschen dienenden Staatswesen verpflichtet zu sein.

Die Deutsche Bibliothek - CIP-Einheitsaufnahme
Ein Titeldatensatz für diese Publikation ist bei der Deutschen Bibliothek erhältlich

Manfred Röseberg
Schiffe und Boote der Volksmarine der DDR

INGO KOCH VERLAG
Warnowufer 30
18057 Rostock
Tel.: 0381/2009163
Fax: 0381/2009164
Email: ingokochverlag@web.de

Internet: www.ingokochverlag.de

Lektorat:
Dr. Eva-Maria Elsner

Satz und Einband:
Anne-Kathrin Burr, Rostock

Druck und Verarbeitung:
sickinger DIGITAL&OFFSETDRUCK, Satow

2. durchgesehene Auflage

ISBN 3-935319-82-7

Inhaltsverzeichnis

Vorwort

Am 2. Oktober 1990 wurde auf den Schiffen und Booten sowie in den Dienststellen der Volksmarine die Dienstflagge mit dem Staatswappen der Deutschen Demokratischen Republik für immer und endgültig niedergeholt. Damit war die rund 40jährige Geschichte einer deutschen Flotte friedlich beendet worden.
Im Ergebnis der absoluten, oftmals übertriebenen Geheimhaltung umgab die NVA – und mit ihr die Volksmarine – in der Öffentlichkeit ein Geheimnis. Erst nach der Wende wurde durch verschiedene Autoren versucht, „hinter die Kulissen zu schauen".

Nachdem 1999 das Buch „Volksmarine der DDR – Deutsche Seestreitkräfte im Kalten Krieg" erschienen war, wurde ich mehrfach gefragt, ob es nicht notwendig sei, die dort nur recht kurz gefasste technische Entwicklung der Flottenkräfte der DDR ausführlicher und detaillierter zu behandeln.

Da die mir bekannten bisherigen Veröffentlichungen Lücken aufweisen bzw. Teile nicht erfassen – so gibt es z.B. bisher keine exakte Darstellung der Schiffe und Boote des Seehydrografischen Dienstes und der Grenzsicherungskräfte – möchte ich dem geäußerten Wunsch nachkommen.

Trotz einzelner fehlender Details und Abbildungen zu verschiedenen Fahrzeugen, besonders der Jahre bis 1960, glaube ich, dass es gelungen ist, einen Gesamtüberblick über alle Schiffs-/Bootstypen, ihre Entwicklung, technische Daten, Anzahl, Lebensakte und Besonderheiten zu vermitteln. Für weniger mit den einzelnen Projekten vertraute Leser sind in / / zusätzlich die NATO-Codenamen angegeben.

Bei der Fülle der zu behandelnden technischen und teilweise taktischen Probleme war es ausgeschlossen, jede Waffe, jedes Gerät zu erwähnen. Ein solches Unterfangen hätte den Umfang des Buches um ein Vielfaches überschritten. Ich bitte für die dadurch entstandenen Lücken um Verständnis!
Auch auf die Darstellung fliegender und landgestützter Mittel musste aus verschiedenen Gründen verzichtet werden.

Dieses Buch wäre nicht möglich gewesen ohne die mir zuteil gewordene umfangreiche Hilfe. Besonderen Dank schulde ich Frau Dr. Elsner und FK a.D. Sembritzki für das Lektorat, FK a.D. Berger, FK a.D. Rockenschuh und KK a.D. Seemann für die Zurverfügungstellung umfangreichen Bildmaterials.
Weiter gilt mein Dank Dipl.-Ing. Bethge, KA a.D. Dr. Elchlepp (†), FK a.D. Göhring, KzS a.D. Jablonsky, FK a.D. Kereit, FK a.D. Kurze, KA a.D. Laue (†), KzS a.D. Dr. Minow, Dr. Reinicke, KzS a.D. Schröder, Dr. Stavorinus, KzS a.D. Dr. Stüllein und weiteren ungenannten Helfern.

Rostock, im März 2002 Manfred Röseberg

1. Technische und ökonomische Voraussetzungen

Die Volksmarine bzw. ihre Vorgänger Seepolizei / Volkspolizei-See waren die einzige Waffengattung, die relativ große Teile ihrer technischen Ausrüstung, besonders Schiffe und Boote, im eigenen Lande entwickeln und produzieren ließ. Während die Landstreitkräfte fast ausschließlich mit sowjetischer Kampftechnik ausgestattet waren, umfasste in den Jahren 1965 bis 1990 das finanzielle Volumen im Kriegsschiffbau der DDR ca. 3,2 Mrd. Mark. Das ist natürlich im Vergleich zum Gesamtschiffbau der DDR ein geringer Betrag, aber die Lieferungen der DDR-Werften haben das Profil und die Kampfkraft der Seestreitkräfte entscheidend mitbestimmt.
In den meisten Veröffentlichungen wird dazu wenig gesagt oder gar nicht darauf eingegangen. Um bestimmte Zusammenhänge, Probleme und Konsequenzen darstellen zu können, erscheint es aber erforderlich, die materielle Basis zur Entwicklung und zum Bau von Schiffen und Booten für die maritimen bewaffneten Kräfte der DDR im Zeitraum 1945 bis 1990 etwas näher zu beleuchten.

Über das Nachkriegsschicksal Deutschlands fassten die Siegermächte bereits auf der Konferenz von Jalta im Februar 1945 grundsätzliche Beschlüsse. Zu den besonders für die UdSSR so wichtigen Reparationen wurde im Abschnitt V offiziell vereinbart:

1. *Deutschland ist verpflichtet, die Verluste, die es im Verlaufe des Krieges den alliierten Ländern zugefügt hat, durch Naturalleistungen wiedergutzumachen. Reparationen sollen in erster Linie die Länder erhalten, die die Hauptlast des Krieges getragen, die schwersten Verluste erlitten und den Sieg über den Feind organisiert haben.*
2. *Reparationen sind von Deutschland in folgenden drei Formen zu entnehmen:*
   a) einmalige Entnahme aus dem Volksvermögen Deutschlands sowohl innerhalb als auch außerhalb seines Territoriums im Verlaufe von zwei Jahren nach der Kapitulation Deutschlands,... wobei diese Entnahmen hauptsächlich zur Zerschlagung des deutschen Kriegspotentials durchgeführt werden;
   b) jährliche Warenlieferungen aus der laufenden Produktion für einen noch festzulegenden Zeitraum;
   c) Verwendung deutscher Arbeitskräfte.

Von den drei Reparationsformen waren die bedeutendsten in der Sowjetischen Besatzungszone (SBZ) die Warenlieferungen aus der laufenden Produktion. In dieser Form leisteten auch die Werften zwischen Elbe und Oder ihren Beitrag von rund zwei Milliarden DM. Sie lagen damit auf dem zweiten Platz hinter dem SAG-Betrieb Wismut. Nach der Abspaltung Stettins, Swinemündes und eines Teiles der Odermündung von der SBZ gingen dieser wichtige Industrieraum und die Hafenstandorte verloren. Es verblieb die Küste zwischen Wolgast und

Wismar. Dort befanden sich aber nur sehr begrenzte und dazu weitgehend zerstörte Anlagen, in denen etwa fünf Prozent der ehemals im deutschen Schiffbau Tätigen beschäftigt waren. Die Produktionsstätten zur Erzeugung von Walzstahl, Stahlguss und großen Schmiedestücken befanden sich fast ausschließlich in den westlichen Besatzungszonen.

Um die der UdSSR laut Potsdamer Abkommen zustehenden Reparationsleistungen auch im Schiffbau als „jährliche Warenlieferungen aus der laufenden Produktion" zu erbringen, war die Errichtung neuer Werftkapazitäten notwendig. Die Konsequenz war also, Werften und Schiffe gleichzeitig zu bauen!

Mit den Befehlen Nr. 103 und 104 der Sowjetischen Militäradministration in Deutschland (SMAD) vom 09.06.1948 wurde der Deutschen Wirtschaftskommission und den Ministerpräsidenten der Länder Mecklenburg, Brandenburg, Sachsen-Anhalt und Sachsen befohlen, die Ausführung des Baus von Fischereifahrzeugen auf den Werften in der angewiesenen Anzahl sicherzustellen. (Anlage 1) Diese Befehle 103 und 104 bildeten die Grundlage für ein umfangreiches Bauprogramm, an dem alle ostdeutschen Werften beteiligt waren. (1)

Bis 1953 als Reparationsleistungen an die UdSSR und anschließend bis 1958 im Rahmen von Wirtschaftsverträgen wurden gefertigt:

1. 1.081 Logger (1.030 Fangschiffe, 37 Tanklogger, acht Mannschaftstransporter für die Beförderung von Besatzungen zur Übernahme von Neubauten im Ausland, sechs Hilfsschiffe)
   An diesem Programm waren beteiligt:

Elbewerft Boizenburg	Mai 1949 – Dez. 1957	177 Einheiten
Neptunwerft Rostock	Sept. 1949 – Jan. 1951	179 Einheiten
Roßlauer Schiffswerft	Dez. 1949 – Sept. 1953	116 Einheiten
Volkswerft Brandenburg	Dez. 1949 – Apr. 1950	3 Einheiten
Volkswerft Stralsund	Jan. 1950 – Aug. 1958	594 Einheiten
Mathias-Thesen-Werft Wismar	Sept. 1955 – Okt. 1956	11 Einheiten
Bootswerft Greifswald	1955	1 Einheit

   Von den Loggern erhielt die UdSSR 1039, die DDR 41, Nordvietnam 1.

2. 280 Seiner in drei verschiedenen Typausführungen, zusätzlich 14 Seeschlepper als Modifikation des Seiners Typ SO.
   An diesem Programm waren von 1948 bis 1952 insgesamt neun Werften beteiligt.
   Nur zwei Schlepper verblieben in der DDR, alle anderen Fahrzeuge übernahm die UdSSR.

3. 670 Kutter in vier Typausführungen:
   Dieses Programm war bereits 1945 durch die SMAD ausgelöst worden.

Von den in acht Werften gebauten Serien gingen 625 Fahrzeuge an die UdSSR, die übrigen 45 Kutter bildeten den Grundstock zum Aufbau einer leistungsfähigen Fischfangflotte der DDR.

Außer diesem umfangreichen Neubauprogramm hatten die zum Teil noch im Aufbau befindlichen Werften in Rostock, Warnemünde, Wismar und Stralsund beträchtliche Instandsetzungsarbeiten im Auftrag der sowjetischen Handelsflotte und der Seekriegsflotte zu realisieren.
Dabei waren im Zeitraum von 1945 bis 1953 mehr als 400 Schiffe zu reparieren, umzubauen oder aus Wracks neu aufzubauen. (2)

Gleichzeitig fasste die sowjetische Regierung am 02.07.1948 den Beschluss zur Aufstellung kasernierter Polizeibereitschaften. Mit der Trennung dieser Polizeibereitschaften von der Schutzpolizei und Grenzpolizei und ihrer zentralen Führung durch die neu geschaffene „Hauptverwaltung Ausbildung" (HVA) im Oktober 1949 war in der DDR der erste Schritt zur Aufstellung von Streitkräften erfolgt. (3)
1950 wurde die „Hauptverwaltung Seepolizei" (HVS) geschaffen. Hauptaufgabe dieses neuen Organs war die Herausbildung militärischer Kader sowie die Schaffung militärischer Strukturen. (4)
Als die Wasserschutzpolizei im Januar 1950 durch die Grenzpolizei Nord (Küste) übernommen wurde, gehörten dazu auch zehn Boote. Sie waren aber für den Einsatz im Küstengebiet nicht oder kaum geeignet. Diese „abenteuerliche" Flotte besaß nur drei Boote länger als acht Meter und mit einer Geschwindigkeit von ca. fünf kn. So dienten der Wasserschutzpolizei z.B. in Rerik ein Segelboot mit Außenbordmotor, in Stralsund ein ehemaliges Motorsportboot, in Greifswald ein altes Fischerboot mit Glühkopfmotor und einem Grundgewicht an Stelle des Ankers als „Polizeiboote". (5) Eine Verwendung dieser Boote durch maritime Kräfte kam natürlich nicht in in Betracht.

So war der geplante Aufbau von Einheiten der Seepolizei von Beginn an verbunden mit der Notwendigkeit, einen zweckentsprechenden Schiffs-/Bootsbestand zu schaffen. Die dazu erforderlichen Maßnahmen mussten in der Anfangsphase durch die Werftindustrie zusätzlich erfüllt werden, obwohl sich diese erst im Aufbau befand und bis Ende 1953 bis an ihre Leistungsgrenze mit Reparationsaufgaben belastet war. Trotz dieses schwierigen Beginns gelang es in den folgenden Jahren den Werften, Schiffe und Boote zu bauen, die die Forderungen der maritimen Kräfte der DDR weitgehend erfüllten.

Im Weiteren werden die für den militärischen Schiffbau eingesetzten Werften und das Potential für Forschung und Entwicklung näher dargestellt.

1.1. Werften

Neptunwerft Rostock (NWR)

Sie wurde am 13.06.1850 gegründet und war damit eine der ältesten Werften auf dem Gebiet der DDR. Bereits 1852 übergab die „Eisengießerei, Maschinenbauanstalt, Schiffswerft Zeltz und Tischbein“ mit ERBHERZOG FRIEDRICH FRANZ das erste in Deutschland gebaute seegehende eiserne Dampfschiff. Dessen für die damalige Zeit hohe Leistungsfähigkeit führte 1858 zu ersten ausländischen Aufträgen.
Die Werft realisierte im Ersten Weltkrieg mit dem Bau von 34 Minensuchbooten umfangreiche Rüstungsaufträge. Auch vor und während des Zweiten Weltkrieges war sie mit dem Bau von Schnellbootsbegleitschiffen, Minensuchbooten und ab 1943 auch von U-Booten wiederum in den militärischen Schiffbau eingebunden. Ein Angriff anglo-amerikanischer Bomber am 20.02.1944 bewirkte einen vorübergehenden Produktionsausfall von 80 Prozent.
Nach der Kapitulation Deutschlands und der Bildung der Sowjetischen Besatzungszone erfolgte bis Oktober 1945 die Demontage der Werft als Rüstungsbetrieb. Eine Korrektur der Besatzungspolitik – Ankurbeln der ostdeutschen Wirtschaft, um Reparationsleistungen entnehmen zu können – führte dazu, dass die Werft am 01.11.1946 in Eigentum der UdSSR überführt und als Sowjetische Aktiengesellschaft (SAG) verwaltet wurde. In diesem Rechtsverhältnis erfüllte sie bis 1953 hauptsächlich Leistungen im Auftrag der Seekriegsflotte der UdSSR. Hierbei handelte es sich um Reparatur und Modernisierung von Beuteobjekten sowie von in Dienst befindlichen Fahrzeugen der sowjetischen Flotte (insgesamt 345 Schiffe und Boote). 1951 wurde mit einem Reparationsauftrag zusätzlich der Bau von Frachtschiffen ausgelöst.
Am 01.04.1952, als SAG-Betriebe nicht mehr zeitgemäß waren, erhielt die DDR die Neptunwerft als Volkseigentum zurück. Allerdings musste sie dafür einen hohen finanziellen Betrag an die UdSSR zahlen.

Nachdem die Werft mit Beendigung der Reparationszeit Ende 1953 begonnen hatte, Frachtschiffe zu bauen, profilierte sie sich auf dieser Erzeugnislinie mit großen Serien und immer größeren Schiffen von bis zu 10.000 BRT. Diese Profilierung führte dazu, dass die Neptunwerft trotz großer Traditionen auf diesem Gebiet im militärischen Schiffbau der DDR nur eine nebensächliche Rolle spielte.

Tabelle 1:

Entwicklungs- und Bauprogramme der NWR:

Zeitraum	**Projekt**	**Bemerkungen**
1949-1952	Umbau: 2 Torpedofangboote der Kriegsmarine zu Feuerlöschbooten Berger I und Berger II	Werftbereich Gehlsdorf
1953	Bau: 2 Vermessungsschiffe für den SHD	Modifik. 24m-Kutter
1956	Umbau: Hebeschiff GROBIAN zu Wohnschiff	
1962	Umbau: Kümo TIMMENDORF zu Versorger	
1981-1984	Bau: 6 Versorgungsschiffe Projekt 602	TP durch Elbewerften Boizenburg/Roßlau
1984-1985	Bau: 1 Aufklärungsschiff 602.137	Modifik. Pr. 602

Ab 1956 wurde die Neptunwerft zur Hauptwerft für die Instandsetzung der Küstenschutzschiffe Projekt 50 (Import UdSSR); im Betriebsteil IV in Gehlsdorf erfolgten umfangreiche Instandsetzungen von Schnellbooten sowie ab 1957 der jährliche „Winterslip" für eine Abteilung TS-Boote Projekt 183 (Import UdSSR).

Peenewerft Wolgast (PWW)

Der im Frühjahr 1948 beginnende Kalte Krieg führte dazu, dass den Binnenwerften für ihre Reparationsaufträge die natürliche Elbüberführung an die Küste verloren ging. Mit Befehl Nr. 103 wies der Chef der Sowjetischen Militäradministration in Deutschland (SMAD) deshalb an, in Wolgast eine Schiffswerft zum Ausbau von Loggern und Seinern aus den Binnenwerften zu errichten. Auf dem Betriebsgelände des früheren Bikormik-Kombinates und auf Brachland, das teilweise noch aufgeschwemmt werden musste, stampfte man praktisch bis Januar 1949 eine Werft aus dem Boden.
Die auf den Binnenwasserstraßen überführten Seiner und Logger hatten nur einen Fertigungszustand von ca. 60 Prozent. Bis 1953 konnte die Werft 76 Seiner, 72 Logger und 30 Stahlkutter ausbauen, erproben und als Reparationsleistungen an die UdSSR übergeben.

Mit der Fertigstellung eines Slips, einer Hebe- und Absenkanlage sowie einer Montagehalle war bis 1955 über den SMAD-Befehl hinaus eine Vollwerft entstanden.

Wahrscheinlich wegen ihres abgelegenen Standortes erhielt die Peenewerft bereits 1951 das Prädikat „Betrieb der Landesverteidigung" und avancierte von diesem Zeitpunkt an, weit vor Gründung der Nationalen Volksarmee, zum Zentrum des militärischen Schiffbaus in der DDR.
Sie wurde zur Mutterwerft der Seestreitkräfte.

Die Baugröße von Schiffen und Booten war objektiv durch die Fahrwasserbedingungen des ca. zehn Seemeilen langen und 5 bis 5,5 m tiefen Peenestromes sowie durch die seewärts vor der Werft liegende Klappbrücke auf maximale Abmessungen von 105 m Länge, 13,5 m Breite und 5 m Tiefgang begrenzt.

Tabelle 2:

Entwicklungs- und Bauprogramme der Peenewerft Wolgast:

Zeitraum	Projekt	Bemerkungen
1950-1952	Umbau: 2 Minenboote zu Schulfahrzeugen FÜRSTENBERG, PRENZLAU	ehem. dänisch
1951-1952	Ari-Bewaffnung der Boote R1 - R6	Räumboote KM
1951-1952	Bau: 6 KS-Boote Typ SEEKUTTER	27,8m-Boote
1951-1952	Umbau: Fischereischutzschiff HVIDBJÖRNEN zu Flagg-/Schulschiff ERNST THÄLMANN Projekt 3	ehem. dänisch
1951-1953	Umbau: Minenleger LOSSEN zu Hochsee-Bergungsschlepper WISMAR Projekt 4	ehem. dänisch
1952	Umbau: Flugbetriebsboot der Kriegsmarine/Luftwaffe zu Schulboot WB-26 Projekt 5	
1952-1953	Fertigbau: 2 MLR Typ HABICHT Projekt 1 (1.BA)	Körper in Stralsund
1953-1954	Fertigbau: 4 MLR Typ HABICHT Projekt 1 (2.BA)	Körper in Stralsund
1954-1955	Bau: 6 MLR Typ HABICHT Projekt 1 (3.BA)	
1955	Umbau: Schulfahrzeug FÜRSTENBERG zu Tonnenleger für SHD	
1955-1958	Bau: 10 MLR Typ KRAKE Projekt 15	
1956-1958	Bau: 2 Verkehrsboote Projekt 55	Projekt ISW
1957-1959	Bau: 6 Reedeschlepper 270 Projekt 19	
1957-1963	Bau: UAW-Schiff Typ HAI Projekt 12.1	
1958-1959	Bau: 2 Taucherboote TAUCHER I und TAUCHER II	Projekt ISW
1958-1961	Bau: 3 Tanker 600 Projekt 35	
1958-1966	Bau: LTS-Boote 1 x Pr. 63.1; 1 x Pr. 63.2; 6 x Pr. 63.3; 30 x Pr. 63.300	
1959-1963	Bau: 9 Wohnschiffe Projekt 62	
1960-1962	Bau: Binnentonnenleger FREESENDORF Projekt 39	
1960-1962	Bau: 12 Landungsboote Typ Labo Projekt 46	
1961-1963	Umbau: 2 MLR Typ HABICHT zu Rettungsschiff Pr. 67	
1961-1963	Bau: UAW-Schiff Typ HAI Projekt 12.3	
1962-1963	Bau: Hochseeschlepper 700 THALE Projekt 17	Projekt ISW
1962-1964	Bau: 6 Landungsschiffe Typ ROBBE Projekt 47	
1962-1964	Bau: Tonnen- und Kabelleger DORNBUSCH Projekt 27	
1963-1966	Bau: 12 UAW-Schiffe Typ HAI Projekt 12.4M	
1963-1970	Bau: MLR Projekt 89.0	

1965	Umbau: Vermessungsschiff HYDROGRAPH zu Aufklärungsschiff	
1966-1970	Bau: 21 MSR Projekt 89.1	
1967-1968	Bau: 8 Seezeichenkontrollboote Projekt SK 64	
1967-1971	Umbau: 10 TS-Boote Projekt 183	Import UdSSR
1968-1973	Bau: 30 MSR Projekt 89.2	
1969-1971	Bau: Staatsyacht OSTSEELAND Projekt 121	Modifik. Pr.89.1
1970-1971	Bau: 3 KTS-Boote Projekt 131	Versuchsboote
1970-1971	Bau: 2 Torpedofangboote FB 65.1 Projekt 129	Modifik. Pr.89.1
1971	Umbau: 1 Fischkutter Typ HAVANNA zu Flugsicherungsboot HUGO ECKENER Projekt 116	Körper in Roßlau
1971-1972	Bau: 2 Aufklärungsschiffe FB 65.2 Projekt 115	Modifik. Pr.89.2
1971-1979	Bau: 12 Landungsschiffe Projekt 108	
1972-1976	Bau: Vermessungsschiff CARL FRIEDRICH GAUSS Projekt 136	
1973-1977	Fertigbau: 30 KTS-Boote Projekt 131	Körper in Rechlin
1974	Umbau: Forschungsschiff METEOR zu Versuchsschiff RÜGEN II	
1976-1985	Bau: 16 UAW-Schiffe/KSS-Schiffe Projekt 133.1	
1978-1980	Bau: 2 Gefechtsversorger Projekt 109	Modifik. Pr. 108
1980-1990	Bau: 3 Raketenschiffe/Patrouillenboote Projekt 151	Serie abgebrochen
1981-1985	Bau: 6 schwimmende Stützpunkte Projekt 162	

Yachtwerft Berlin (YWB)

Die von Claus Engelbrecht 1890 in Niederlehme gegründete Bootswerft siedelte 1926 nach Berlin über. Dort konnte sie sich technisch und ökonomisch so weit entwickeln, dass sie im Zweiten Weltkrieg zum Leitbetrieb für Rüstungsindustrie wurde und in großer Anzahl Sturmboote, Sprengboote und Kleinkampfmittel für die Wehrmacht produzierte.

Als Rüstungsbetrieb auf Weisung der SMAD demontiert, kam die Werft 1946 unter Treuhandverwaltung und wurde mit äußerster Mühe wieder arbeitsfähig gemacht. Danach erfüllte sie vollständig und ausschließlich Reparationsleistungen und lieferte bis 1952 mit 152 Kuttern die größte Serie aller Werften der DDR an die UdSSR.

Eckpunkte ihrer Entwicklung waren 1948 die Angliederung der Brumm-Werft Friedrichshagen als Werk B und am 01.04.1949 die Überführung in Volkseigentum als Yachtwerft Berlin.
Eingedenk der Erfahrungen im militärischen Schiffbau bis 1945 erhielt sie als erste Werft der DDR bereits im September 1948, weit vor Bildung der Hauptverwaltung Seepolizei (HVS) und noch vor Gründung der DDR, auf Weisung der SMAD den Auftrag, Küstenschutzboote unter der Tarnbezeichnung „Seekutter" zu entwickeln und zu bauen.

Von diesem Zeitpunkt an waren bis 1990 neben den Produktionslinien Sportboote und Fahrzeuge der Binnenschifffahrt Entwicklung und Bau von Einheiten für die Seepolizei bzw.Volksmarine ein wesentliches Produktionsprofil der Yachtwerft Berlin.
Dabei musste allerdings der Nachteil in Kauf genommen werden, dass alle Fahrzeuge auf einem mehr als 300 km langen Wasserweg via Oder und Stettiner Haff zur Küste zu transportieren waren. Bei Niedrigwasser war es erforderlich, die zu überführenden Boote in Pontons einzuhängen. Die Schiffbauhalle begrenzte außerdem die Abmessungen der zu bauenden Boote auf eine Länge von 31 m und eine Breite von 8,8 m.

Nachdem am 01.01.1970 die Oderwerft Eisenhüttenstadt als Betriebsteil der Yachtwerft Berlin angegliedert wurde, ließ die Volksmarine auch dort Neubauprojekte bearbeiten.

Tabelle 3:

Entwicklungs- und Bauprogramme der Yachtwerft Berlin:

Zeitraum	Projekt	Bemerkungen
1950	Bau: 10 Kommandantenboote	
1950	Bau: 14 Hafenbarkassen/Streckenboote	auch für zivile BT
1950	Bau: 9 Hafenlimousinen	auch für zivile BT
1950-1951	Bau: 6 KS-Boote Typ SEEKUTTER	26 m - Boot
1951	Bau: 16 Grenzkontrollboote/schnelles Kontrollboot	„S-Boot“
1951	Fertigstellung Schulboot KS-L	Körper in Magdeburg
1951-1953	Bau: 16 KS-Boote Typ SEEKUTTER	27,8 m - Boot
1952	Bau: 2 Arbeits-/Vermessungsboote für SHD	
1952-1953	Bau: 2 Zollkutter/Grenzkontrollboote	
1953-1954	Bau: 12 Hafen- und Reedeschutzboote	Typ DELPHIN
1954-1955	Bau: 6 Räumboote/Seezeichenkontrollboote	Typ SCHWALBE, Projekt 8 für SHD
1954-1956	Bau: 12 Hafen- und Reedeschutzboote Typ TÜMMLER	
1955-1956	Bau: 18 Räumboote Typ SCHWALBE Projekt 8 (2.BA)	„Kampfschwalbe“
1955-1958	Bau: 12 Motorbarkassen MB-12	
1956-1958	Bau: 18 Räumboote Typ SCHWALBE Projekt 8 (3.BA)	„Kampfschwalbe“
1957-1958	Bau: 4 Torpedofangboote Typ SPERBER Projekt 23	
1957-1960	Bau: 5 Feuerlöschboote FLB Projekt 61	auch für zivile BT
1959-1968	Bau: LTS-Boote 1 x 68.1, 1 x 68.2, 13 x 68.200, 1.BA 10 x 68.200 2.BA	
1961-1965	Bau: 34 Motorbarkassen MB-13	auch für zivile BT
1962-1963	Umbau: 4 Räumboote Typ SCHWALBE zu Torpedofang- und -übernahmebooten	

1964-1965	Bau: 6 Schleppboote Typ ELBE	ziviles Projekt
1969-1974	Bau: 21 Schleppboote Typ WARNOW	ziviles Projekt
1970-1971	Bau: 10 Grenzkontrollboote GB-23	
1974-1981	Bau: 35 Motorbarkassen Projekt 407 + 5 x Modifikation als Projekt 407 OHS + 1 x Modifikation als Projekt 407 SHD	auch andere mil. und zivile BT
1984-1990	Bau: 3 Reedeschlepper Projekt 414	Serie abgebrochen

Schiffswerft Fürstenberg/Oderwerft Eisenhüttenstadt

1946 gründete die sowjetische Militärbehörde in Fürstenberg aus den drei Werftunternehmen

- Schiffswerft Fürstenberg/Oder,
- Werft Zock,
- Reparaturbetrieb der Luise-Schifffahrtsgesellschaft Breslau

die „Sowjetische Staatliche Oderschifffahrts-Aktiengesellschaft" als eigene Reederei. Um die noch fahrbereiten Fahrzeuge im Oderbereich instand setzen zu können, wurde deshalb der Schiffbau in Fürstenberg neu belebt.

1949 konnte der erste Neubau fertig gestellt werden, dem Seiner in zwei Typen folgten. Mit der Übergabe des SAG-Betriebes in Verwaltung der DDR wurde die Werft mit dem Bau einer Stahlkutter-Großserie von 33 Fahrzeugen in die Reparationslieferungen einbezogen. Danach lieferte sie im Rahmen von Wirtschaftsverträgen ab 1956 weiterhin Stahlkutter an die UdSSR, aber auch nach Vietnam, Albanien und Island.

Nach der Eingemeindung von Fürstenberg/Oder in Eisenhüttenstadt erhielt die Werft den neuen Namen „Oderwerft Eisenhüttenstadt".
Unter weitgehender Beibehaltung ihres Produktionsprofils wurde sie am 01.01.1970 als Betriebsteil Eisenhüttenstadt der Yachtwerft Berlin angegliedert und damit auch mit dem militärischen Schiffbau der DDR konfrontiert. Die fehlenden Erfahrungen dieser Werft im militärischen Schiffbau sowie die nur begrenzte Entwicklungs- und Baukapazität brachten dabei allerdings manche Probleme mit sich.

Tabelle 4:

Entwicklungs- und Bauprogramme der Oderwerft Eisenhüttenstadt:

Zeitraum	Projekt
1974-1977	Bau: Seezeichenschute KAMP Projekt 411
1979-1983	Bau: Arbeits- und Wohnschiff MERCATOR Projekt 412
1982-1988	Bau: Schwimmpfahlramme SPR DER BOCK Projekt 418
1984-1986	Bau: Arbeits- und Wohnschiff Projekt 413

Roßlauer Schiffswerft

Aus einer 1866 am Elbe-Kilometer 256 gegründeten Werft, die 1883 den ersten Schaufelrad-Schleppdampfer baute, entstand 1893 die Gebrüder Sachsenberg Gesellschaft m.b.H. 1937 gründete sich dort ein Konsortium zur Entwicklung von Tragflügelbooten. Die auf der Werft geschaffenen technischen Voraussetzungen führten dazu, dass die Sachsenberg-Werft bis 1945 hauptsächlich Fahrzeuge für die Landungs-Pioniertruppen des Heeres herstellte; u.a. erhielt die Wehrmacht mehr als 600 Motorboote. Parallel dazu arbeitete die Forschungsstelle der Werft weiter intensiv an der Entwicklung von Tragflügelbooten. Diese Mitte der 30er Jahre entstandene neue technische Idee konnte aber bis Kriegsende nicht mehr in einsatzfähige Fahrzeuge für die Kriegsmarine umgesetzt werden.

Nachdem zuerst amerikanische Truppen in Roßlau einmarschiert waren, wurde das Territorium entsprechend dem Potsdamer Abkommen Teil der Sowjetischen Besatzungszone.
Auf Weisung der SMAD wurde die Werft als Rüstungsbetrieb vollständig demontiert. Die sowjetischen Behörden übernahmen aber einige verbliebene Versuchs- und Entwicklungsmuster für Tragflügelboote und gründeten wenige Monate nach Kriegsende auf dem Gelände der demontierten Werft das „Konstruktionsbüro Roßlau“ (KBR). Das Büro bestand hauptsächlich aus Ingenieuren der ehemaligen Sachsenberg-Werft und der ebenfalls demontierten Junkers-Flugzeugwerke Dessau; es wurde von einem sowjetischen Ingenieur geleitet und sollte die Entwicklungsarbeiten an Tragflügelmodellen im Interesse der Sowjetflotte weiterführen. 1949 wurde das KBR aufgelöst; einige Ingenieure blieben in der DDR, aber die meisten von ihnen übernahm das Büro „Tragflügelboote“ in Bremen. (6)
Inzwischen war die Werft als volkseigener Betrieb „Roßlauer Schiffswerft“ wieder arbeitsfähig gemacht worden und begann 1949 unter primitiven Bedingungen mit der Erfüllung von Reparationsaufträgen in Form des Baus von Seinern und Loggern.
Mit der Modifizierung einer Reihe von Fischereifahrzeugen zum Einsatz bei der VP-See begann die Einbindung in den militärischen Schiffbau der DDR. Auch die Projektierung des ersten Schnellbootsprojektes übergab die VP-See an die Roßlauer Schiffswerft.
Die Besonderheit dieser Werft bestand darin, dass größere Fahrzeuge via Elbe über Hamburg zur Küste der DDR transportiert werden mussten, woraus sich natürlich eine weitgehende Einschränkung als Marinewerft ergab.

Durch den am 01.01.1970 vorgenommenen Zusammenschluss mit der Elbewerft Boizenburg zu Elbewerften Boizenburg/Roßlau entstanden keine Veränderungen für die Entwicklungs- und Bauprogramme der Volksmarine.

Tabelle 5:

Entwicklungs- und Bauprogramme der Roßlauer Schiffswerft:

Zeitraum	Projekt	Bemerkungen
1951	Umbau: Logger 234 zu Forschungs- und Vermessungsschiff des SHD J.L.KRÜGER	
1951-1952	Umbau: Logger 233 zu Schullogger RÜGEN	
1951-1952	Umbau: Logger 235 zu Tank-Logger VILM	
1951-1952	Umbau: Logger 236 zu Versorger-Logger RUDEN	
1953-1957	Bau: 4 Modellboote M1 – M4	
1955	Bau: Schnellboot Typ FORELLE Projekt 57	
1957-1959	Bau: 2 Tragflügelboote Typ TF-10	
1958-1961	Bau: LTS-Boot Projekt 81	
1959-1960	Bau: 2 Binnenschlepper HAI und ROBBE	ziviles Projekt
1960	Bau: 5 Binnentanker Typ GUSTAV KOENIGS	ziviles Projekt
1960-1961	Bau: 2 Schnellboote Typ FORELLE Projekt 57	2. BA
1970	Bau: Bootskörper Fischkutter Typ HAVANNA für PWW	
1974-1976	Bau: 3 Seezeichenkontrollboote Projekt 601	

Volkswerft „Ernst Thälmann" Brandenburg

Aus einer 1867 durch Carl Wiemann eröffneten Schlosserei entstand 1890 nach dem Bau eines Längsslips an der Havel, mitten in der Stadt Brandenburg eine Werft, die zuerst Schwimmbagger und ab 1901 auch Dampfschiffe baute. Die Hauptproduktionslinie der Werft wurden kanalgängige Schleppdampfer.
Obwohl sie während des Zweiten Weltkrieges Marine-Fähr-Präme als Rüstungsproduktion herstellte, konnte die „Gebr. Wichmann Werft" 1945 weiterarbeiten und blieb bis 1947 Privateigentum. Im Februar 1948 enteignet, erhielt sie als Volkseigener Betrieb den Namen „Volkswerft Ernst Thälmann".
Bereits 1946 begann die Werft mit Reparationsleistungen und übergab im Juni 1948 den ersten Seiner, dem bis 1958 über 200 weitere Fischereifahrzeuge folgten. Ab 1953 baute sie gemäß Regierungsauftrag für die VP-See eine erste Serie von Räumbooten Typ SCHWALBE und war mit der Modifizierung von Seinern, Trocken- und Tankleichtern aus dem laufenden Export-Programm für die UdSSR in den militärischen Schiffbau eingebunden.

Im Stadtzentrum gelegen, eingeengt und ohne Gleisanschluss der Deutschen Reichsbahn, war die Werft trotz großer Aufträge für die Schiffbauindustrie der DDR praktisch perspektivlos. Am 31.12.1962 stellte die „Ernst Thälmann Werft Brandenburg/Havel" deshalb auf Regierungsbeschluss ihre Produktion ein.

Tabelle 6:

Entwicklungs- und Bauprogramme der Volkswerft „Ernst Thälmann“ Brandenburg:

Zeitraum	Projekt
1952	Umbau: 2 Seiner Typ SO zu Reedeschlepper 501
1953-1954	Bau: 6 Räumboote/Seezeichenkontrollboote Typ SCHWALBE Projekt 8 für SHD
1953-1954	Bau: 2 Trockenleichter 505
1954-1956	Bau: Tankleichter 506

Volkswerft Stralsund

Bis 1945 produzierte die Kröger-Werft in Stralsund vor allem Flugsicherungsboote für die Luftwaffe und reparierte Schnellboote für die Kriegsmarine. Sie wurde enteignet und auf Weisung der SMAD vollständig demontiert.
Im Oktober 1945 gründete sich auf dem Gelände der ehemaligen Werft die „Ingenieurbaugesellschaft G.m.b.H.“, die zuerst Brücken- und Wasserbau betrieb, aber ab Mai 1946 auch ein Gewerk Schiffbau eröffnete, dessen Hauptaufgabe der Reparations-Kutterbau war. Im Juni 1948 gab sich die Belegschaft den Namen „Volkswerft“ und entwickelte bzw. baute Kutter, Seiner, sowie Rettungs- und Arbeitsboote.
Parallel zum Bauprogramm der Werft entstanden auf einem meist sumpfigen Gelände am Bodden Produktionshallen, Kaianlagen, ein Querslip und Lagerplätze. Bereits im November 1949 konnte der erste Logger abgesenkt werden. Trotz aller Unkenrufe war am Strelasund in kurzer Zeit eine Werft entstanden, die vollgeschweißte Schiffe am Fließband herstellen konnte; fast 600 Logger legen Zeugnis davon ab.

Da die neu entstandene Werft mit der „Loggerschlacht“ voll ausgelastet war und zur Hauptwerft für den Fischereifahrzeugbau entwickelt werden sollte, konnte die VP-See nur in der Anfangsphase Neubauten sowie Umbauten und Modernisierungen durchführen lassen.

Tabelle 7:

Entwicklungs- und Bauprogramme der Volkswerft Stralsund:

Zeitraum	Projekt	Bemerkungen
1950	Umbau: Torpedofangboot der Kriegsmarine LOMMEL zu Taucherboot LUMME	
1950	Umbau: beschlagnahmter Kutter zu Kontrollkutter „Schwan der Ostsee“	
1950	Bau: Vermessungs- und Seezeichenkontrollboot	Modifik. 17 m-Kutter

1951	Umbau: Vermessungsschiff ALFRED MERZ zu Tonnenleger	
1951-1954	Bau: 3 Seezeichenkontrollboote Typ SPERLING	
1952	Bau: Schwimmkran	
1952-1953	Bau: 6 Schiffskörper MLR Typ HABICHT Projekt 1	1.BA
1953-1954	Endausrüstung und Erprobung: 6 Räumboote/ Seezeichenkontrollboote Typ SCHWALBE Projekt 8 für SHD	
1953-1954	Reinigung, Untersuchung und anschließend Verschrottung eines gehobenen U-Bootes	U 1308 der KM
1961	Umbau: Mitteltrawler zu Vermessungsschiff HYDROGRAPH	

Später wurde die Werft noch vereinzelt für Umbauten und die Modernisierung von Hilfsschiffen, besonders des Seehydrografischen Dienstes, sowie zum Docken von Landungsschiffen Projekt 108 in Anspruch genommen. Auch die Montage der Titan-Hüllkörper für die hydroakustischen Anlagen der UAW-Schiffe Projekt 133 erfolgte in dieser Werft.

Schiffswerft Rechlin

Die Werft wurde am 18.06.1948 auf dem Gelände der ehemaligen Erprobungsstelle der deutschen Luftwaffe gegründet. Wegen ihrer geografischen Nachteile – an der Müritz gelegen, ohne Zugang zur Ostsee – war diese Werft von vornherein, so wie Dieselmotorenwerk Rostock, Schiffselektronik Rostock, Schiffsanlagenbau Barth u.a., als Zulieferbetrieb für die Seewerften vorgesehen.
Sie entwickelte sich relativ schnell zu einem Spezialbetrieb für den Bau von Rettungsbooten verschiedener Typen in Holz- und Leichtmetallbauweise. 1966 begann die Werft mit der Verarbeitung von glasfaserverstärktem Polyesterharz (GFP).
Mit ihrem technologischen Profil der Leichtmetall- und Plasteverarbeitung wurde sie in breitem Umfang in den militärischen Schiffbau einbezogen. Bedarfsträger waren neben der Volksmarine besonders die Grenztruppen der DDR, die Verwaltung Pionierwesen im MfNV sowie die Gesellschaft für Sport und Technik (GST). Der ungünstige Standort und die deshalb erforderlichen Landtransporte der fertiggestellten Boote begrenzten stark die mögliche Größe aller Projekte. Das wurde aber bewusst in Kauf genommen. Der Bau einer Lagerhalle für die Motoren der Grenzsicherungsboote Projekt 066 durch eine Pioniereinheit der NVA im November 1966 und die Finanzierung einer Fertigungshalle für die Plastekörper der Reede-MAW-Boote Projekt 415 sind Beweise dafür.

Tabelle 8:

Entwicklungs- und Bauprogramme der Schiffswerft Rechlin		
Zeitraum	**Projekt**	**Bemerkungen**
1949	Bergung, Säuberung und Konservierung: Torpedofangboot der KM LOMMEL, Transport nach Stralsund.	später Taucherboot LUMME
1962-1963	Bau: Luftkissenfahrzeug	
1963	Bau: Taucherhilfsmittel THM	
1968-1969	Bau: 2 Reedeverkehrsboote Projekt 066S	Modifik. Grenzkontrollboot Pr. 066
1973-1977	Bau: 30 Bootskörper LTS-Boot Projekt 133.4	Fertigbau Peenewerft Wolgast
1976	Bau: Vermessungsbarkasse für Projekt 136	Modifik. RuSB
Serienbau für andere Bedarfsträger:		
1966-1973	Bau: 116 Grenzkontrollboote Projekt 066 für Grenztruppen der DDR	davon 35 Boote Export
1974-1976	Umbau: 62 Boote zu Projekt 066M	
1978-1980	Umbau: 30 Boote von Pr. 066M zu Pr. 066M1	
1977-1985	Bau: 89 Grenzsicherungsboote Projekt 075 für Grenztruppen der DDR	davon 39 Boote Export
1976-1985	Bau: 161 Rettungs- und Sicherungsboote (RuSB) für Pioniertruppen	davon 30 Boote Export
1976-1980	Bau: 100 Taucherpontons für GST	

Warnowwerft Warnemünde (WWW) und Mathias-Thesen-Werft Wismar (MTW)

Beide Werften waren als neugebaute Großwerften so gut wie gar nicht am militärischen Schiffbau beteiligt. Nur einige kleinere Aufgaben in den Anfangsjahren wurden dort realisiert.

Tabelle 9:

Entwicklungs- und Bauaufträge der WWW und MTW:		
Zeitraum	**Projekt**	**Bemerkungen**
1950-1952	Reparatur: 5 Räumboote der KM Typ R-218	MTW
1951-1953	Umbau: dänischer Minenleger LOSSEN zu Hochsee- u. Bergungsschlepper WISMAR Projekt 4	MTW; Projekt Bauaufsicht ISW
1956	Bau: Seiner-Schlepper Typ SCHOLLE	WWW; Techn. Proj. aus Brandenburg
1960-1961	Bau: Motoryacht OSTSEELAND (später OSTSEELAND II)	WWW

1.2. Forschungs- und Entwicklungspotential

Forschungsstelle Roßlau

Wie bereits bei der Vorstellung der Roßlauer Schiffswerft dargestellt, entstand 1945 auf Weisung der SMAD ein „Konstruktionsbüro Roßlau“ (KBR). Dieses Büro wurde 1949 aufgelöst, und der größte Teil der Ingenieure ging in die BRD. Die in der DDR verbliebenen Ingenieure bildeten das Stammpersonal für zwei neu geschaffene F/E-Stellen:

- Forschungsstelle der Elbewerft Roßlau,
- Entwicklungs- und Konstruktionsbüro Roßlau (EKR).

Das Entwicklungs- und Konstruktionsbüro übernahm Motorenentwicklungen, u.a. den Nachbau des Dieselmotors MB 511 (Daimler-Benz-Schnellbootsmotor der Kriegsmarine) unter der neu festgelegten Typ-Bezeichnung 20 KVD 25. Dieses Vorhaben konnte nicht realisiert werden.
Die Forschungsstelle der Elbewerft Roßlau war gebildet worden, um die Arbeiten des Konstruktionsbüros Roßlau fortzusetzen. Tragflügel-Bootsentwicklungen der ehemaligen Sachsenberg-Werft aus dem Zweiten Weltkrieg sollten für zivile Bedarfsträger weitergeführt werden.

Erste Bekanntschaft mit dem militärischen Schiffbau machte die Forschungsstelle bei der Modifizierung einer Reihe von Fischereifahrzeugen (Reparationsleistungen der Elbewerft Roßlau) zum Einsatz bei der Volkspolizei-See.

Bereits 1952 erhielt sie den Auftrag zur Entwicklung eines kleinen Schnellbootes mit einer Geschwindigkeit > 40 kn und einem Normaldeplacement < 70 t mit Artillerie- und Torpedobewaffnung. Die Arbeiten liefen unter der Projekt-Nummer 57 mit dem Typ-Namen FORELLE.
Die Mitarbeiter der Forschungsstelle besaßen keine Erfahrungen im Schnellbootsbau. Es gab keine Kenntnisse über die Dynamik von Gleitbooten. Um theoretische Grundlagen für die Optimierung der Bootskörper von Schnellbooten zu gewinnen, begann man deshalb ab 1953, selbstlaufende Modellboote zu entwickeln und zu bauen (Anlage 2). Beim Bau der Modellboote M1 bis M4 wurde auch gleichzeitig die Fertigungstechnologie für eine spätere Schnellbootsfertigung mit untersucht.

Nach weiteren Arbeiten an Schnellbooten und an Tragflügel-Booten erfolgte im März 1961 die Angliederung der Forschungsstelle der Elbewerft Roßlau an das Institut für Schiffbautechnik Wolgast als Außenstelle Roßlau.
Mit der Ablehnung des Schnellboots-Projektes 81 und dessen Tragflügel-Variante Projekt 81.2 durch die Volksmarine wurde die Außenstelle Roßlau im September 1963 aufgelöst.

Das Institut für Schiffbautechnik Wolgast übernahm nur wenig Personal; der größte Teil verblieb in der Elbewerft Roßlau bzw. ging in andere Betriebe. Damit wurde ein nicht unbeträchtliches Potential an Erfahrungsträgern im militärischen Schiffbau, besonders für kleine schnellaufende Fahrzeuge, aufgegeben.

Technisch-wissenschaftliches Büro Berlin

Dieses Büro wurde 1946 von der SMAD auf dem Gelände des Funkwerkes Köpenick gebildet; es beinhaltete als Struktureinheit einen Bereich Schiffbau. 1948 waren in diesem Bereich 15 Projektanten und Konstrukteure, überwiegend Ingenieure aus den ehemaligen deutschen Werften in Danzig, Königsberg und Stettin, beschäftigt. (7)

Bereits Anfang 1948 ließ die SMAD eine Studie für ein Küstenwachboot mit U-Jagdeigenschaften erarbeiten. Auf der Grundlage dieser Studie erteilte die damalige Deutsche Verwaltung des Inneren auf Weisung der SMAD im September 1948, also weit vor Bildung der Hauptverwaltung Ausbildung (HVS) und noch vor Gründung der DDR, der Claus-Engelbrecht-Werft (später Yachtwerft Berlin) den Auftrag zum Bau von sechs Küstenschutz-Booten (KS-Boote) unter der Tarnbezeichnung „26 m-Seekutter“.

Verschiedentlich wird die Möglichkeit erwogen, dass zum Zeitpunkt der Weisung durch die SMAD an eine deutsche Nutzung dieser Boote gar nicht gedacht war, sondern die „Seekutter“ eventuell Reparationslieferung sein sollten. (8) Tatsächlich entstanden aber sechs Küstenschutzboote für die Seepolizei, denen eine überarbeitete Serie von 22 Booten folgte.
Das Technisch-wissenschaftliche Büro Berlin war damit die erste Institution, die im Interesse des militärischen Schiffbaus der DDR arbeitete.
Im April 1949 wurde der Konstruktionsbereich Schiffbau aus dem Büro Berlin herausgelöst und der neu gebildeten Yachtwerft Berlin angeschlossen. Er arbeitete dort in der Folgezeit sowohl an zivilen als auch an militärischen Projekten.

Institut für Schiffbautechnik Wolgast (ISW)

Zur wissenschaftlich-technischen Unterstützung des militärischen Schiffbaus der DDR sollte ein selbständiges zentrales Organ außerhalb der Werften und damit unabhängig von den jeweiligen betrieblichen Kennziffern geschaffen werden. Es entstand am 10.05.1951 als „Konstruktionsbüro Stralsund“ und unterstand dem Büro für Wirtschaftsfragen beim Ministerpräsidenten der DDR.
Von dem leistungsfähigen Ingenieurteam wurden die ersten eigenständigen Entwürfe und Projekte für auf DDR-Werften zu bauende Marinefahrzeuge erarbeitet.

Bereits im Gründungsjahr 1951 entstanden:
- Vorprojekt zum Minenleg- und Räumschiff (MLR) Projekt 1000,
- Umbauprojekt zu den dänischen Minenfahrzeugen QUINTUS, SIXTUS als Räum-/Schulboote FÜRSTENBERG, PRENZLAU; Projekt 2,
- Umbauprojekt zu dem dänischen Fischereischutzschiff HVIDBJÖRNEN als Schulschiff ERNST THÄLMANN; Projekt 3,
- Umbauprojekt zu dem dänischen Minenleger LOSSEN als Hochsee-Bergungsschlepper WISMAR; Projekt 4,
- Umbauprojekt zu dem Flugbetriebsboot der KM Typ FLB V als Schulboot WB-26; Projekt 5.

Die Umbauprojekte der stark beschädigten Fahrzeuge kamen dabei aufgrund ihres Zustandes praktisch Neubauten gleich.
Das Büro erhielt im Oktober 1951 den Namen „Konstruktionsbüro Schwedenschanze Stralsund"; am 13.12.1951 erfolgte der Umzug nach Wolgast in ein neu errichtetes Gebäude auf dem Gelände der Peenewerft.
Am 17.02.1953 erneut umbenannt in „Zentrales Konstruktionsbüro für Schiffbau Nr. 1 Wolgast", galt ab Juni 1955 der endgültige Name „Institut für Schiffbautechnik Wolgast".

Wie der Name wechselte auch die Unterstellung des Büros/Institutes mehrfach. Nachdem von Februar 1953 bis Dezember 1955 das Ministerium für Schwermaschinenbau – Hauptabteilung Schiffbau zuständig war, übernahm von Januar 1956 bis Januar 1959 das Ministerium für Nationale Verteidigung/Amt für Technik und danach bis Januar 1964 der Chef der Volksmarine diese Zuständigkeit. Da sich eine kontinuierliche Auslastung des ISW durch die Volksmarine im Laufe der Zeit als äußerst schwierig herausstellte, wurde es mit Wirkung vom 01.01.1964 aus der militärischen Unterstellung herausgelöst und dem Ministerium für Schwermaschinen- und Anlagenbau – Kombinat Schiffbau angegliedert. (9)

Nach seiner Bildung realisierte das ISW ab 1951 reine Projekt- und Konstruktionsarbeiten entsprechend Aufgabenstellungen der VP-See. Ab 1955 begann es auch mit der Bearbeitung von Forschungs- und Entwicklungsaufgaben (F/E), beispielsweise der Leichtbauweise von Scherdrachen-Räumgeräten, Luftkissenfahrzeugen, Taucherhilfsmitteln u.a. Dazu entstand ein eigenes Labor mit Muster- und Modellbauwerkstatt. Ab 1956 folgte die Erarbeitung spezieller Vorschriften des militärischen Schiffbaus, z.B. die „Allgemeine Bauvorschrift".

Mit seiner Übernahme durch das Kombinat Schiffbau wurde das ISW außer der Bearbeitung von Problemen des militärischen Schiffbaus zunehmend mit Entwicklungen und Projektierungen für den zivilen Schiffbau, insbesondere des Fischfangs und der Fischverarbeitung beauftragt. Das nahm der Generaldirektor des Kombinates Schiffbau zum Anlass, die Auflösung des ISW anzustreben, da ein Institut für zivile Projekte bereits in Rostock bestand.

Nachdem von militärischer Seite eine Auflösung des ISW abgelehnt worden war, einigten sich beide Partner 1968, dass ein Weiterbestehen des ISW nicht erforderlich sei. Es wurde mit Wirkung vom 01.12.1968 aufgelöst. (10)
Ein Teil des im militärischen Schiffbau erfahrenen Personalbestandes (er hatte sich von 29 im Jahre 1951 auf 244 im Jahre 1968 erhöht) übernahm die Peenewerft Wolgast, ein Teil wurde in die Volkswerft Stralsund, Betriebsteil Trassenheide überführt.

Die weitere Bearbeitung von Marineprojekten verwirklichten von diesem Zeitpunkt an die zuständigen Abteilungen Entwicklung und Erzeugnisvorbereitung der Werften in Zusammenarbeit mit der Verwaltung Schiffbau des Ministeriums für Nationale Verteidigung bzw. den Fachabteilungen und Diensten im Kommando der Volksmarine.

Es wirkte sich zwar günstig aus, dass die Volksmarine nicht mehr für die Auslastung des Institutes für Schiffbautechnik Wolgast zuständig war, aber das Fehlen dieses Institutes hat sich in der Folgezeit negativ auf den kontinuierlichen Arbeitsablauf von Projekten und auf die konzentrierte Bearbeitung von Zuentwicklungen ausgewirkt.

Institut für Schiffbautechnik (IST)

Es zeigte sich, dass die bei der Auflösung des ISW durch die Volksmarine geäußerten Bedenken berechtigt waren. Sowohl die zunehmenden internationalen Aufgaben, als auch das in den 70er Jahren geplante umfangreiche Schiffbauprogramm in der DDR-Industrie machten das Fehlen einer speziellen Entwicklungsstelle für den militärischen Schiffbau deutlich.
Ein Produktionsbetrieb wie beispielsweise die Peenewerft Wolgast konnte unter den Bedingungen der Planwirtschaft mit zentral vorgegebenen Kennziffern nicht den notwendigen Vorlauf in Forschung und Entwicklung schaffen. Deshalb wurden 1973 in der Verwaltung Schiffbau des Ministeriums für Nationale Verteidigung erste Gedanken über Aufgaben und Aufbau einer neuen Entwicklungsstelle skizziert.
In der 1975 durch den damaligen Vorsitzenden des Ministerrates der DDR bestätigten „Konzeption zur Entwicklung des militärischen Schiffbaus bis 1990“ war in Pkt. 2 formuliert:
Eine spezielle Forschungs- und Entwicklungsstelle für den militärischen Schiffbau ist bis 1977 zu bilden.
Nach langen und intensiven Bemühungen, besonders des Chefs der Verwaltung Schiffbau, wurde mit Wirkung vom 01.03.1977 das „Institut für Schiffbautechnik“ (IST) als zivile Institution und Betrieb der Vereinigung Volkseigener Betriebe (VVB) Schiffbau mit Sitz in Warnemünde gebildet. Dieser Name wurde gewählt,

um damit die Nachfolge des 1968 aufgelösten ISW anzuzeigen. Die Funktion des Direktors und die Leitung von drei Abteilungen übernahmen aktive Offiziere der Volksmarine. (11)

1978 begann das IST mit der fachlichen Arbeit. Im Auftrag der Volksmarine wurden zwei Studien erarbeitet:

- Anwendung moderner Raketensysteme auf kleinen Schnellbooten (zur Vorbereitung des Kleinen Raketenschnellbootes Projekt 141),
- Grundsatzuntersuchungen über die technische Realisierbarkeit einer neuen operativ-taktischen Konzeption der Minenabwehr (zur Vorbereitung eines Nachfolgers für die MSR-Schiffe Projekt 89.1 und 89.2).

Es zeigte sich, dass die Bildung einer wissenschaftlichen Einrichtung zur Gewinnung des benötigten Vorlaufes im militärischen Schiffbau schwieriger als erwartet war, weil die dazu notwendigen Fachkräfte mit einer entsprechenden Grundausbildung auf diesem Gebiet in der DDR nur in ganz beschränktem Umfang zur Verfügung standen. Außerdem gab die VVB Schiffbau trotz eindeutiger Festlegungen nur wenig Unterstützung, und die Werften standen der fachlichen Kompetenz des Institutes skeptisch gegenüber; zumal in der Peenewerft ein Teil der Entwicklungsingenieure des ehemaligen ISW tätig war.
Auch die der Bildung des Instituts zugrunde liegende Idee der engen Zusammenarbeit mit der Verwaltung Schiffbau und eine gemeinsame Bearbeitung von Grundsatzfragen und Problemen bei der technischen Vorbereitung von Entwicklungs- und Bauprogrammen konnte nie zufriedenstellend erreicht werden.

Das IST bestand bis 1990; trotz hohen finanziellen, materiellen und personellen Aufwandes ist die konkrete Wirksamkeit aber gering geblieben. (12) Sein bestes Ergebnis war die Entwicklung eines Minenidentifizierungs- und -vernichtungsgerätes (MIVG) Projekt 190 für ein neu zu bauendes Minenabwehrschiff. Zu einer Überleitung in die Serienproduktion ist es aber nicht mehr gekommen.

In der zentralen Planwirtschaft der DDR mit den staatlicherseits vorgegebenen materiellen und finanziellen Eckziffern war von Bedeutung, dass die für vorgesehene Bau- und Entwicklungsprogramme benötigten Lieferungen und Leistungen in die staatlichen Pläne aufgenommen wurden. Um den Bedarf der Nationalen Volksarmee sicherstellen zu können, erließ die Regierung der DDR eine „Verordnung über Lieferungen und Leistungen an die bewaffneten Organe – Lieferverordnung (LVO)". Damit wurde der NVA sowie den anderen Schutz- und Sicherheitsorganen eine eindeutige, in vielen Fällen bevorzugte Stellung gegenüber der Industrie eingeräumt. In der Fassung der LVO vom 15.10.1981 hieß es in §15, 1:
Die als Leistender vorgesehene Wirtschaftseinheit ist nicht berechtigt, Vertragsangebote im Geltungsbereich dieser Verordnung abzulehnen, soweit das nicht ausdrücklich vorgesehen ist.
Das bedeutete, dass keine Werft einen Auftrag der Verwaltung Schiffbau, des Realisierungsorgans der Volksmarine, ablehnen durfte. Wenn sie mit anderen Planaufgaben ausgelastet war oder sich technisch überfordert fühlte, dann musste sie das übergeordnete Organ, das Kombinat Schiffbau, anrufen, und dort war eine Lösung zu suchen.

Die **Planung** von Bau- und Entwicklungsprogrammen erfolgte entsprechend dem in der Wirtschaft der DDR vorgegebenen Fünf-Jahres-Rhythmus und einer Untersetzung in Jahrespläne. Da die Zeitdauer von der technischen Konzeption bis zum Serienbau im militärischen Schiffbau mitunter wesentlich über eine Fünfjahrplan-Periode hinausging, ergaben sich daraus unter Umständen Schwierigkeiten, besonders bei Zulieferungen aus der Industrie und bei Importen.

Eingeleitet wurde ein **Entwicklungs- und Bauprogramm** durch Operativ-Taktische Forderungen (OTF) der Volksmarine. Sie beinhalteten:
- Verwendungszweck,
- Operative Einsatzbedingungen,
- Spezielle taktische Forderungen,
- Ausrüstung und Bewaffnung,
- Allgemeine Forderungen (Anzahl der zu bauenden Schiffe, Indienststellung des ersten Serienschiffes),
- vorläufige Besatzungsstärke.

Die daraus abgeleitete Technische Aufgabenstellung war Planungsgrundlage für die festgelegte Werft. Inhalt, Form, Kosten und Termin der danach zu realisierenden Leistungsetappen (Prognose, Konzipierung, Projektierung, Konstruktions- und Bauüberwachung, Erprobung, Abnahme, Garantie – mitunter nur in Teilen gefordert) regelte ein Wirtschaftsvertrag. (13)

Ab 1951 wurde jeder Neuentwicklung eine Projektnummer zugeordnet. Nachdem anfangs nur teilweise eine zeitliche Reihenfolge zu erkennen war, setzte sich später folgendes System durch: Die erste Zahl kennzeichnete die Bauwerft (0 – Schiffswerft Rechlin; 1 – Peenewerft Wolgast; 4 – Yachtwerft Berlin; 6 – andere Werften), die beiden folgenden Zahlen stellten fortlaufende Nummern für alle Bedarfsträger der bewaffneten Organe in der jeweiligen Werft dar (z.B. 415 - 15. Projekt der Yachtwerft Berlin). Abgebrochene Entwicklungen behielten ihre Nummern, sie wurden nicht noch einmal vergeben. Projektnummern von Importschiffen/-booten wurden übernommen und ebenfalls nicht noch einmal vergeben. Beim Serienbau fügte man die Baunummern fortlaufend an; bei Importen galt die Reihenfolge der Indienststellung.
Dieses Projekt-/Baunummernsystem bildete die Grundlage der gesamten Rückwärtigen Sicherstellung (Logistik) und des Werftgeschehens (Anlage 3)
Ab 1953 führte die VP-See ein System von Bordnummern ein, die am Bug der Schiffe/Boote zu erkennen waren. Sie charakterisierten die Verbandsstruktur und unterlagen häufig Änderungen (14).
Zusätzlich zur Projektnummer hatten sich in der Flottenpraxis Projektnamen eingebürgert. Dabei handelte es sich um willkürlich vergebene Tiernamen. Doch mit Beginn der Bearbeitung des MSR Projekt 89 ab 1963 wurden Projektnamen nicht mehr vergeben.
Ab Januar 1961 erhielten die meisten Schiffe und Boote der Volksmarine offiziell Schiffsnamen (15). Am Bug war aber weiterhin die Schiffs-/Bootsnummer zu erkennen, nur ein Messingschild im Schiffsinnern dokumentierte den verliehenen Namen. Eine Ausnahme bildete das Flagg- und Schulschiff ERNST THÄLMANN. (Anlage 4)

Zur **Kontrolle** war in der LVO in §7, 1 festgelegt:
Die Besteller können in Wirtschaftseinheiten, die Leistungen zu erbringen haben oder dafür vorgesehen sind, sowie bei deren Kooperationspartnern Kontrollen über die bestehenden Leistungsvoraussetzungen, den Stand der Durchführung und die Erfüllung der Leistungen durchführen.
Daraus resultierte, dass die Seestreitkräfte kompromisslos die Einhaltung der in den Lieferbedingungen oder militärischen Abnahmebestimmungen festgelegte Qualität kontrollierten und durchsetzten.
1989 arbeiteten 15 Mitarbeiter direkt in der Außenstelle in der Peenewerft Wolgast als Bauaufsicht der Verwaltung Schiffbau. Neun Mitarbeiter waren für die anderen Werften zuständig und vier beschäftigten sich mit der Projektkontrolle und der Bauabnahme des Raketencontainers TPK 1520.

Der erste **Schiffbauplan** der Seepolizei stammte aus dem Jahr 1950. Im Anschluss an dieses Dokument entstand 1954 der „Plan für den Aufbau der Volkspolizei-See bis Ende des II. Fünfjahrplanes 1960“. (16)

Mitte der 60er Jahre wurden auf zentraler staatlicher Ebene Vorstellungen entwickelt, den militärischen Schiffbau in der DDR einzustellen, weil er als ökonomisch nicht vertretbar eingeschätzt wurde. In einem Schreiben des Ministers für Nationale Verteidigung an den Vorsitzenden des Nationalen Verteidigungsrates der DDR vom 28.08.1965 heißt es dazu:

Nach Auslieferung der Serie des U-Jägers Typ „Hai" 1965/66, der Serie leichter Torpedo-Schnellboote und des für den Serienbau vorgesehenen und bestätigten Minensuch- und -räumbootes bis Ende 1971 wird die Projektierung, Konstruktion und der Bau von Kampfschiffen und -booten in der Deutschen Demokratischen Republik eingestellt.

Der Ersatz veralteter Kampfschiffe und -boote der Volksmarine ist grundsätzlich durch Importe aus der Sowjetunion zu gewährleisten.

Hilfsschiffe für die Volksmarine oder den Seehydrographischen Dienst der Deutschen Demokratischen Republik wie Tonnenleger, Seezeichenkontrollboote, Schlepper, Feuerlöschboote, Versorgungsschiffe, Tankschiffe sind zu importieren oder aus der normalen Serienproduktion der Schiffbauindustrie der Deutschen Demokratischen Republik zu beschaffen, wenn der speziell für Zwecke der Volksmarine notwendige Ausrüstungs-, Umrüstungs- oder Umbauaufwand von der Industrie der Deutschen Demokratischen Republik ohne große Schwierigkeiten getragen werden kann. (17)

Diesem Vorhaben widersetzte sich aber die Volksmarine energisch und erfolgreich; derartige Bestrebungen gab es in späteren Jahren nicht mehr.

Um die Fünfjahrplanung langfristig vorbereiten zu können, entstand 1975 eine „Konzeption für den militärischen Schiffbau bis 1990" die der Vorsitzende des Ministerrates am 18.08.1975 bestätigte. Als „Konzeption für den militärischen Schiffbau 1985 bis 1995 mit ersten Orientierungen bis zum Jahr 2000" fortgeführt, trat sie mit ihrer Bestätigung am 02.02.1984 in Kraft. (18)

Bei der Ausarbeitung dieser Konzeption und der praktischen Durchsetzung deutete sich der beginnende Niedergang der DDR-Wirtschaft immer stärker an. Erstmalig gab es extreme Beschränkungen in den zur Verfügung gestellten Finanzmitteln. Teilweise mussten bei geplanten Programmen bedeutende Einschränkungen hingenommen werden.

Fehlende Finanzmittel, mehrfach geänderte staatliche Kennziffern, Preissteigerungen, höhere Gemeinkosten und sinkende Arbeitszeitauslastung in den Betrieben konnten auch durch die LVO nicht kompensiert werden.

Trotz einer zentralen staatlichen Planung und in bestimmtem Maße auch einer Vorrangigkeit der militärischen Entwicklungs- und Bauprogramme in der Volkswirtschaft der DDR auf der Grundlage der LVO entstanden aber beim Bau von Schiffen und Booten für die maritimen Kräfte grundsätzliche Probleme.

Es gab keine spezielle **Rüstungsindustrie**. In Anspruch genommen werden konnte nur eine relativ schmale Palette der Produktion militärischer Technik wie Handfeuerwaffen, Nachrichtenmittel, optische Geräte, Leucht- und Signalmittel u.ä. Das hatte zur Folge, dass die gesamte Bewaffnung und Teile der benötigten

Ausrüstung wie Funkmess-, hydroakustische und Waffenleitanlagen sowie wesentliche Geräte der Nachrichtentechnik importiert werden mussten.
Schnellaufende Dieselmotoren konnte die DDR-Industrie ebenfalls nicht liefern. Der Versuch, Schnellbootsmotoren der Kriegsmarine nachzubauen, scheiterte bereits Ende der 50er Jahre; auch später wurde auf diesem Gebiet keine eigene Entwicklung begonnen.
Der dadurch erforderliche Importanteil bestand aus besonders teuren Geräten und Anlagen. Er betrug je nach Typ 35 bis 65 Prozent des Gesamtwertes des Schiffes/Bootes.
Erschwerend war dabei, dass es weder für die Außenhandelsorgane noch für die militärische Seite der DDR Möglichkeiten gab, auf den sowjetischen Kriegsschiffbau Einfluss zu nehmen. Es konnte nur das und nur in der Variante bestellt und gekauft werden, was von der UdSSR produziert und für den Export freigegeben war. Über geplante oder laufende Entwicklungen gab sie keinerlei Informationen. Die Schiffbauindustrie der DDR konnte also nur Serienerzeugnisse für die Sowjetflotte, mitunter auch nicht die modernsten und neuesten, in Anspruch nehmen.
Eine Ausnahme bildete nur Minenräumtechnik. Aufbauend auf deutschen Geräten der Kriegsmarine aus dem Zweiten Weltkrieg wurde sie weiterentwickelt und in der Industrie der DDR produziert.

Die **Forschung und Entwicklung** beschränkte sich auf wenige wesentliche Zuentwicklungen.
Als Beispiele sollen genannt werden:
- Kontakt-Minenräumgeräte MSG 1 – MSG 4,
- Fern-Minenräumgerät FRG 1,
- Minenidentifizierungs- und -vernichtungsgerät (MIVG) Projekt 190,
- Funkelektronisches Raketenabwehrsystem FERAS.

Die Ingenieure und Techniker der F/E-Stellen wären mit ihren Kenntnissen und Fähigkeiten sicher in der Lage gewesen, technisch anspruchsvolle Anlagen und Geräte zu entwickeln, aber die durch die Volksmarine benötigten kleinen Stückzahlen ließen aus ökonomischer Sicht einen hohen Entwicklungsaufwand nicht zu, auch wenn die militärische Notwendigkeit bestand.
So konnten z.B. die Arbeiten an einer hydroakustischen Anlage PA-1 Mitte der 60er Jahre nicht begonnen werden. Die Fischwirtschaft war nicht bereit, sich zu beteiligen, und eine ursprünglich geplante Serie von 24 U-Boot-Jägern Typ HAI Projekt 12 rechtfertigte nicht den zu erwartenden Aufwand. Auch der Abbruch der Themen Taucherhilfsmittel und Luftkissenfahrzeug erfolgte aus ökonomischen Zwängen.
Zusätzlich erschwerend wirkte das aus Gründen der **„Störfreimachung"** ausgesprochene Verbot, Aggregate und Bauelemente aus dem nichtsozialistischen Wirtschaftsgebiet (NSW) in den für militärische Zwecke genutzten Anlagen zu

verwenden. Für die Einhaltung dieser Bestimmung waren die Außenhandelsorgane und die Bauaufsicht der Verwaltung Schiffbau im Ministerium für Nationale Verteidigung zuständig bzw. verantwortlich.
So lehnte die Volksmarine für das MSR-Schiff Projekt 89 /KONDOR/ den Einsatz des im Auftrag der Deutschen Reichsbahn entwickelten Motors 12 KVD 20/21 A strikt ab, weil er mit Kurbelwellen aus Japan und Einspritzpumpen von Bosch bestückt werden sollte. Es wurden sowjetische Motoren 40 D importiert. Nur beim Vermessungsschiff CARL FRIEDRICH GAUSS Projekt 136, 1976 vom Seehydrografischen Dienst (SHD) eingesetzt, wurde diese Vorschrift mit Wissen und Genehmigung der Volksmarine durchbrochen. Die auf diesem Schiff installierte umfangreiche hydrografische Vermessungs- und Auswertetechnik – Decca- und Atlas-System – kam aus der BRD, England und den USA.
Auch die zum Teil überzogenen **Geheimhaltungsbestimmungen** hemmten die gesamte Arbeit beträchtlich. Sie verhinderten die Veröffentlichung von Arbeitsergebnissen bzw. den Austausch von Erfahrungen und Kenntnissen zwischen den Werften und den F/E-Stellen.

Diese einschränkenden Bedingungen machten es notwendig, dass neben den umfangreichen Eigenentwicklungen auch bedeutende **Importe** von Schiffen und Booten – bis in die 80er Jahre kampfwertbestimmende Typen – besonders aus der UdSSR erfolgten.

Tabelle 10:

Importe von Schiffen und Booten von 1956 bis 1986:

Zeitraum	Projekt	Land
1956, 1959	4 Küstenschutzschiffe Projekt 50 /RIGA/	UdSSR
1957-1960	27 Torpedo-Schnellboote Projekt 183 /P-6/	UdSSR
1959-1960	12 U-Boot-Jäger Projekt 201 M /SO-1/	UdSSR
1962-1965, 1971	15 Raketen-Schnellboote Projekt 205/OSA-I/	UdSSR
1965	Hochseetanker USEDOM Projekt 1545 /BASKUNCHAK/	UdSSR
1968-1971	18 Torpedo-Schnellboote Projekt 206 /SHERSHEN/	UdSSR
1969	Tonnenleger BUK Projekt 870 /KAMENKA/	Polen
1976	Motor-Schulschiff WILHELM PIECK Projekt 888 /WODNIK/	Polen
1976	Bergungsschiff OTTO VON GUERICKE Projekt 570 /PIAST/	Polen
1978, 1979, 1986	3 Küstenschutzschiffe Projekt 1159/KONI/	UdSSR
1980	Tonnenleger DORNBUSCH Projekt 872 /FINIK/	Polen
1983	Hochsee- und Hafenschlepper Projekt 498	UdSSR
1984-1986	5 Kleine Raketenschiffe Projekt 1241 RÄ /TARANTUL/	UdSSR

Bereits gegen Ende der 50er Jahre setzte sich – vermutlich beeinflusst durch die praktizierte Verfahrensweise im Ersten und Zweiten Weltkrieg – die Erkenntnis durch, auch das **Potential der zivilen Flotten für einen militärischen Einsatz** zu nutzen. Dazu war es erforderlich, geeignete zivile Schiffe technisch vorzubereiten.
Diese Vorbereitung erstreckte sich später auf alle zivilen Flotten, wie die Handels-, Fischerei-, Fahrgast- und Technische Flotte sowie die Fährschifffahrt. Im letzten Mobilmachungsplan waren insgesamt 95 Schiffe und Boote zur Übernahme durch die Volksmarine vorgesehen. (19)

Ein genereller Mangel bestand darin, dass, genau wie insgesamt zwischen den RGW-Ländern die **Koordinierung und Kooperation zwischen den verbündeten Flotten**, insbesondere mit der UdSSR, absolut unzureichend war.
In verschiedenen Leitungsebenen und zu unterschiedlichen Anlässen unternahm die DDR wiederholt den Versuch, eine Zersplitterung der geringen Kapazität des eigenen militärischen Schiffbaus zu verhindern, effektive Seriengrößen zu erreichen und eine kontinuierliche Weiterentwicklung bestimmter technischer Teilgebiete zu gewährleisten.
1970 und 1978 wurde in Arbeitstagungen des Rates für Gegenseitige Wirtschaftshilfe (RGW) in Moskau der Tagesordnungspunkt „Internationale Spezialisierung im Kriegsschiffbau" beraten. Daran nahm auch der Chef der Verwaltung Schiffbau teil. (20) Es gelang aber trotz aller Bemühungen nicht, eine Spezialisierung der einzelnen sozialistischen Länder im militärischen Schiffbau durchzusetzen. So führten zum Beispiel 1969 Konsultationen durch Militärdelegationen aus Polen und Jugoslawien und 1970 aus Rumänien und Bulgarien in der Peenewerft Wolgast zum Kennenlernen des neuen Minenleg- und -räumschiffes Projekt 89 nicht zu einer nachfolgenden Zusammenarbeit. Damit war die Werftindustrie der DDR, speziell die Peenewerft Wolgast, gezwungen, Schnellboote, Landungsschiffe, U-Boot-Abwehrschiffe, Minen-Abwehrschiffe und verschiedene Hilfsschiffe nacheinander und durcheinander zu entwickeln und zu bauen. Das in Kapitel I vorgestellte Entwicklungs- und Bauprogramm belegt diese Tatsache. Es bestanden nur geringe Möglichkeiten, technische und technologische Erfahrungen systematisch weiter zu verfolgen. Das führte zwangsläufig zu Mängeln in der Qualität und zu Lücken im know-how der Werften.

1969 wurde beim Oberkommandierenden der Vereinten Streitkräfte der Teilnehmerstaaten des Warschauer Vertrages das Technische Komitee (TK) gebildet. (21) Diesem oblag neben anderen Aufgaben auch die Koordinierung von Forschungs- und Entwicklungsaufgaben, die die Vertragsstaaten durchführten. Aber auch hier wurden kaum positive Ergebnisse erzielt.
Ein echter Austausch der Vorhaben und Resultate fand nicht statt, weil die UdSSR nicht nur nicht daran interessiert war, sondern es faktisch ablehnte, über eigene Vorhaben zu informieren.

Zwei Beispiele sollen diese Arbeitsweise belegen:

- Die Volksmarine ließ im Institut für Schiffbautechnik Wolgast ab 1959 einen U-Boot-Jäger Typ ADLER Projekt 74 entwickeln. 1960 fand dazu eine Beratung mit der Sowjetflotte in Moskau statt.
  1963 übergab die UdSSR die Information: In der Sowjetunion wird ein solches Schiff bereits gebaut (U-Boot Jäger PETYA; Serienbau seit 1961!). Die DDR brach daraufhin die weiteren Entwicklungsarbeiten ab.
- Die UdSSR entwickelte auf der Grundlage eines Staatsvertrages für das Gemeinschaftsprojekt „Kleines Raketenschiff Projekt 151“ die Seezielrakete 152. Über den Stand der Arbeiten wurde die DDR nie informiert. Auch eine Teilnahme an Erprobungen der Rakete lehnte die UdSSR strikt ab, obwohl die Peenewerft Wolgast den Transport- und Startcontainer TPK Projekt 1520 dafür entwickelte und produzierte.

Ende der 70er Jahre deutete sich eine Verbesserung in den Beziehungen mit der UdSSR an. Nach beiderseitiger gründlicher Vorbereitung besuchte der Oberkommandierende der Sowjetflotte, Flottenadmiral der UdSSR Gorschkow im Januar 1980 die DDR (Maßnahme „G-79“). Begleitet von einer hochrangigen Delegation, unterbreitete er ein umfangreiches Programm der Zusammenarbeit. Damit wollten die sowjetischen Kriegsschiffbauer offensichtlich als Gegenleistung für die Fortsetzung ihrer relativ umfangreichen Lieferungen einen höheren Beitrag der DDR auf dem Gebiet des militärischen Schiffbaus erreichen.
Diese Forderung war im Prinzip berechtigt, denn der bisherige Export von Volksmarine-Typen war insgesamt mit einem Hochseeeschlepper 700 Projekt 17 im Jahre 1964 als Schlepper JUPITER nach Bulgarien und vier Kontrollbooten TB-23 (Tropenboot als Modifikation des Grenzkontrollbootes GB-23) nach Sansibar sehr bescheiden geblieben. Auch der geplante Bau von Torpedo-Schnellbooten Projekt 131 für den Irak und für Kuba war nicht zustande gekommen.

Gorschkows Vorschläge beinhalteten:

- Bau des für die Volksmarine entwickelten U-Boot-Abwehrschiffes Projekt 133 /PARCHIM/ auch für die Sowjetflotte,
- gemeinsame Entwicklung eines Raketen-Schnellbootes sowie einer Seezielrakete, Serienbau des Bootes in der DDR und der Rakete in der UdSSR,
- Bau einer Serie schwachmagnetischer Reederäumboote auf der Grundlage des sowjetischen Bootes Projekt 1258 /YEVGENIJA/,
- Entwicklung und Bau von zwei Typen Hilfsschiffe für die Sowjetflotte,
- Lizenznahme von Bauteilen des Schnellboot-Motors M 504.

Tatsächlich wurden von diesem Programm realisiert:

- Bau von zwölf U-Boot-Abwehrschiffen Projekt 133.1M /PARCHIM-II/ durch die Peenewerft Wolgast,

- Entwicklung des Kleinen Raketen-Schiffes Projekt 151 /BALCOM-10/ als Gemeinschaftsprojekt und Bau in der Peenewerft Wolgast,
- Entwicklung und Bau des Transport- und Start-Containers TPK 1520 in der Peenewerft Wolgast,
- Bau von acht Hebeschiffen Projekt 141 durch die Neptunwerft Rostock.

Trotz aller Hemmnisse war es in der DDR gelungen, Schiffe und Boote herzustellen, die die Forderungen der maritimen bewaffneten Organe, von Seepolizei über Volkspolizei-See bis Volksmarine, auf hohem technischen Niveau erfüllten, die auch die Anerkennung der Sowjetflotte erhielten und die bei der NATO eine angemessene Beachtung fanden. Die Aktivitäten konzentrierten sich dabei auf Schnellboote, Minensuch- und -räumfahrzeuge, U-Jagdschiffe, Landungsschiffe, Versorger, schwimmende Stützpunkte, d.h.auf jene Typen, die für die speziellen Verhältnisse der mecklenburgischen Küste und die potentiellen Aufgaben in der südwestlichen Ostsee zweckmäßig erschienen. Die Entwicklungs- und Bauprogramme der beteiligten Werften belegen diese Aussage

Harald Fock fasst den militärischen Schiffbau der DDR wie folgt zusammen: *„Rekapituliert man die rund 40 Jahre DDR-Kriegsschiffbau, so ist festzustellen, dass trotz vieler Handicaps (zahlreiche Liefervorbehalte der Sowjetunion hinsichtlich bestimmter Schiffstypen, Antriebsanlagen, Waffen, Sensoren usw., relativ kleiner Stückzahlen bei Eigenfertigung u.ä.) im Rahmen der innerhalb der verbündeten sozialistischen Flotten in der Ostsee gestellten Aufgaben bei einigen Typen sehr bemerkenswerte Leistungen volbracht und – nicht zuletzt! – zum Teil erstaunlich kurze Entwicklungs- und Bauzeiten erreicht wurden. Schließlich ist auch die Anzahl der Fahrzeuge und der schnelle Generationswechsel im Hinblick auf die Wirtschaftlichkeit des Landes beachtlich."(22)*

Im weiteren sollen die den maritimen Kräften der DDR (Seepolizei/ VP-See/ Seestreitkräfte/ Volksmarine) zugeführten Schiffe und Boote näher vorgestellt werden. Fliegende und landgestützte Mittel werden nicht angesprochen. (23)

Der am 20.09.1955 abgeschlossene Staatsvertrag zwischen der UdSSR und der DDR beinhaltete u.a. die eigene Verantwortung der DDR für den militärischen Schutz.
Mit dem Befehl Nr. 1 des Ministers für Nationale Verteidigung Generaloberst Willi Stoph vom 10.02.1956 begann die Umbildung der Kasernierten Volkspolizei (KVP) zur Nationalen Volksarmee (NVA) und damit auch die Bildung der Seestreitkräfte. Der bereits seit 1950 bestehende militärische Charakter der maritimen Kräfte der DDR wurde nunmehr legalisiert.

Zu diesem Zeitpunkt verfügten diese Kräfte aber nur über Sicherungsfahrzeuge. Der Kern der Schiffskräfte umfasste:

- 12 Minenleg- und -räumschiffe (MLR),
- 28 Küstenschutzboote (KS-Boote),
- 27 Räumboote,
- 22 Schulboote,
- 1 Schul- und Flaggschiff,
- 49 Hilfsfahrzeuge.

Um dem Aufbau der Seestreitkräfte als ausgewogener Flotte gerecht zu werden, musste parallel zur Vervollkommnung der Sicherungskräfte damit begonnen werden, Stoßkräfte einzuführen, die zu aktiven Kampfhandlungen in der Lage waren. Entsprechend der militär-geografischen Lage der Ostsee – relativ geringe Entfernungen und Ausmaße, vorwiegend mittlere Wassertiefen, stark gegliederte Küste, bedeutende Anzahl von Buchten und vorgelagerten Inseln – wurde dabei von Anfang an der Schwerpunkt auf verschiedene Typen leichter und schneller Überwasserkräfte gelegt, die die Gegebenheiten des Seeschauplatzes voll nutzen konnten.
Für Großkampfschiffe sowie Formen und Methoden ozeanischer Kriegführung war in der Ostsee kein Platz. (25)

Auch wenn 1956, dem Gründungsjahr der NVA, noch keine Schnellboote (26) zur Verfügung standen, begann ihre Entwicklungsgeschichte in der DDR praktisch bereits 1952.

Mit den Typen LACHS Projekt 16 und FORELLE Projekt 57 sollte genau wie bei den Sicherungskräften auch bei den Stoßkräften eine eigene Entwicklung eingeleitet werden. Gleichzeitig war mit dem Nachbau des Dieselmotors MB 511 (Daimler-Benz-Schnellbootsmotor der Kriegsmarine) unter der neuen Typ-Bezeichnung 20 KVD 25 die Produktion eigener Motoren geplant. Dieses Ziel wurde nicht erreicht.

Ab 1956 orientierte sich die Volksmarine auf den Import sowjetischer ausgereifter Serienboote. Auf die eigene Arbeit an Schnellbootsmotoren wurde verzichtet. Damit ging man bei diesem Schiffstyp einen anderen Weg als bei Minenabwehr-Fahrzeugen. Ob diese Entscheidung ökonomisch vorteilhafter für die DDR war, als eine Eigenentwicklung weiter zu verfolgen, ist zumindest fraglich, kann aber praktisch nicht mehr geprüft werden.
So waren die Stoßkräfte der Volksmarine von Anfang an auf die Bereitschaft der UdSSR zur Lieferung entsprechender Boote angewiesen. Andererseits hätte die Kapazität für Projektierung und Bau in den wenigen Werften der DDR aber wahrscheinlich auf Dauer nicht ausgereicht, um die Seestreitkräfte mit modernen Stoßkräften zu versorgen und gleichzeitig das Minenabwehr-Potential ständig auf dem erforderlichen hohen Niveau zu halten.
Hier wurde die ständige Misere im militärischen Schiffbau der DDR besonders deutlich:

- beschränkte Kapazität in der Werftindustrie,
- Abhängigkeit vom Import moderner Waffen und Anlagen,
- fehlende Abstimmung mit anderen RGW-Ländern zur Spezialisierung auf eine bestimmte Schiffs-/Bootsgattung.

Aus der UdSSR erhielt die Volksmarine

- 1957-1960 27 **Torpedo-Schnellboote Projekt 183 /P-6/**
- 1968-1971 18 **Torpedo-Schnellboote Projekt 206 /SHERSHEN/** als Nachfolgetyp.

Im Februar 1958 forderte der Chef der Seestreitkräfte Vizeadmiral Verner anlässlich einer Beratung mit Vertretern der drei Forschungs- und Entwicklungsstellen (F/E-Stellen) Institut für Schiffbautechnik Wolgast, Forschungsstelle der Schiffswerft Roßlau und Konstruktionsbüro der Yachtwerft Berlin zusätzlich zu den Torpedo-Schnellbooten aus der UdSSR ein schnelles Boot mit zwei Mann Besatzung, welches zum Einsatz von Torpedos geeignet sein sollte.
Die drei Entwicklungsstellen erhielten im März 1958 den Auftrag, unabhängig voneinander ein „Leichtes Torpedo-Schnellboot" (LTS-Boot) mit den taktisch-technischen Ausgangsdaten – Maximalgeschwindigkeit 50 kn, zwei Torpedorohre, Funkmess- und Funkanlage, zwei Mann Besatzung – als Gleitboot zu entwickeln. Dies war die einzige Ausschreibung eines Projektes im militärischen Schiffbau der DDR. (27)
Alle anderen Vorhaben bis 1989, sowohl Kampf- als auch Hilfsschiffe, gingen entsprechend der LVO nur an einen Auftragnehmer.

Der Gedanke des Einsatzes solcher Kleinst-Torpedoboote – schnelle und überraschende Führung eines Torpedoschlages auf Überwasserziele, danach sofortiges Absetzen und Anlaufen einer geschützten Position – war bereits vor und während des Zweiten Weltkrieges in verschiedenen Flotten aufgegriffen worden.

(28) Der enge und begrenzte Seeschauplatz sowie die ständige Bedrohung aus der Luft machten diese Einsatzform auch für die Seestreitkräfte der DDR überlegenswert.

Mit der Entwicklung Leichter Torpedo-Schnellboote schufen sich die Seestreitkräfte eine eigenständige Gattung im Bestand der Stoßkräfte zusätzlich zu den aus der UdSSR importierten Fahrzeugen.
1958 begann -zeitversetzt- eine Parallelentwicklung:

ISW/Peenewerft	Projekt 63	Typname ILTIS
Yachtwerft Berlin	Projekt 68	Typname WIESEL/HYDRA
Schiffswerft Roßlau	Projekt 81	kein Typname.

Bei allen Projekten erfolgte der Torpedoausstoß nach achtern, aber mit dem Gefechtskopf nach vorn. Diese Ausstoßvariante gewährleistete eine größere Gradlaufsicherheit der Torpedos. Sie war bereits in anderen Flotten getestet worden, aber die Leichten Torpedo-Schnellboote der Seestreitkräfte der DDR waren die ersten und weltweit einzigen Boote mit diesem Torpedoausstoß, die bis zur Serienreife geführt und im Flottendienst eingesetzt wurden.
Im Juli 1960 begannen mit Funktionsmustern der drei unterschiedlichen Projekte Erprobungen im Strelasund/Parow.
Nach mehreren Projektüberarbeitungen in Wolgast und in Berlin erhielt die Volksmarine

- 1964-1965 36 **Leichte Torpedo-Schnellboote (LTS) Projekt 63.300 /ILTIS-A/**
- 1964-1968 23 **Leichte Torpedo-Schnellboote (LTS) Projekt 68.200 /ILTIS-B/.**

Das Projekt 81 (Schiffswerft Roßlau) besaß nur einen Motor und wurde deshalb von der Volksmarine abgelehnt.
Nach dieser Ablehnung arbeitete die Forschungsstelle Roßlau im Auftrag des Amtes für Technik und mit Zustimmung der Seestreitkräfte an einem 10 t-Tragflügel-Boot.
Im Juni 1959, nach zweieinhalbjähriger Konstruktions- und Bauzeit, waren die Boote TF-10-1 und TF-10-2 als Musterboote fertig gestellt.
Bei einer Erprobungsfahrt vor Hiddensee ereignete sich ein Unfall, wobei ein Besatzungsmitglied tödliche Verletzungen erlitt. Ein ähnlicher Vorfall (Einbrechen des Bootes bei mitlaufender See) hatte sich bereits mit dem Modellboot M 4 auf der Müritz ereignet; dort glücklicherweise ohne schwere Folgen.
Hiernach waren die Seestreitkräfte an einer Weiterführung der Arbeiten nicht mehr interessiert, und die beiden Tragflügel-Boote dienten 1960 bis 1963, ausgerüstet mit 30 Sitzplätzen, bei der Weißen Flotte Rostock zum Personenverkehr auf der Warnow.
Die gesamte Tragflügel-Bootsentwicklung in der DDR wurde eingestellt.

Im Rahmen der Einführung der LTS-Boote mussten einige, nur diesen Typen eigene Probleme durch die Volksmarine bewältigt werden.

- Die Boote konnten Ziele auf größere Entfernungen nicht selbst ausmachen, und eigene Standortbestimmungen waren schwierig. Die taktische Führung wurde deshalb über mobile Führungsstellen an Land oder größere Fahrzeuge in See realisiert.
- Bei der hohen physischen Belastung konnten nur körperlich besonders gut vorbereitete Besatzungen einen wirksamen Waffeneinsatz sichern.
- Die Zusammensetzung der Besatzung mit nur einem Offizier und einem Unteroffizier (bei Projekt 63 zusätzlich ein Matrose) erforderte, dass solche Aufgaben wie Reinschiff, Wache, Ausrüstung mit Verbrauchsstoffen und Torpedos gemeinsam erledigt werden mussten. Dadurch entstanden mitunter Erziehungs- und Disziplinarschwierigkeiten.

Hinzu kam, dass der taktische Einsatz der Boote sich auf das unmittelbare Küstenvorfeld beschränkte. Ab See 4 konnten sie kaum noch genutzt werden. Damit besaßen die Leichten Torpedo-Schnellboote nur einen begrenzten Kampfwert.

Als Nachfolgetyp entwickelte und baute die Peenewerft Wolgast das Kleine Torpedo-Schnellboot Projekt 131. In der Zeit von 1974 bis 1977 erhielt die Volksmarine

- 30 **Kleine Torpedo-Schnellboote (KTS) Projekt 131 /LIBELLE/** als verbesserten Nachfolgetyp.

Dieser Typ vereinte die wesentlichen Kampfeigenschaften der LTS-Boote Projekt 63 und 68 und galt als ausgereifte Konstruktion. Die Boote waren wie ihre Vorgänger für den Einsatz im Küstenvorfeld vorgesehen.
Eine höhere Autonomie und eine größere Fahrtstrecke erlaubten die Verlegung in entferntere Stützpunkte mit eigener Kraft und vergrößerten somit das für den Einsatz in Frage kommende Seegebiet. Auch die Verlegung in die Nordsee wurde im Rahmen der zu dieser Zeit geltenden offensiven Strategie in Betracht gezogen. Der 1977 begonnene Versuch, einen Nachfolgetyp Projekt 141 für das KTS-Boot Projekt 131 zu entwickeln, scheiterte.

Anfang der 80er Jahre verlor der Torpedoeinsatz gegen Überwasserschiffe an Bedeutung, weil durch Einführung von Seezielraketen und durch verbesserte Artillerie-Bewaffnung die Distanzen in Seegefechten sich bedeutend vergrößert hatten.
In Übereinstimmung mit der Entwicklung in vielen anderen Flotten begann auch die Volksmarine ab 1984 mit der Außerdienststellung der ersten Torpedo-Schnellboote.

1961 traf der Politische Beratende Ausschuss der Staaten des Warschauer Vertrages Festlegungen zur Umrüstung der Landstreitkräfte der verbündeten Armeen auf moderne Kampftechnik und Raketenbewaffnung. Parallel dazu erfolgten Maßnahmen für den Aufbau von Raketenkräften in der Volksmarine.

Unter strengster Geheimhaltung begann 1962 die Aufstellung der „KS-Boots-Abteilung“ in Peenemünde und im gleichen Jahr die Indienststellung von aus der UdSSR zugeführten

- 15 **Raketen-Schnellbooten Projekt 205 /OSA-I/.**

Diese Boote verkörperten bei ihrer Einführung Weltspitze. Sie mussten aber aus ökonomischen Gründen bis 1990 in Dienst gehalten werden, obwohl sie zu dieser Zeit technisch und militärisch überaltert waren.
Erst 1984 begann die Indienststellung des ebenfalls aus der UdSSR importierten Nachfolgers

- 5 **Kleine Raketenschiffe Projekt 1241 RÄ /TARANTUL-I/.**

Mehrere Versuche der DDR-Industrie, den Typ KTS-Boot als Raketenträger in neuer, moderner Form zu entwickeln, scheiterten.

Nach dem Besuch des Oberbefehlshabers der Seekriegsflotte der UdSSR Flottenadmiral Gorschkow 1980 in der DDR begannen die Arbeiten an dem Gemeinschaftsprojekt

- **Kleines Raketenschiff Projekt 151 /BALKOM-10/.**

Bis zur Auflösung der Volksmarine am 02.10.1990 war der Serienbau angelaufen, aber nur ein als Patrouillenboot PB 151 klassifiziertes Fahrzeug fertig gestellt.

Die verwendeten Projektnummern bei der Entwicklung entsprachen besonders in den 60er Jahren nicht immer der zeitlichen Reihenfolge. Es gab teilweise vorab oder nachträglich festgelegte Nummern bzw. eine willkürliche Zuordnung zu einzelnen Entwicklungsstellen und Werften. Eine straff organisierte Vergabe von Projektnummern erfolgte erst nach Bildung der Verwaltung Schiffbau ab 1966.

3.1 Torpedo-Schnellboote

Torpedo-Schnellboot Typ LACHS Projekt 16

Im September 1952 erteilte die Hauptverwaltung Seepolizei (HVS) den Auftrag zur Entwicklung eines Schnellbootes mit D_N ca. 150 t als Träger von Artillerie- und Torpedobewaffnung an das Zentrale Konstruktionsbüro Berlin (später ISW). Damit wurde die erste Torpedo-Schnellbootsentwicklung in der DDR eingeleitet. Im Rahmen der strengen Geheimhaltung aller Schiffs- und Boots-Neubauten für die bewaffneten Organe der DDR erhielt das Projekt die Bezeichnung „Schnelle Reiseyacht groß - 150 t".
Das Institut für Schiffbautechnik Wolgast erarbeitete bis Juni 1956 eine Typskizze für dieses Projekt; der Serienbau sollte in der Peenewerft Wolgast erfolgen.

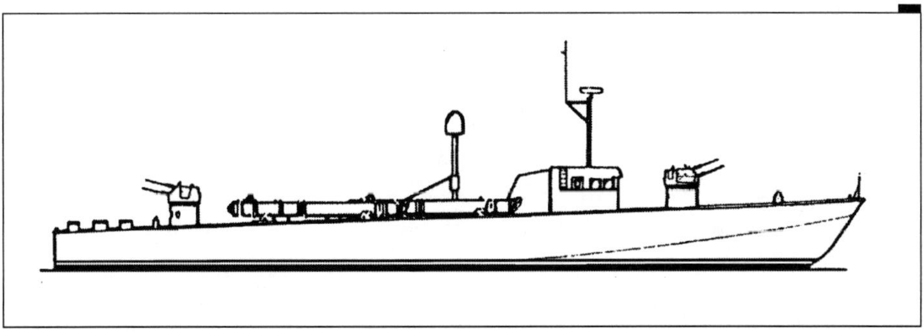

Als Antrieb waren Gasturbinen vorgesehen. Dazu bestellte Ende 1956 die Peenewerft Wolgast vier Flugzeugtriebwerke TW-2 für das I. Quartal 1957 als Sonderimport aus der UdSSR. In der Industrie der DDR konnten zu dieser Zeit keine derartigen Triebwerke produziert werden; es wurden aber Zuentwicklungen für verschiedene Geräte (Ruderlagegeber, Kommando-Anlage ...) durchgeführt.

Im März 1957 wurden auf Weisung der Seestreitkräfte der DDR alle Arbeiten am Entwicklungsthema TS-Boot Typ LACHS Projekt 16 eingestellt. Dieser plötzliche Abbruch ist vermutlich begründet durch die Bedenken der Seestreitkräfte gegen Gasturbinen als Antrieb für TS-Boote, aber auch durch die Einführung des sowjetischen TS-Bootes Projekt 183.
Detaillierte Angaben zu diesem Projekt sind nicht mehr zu erhalten.

Torpedo-Schnellboot Typ FORELLE Projekt 57

Taktisch technische Daten (29)			
D_N(t)	$L_{üa}$(m)	$B_{üa}$(m)	T_g(m)
65	27,7	7,16	1,05
Antrieb	V_{max}(kn)	**Besatzung**	**Bewaffnung**
2xDM MB 511	38	12	$1x25_2$; $1x\ 14,5_2$; $1x12,7_2$; 2xTR

Lebensakte

Projekt-/ Bau-Nr.	Name	in Dienst	außer Dienst	Bemerkungen
F 0 (M 5)	ohne	–	–	–
F 1 (M 6)	ohne	08.63	07.65	bei 6. GBK
F 2 (M 7)	ohne	08.63	07.65	bei 6. GBK

Fast gleichzeitig mit der Aufgabenstellung für das TS-Boot Typ LACHS leitete die VP-See die Entwicklung eines weiteren TS-Bootes mit dem Typnamen FORELLE ein. Dieses an die neu gebildete Forschungsstelle der Elbewerft Roßlau (ehemals Sachsenberg-Werft) vergebene Vorhaben war eng verknüpft mit dem Nachbau des Dieselmotors MB 511 (Daimler-Benz-Schnellbootsmotor der Kriegsmarine) unter der neuen Typ-Bezeichnung 20 KVD 25.
Die Forschungsstelle Roßlau war nach Auflösung des KBR gebildet worden, um Tragflügelbootsentwicklungen der ehemaligen Sachsenberg-Werft aus dem Zweiten Weltkrieg für zivile Bedarfsträger weiterzuführen. Durch die überzogenen Geheimhaltungsbestimmungen war in Roßlau nicht bekannt, dass das Zentrale Konstruktionsbüro Berlin für Schiffbau (später ISW) in Wolgast gleichzeitig an dem 150t-Schnellboot Typ LACHS Projekt 16 arbeitete.
In Roßlau orientierte man auf die Bearbeitung des kleinen Schnellbootes Typ FORELLE als Gleitboot. Eine Tragflügel-Entwicklung wurde als zu schwierig und

die Forderung nach Fertigstellung des Technischen Projektes bis 1955 als nicht realisierbar eingeschätzt.

Während der Projektbearbeitung wurden in der Forschungsstelle Roßlau gleichzeitig Arbeiten zur Schaffung fundierter theoretischer Grundlagen durch den Bau von Modellbooten einer sogenannten M-Reihe (Anlage 2) geleistet, denn es war kein wissenschaftlicher Vorlauf vorhanden. (30)

Das Nullboot des Typs FORELLE baute die Schiffswerft Roßlau 1955 als Boot M5 (Anschluss an die M-Reihe mit den Booten M1 bis M4). Der gesamte Bootskörper war aus Aluminium genietet. Diese Technologie war billiger und einfacher als Kompositbauweise. Außerdem beherrschte das Personal aus der ehemaligen Flugzeugfertigung der Junkers-Werke Dessau die Alu-Bearbeitung. Es wurde extra eine vorhandene Schiffbauhalle für Leichtmetallfertigung ausgestattet.
Das Boot FORELLE 0 entstand vollständig in dieser Halle, wurde anschließend zur Peenewerft Wolgast geschleppt und dort komplettiert. Im November 1955 begann die Erprobung im Greifswalder Bodden. Sie erstreckte sich über drei Jahre und war von ständigen Störungen an den Motoren 20 KVD 25 begleitet. Schiffbauliche Mängel wie Brechen der UKW-Antenne, Ausbruch der Schwanzwellenlager aus dem Rudersteven, Abriss von Nieten der Stahlplatten über den Propellern, Beulen in der Außenhaut im Vorschiff führten zu mehrfachen Unterbrechungen. Auch an der Bewaffnung traten Probleme auf. Entgegen dem Projekt musste das 14,5 mm - Fla- MG auf dem Vorschiff entfernt werden. Durch überkommendes Wasser rostete die Waffe. Torpedorohre für die vorgesehenen 533 mm-Dampfgastorpedos waren nicht vorhanden; auch Versuche zum Import aus der UdSSR scheiterten. Um die Schwerpunktlage nicht zu verändern, fuhr das Boot während der Erprobungen mit zwei sandgefüllten Modellrohren.

Die immer wiederkehrenden Störungen des Nullbootes FORELLE führten 1958 zum Abbruch aller Arbeiten an den Motoren. Mit der Entscheidung gegen den Motor 20 KVD 25 war auch die Erprobung des Bootes FORELLE 0 beendet, es wurde in der Peenewerft Wolgast verschrottet.

Die Seestreitkräfte legten fest, dass die geplanten Boote FORELLE 1 und 2 mit je vier sowjetischen Importmotoren M50F auszurüsten seien.
Der Einbau der geforderten vier Motoren (je zwei auf eine Welle) führte zu einer Vergrößerung des Bootes und einer Erhöhung des Normaldeplacements von 60 t auf 65 t. Die offene Brücke wurde nach vorn versetzt und ein geänderter Mast mit Antenne für die sowjetische FuM-Anlage Sarnitza aufgebaut.
Beide Boote fertigte die Schiffswerft Roßlau. Nach der erfolgreichen Erprobung im Greifswalder Bodden stellte sie die Volksmarine am 13.08.1963 in Dienst.
Da inzwischen aber die sowjetischen TS-Boote Projekt 183 in die Flotte eingeführt waren, verzichtete die Volksmarine auf die Weiterführung des Typs FOREL-

LE zur Serienreife. Beide Boote erhielt die Grenzbrigade-Küste ohne Torpedorohre als Wachboote. Für einen solchen Verwendungszweck waren sie aber nicht konzipiert und wurden deshalb bereits im Juli 1965 außer Dienst gestellt und verschrottet.

Damit war die Zielstellung der Entwicklung eigener Torpedo-Schnellboote, gekoppelt mit einer eigenen Motorenproduktion, nicht erfüllt worden. Anders als bei Minenräumfahrzeugen war die neue Orientierung der Volksmarine bei Schnellbooten nun auf den Import sowjetischer Serienboote gerichtet.
Auch auf die Eigenentwicklung von Motoren wurde verzichtet, da die UdSSR die Lieferung von Motoren M50F (Antriebe der TS-Boote Projekt 183) in ausreichender Anzahl anbot.

Torpedo-Schnellboot Projekt 183 /P-6/

Taktisch technische Daten

D_N(t)	$L_{üa}$(m)	$B_{üa}$(m)	T_g(m)
67	25,4	6,24	1,24
Antrieb	**V_{max}(kn)**	**Besatzung**	**Bewaffnung**
4xDM M50F	42,5	14	2x25$_2$;2xTR;WB

Lebensakte

Projekt-/ Bau-Nr	Name	in Dienst	außer Dienst	Bemerkungen
183/1	JULIUS ADLER	08.10.57	31.05.68	1-5/68 Schulboot S-21
183/2	ETKAR ANDRE'	08.10.57	01.11.67	bis 71 Zielboot Z-83
183/3	R. BREITSCHEID	08.10.57	14.10.68	bis 71 Rettungsboot R-71

183/4	RUDI ARNDT	08.10.57	01.11.67	
183/5	HERBERT BALZER	08.10.57	01.11.67	
183/6	WILLI BÄNSCH	08.10.57	14.10.68	gesunken nach Kollision
183/7	BERNH. BÄSTLEIN	19.10.57	01.11.67	
183/8	ARTUR BECKER	19.10.57	01.11.67	Verkauf an Tansania
183/9	FRITZ BEHN	19.10.57	14.10.68	bis 71 Zielboot Z-84
183/10	HANS BEIMLER	30.10.58	01.11.67	bis 71 Grenzboot G-81
183/11	HANS COPPI	30.10.58	01.11.67	Verkauf an Tansania
183/12	HANNO GÜNTHER	30.10.58	14.10.68	bis 71 Grenzboot G-82
183/13	FRITZ HECKERT	30.10.58	01.11.67	Verkauf an Tansania
183/14	ADAM KUCKHOFF	30.10.58	14.10.68	
183/15	ARVID HARNACK	07.09.60	04.08.70	
183/16	BRUNO KÜHN	07.09.60	04.08.70	
183/17	ERICH KÜTTNER	07.09.60	16.10.69	bis 71 Rettungsboot R-72
183/18	HEINZ KAPELLE	07.09.60	10.10.70	
183/19	FRITZ LESCH	07.09.60	10.10.69	bis 73 Versuchsboot V-41
183/20	W. LEUSCHNER	07.09.60	21.10.70	
183/21	FRITZ RIEDEL	07.09.60	21.10.70	
183/22	JOSEF RÖMER	07.09.60	10.10.69	
183/23	MAX ROSCHER	07.09.60	14.10.68	bis 71 Grenzboot G-83
183/24	FIETE SCHULZE	07.09.60	31.07.69	
183/25	ANTON SAEFKOW	07.09.60	05.09.70	
183/26	ERNST SCHNELLER	07.09.60	20.01.69	
183/27	WOLFGANG THIESS	07.09.60	31.07.69	

1955 besuchte der Chef der VP-See Vizeadmiral Verner die UdSSR. Dort wurden ihm TS-Boote Projekt 183 vorgeführt und zum Kauf angeboten. Dieses Angebot griff die DDR sofort auf.
Nach der Auswahl geeigneter Offiziere und nach einem Kommandanten- und Ingenieur-Offiziers-Lehrgang begann ab 1957 die Schulung der Besatzungen zur Vorbereitung der Übernahme der ersten TS-Boote in der Flottenschule Parow. Die Schulung erfolgte an Land, ohne praktische Erfahrungen, ohne Lehrbücher und ohne Anschauungsmaterial.

Im September 1957 kamen entsprechend eines Handelsvertrages sechs Boote mit sowjetischen Besatzungen in Parow an. Die TS-Boote Projekt 183 (sowjetische Projekt-Nummer) waren reine Gleitboote, vollständig aus Holz gefertigt, nur Seitenwände und Rückwand des Fahrstandes hatten einen aufgesetzten Panzerstahlschutz.
Mit zwei Torpedorohren für den Abschuss von 533 mm-Dampfgastorpedos an Oberdeck – waffentechnischer Stand: Ende Zweiter Weltkrieg – waren diese Boote die ersten Torpedoträger in den Seestreitkräften der DDR. Auch die Ari-Bewaffnung erhielt mit dem 25_2 mm-Geschütz 2M3 eine neue Waffe für die Seestreitkräfte. Da sie nur mit einem Kreiskornvisier ausgerüstet war und

ohne Waffenleitanlage arbeitete, war aber keine besondere Sicherstellung erforderlich.
Dieses Geschütz 2M3 wurde in unterschiedlichen Versionen für viele Jahre Standardausrüstung auf verschiedenen Schiffs- und Bootstypen der Volksmarine.
Die Unterweisung der DDR-Besatzungen in die Funktionsweise der technischen Anlagen und in die Einsatzmöglichkeiten der Boote erfolgte durch die sowjetischen Besatzungen.
Nach weiteren Lieferungen hatte die Volksmarine im September 1960 insgesamt eine Serie von 27 TS-Booten Projekt 183 im Flottendienst. Alle Boote erhielten 1961 Namen antifaschistischer Widerstandskämpfer.

Die Besatzungen konnten unter beengten Bedingungen an Bord wohnen, waren aber meist auf einem schwimmenden Stützpunkt untergebracht. Erstes Wohnschiff für die Torpedo-Schnellboot-Brigade war der umgebaute ehemalige Binnentanker/Hebeschiff GROBIAN.

Die TS-Boote Projekt 183 waren eine ausgereifte Konstruktion, sie haben sich in harten Wettersituationen bewährt. Von Nachteil war die aufwendige Instandhaltung des hölzernen Bootskörpers. Die hohe Feuchtigkeitsaufnahme erforderte einen zusätzlichen jährlichen Sommerslip neben dem allgemeinen Winterslip; damit verringerte sich die Verfügbarkeit für Ausbildung und operative Aufgaben.
Nach 10-jähriger Nutzungsdauer wurden 1967 die ersten Boote planmäßig außer Dienst gestellt.
Das Boot 183/6 kollidierte am 30.08.1968 bei dichtem Nebel vor Warnemünde mit dem dänischen Fährschiff DROTTNINGEN; es sank sofort, vier Besatzungsmitglieder fanden dabei den Tod. Das war in der Geschichte der Seestreitkräfte der DDR der schwerste Seeunfall; eine Gedenktafel in der Dienststelle Dranske erinnert daran.

Mehrere Boote kamen nach Beendigung ihres Flottendienstes mit einer anderen Zweckbestimmung zum Einsatz.
Die Boote 183/3 und 183/17 wurden 1968 in der Peenewerft Wolgast umgebaut, die Waffen abgerüstet und eine geschlossene Brücke aufgesetzt. Im Oktober 1969 stellte die Volksmarine sie als schnelle Rettungsboote R-71 und R-72 wieder in Dienst.
Die Boote 183/2 und 183/9 erfuhren ebenfalls eine Umrüstung; die Waffen wurden abgebaut und ein großer Gittermast mit Radarreflektor aufgesetzt; bis 1971 dienten sie als Funkmess-Zielboote Z-83 und Z-84.
Die Boote 183/8, 11 und 13 wurden im Jahre 1967 außer Dienst gestellt. In der Peenewerft Wolgast erfolgte der Abbau der Torpedorohre, aber die beiden 25 2 mm-Geschütze blieben an Bord. Nach dem Aufbau einer geschlossenen Brücke gingen alle drei Boote als Wachboote nach Tansania.
Die Boote 183/10, 12, 23 wurden ohne Torpedorohre an die 6. Grenzbrigrade Küste als Grenzsicherungsboote übergeben.

Das desarmierte Boot 183/19 diente ab 1969 im Wissenschaftlich-Technischen Zentrum der Volksmarine als Erprobungsfahrzeug V-41; Hauptaufgabe war u.a. die Unterstützung bei der Erprobung einer Schnellschleppscheibe.

Ab 1968 übernahm die Volksmarine planmäßig sowjetische Torpedo-Schnellboote Projekt 206; zeitgleich erfolgte eine schrittweise Außerdienststellung der TS-Boote Projekt 183.

Torpedo-Schnellboot Projekt 206 /SHERSHEN/

Taktisch technische Daten

D_N(t)	$L_{üa}$(m)	$B_{üa}$(m)	T_g(m)
145	34,6	6,8	2,78
Antrieb	**V_{max}(kn)**	**Besatzung**	**Bewaffnung**
3xDM M503A	44	14	$2x30_2$;4xTR;WB

Lebensakte

Projekt-/ Bau-Nr.	Name	in Dienst	außer Dienst	Bemerkungen
206/1	ARTUR BECKER	14.10.68	20.10.86	77/81 Schulboot S-816
206/2	HANS COPPI	09.11.68	01.09.84	
206/3	B. BÄSTLEIN	14.12.68	01.09.84	77/81 Schulboot S-814
206/4	ETKAR ANDRE'	18.01.69	01.09.84	
206/5	FRITZ HECKERT	24.07.69	01.09.84	
206/6	WILLI BÄNSCH	16.08.69	01.10.86	
206/7	W. HUSEMANN	19.09.69	20.10.86	77/81 Schulboot S-815
207/8	ADAM KUCKHOFF	15.10.69	15.09.85	

206/9	WILHELM FLORIN	13.12.69	28.02.90
206/10	ERNST GRUBE	16.07.70	28.02.90
206/11	R. BREITSCHEID	04.08.70	01.10.86
206/12	FRITZ BEHN	05.09.70	01.10.86
206/13	ERNST SCHNELLER	12.10.70	28.02.90
206/14	ANTON SAEFKOW	28.11.70	28.02.90
206/15	FIETE SCHULZE	23.12.70	20.10.86
206/16	ARVID HARNACK	16.07.71	15.08.85
206/17	BRUNO KÜHN	26.08.71	28.02.90
206/18	HEINZ KAPELLE	06.10.71	28.02.90

Mit der beginnenden Außerdienststellung der TS-Boote Projekt 183 war eine „Wachablösung" in Form modernerer Boote mit verbesserten Gefechtseigenschaften notwendig. Die Orientierung auf sowjetische Serienboote blieb dabei erhalten; eine Änderung der Vorstellungen seitens der DDR war auch nicht nötig, da die UdSSR bereit war, neue Boote zu liefern.

Ab 1968 erfolgte auf der Grundlage eines Handelsabkommens der planmäßige Zulauf großer TS-Boote Projekt 206 (sowjetische Projektnummer) aus der UdSSR. Die Boote hatten mit 145 t ein größeres Normaldeplacement als ihre Vorgänger Projekt 183 mit 67 t.
Mit vier Torpedorohren und einer Torpedowaffenleitanlage sowie moderneren Torpedos ergab sich auch eine wesentliche Erhöhung der Kampfkraft.
Der Bootskörper war aus Stahl in vollgeschweißter Ausführung hergestellt und besaß damit nicht mehr die Nachteile der Holzboote des Projektes 183.

Die Boote wurden einzeln durch sowjetische Besatzungen nach Dranske überführt und dort durch die Volksmarine übernommen. Sie besaßen zwar eine höhere Kampfkraft, aber auch einen wesentlich höheren Preis; deshalb konnte keine Ablösung der TS-Boote Projekt 183 im Verhältnis 1:1 erfolgen.
1968 bis 1971 stellte die Volksmarine insgesamt 18 TS-Boote Projekt 206 in Dienst. Aus operativer Sicht war ein Ersatz im Verhältnis 1:1 nicht erforderlich. Während bisher 27 TS-Boote Projekt 183 mit je zwei Torpedorohren insgesamt 54 Torpedos bei einem Einsatz ins Ziel bringen konnten, waren es bei 18 TS-Booten Projekt 206 mit je vier Torpedorohren insgesamt 72 Torpedos. Damit war der Kampfwert der 18 neuen Torpedo-Schnellboote nach Ansicht der Volksmarine höher als der der bisherigen 27 Boote Projekt 183.

Die projektierte Lebensdauer von 15 Jahren hatten die Boote Mitte der 80er Jahre erreicht.
1984 begann die Volksmarine mit der Außerdienststellung, im Februar 1990 wurden die letzten noch im Flottendienst verbliebenen sechs TS-Boote Projekt 206 außer Dienst gestellt und verschrottet.

Es gab bis dahin noch Vorstellungen in der Volksmarine zur Umrüstung dieser Boote als Artillerieträger mit modernerer Bewaffnung, um die ungenügende Luftabwehr zu verbessern. Das Vorhaben scheiterte aber an fehlenden Finanzen und Personalmangel in der Flotte.

3.2 Leichte/Kleine Torpedo-Schnellboote

Leichtes Torpedo-Schnellboot Typ ILTIS Projekt 63 /ILTIS A/

Taktisch technische Daten

D_N(t)	$L_{üa}$(m)	$B_{üa}$(m)	T_g(m)
16,8	14,8	3,4	1,05
Antrieb	**V_{max}(kn)**	**Besatzung**	**Bewaffnung**
2xDM M50F	52	3	2xTR

Lebensakte

Projekt-/ Bau-Nr.	Name	in Dienst	außer Dienst	Bemerkungen
63.1	ohne			Versuchsboot
63.2				Versuchsboot
63.3				Versuchsboot
63.31	ohne	30.08.63	31.03.66	Boote 63.31 - 63.36
63.32		15.10.63	05.11.69	Nullserie; 1963/64
63.33		07.09.63	05.11.69	Erprobungen und Aus-
63.34		03.05.63	05.11.69	bildungsboote; danach
63.35		30.08.63	02.02.68	alle in Flottendienst
63.36		30.08.63	02.05.72	übernommen
63.301	ohne	25.07.64	01.12.73	Serienboote
63.302		25.07.64	09.04.76	
63.303		25.07.64	09.12.76	
63.304		05.09.64	31.03.77	
63.305		05.09.64	02.01.76	
63.306		05.10.64	25.08.75	

63.307	28.09.64	31.03.77
63.308	20.11.64	10.05.76
63.309	11.12.64	01.12.73
63.310	11.12.64	06.12.75
63.311	22.12.64	23.03.76
63.312	22.12.64	17.03.76
63.313	22.01.65	16.01.76
63.314	22.01.65	14.07.73
63.315	05.06.65	09.12.76
63.316	05.06.65	14.07.73
63.317	05.06.65	14.07.73
63.318	05.06.65	09.11.76
63.319	05.07.65	05.01.77
63.320	05.07.65	29.08.75
63.321	01.10.65	09.12.74
63.322	01.10.65	23.09.75
63.323	01.10.65	02.08.76
63.324	01.10.65	18.06.76
63.325	01.10.65	28.09.76
63.326	01.12.65	04.06.76
63.327	01.12.65	15.07.76
63.328	01.12.65	23.12.75
63.329	08.01.66	31.03.77
63.330	08.01.66	06.12.75

Auf der Grundlage der Taktisch-technischen Aufgabenstellung der Seestreitkräfte erarbeitete das ISW bis April 1960 das Technische Projekt, und parallel dazu baute die Peenewerft Wolgast als Funktionsmuster das Boot 63.1. Da es zu dieser Zeit außer Projektnummern auch noch Typnamen gab, erhielt diese Entwicklung den Namen ILTIS.

Konstruktionsdaten für das Boot waren:

$L_{üa}$ = 13,8 m $B_{üa}$ = 3,6 m T = 0,52 m D_N = 16,0 t

Antrieb 2 x DM M50F; 2 Torpedorohre; 2 Mann Besatzung;
Alu-Bootskörper geschweißt, einige Stellen genietet.

Bei Erprobungen ab September 1960 vor der Schwedenschanze erreichte das Boot nicht die geforderte Geschwindigkeit von 50 kn, es tauchte nicht aus und kam nicht in die Gleitphase.

1961 wurden die bisher gemachten Erfahrungen mit dem Funktionsmuster Boot 63.1 ausgewertet und danach ein neues Boot 63.2 mit verändertem Bootskörper gebaut. Außerdem änderte man den Einbau der Motoren. Um die Schwerpunktlage zu verbessern, wurden die Motoren weiter nach vorn versetzt und um 180° gedreht, sodass der Antriebsflansch in Fahrtrichtung zeigte. Das dazu erforderliche Umkehrgetriebe und eine Gelenkwelle entstanden als Gemeinschaftsarbeit ISW/Peenewerft Wolgast/Gelenkwellenwerk Ilmenau.

Die Erprobung des neuen Bootes 63.2 fand 1961 vor Peenemünde statt; dabei wurde die geforderte Geschwindigkeit von 50 kn zwar überschritten, aber das Boot war instabil. Während Boot 63.1 nicht austauchte, kam Boot 63.2 recht früh in den Gleitzustand, tauchte bei Geschwindigkeitserhöhung zu weit aus, verlor dadurch an Gleitfläche und schlug mit dem Bug hart auf, um sofort diesen Zyklus zu wiederholen. Das Boot „galoppierte". Der gleiche Effekt war bereits bei dem Boot M3 der M-Reihe aufgetreten.

1962 wurde das Projekt 63.2 überarbeitet und bei nur geringfügiger Veränderung des Bootskörpers zu Projekt 63.3 weiterentwickelt. Eine Überarbeitung des Getriebes war ebenfalls notwendig, außerdem gab es Produktionsschwierigkeiten in der Peenewerft Wolgast. Dadurch entstanden Verzögerungen beim Bau des neuen Funktionsmusters, und die Erprobung fand erst ab September 1962 statt. Dabei wurde nun die volle Eignung und die Einhaltung der technischen Forderungen nachgewiesen. Es trat keine Instabilität mehr auf, aber dafür entstanden sehr harte Bewegungen im Seegang. Erst durch den Einbau stoßgedämpfter Sitze wurden zumutbare Bedingungen für die Besatzung erreicht.
Im Rahmen dieser Erprobung wurde der Einsatz eines dritten Besatzungsmitgliedes zur Bedienung der FuM-Anlage festgelegt. Kommandant und FuM-Gast saßen in Fahrtrichtung, der Maschinist hinter dem Kommandanten mit Blickrichtung nach achtern.

Parallel zur Entwicklung des Projektes 63.3 erarbeitete das Institut für Schiffbautechnik Wolgast das Technische Projekt für eine Nullserie von sechs Booten 63.31 bis 63.36. Der Bau dieser Boote war ursprünglich nicht vorgesehen und wäre aus technischer und operativer Sicht nicht nötig gewesen. Damit sollte aber die Werftkapazität für den militärischen Schiffbau erhalten und für das Jahr 1963 eine Produktionslücke gefüllt werden. Andernfalls wäre für längere Zeit eine Blockierung durch Zivilprojekte entstanden.

Die Boote konnten ab August 1963 mit zur Erprobung und gleichzeitig zur Baubelehrung und Ausbildung der ersten Besatzungen eingesetzt werden. Anschließend erfolgte die vorübergehende Übernahme in den Flottendienst.

Alle ab 1964 zulaufenden 30 Serienboote Projekt 63.300 erfuhren während des Flottendienstes eine Modernisierung; sie beinhaltete:

- Austausch der FuM-Anlage KSA-V gegen die leistungsstärkere Anlage TSR-222,
- Austausch der Funkanlage,
- Aufbau eines leichteren Vierbeinmastes hinten,
- Einbau verstärkter Gelenkwellen,
- Einbau eines Torpedorechners.

Mit Zuführung des Nachfolgers KTS-Boot Projekt 131.4 wurden die Leichten Torpedo-Schnellboote Projekt 63.300 ab 1973 nacheinander planmäßig außer Dienst gestellt und alle verschrottet.

Leichtes Torpedo-Schnellboot Typ HYDRA/WIESEL Projekt 68 /ILTIS B/

Taktisch technische Daten

D_N(t)	$L_{üa}$(m)	$B_{üa}$(m)	T_g(m)
19,2	17,1	3,59	1,45
Antrieb	**V_{max}(kn)**	**Besatzung**	**Bewaffnung**
2xDM M50F	50	2	3xTR oder 6 Minen oder 32 Kampfschwimmer

Lebensakte

Projekt-/ Bau-Nr.	Name	in Dienst	außer Dienst	Bemerkungen
68.1	ohne			Versuchsboot
68.2				Versuchsboot
68.201	ohne	03.01.66	15.01.67	68.201-68.215
68.202		11.12.64	31.01.68	1. Bauausführung
68.203		20.11.64	15.01.67	
68.204		wegen Baumängeln verschrottet		
68.205		11.07.68	03.04.75	
68.206		03.01.68	01.04.68	

68.207		03.01.68	01.04.68	
68.208		11.12.67	01.04.68	
68.209		11.12.64	15.01.67	
68.210		16.09.68	05.06.75	
68.211		wegen Baumängeln verschrottet		
68.212		16.09.68	02.07.75	danach Armee-museum Dresden
68.213		21.12.68	01.07.70	
68.214		11.10.68	04.04.75	
68.215		02.09.68	09.12.74	danach Wohnboot DIANA in Bootswerft Greifswald
68.216	ohne	08.12.67	19.03.75	68.216 - 68.226
68.217		wegen Baumängeln verschrottet		2. Bauausführung
68.218		08.12.67	14.07.73	
68.219		21.12.67	20.05.72	
68.220		12.12.67	28.02.74	
68.221		21.12.67	14.07.73	
68.222		12.12.67	09.02.73	
68.223		08.08.68	11.03.75	
68.224		22.06.68	14.07.73	
68.225		08.12.67	05.06.68	Kollision mit RS-Boot Pr.205
68.226		08.12.67	09.12.74	

Die Yachtwerft Berlin erarbeitete ein Technisches Projekt für ein Boot Projekt 68 als Holzkonstruktion und mit anderen Abmessungen als das Projekt 63 der Peenewerft Wolgast:

$L_{üa}$ = 13,0 m $B_{üa}$ = 3,6 m

Der Bootskörper war mit Mahagoni beplankt, die Festigkeitsverbände und das Deck aus mehrfach verleimtem Sperrholz gefertigt. Der Antrieb erfolgte durch einen Dieselmotor M50F.

Es gab große Probleme bei den Festigkeitsberechnungen, besonders bei der Längsfestigkeit sowie bei der Auswahl geeigneter Klebstoffe.

1959 erfolgte der Bau des Versuchsbootes 68.1 in der Yachtwerft Berlin. Die Werft gab dem Boot den Typnamen HYDRA, den später die Volksmarine in WIESEL änderte. Die Erprobung ab Juli 1960 vor der Schwedenschanze zeigte, dass auch dieses Boot die geforderte Geschwindigkeit von 50 kn nicht erreichte.

1961 entstand das Projekt 68.2 – ein verlängertes Boot mit 2 x DM M50F. Die Bewaffnung bestand aus drei Torpedorohren, der Ausstoß erfolgte wie bei Projekt 63 nach achtern mit dem Gefechtskopf nach vorn. Anstelle der äußeren Torpedorohre war bei dem Projekt 68 eine schnelle Umrüstung zu einer Minenvariante mit sechs Minen KMD-500 oder zu einer Transportvariante für 32 Kampfschwimmer bzw. Sturmtruppen möglich.

Kurzzeitig war auch ein 12,7$_2$ mm-MG auf dem Achterschiff installiert; diese Waffe wurde aber aus Platz- und Stabilitätsgründen nicht an Bord belassen.

Bei der Erprobung kam das Boot wiederum nicht an die geforderten 50 kn heran;auch bei der Minenabwurf-Variante traten Probleme auf.Die Minen KMD-500 fielen dicht neben dem Bootskörper auf die Wasseroberfläche,wurden vom vorbeiströmenden Wasser angesaugt und beschädigten einige Bootskörper erheblich. Erst Abrollschienen,die beim Minenabwurf ausklappten,brachten sie auf den notwendigen Abstand zum Bootskörper.

Ein nochmalig überarbeitetes Projekt 68.2A wurde 1962/63 erprobt. Die Volksmarine schätzte ein:

Das Boot erfüllt nicht alle Anforderungen und ist nur bedingt als Ausbildungsboot einsetzbar.

Vorteile: Torpedo-, Minen- und Kampfschwimmervariante möglich, drei Torpedorohre, weiche Bewegungen im Seegang, Direktantrieb der Wellenanlage.

Nachteile: Unzureichende Festigkeit der Bootskörper, unzureichende Manövriereigenschaften, nicht ausgereifte Antriebsanlage, bedingt durch den zu „weichen" Bootskörper.

Trotzdem begann bereits 1962 mit Zustimmung der Volksmarine der Serienbau des Leichten Torpedo-Schnellbootes Projekt 68.2. Bei den Serienbooten stellten sich erhebliche Festigkeits- und Fertigungsmängel heraus (Wasserdurchlässigkeit des Polyesterharzes, Risse im Deck, Aufleimungen an allen verleimten Bauteilen), so dass daraufhin die Volksmarine die Zulassung in der vorliegenden Bauausführung stoppte.

Ein angebotener Rücktritt der Yachtwerft Berlin vom Vertrag wurde abgelehnt; das eingeleitete Vertragsgerichtsverfahren führte zu der Entscheidung:

- Eine Vertragsaufhebung wird zurückgewiesen,
- die Yachtwerft Berlin trägt die volle Verantwortung und hat unentgeldlich zu realisieren:
- Wechsel der Bootsböden an allen bisher fertiggestellten Booten,
- Konservierung der Unterwasserteile aller Boote mit Lack EKL-18,
- Nachbesserung des Spantsystems.

Durch intensive Bemühungen der Yachtwerft Berlin und mit Unterstützung des Instituts für Schiffbautechnik Wolgast gelang es, ab Boot 63.216 eine verbesserte zweite Bauausführung mit nun ausreichender Festigkeit zu liefern.
Die notwendigen Nacharbeiten an den Booten der ersten Bauausführung führten aber zu zeitlich ungeordneter Indienststellung der Serienboote und zu einer Verringerung der vertraglich geplanten Seriengröße von ursprünglich 30 auf 23 Boote.

Trotz des projektierten höheren Gefechtswertes (drei Torpedorohre, Umrüstmöglichkeiten) erreichten die LTS-Boote Projekt 68 nicht die Einsatzeigenschaften der Boote Projekt 63.
Auch die nach der Konservierung mit Lack EKL-18 noch vorhandene Feuchtigkeitsaufnahme der Holzkörper und das damit erforderliche zusätzliche Aufslipen zum Austrocknen verringerte die Verfügbarkeit der Boote.

Das Boot 68.225 erlitt 1968 bei einer Havarie mit einem Raketenschnellboot Projekt 205 (kein Personenschaden) so schwere Beschädigungen, dass es außer Dienst gestellt werden musste, anschließend erfolgte die Verschrottung.
Mit der Zuführung der Kleinen Torpedo-Schnellboote Projekt 131.4 wurden alle Boote planmäßig außer Dienst gestellt und verschrottet.

Leichtes Torpedo-Schnellboot Projekt 81

Nach der Aufgabenstellung durch die Seestreitkräfte begann 1958 auch die Schiffswerft Roßlau mit der Entwicklung eines Leichten Torpedo-Schnellbootes Projekt 81; ein Typname wurde hierbei nicht vergeben.
Das Boot war etwas schmaler als das LTS-Boot Projekt 63; der Antrieb bestand aus einem Dieselmotor M50F. Als Bewaffnung waren zwei Torpedorohre vorgesehen, zwei Mann Besatzung sollten das Boot bedienen.
Entsprechend der beim Bau des TS-Bootes Typ FORELLE Projekt 57 gemachten

Erfahrungen erhielt es ebenfalls einen Alu-Bootskörper in genieteter Ausführung.

1960 fand eine gemeinsame Erprobung mit den LTS-Booten Projekt 63 und Projekt 68 vor der Schwedenschanze statt. Das Boot Projekt 81 erreichte dabei ebenfalls nicht die geforderte Geschwindigkeit, hatte aber von allen drei Projekten die beste Schwimmlage. Vorher durchgeführte Arbeiten an der M-Reihe und am Torpedo-Schnellboot Typ FORELLE Projekt 57 zahlten sich hier aus.
Die Volksmarine beanstandete aber, dass dieses Boot nur mit einem Dieselmotor ausgerüstet war. Bei Ausfall war keine Reserve vorhanden und das Boot damit bewegungsunfähig. Das wurde aus taktischer Sicht als nicht akzeptabel eingestuft. Danach begann die Forschungsstelle Roßlau mit Einverständnis der Volksmarine die weitere Bearbeitung des Projektes 81 als Tragflügelboot Projekt 81.2. Der vorhandene Bootskörper erhielt am Vorschiff starre flach tauchende Tragflügel. Das Boot wurde 1963 umfangreichen Erprobungen unterzogen. Die Ergebnisse waren positiv, auch eine Geschwindigkeit von 50 kn wurde erreicht. Trotzdem blieb die Volksmarine wegen des fehlenden zweiten Antriebsmotors bei der Ablehnung des Projektes.
Nach dieser unverändert negativen Einschätzung durch die Volksmarine brach die Forschungsstelle Roßlau die Arbeiten ab. Das Tragflügelboot Projekt 81.2 wurde an das Armee-Museum Potsdam als Ausstellungsstück übergeben.

Kleines Torpedo-Schnellboot Projekt 131 /LIBELLE/

Taktisch technische Daten

D_N(t)	$L_{üa}$(m)	$B_{üa}$(m)	T_g(m)
30,8	18,96	4,42	1,74
Antrieb	**V_{max}(kn)**	**Besatzung**	**Bewaffnung**
3xDM M50F	48	5	1x23$_2$; 2xTR; 2x Minen oder Kampfschwimmer

Lebensakte

Projekt-/ Bau-Nr.	Name	in Dienst	außer Dienst	Bemerkungen
131.1	ohne			Versuchsboot
131.2				Versuchsboot
131.3				Versuchsboot
131.400	ohne	01.10.74	30.04.84	fehlerhaftes Serienboot, eingestuft als 4.Versuchsboot
131.401	ohne	20.12.74	01.07.84	
131.402		03.02.75	01.07.84	
131.403		10.03.75	10.05.89	
131.404		04.04.75	10.05.89	
131.405		30.04.75	24.07.89	
131.406		05.06.75	24.07.89	
131.407		02.07.75	24.07.89	

131.408	05.08.75	-	
131.409	29.08.75	01.07.84	
131.410	23.09.75	-	
131.411	28.10.75	10.05.89	
131.412	25.11.75	01.05.89	
131.413	23.12.75	01.07.84	
131.414	16.01.76	01.07.84	
131.415	23.03.76	01.07.84	
131.416	23.03.76	01.07.84	
131.417	09.04.76	01.07.84	
131.418	10.06.76	01.07.84	
131.419	10.06.76	01.07.84	
131.420	18.06.76	16.10.89	
131.421	15.07.76	30.06.86	Kollision mit RSB 205
131.422	20.08.76	27.07.89	
131.423	28.09.76	16.10.89	danach Rostock
131.424	01.10.76	16.10.89	
131.425	09.11.76	01.07.84	
131.426	09.11.76	16.10.89	danach Dresden
131.427	05.01.77	01.07.84	
131.428	31.03.77	01.07.84	
131.429	31.03.77	01.07.84	
131.430	31.03.77	01.07.84	

Im Zusammenhang mit einem vorgesehenen Nachfolgeprojekt für die vorhandenen LTS-Boote Projekt 63 und Projekt 68 griff die Volksmarine zum wiederholten Male die Problematik „Tragflügelboot“ auf. Da die UdSSR aber eine Zusammenarbeit und Informationen über das seit 1964 in ihrem Bestand befindliche Tragflügelboot Typ PCHELA ablehnte, erarbeitete die Volksmarine Operativ-taktische Forderungen für ein „Kleines Schnellboot“ als Gleitboot. Es sollte die wesentlichen Kampfeigenschaften seiner Vorgänger in sich vereinen, aber Verbesserungen im Aktionsradius, in der Seetüchtigkeit, der funkelektronischen Ausrüstung und zusätzlich eine leichte Ari-Bewaffnung zur Selbstverteidigung erhalten.
Die neue Bezeichnung „Kleines Schnellboot“ führte die Volksmarine ein, da das Boot größer werden sollte, als die LTS-Boote Projekt 63 und Projekt 68.

Das Projekt trug anfangs die Bezeichnung Kleines Mehrzweckboot KMS-55 mit den wechselnden Projektnummern 117, 126 und 128, wofür verschiedene Varianten von Antriebsmotoren DM 503A und DM M 50 geprüft wurden, darunter auch gemischte Varianten z.B. 1 x DM 503A und 2 x DM M 50. Nach Übergang auf die endgültige Ausführung mit 3 x DM M 50F erhielt das Projekt die Nummer 131. Bootskörper und Deckshaus wurden wieder aus Aluminium in vollgeschweißter Ausführung gefertigt. Die beiden Torpedorohre waren in den Bootskörper eingelassen, nur der hintere Teil war kurz über der Wasserlinie sichtbar. Der Torpedo-Ausstoß entsprach den Projekten 63 und 68. Seitlich neben dem Decks-

haus war auf jeder Bordseite ein Minenausstoßrohr für Minen UDM installiert. Auch hier bestand die Möglichkeit, im Bedarfsfall zur Transportvariante umzurüsten. Dazu ließen sich die beiden Minenausstoßrohre abbauen und je Bordseite eine Sitzreihe mit einer Persenningabdeckung aufsetzen.
Nach mißglückten Versuchen mit einem 14,5$_2$ mm-sMG bzw. einem 12,7$_2$ mm-MG auf dem Vorschiff (Ari-Gast freistehend an Oberdeck bei einer Geschwindigkeit bis zu 50 kn, Störung der freien Sicht des Bootskommandanten durch den Aufbau auf dem Vorschiff) entschied man sich für ein 23$_2$ mm-Geschütz aus der Bewaffnung der NVA-Landstreitkräfte. Eine Modifizierung dieser Waffe für den Bordeinsatz, ihre Anordnung auf dem Heck und ein neu entwickelter Wind- und Spritzwasserschutz ermöglichten den Einsatz auf diesem Boot.
Eine hohe Effektivität gegen Luftziele wurde nicht erwartet; gegenüber den unbewaffneten Vorgängern Projekt 63 und Projekt 68 war es aber trotzdem eine Verbesserung.
Es wurde festgelegt, dass drei Versuchsboote (131.1-131.3) und danach 30 Serienboote 31.400 unter Berücksichtigung der Ergebnisse der Technischen Erprobung zu fertigen sind.

Im Februar 1971 forderte die Volksmarine, zusätzlich eine Modifizierung des Projektes 131 als Tropenvariante zu untersuchen, da der Irak sich für ein Kleines Schnellboot aus DDR-Produktion interessierte. Die Peenewerft Wolgast erarbeitete dazu eine Realisierungsstudie als Projekt 131.5. In ihren Ausarbeitungen lehnte sie aber eine solche Variante wegen nicht tropenfester Ausrüstungsteile aus UdSSR-Importen sowie wegen der zu erwartenden Kühlwasserprobleme für die Motoren ab. Hiernach verzichtete die Volksmarine auf weitere Aktivitäten.

1972/73 absolvierten die Versuchsboote 131.1-131.3 erfolgreich ihre technische Erprobung. Vor Serienbeginn entschied die VVB Schiffbau, die Bootskörper für die Produktion der Serienboote 131.400 zur Schiffswerft Rechlin zu verlegen, die Körper im Landtransport (>150 km) nach Wolgast zu überführen und in der Peenewerft Wolgast fertigzustellen.

Der Serienbau in Rechlin begann mit erheblichen Schwierigkeiten. Das mit vielen Fehlern behaftete erste Boot wurde durch die Volksmarine nicht als Serienboot übernommen, sondern mit Bau-Nummer 131.400 als 4. Versuchsboot eingestuft. Nach Beseitigung der Anfangsmängel lief der weitere Serienbau aber 1974 bis 1977 ohne Probleme.

Die Versuchsboote 131.1-131.3 wurden nach Abschluss der Erprobung verschrottet. Dagegen diente das Boot 131.400 (verworfenes 1. Serienboot) bis 1984 als Ausbildungsboot und Versuchsträger für Langzeiterprobungen (Werkstoffe, Motorenlaufzeiten u.a.).

Im November 1972 tagte in Rostock eine Arbeitsgruppe des Technischen Komitees des Oberkommandos der verbündeten Ostseeflotten zum Thema „Erprobungsergebnisse mit dem Kleinen Torpedo-Schnellboot Projekt 131". Im Rahmen der Tagung erfolgte eine praktische Vorführung mit den Booten 131.1 und 131.2.
Teilnehmer waren Vertreter des Technischen Komitees sowie der Flotten der UdSSR, Polens und Bulgariens. Das Boot wurde zwar als gelungene Entwicklung eingeschätzt, aber keine der anwesenden Flotten meldete Bedarf an.
Auch die Lieferung eines Musterbootes und der Baudokumentation an Kuba scheiterte an unterschiedlichen Preisvorstelllungen. Verhandlungen dazu wurden 1977 ergebnislos abgebrochen.

Ab 1984 begann die planmäßige Außerdienststellung und Verschrottung.
Das Boot 131.421 sank im April 1986 nach einer schweren Kollision mit einem Raketenschnellboot Projekt 205 vor Hiddensee; dabei verlor ein Besatzungsmitglied das Leben. Nach seiner Bergung wurde das Boot verschrottet.
Das Boot 131.423 wurde als Museumsboot vor dem Traditionsschiff in Rostock-Schmarl aufgestellt; das Boot 131.426 ging zum Armeemuseum Dresden.

Am 02.10.1990 befanden sich noch zwei Boote im Flottendienst. Sie wurden durch die Bundesmarine nach einer „Demilitarisierung für museale Zwecke" an zivile Nutzer übergeben. Das Boot 131.408 erhielt das Marinemuseum Stralsund-Dänholm und das Boot 131.410 ging zum Wissenschaftlichen Institut für Schifffahrts- und Marinegeschichte Hamburg (Museum Tamm).

Nachfolgeprojekt für KTS-Boot Projekt 131

Anfang der 80er Jahre war allgemein die Zeit der Torpedo-Schnellboote abgelaufen. Aber noch 1977 hatten Arbeiten zur Weiterentwicklung der Erzeugnislinie LTS-/KTS-Boote begonnen, für die in der Industrie der DDR technische Voraussetzungen und Erfahrungen vorlagen.
Die Peenewerft Wolgast beschäftigte sich mit Möglichkeiten für den Bau eines Kleinen Torpedo-Schnellbootes Projekt 141 mit beibehaltener Torpedobewaffnung, aber modernerer Ausrüstung.
Das Institut für Schiffbautechnik Warnemünde untersuchte gleichzeitig die Ausrüstung eines 30 t - Bootes mit Raketenbewaffnung als Projekt 141 R.
Die Projekt-Nummer entsprach nicht der Reihenfolge, sondern sollte auf den Zusammenhang mit dem KTS-Boot Projekt 131 aufmerksam machen.

Die UdSSR war bereit, die Entwicklung eines mit Raketen bestückten Kleinen Schnellbootes zu unterstützen. Sie übergab einen „Technischen Vorschlag" an die DDR. (31) Dieser enthielt die bildliche Darstellung eines Bootes mit D_N = 74 t, bewaffnet mit zwei Seezielraketen P21/22/SS-N-11/,30$_2$mm - Geschütz mit optischem Visier ohne Waffenleitanlage.

Daraufhin stellte die Peenewerft Wolgast alle Aktivitäten an der Torpedo-Variante ein, und das Institut für Schiffbautechnik Warnemünde legte im Januar 1979 auf der Grundlage des sowjetischen Vorschlages eine Studie für ein Raketen-Torpedo-Schnellboot Projekt 141 vor. Die Bewaffnung war um zwei Torpedos erweitert worden. Der Charakter des Kleinen Schnellbootes blieb aber mit D_N = 80,8 t erhalten. (32)

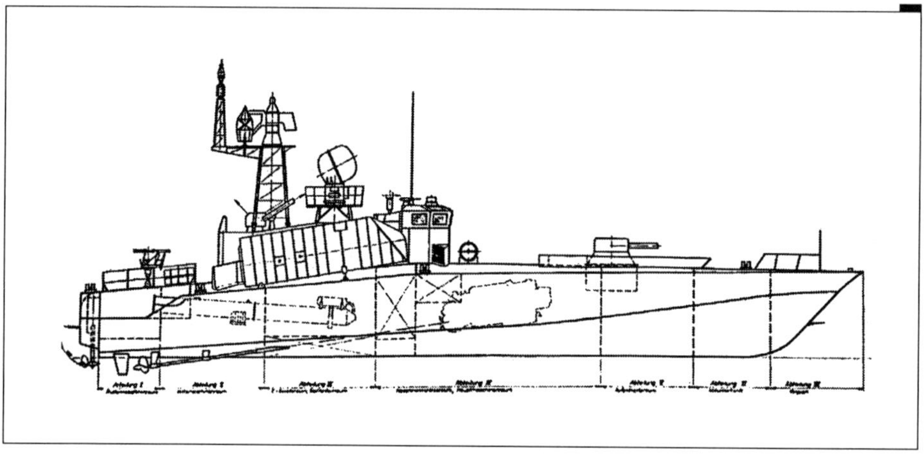

Zwei 1979 zu dieser Problematik in Leningrad durchgeführte Konsultationen brachten niederschmetternde Ergebnisse:
Die angegebenen Motoren M 520 und das 30mm-Leichtbau-Geschütz A 219 waren durch die UdSSR nicht lieferbar; Masse- und Raumangaben zur Raketenbewaffnung und zu spezieller Ausrüstung entsprachen nicht den aus dem UdSSR-Vorschlag entnommenen Werten (nicht angegebene aber unbedingt erforderliche Peripheriegeräte); die vorgeschlagene Bewaffnung und Ausrüstung war nicht in dem konzipierten Raketentorpedo-Schnellboot (RTS-Boot) Projekt 141 R unterzubringen.
Damit hatte sich der als Grundlage aller Konzipierungsarbeiten dienende UdSSR-Vorschlag als technisch unausgereift erwiesen.

Um die Entwicklung eines Kleinen Raketenschnellbootes mit einem Normaldeplacement <100 t trotzdem realisieren zu können, wurde die Idee entwickelt, die Hauptbewaffnung für See- und Luftzielbekämpfung getrennt auf zwei gleichen Booten (Projekte 141.1 und 141.2) unterzubringen.
Kleines Raketenschnellboot (KRS-Boot) Projekt 141.1:

- 2 x Seezielrakete P21/22 mit Waffenleitanlage Harpun/Koralle,
- 1 x Fla-Raketenstarter FASTA mit 4 Raketen STRELA-M,

- 1 x 23_2mm-Geschütz ZU-23 (30mm-Geschütz mit hoher Kadenz ohne Waffenleitanlage wurde abgelehnt),
- 2 x Torpedo 533mm.

Kleines Artillerie-Schnellboot (KAS-Boot) Projekt 141.2:

- 2 x 30_6mm-Geschütz A 213 (Revolverkanone) mit Waffenleitanlage MR 123,
- 2 x Torpedo 533mm,
- 6 x Minenausstoßanlage (wie bei Projekt 131) oder Transportvariante für 24 Kampfschwimmer.

Diese „Not- oder Verzweiflungslösung“ wurde aber bereits im Entwicklungsstadium Studie abgebrochen. Die eigentliche Zielstellung,

- Weiterentwicklung der Erzeugnislinie Kleine Schnellboote und
- Bau eigener effektiver Raketenträger für die Volksmarine

konnte damit nicht gelöst werden.

Raketenschnellboot Projekt 205 /OSA-I/

Taktisch technische Daten

D_N(t)	$L_{üa}$(m)	$B_{üa}$(m)	T_g(m)
190	38,60	7,60	2,73
Antrieb	**V_{max}(kn)**	**Besatzung**	**Bewaffnung**
3xDM M503A	39	27	4xP-15; $2x30_2$

Lebensakte

Projekt-/ Bau-Nr.	Name	in Dienst	außer Dienst	Bemerkungen
205/1	MAX REICHPIETSCH	26.11.62	01.10.90	71-81 Schulboot S-711
205/2	ALBIN KÖBIS	26.11.62	22.09.81	71-81 Schulboot S-712
205/3	R. EGELHOFER	14.01.64	26.11.81	
205/4	RICHARD SORGE	14.01.64	01.10.90	71-81 Schulboot S-713
205/5	AUGUST LÜTTGENS	24.09.64	01.10.90	
205/6	P. EISENSCHNEIDER	16.10.64	06.11.81	
206/7	KARL MESEBERG	24.10.64	01.10.90	
205/8	WALTER KRÄMER	05.12.64	01.10.90	
205/ 9	PAUL SCHULZE	24.12.64	01.10.90	
205/10	PAUL WIECZCOREK	24.09.65	01.10.90	
205/11	FRITZ GAST	29.11.65	01.10.90	
205/12	ALBERT GAST	23.12.65	01.10.90	
205/13	H. DORRENBACH	03.09.71	01.10.90	
205/14	OTTO TOST	28.09.71	01.10.90	
205/15	JOSEF SCHARES	06.10.71	01.10.90	

Im Oktober 1962 entstand die „Küstenschutzbootsabteilung „ in Peenemünde-Nordhafen. Dieser Name diente als Tarnbezeichnung für eine aufzustellende Raketen-Schnellbootsabteilung. Der Stab, das Hilfsschiff H-21 (Wohnschiff Projekt 62) sowie die Technische Abteilung befanden sich in einer Sicherheitszone und waren von der Außenwelt streng abgeschirmt. Tarnnetze vor dem Hafen sollten die Einsichtnahme von der Peene aus verhindern. 47 Offiziere waren auf Sonderlehrgängen in der UdSSR als Kommandanten und Fach-Offiziere ausgebildet worden.

Im November 1962 trafen die beiden ersten Raketen-Schnellboote Projekt 205 (sowjetische Projekt-Nummer) aus der UdSSR in Peenemünde ein. Nach kurzer intensiver Übernahme und einer technischen Einweisung durch die sowjetischen Besatzungen stellte die Volksmarine beide Boote am 26.11.1962 in Dienst.

Der Bootskörper bestand aus Schiffbaustahl und war voll geschweißt, das Deckshaus aus Leichtmetall war aufgenietet. Vier Seezielraketen P-15 /STYX/ mit einem FuM-Zielsuchkopf, zwei 30$_2$mm-Geschütze AK 230 und drei Motoren M 503 A stellten insgesamt eine neue Generation von Technik und Bewaffnung für die Volksmarine dar.

Bis Dezember 1965 wurden nacheinander zwölf Boote übernommen. Die Boote 205/1-205/9 lieferte die UdSSR ohne Waffenleitanlage für die 30$_2$mm-Geschütze; erst 1965 erfolgte in Tallin eine Nachrüstung mit den Anlagen MR-104. 1971 kamen nochmals drei Boote hinzu, gleichzeitig wurden aber drei der älteren Boote zur Schulbootsbrigade kommandiert.

Alle 15 übernommenen Boote erhielten bei der Indienststellung Namen von roten Matrosen der revolutionären Ereignisse in der ehemaligen deutschen Hochseeflotte 1917 und in der Novemberrevolution in Deutschland.

Die Raketenschnellboote 205/1 und 205/2 nahmen im Mai 1964 erstmals am praktischen Raketenschießabschnitt vor Baltijsk (Pillau) teil. Je Boot wurde eine Übungsrakete (P-15 ohne Gefechtskopf) auf einen verankerten Zielprahm geschossen. Beide Raketen trafen das Ziel. Ein solches Raketenschießen fand bis 1989 jährlich statt.

Der praktische Einsatz im Flottendienst hat gezeigt, dass diese RS-Boote der 1. Generation schiffbaulich gelungen waren. Schwachpunkte waren dagegen die Motoren M 503 und die FuM-Waffenleitanlage MR-104. Insgesamt gab es dadurch viele technische Ausfälle, die oft zu längeren Ausfallzeiten der Boote führten.

Ab 1981 begann die planmäßige Außerdienststellung der drei RS-Boote 205/2, 3 und 6, nach fast 20jähriger Dienstzeit. Grund war der hohe technische Verschleiß und eine beginnende Materialermüdung. Alle anderen Boote waren, obwohl auch sie inzwischen moralisch und technisch völlig verschlissen waren, 1990 noch in Dienst.

Die zwölf noch vorhandenen Raketen-Schnellboote Projekt 205 wurden am 01.10.1990, einen Tag vor Auflösung der Volksmarine, offiziell außer Dienst gestellt. Die Bundesmarine war an einer Übernahme nicht interessiert..
Nach Abrüstung der Ari- und Raketenbewaffnung in der Neptunwerft Rostock erhielt die Marine Lettlands 1993 entsprechend einer Regierungsvereinbarung die RS-Boote 205/13, 14 und 15 als Wachboote; 1995 folgten die Boote 205/10 und 11. Die restlichen sieben Boote wurden komplett demilitarisiert und verschrottet.

Kleines Raketenschiff Projekt 1241 RÄ /TARANTUL-I/

Taktisch technische Daten

D_N(t)	$L_{üa}$(m)	$B_{üa}$(m)	T_g(m)
420	56,10	11,50	3,87
Antrieb	**V_{max}(kn)**	**Besatzung**	**Bewaffnung**
2x M15	43	37	4xP21/22; 1x76; 2x30_6; 1xFASTA$_4$

Lebensakte

Projekt-/ Bau-Nr.	Name	in Dienst	außer Dienst
1241/1	ALBIN KÖBIS	31.10.84	-
1241/2	RUDOLF EGLHOFER	16.02.85	-
1241/3	FRITZ GLOBIG	05.10.85	-
1241/4	P. EISENSCHNEIDER	12.02.86	–
1241/5	HANS BEIMLER	28.10.86	–

Im Oktober 1984 konnte die Volksmarine das erste Fahrzeug einer neuen Generation von Raketenträgern übernehmen.
Die Kleinen Raketenschiffe Projekt 1241 RÄ (sowjetische Projektnummer) waren mit einem Normaldeplacement von 420 t (deshalb die Bezeichnung Schiff) wesentlich größer als die Raketen-Schnellboote Projekt 205 mit 190 t.(33)
Sie waren mit moderneren Seezielraketen P21/22 ausgerüstet, die mit 80 km eine fast doppelt so große Reichweite besaßen wie ihre Vorgänger mit 46 km. Ein wesentlicher Vorteil bestand darin, dass diese Raketen auch durch den etwas früher eingeführten Küstenraketenkomplex RUBESH Ä verschossen werden konnten.
Die Ari-Bewaffnung war mit 1 x 76 mm-Geschütz AK-176 auf dem Vorschiff und 2 x 30₆mm-Geschützen AK-630 (Revolverkanone) gegenüber dem Projekt 205 wesentlich verbessert. Zusätzlich befanden sich ein Vierfachstarter FASTA für Luftabwehrraketen STRELA-M und zwei Düppelwerfer PK-16 an Bord. Auch die Funkmess-Waffenleitanlage für die Raketen- und Ari-Bewaffnung war moderner als bei dem Projekt 205.
Absolut neu war die Antriebsanlage M 15 mit je einer Marsch- und einer Gefechtsgasturbine. Die Gesamtleistung mit 2 x M 15 betrug 31.000 PS und erzeugte eine Maximalgeschwindigkeit von 43 kn, ein für diese Schiffsgröße internationaler Spitzenwert.

1985 und 1986 übernahm die Volksmarine noch je zwei Schiffe dieses Typs von der UdSSR. Entsprechend der Planung der Volksmarine sollten die RS-Boote Projekt 205 im Verhältnis 1:1 durch modernere Raketenträger ersetzt werden. Das Vorhaben scheiterte aber an fehlenden Finanzmitteln. Deshalb mussten die Raketenschnellboote Projekt 205 weiter in Dienst gehalten werden.
Alle fünf Schiffe erhielten Namen von außer Dienst gestellten Raketenschnellbooten Projekt 205 bzw. Torpedo-Schnellbooten Projekt 206.
Kurz nach der Übernahme der ersten drei Schiffe entstanden Schäden an den Getrieben und Risse an Wellenböcken. Außerdem zeigten sich bei Schiff 1241/1 deformierte Bodenverbände, die auf eine Bodenberührung vor der Übernahme schließen ließen. Nach zähen Garantieverhandlungen wurden alle Schäden in sowjetischen Werften behoben.

Am 02.10.1990 befanden sich noch alle fünf Kleinen Raketenschiffe Projekt 1241 RÄ in Dienst.
Das Schiff 1241/2 übernahm die Bundesmarine; dabei erfolgte eine Namensänderung von RUDOLF EGLHOFER in HIDDENSEE.
Im November 1991 wurde das Schiff im Marinearsenal Kiel außer Dienst gestellt und an die US-Navy übergeben. Noch im gleichen Monat transportierte es das Frachtschiff AMERICAN CORNORANT als Decksladung in die USA. Mit einer verkleinerten Besatzung der ehemaligen Volksmarine erfolgten in den USA Erprobungen und die Einweisung einer USA-Besatzung.(34)

Die Schiffe 1241/1,3 und 4 wurden durch den Betrieb Geräteresycling und Service GmbH Dorf Mecklenburg demilitarisiert und anschließend in Wismar verschrottet. Das Schiff 1241/5 erfuhr im Juli 1995 eine „museumsgerechte Demilitarisierung" und ging anschließend an das Historisch-technische Informationszentrum in Peenemünde.

Kleines Raketenschiff Projekt 151 /BALCOM-10/

Taktisch technische Daten

D_N(t)	$L_{üa}$(m)	$B_{üa}$(m)	T_g(m)
347	48,90	9,20	2,23
Antrieb	V_{max}(kn)	**Besatzung**	**Bewaffnung**
3xDM M520	36	33	8x Raketen; 1x76; 1x30$_6$; 1xFASTA$_4$

Lebensakte

Projekt-/ Bau-Nr.	Name	in Dienst	außer Dienst
151.0	SASSNITZ	31.07.90	-
151.1	OSTSEEBAD SELLIN	-	
151.2	OSTSEEBAD BINZ	-	

Im Abschlussprotokoll der Maßnahme „G-79" (Treffen Gorschkow-Fleißner 1980) wurde unter anderem auch die gemeinsame Entwicklung eines Raketen-Artillerieschnellbootes mit Bugtragflügeln und einem Normaldeplacement von ca. 250 t empfohlen. Projektierung und Bau sollten in der DDR stattfinden; die UdSSR wollte Hilfe leisten und unter Mithilfe der DDR einen neuen Seezielraketenkomplex entwickeln.

Bis Ende 1980 erarbeiteten sowohl das Institut für Schiffbautechnik als auch die Peenewerft Wolgast mehrere Varianten eines solchen Bootes. Dabei stellte sich heraus, dass die Realisierung nur mit einem Verdrängungsboot möglich war. Diese Schlussfolgerungen akzeptierte die sowjetische Seite. Die Bearbeitung als „Gemeinschaftsprojekt" mit der UdSSR beschränkte sich darauf, dass mehrere umfangreiche Konsultationen sowjetischer Spezialisten in der Peenewerft Wolgast erfolgten (z.B. in der Zeit vom 28.08.-25.09.1984 zur Vorbereitung des Technischen Projektes) und zu allen Arbeitsstufen Stellungnahmen der sowjetischen Seite eingeholt wurden.

Im Rahmen der neuen Festlegungen zur Klassifizierung von Schiffen und Booten der Volksmarine (35) erhielt 1984 das Raketen-Artillerieschnellboot die neue Bezeichnung Kleines Raketenschiff Projekt 151.

Nachdem der Bau des Schiffes 151.0 (1. Serienschiff als Erprobungsschiff) im November 1986 begonnen hatte, stellte die UdSSR plötzlich die Forderung, den Anstellwinkel der Raketenstartvorrichtung von ursprünglich gemeinsam festgelegten und bestätigten 18° auf 35° zu erhöhen. Die daraus resultierenden Konstruktionsmaßnahmen (Verschiebung Masseschwerpunkt, Querstabilität) mussten an das in Bau befindliche Schiff angepasst werden. Eine Erklärung gab die sowjetische Seite nicht; Ursache waren aber offensichtlich Probleme bei der in Entwicklung befindlichen sowjetischen Seezielrakete 152.

Trotz vielfältiger technischer Schwierigkeiten (Fehlen erprobungsreifer Zulieferungen, Terminrückstände beim Bau des Schiffes) konnte im November 1989 die Technische Erprobung mit 69 Erprobungsthemen und 116 Seetagen erfolgreich beendet werden.

Zusätzliche Schwierigkeiten für eine kontinuierliche Produktion entstanden in der Peenewerft Wolgast durch die Haltung der UdSSR. Während der Maßnahme „G 83" (zweiter Besuch von Flottenadmiral Gorschkow 1983 in der DDR) informierte die sowjetische Seite, dass sie ab 1990 18-20 Boote bestellen wolle. Trotz mehrfacher Bitten der DDR (u.a. nach Fertigstellung des Technischen Projektes im März 1986) war die UdSSR nicht bereit, eine offizielle Bestellung zu übergeben. Im Mai 1989 traf in Leningrad der Chef der Volksmarine Vizeadmiral Hoffmann mit dem neuen, seit 1985 zuständigen Oberbefehlshaber der Sowjetflotte Flottenadmiral Tschernawin zusammen. Dabei würdigte die sowjetische Seite den Bau des Kleinen Raketenschiffes Projekt 151. Dennoch wurde kurze Zeit später das als erstes Exportschiff für die UdSSR vorgesehene Serienschiff 151.5 abbestellt. Auch einer vertraglichen Regelung der Seriengröße stimmte die UdSSR nicht zu. Im April 1990 teilte sie mit, dass sie keine Serienschiffe Projekt 151 bestellen würde. Damit trat sie einseitig von dem „Gemeinschaftsprojekt" zurück.

Die Serienplanung änderte sich 1989 noch mehrfach. Kürzungen der finanziellen Mittel für die Volksmarine führten dazu, dass aus einer ursprünglichen Seriengröße von 18 Schiffen erst 16, dann zwölf und endgültig nur noch zehn Schiffe übrig blieben.
Die politische Wende in der DDR wirkte sich auch auf die Weiterführung des Programmes aus. Da der Serienbau des Schiffes in der Peenewerft Wolgast seit April 1990 voll angelaufen war (acht Schiffe in unterschiedlichem Fertigungszustand), konnte nach langen Bemühungen der seit Anfang 1990 im Amt befindliche Minister für Abrüstung und Verteidigung Pastor Rainer Eppelmann überzeugt werden:

- fünf Schiffe mit hohem Anarbeitungsgrad als Raketenschiffe fertig zu stellen und
- fünf Schiffe als reine Artillerieträger ohne Raketenbewaffnung zu bauen.

Am 31.07.1990 übergab die Peenewerft Wolgast das erste Serienschiff 151.0 an die Volksmarine. Einen Tag vor der Übergabe legte der Chef der NVA Admiral Hoffmann fest, dass die Bezeichnung des Projektes 151 von „Kleines Raketenschiff" in „Patrouillenboot" zu ändern sei. Daraufhin wurden die bereits an Bord befindlichen leeren Raketencontainer abgebaut.

Bis August 1990 erarbeiteten Volksmarine und Peenewerft Wolgast gemeinsam ein Dokument für das Bundesministerium der Verteidigung mit Vorschlägen zur Umrüstung des Projektes 151 zur Einbringung in eine gesamtdeutsche Marine. Aber nach einer daraufhin durchgeführten Besichtigung des Bootes 151.0 in Dranske durch Offiziere der Bundesmarine wurde eine Übernahme nicht erwogen. Nur in einem zähen Verwaltungskampf konnten danach Festlegungen über die weitere Verfahrensweise erreicht werden. Das waren:

- Fertigstellung von weiteren zwei Booten bis Ende 1990,
- Abbruch des weiteren Serienbaus und Bereitstellung finanzieller Mittel zur Bezahlung der Bau- und Abbruchkosten,
- Fertigstellung der drei durch Polen im April 1990 bestellten Bootskörper (36),
- Versuch des Verkaufs der vorliegenden unvollendeten Produktion.

Die Boote 151.1 und 151.2 stellte die Peenewerft Wolgast planmäßig bis Oktober fertig.
Alle drei Boote wurden im Juni 1991 nach Neustadt/Holstein überführt und zur Weiternutzung als Patrouillenboote durch den Bundesgrenzschutz-See vorbereitet. 1992 erfolgte die Rückführung zur Peenewerft Wolgast und Installation von NATO-Technik, um die technische und materielle Sicherstellung gewährleisten zu können.
Im September 1993 war die Umrüstung des Bootes 151.0 abgeschlossen. Es wurde an den Bundesgrenzschutz übergeben. Dabei erfolgte eine Änderung des ursprünglichen Namens SASSNITZ in NEUSTRELITZ. Im Mai 1996 folgte das Boot 151.2 SEEBAD BINZ unter dem neuen Namen BAD DÜBEN. (37)

4. Minen-Abwehr-Kräfte (MAW)

Eine der Hinterlassenschaften des Zweiten Weltkrieges war eine mit Minen verseuchte Ostsee. Es gab keine Kenntnisse über die Minenlage (Gebiete, Minentypen, Zündereinstellung); Angaben der Kriegsmarine oder der Siegermächte lagen nicht vor.
Der Zweite Weltkrieg hatte gezeigt, dass in geschlossenen Randmeeren bei durchgängigem Einsatz von Minen, besonders von Grundfernzündungsminen, mit großen Schiffsverlusten zu rechnen ist. Nach Angaben der Sowjetflotte entfielen im Schwarzen Meer 24 Prozent, in der Ostsee 49 Prozent und in der Nordsee 22 Prozent ihrer Kampfschiffsverluste auf Minentreffer.

Die geografisch-hydrologischen Besonderheiten in der südwestlichen Ostsee sind aus Sicht der Minenabwehr gekennzeichnet durch:

- geringe Entfernungen, die es gestatten, in kurzer Zeit mit einer Vielzahl von Kräften große Seegebiete zu verminen,
- die Enge der Seegebiete, Fahrstraßen und inneren Gewässer, bei denen mit wenig Minen eine Vollsperrung und eine hohe Auflaufwahrscheinlichkeit erzielt werden kann,
- die geringe Wassertiefe mit durchschnittlich 18 m in der Verantwortungszone der Volksmarine, die überall den Einsatz von Minen möglich macht.(38)

Die Beseitigung der akuten Minengefahr durch Freiräumen der Küstengewässer war aber eine volkswirtschaftlich wichtige Aufgabe. Sie war eine der Voraussetzungen für die Entwicklung des beginnenden Handels, des Seetransportes und der Fischerei in den Hoheitsgewässern der jungen DDR. Davon ausgehend wurde von Beginn des Aufbaus bewaffneter maritimer Kräfte der Entwicklung einer MAW-Komponente größte Bedeutung beigemessen.

Bereits 1950 erhielt die Seepolizei von der UdSSR

- **6 Räumboote Typ R-218.**

Es handelte sich um ehemalige Minenräumboote der Kriegsmarine, die der UdSSR als Kriegsbeute zugefallen waren. Sie befanden sich allerdings in einem teilweise katastrophalen Zustand und mussten von Grund auf überholt werden. Nach Fertigstellung erfüllten sie als erste Flottenkräfte der Seepolizei von September 1952 bis November 1953 Räumaufgaben auf der Zufahrt in die Peene, den Greifswalder Bodden und nach Saßnitz.
Später, bis 1956 wurden sie noch als Schulboote verwendet.

Ende 1950 gab die Seepolizei beim Zentralen Konstruktionsbüro Berlin die Entwicklung eines Reederäumbootes und kurze Zeit später beim Konstruktionsbüro Stralsund die Entwicklung eines Minenleg- und -räumschiffes in Auftrag.

Unter Einbeziehung der Volkswerft Stralsund, der Peenewerft Wolgast, der Thälmann-Werft Brandenburg/Havel und der Yachtwerft Berlin erhielt die VP-See

- 1953-1958 12 **Minenleg- und -räumschiffe Typ HABICHT Projekt 1**
- 1955-1958 42 **Räumboote Typ SCHWALBE Projekt 8.**

Bereits im Februar 1953, während des Baus des MLR HABICHT Projekt 1, noch vor der Indienststellung des ersten Schiffes dieses Typs, erging an das Zentrale Konstruktionbüro für Schiffbau (später ISW) die Aufgabenstellung zum Bau eines modifizierten MLR.
Diese Schiffe baute die Peenewerft Wolgast, und die VP-See stellte

- 1957-1958 10 **Minenleg- und -räumschiffe Typ KRAKE Projekt 15** in Dienst.

1961 stand das Problem des besseren Eigenschutzes von Räumfahrzeugen auf der Tagesordnung. Das ISW erhielt im Januar den Auftrag zur Bearbeitung eines schwach-magnetischen Räumbootes in Leichtmetall-Konstruktion (ISW-Themennummer 1401), aber fehlende Voraussetzungen in der Industrie der DDR führten 1962 zum Abbruch dieses Themas. In der Folgezeit wurden große Anstrengungen unternommen, um die MES-Anlagen zu verbessern. (39)

Im Juni 1963 sollte die gemeinsame Ablösung der drei im Flottendienst befindlichen Räumfahrzeugtypen eingeleitet werden. Die Volksmarine forderte dazu einen vergrößerten Typ SCHWALBE mit einer hydroakustischen Anlage, um dem international einsetzenden Trend der Minenortung zu entsprechen. Deshalb wurde die neue Bezeichnung Minensuch- und -räumschiff (MSR) gewählt.

Den Auftrag für eine Teilpanoramaanlage PA-1 an das Gerätewerk Leipzig zog die Volksmarine zurück (fehlende Entwicklungskapazität, nicht geplante F/E-Kosten, Zweifel an der Realisierbarkeit). Es wurde nur eine Modifizierung der zur U-Boot-Suche vorhandenen Anlage KLA 58 zur MAW-Anlage KLA-58m durchgesetzt. Die taktische Verwendbarkeit dieser Anlage beschränkte sich auf die Ortung von Ankertauminen in Vorausrichtung, d.h. praktisch nur auf den Eigenschutz Die Entwicklung hydroakustischer Anlagen wurde danach in der DDR insgesamt beendet. Alle späteren Versuche der Volksmarine, derartige Anlagen in der Industrie der DDR entwickeln zu lassen, sind gescheitert.

Da auch der Einsatz der Motoren 12 KVD 20/21 A des Motorenwerkes Johannisthal nicht wie geplant realisiert werden konnte, baute die Peenerft Wolgast für die Volksmarine

- 1966-1967 1 **Minensuch- und -räumschiff Projekt 89.0**
  und danach den verbesserten Typ mit einer anderen Maschinenvariante
- 1969-1970 21 **Minensuch- und -räumschiffe Projekt 89.1 /KONDOR-I/.**

18 dieser Schiffe erhielt, obwohl zur Erfüllung von MAW-Aufgaben konzipiert, ab 1971 die 6. Grenzbrigade Küste als Grenzfahrzeuge. Sie galten aber weiterhin als MAW-Mobilmachungsreserve der Volksmarine.

Eine nochmals veränderte Ausführung bildete den endgültigen MAW-Kern der Volksmarine. So wurden

- 1971-1973 30 **Minensuch- und -räumschiffe Projekt 89.2 /KONDOR-II/**
  in Dienst gestellt.

Mit dem umfangreichen Serienbau des Projektes 89 vollbrachte die Industrie der DDR eine besondere Leistung im militärischen Schiffbau. Über einen Zeitraum von fünf Jahren wurde in der Peenewerft Wolgast fast in jedem Monat ein Minensuch-und -räumschiff mit der von der Volksmarine geforderten Qualität fertig gestellt.
Die große Anzahl von Räumfahrzeugen entsprach den Vorstellungen der Volksmarine über die Minengefahr in der Ostsee. Außerdem war im Rahmen der verbündeten Ostseeflotten ein ständiger Vorpostendienst zu realisieren, an dem diese Schiffe ebenfalls wesentlichen Anteil leisten sollten.

Parallel zum Bauprogramm MSR Projekt 89 wurden neue Räumgeräte entwickelt. Eine Besonderheit war dabei die konsequent durchgeführte Standardisierung und Vereinheitlichung von Einzelelementen unterschiedlicher Geräte wie Kabel und Leinen, Tragebojen, Scher- und Tiefendrachen, Steuergeräte u.a. (Anlage 5)

Um die begrenzte Entwicklungs- und Baukapazität in den Werften der DDR nicht über Gebühr zu belasten, versuchte die Volksmarine, auf der Grundlage von Serienprojekten zusätzliche Fahrzeuge für andere Verwendungszwecke bauen zu lassen.
Es wurden gebaut:

- Auf der Grundlage des MSR Projekt 89.1
  zwei Aufklärungsschiffe Projekt 115,
  zwei Torpedofangboote Projekt 129;
- auf der Grundlage des MSR Projekt 89.2
  Staatsyacht OSTSEELAND Projekt 121,
  Vermessungsschiff CARL FRIEDRICH GAUSS Projekt 136.

Die Minengefahr war auch Tagesordnungspunkt bei der Maßnahme „G-79“. Daher beinhaltete das Abschlussprotokoll einen Komplex von Entwicklungen zur Minenabwehr, so

- ein Räumschiff mit Stahlschiffskörper und einem Normaldeplacement von ca. 400 bis 500 t sowie ein diesem Schiff vorauslaufendes Minenidentifizierungs- und -vernichtungsgerät (MIVG),
- ein Reederäumboot mit Plastebootskörper und einem Normaldeplacement

von ca. 100 bis 200 t auf der Grundlage des sowjetischen Reederäumbootes Projekt 1258 /YEVGENIA/ sowie vom Boot aus geführte ferngesteuerte „Sperrbrecher".

Diese Formulierungen im Protokoll waren Ergebnis von Untersuchungen, die seit 1977 im Institut für Schiffbautechnik Warnemünde zur Ablösung der MSR-Schiffe Projekt 89 geführt wurden.

Zur Erfüllung der im Protokoll festgelegten Maßnahmen begannen 1980 Arbeiten an einem Räumschiff Projekt 189 in schwachmagnetischer Ausführung. Diese wurden aber im Dezember 1984 mit Einverständnis der Volksmarine abgebrochen.

Alle Kraft wurde nun auf das schwachmagnetische Reederäumboot Projekt 415 und ein Minenidentifizierungs- und -vernichtungsgerät MIVG Projekt 190 gelegt. Drastische Kürzungen der Finanzmittel und große ungelöste technische Probleme führten schließlich im Dezember 1989 auch zum Abbruch dieses Projektes. Weitere, aufgrund der desolaten ökonomischen Situation der DDR nur halbherzig geführte Arbeiten an den Küstenwachbooten Projekt 156 und 422 als Hilfs-MAW-Schiffe sowie an einem Hochsee-MAW-Schiff Projekt 289 waren von vorn herein zum Scheitern verurteilt.

Zum Zeitpunkt der Auflösung der Volksmarine am 02.10.1990 befand sich kein Entwicklungs- und kein Bauprogramm zur Erhaltung bzw. Modernisierung des MAW-Potentials mehr in Bearbeitung.

Nur das MIVG Projekt 190 hatte einen relativ hohen Entwicklungsstand erreicht und die ersten Erprobungsetappen erfolgreich absolviert.

Räumboote Typ R 218

Taktisch technische Daten			
D_N(t)	$L_{üa}$(m)	$B_{üa}$(m)	T_g(m)
131,4	39,5	5,72	1,80
Antrieb	V_{max}(kn)	**Besatzung**	**Bewaffnung**
2xDM MWM	19	31	2x20

Lebensakte

Projekt-/ Bau-Nr.	Name	in Dienst	außer Dienst	Bemerkungen
R1 - R6	ohne	29.05.50	1956	4 x verschrottet 1 x mit Giftgasladung versenkt 1 x GST

Die UdSSR verkaufte im Mai 1950 der Seepolizei sechs Minenräumboote der Kriegsmarine (Seepolizeibezeichnung Typ R-218, Boote R1-R6). Es handelte sich um Boote mit Stahlspanten und einer Holzaußenhaut in Kompositbauweise. Sie besaßen ein gepanzertes Ruderhaus mit aufgesetztem offenem Steuerstand. Die Boote wurden mit Originalräumgeräten der Kriegsmarine übergeben. (40) Artilleriebewaffnung befand sich nicht an Bord.
Von den sechs Booten war nur R1 einsatzklar, alle anderen Boote mussten erst bis zum Frühjahr 1952 auf den Werften in Wismar und Wolgast von Grund auf überholt werden. Während der Werftliegezeit wurden aus dem Boot R3 beide Hauptmaschinen MWM Typ RS 143 SU ausgebaut und zur Instandsetzung in das neu errichtete Dieselmotorenwerk Rostock transportiert. Die Motoren waren die Grundlage für Konstruktion und Bau der Motoren Typ 6 KDV 43 A, die später in verschiedenen Fahrzeugen der Volksmarine zum Einsatz kamen.

Alle sechs Boote begannen ab September 1952 nach der Instandsetzung und dem Aufbau von durch die UdSSR bereitgestellter Artilleriebewaffnung mit dem „scharfen" Räumen. Nach Abschluss des Räumens im Januar 1953 hatte sich der technische Zustand der Boote, besonders der Außenhaut so verschlechtert, dass sie im Weiteren nur noch als Schulboote aufgebraucht wurden.

Die Außerdienststellung und Verschrottung begann 1956. Ein Boot diente bis 1959 als Schulboot FREUNDSCHAFT bei der Gesellschaft für Sport und Technik (GST) weiter. Ein anderes Boot hatte noch eine Sonderaufgabe zu erfüllen. In der Dienststelle Peenemünde mit durch die deutsche Wehrmacht hinterlassenen Giftgasgranaten beladen, schleppte es ein Fahrzeug der Seepolizei in das Gebiet Adlergrund, um es dort am 28.03.57 mit dieser Ladung zu versenken. (41)

Räumboot Typ SCHWALBE Projekt 8

Taktisch technische Daten

D_N(t)	$L_{üa}$(m)	$B_{üa}$(m)	T_g(m)
63,3	28,74	4,45	1,13
Antrieb	**V_{max}(kn)**	**Besatzung**	**Bewaffnung**
2xDM 6VD224	11	12	$1x12,7_2$ oder $1x25_2$

Lebensakte

Projekt-/ Bau-Nr.	Name	in Dienst	außer Dienst	Bemerkungen
Boote 508/1-508/6 und Boote 7/1-12/6 ohne Bewaffnung 1953/55 an SHD als Seezeichenkontrollboote				
13/7	AUE	01.06.55	01.12.68	
14/8	ZWICKAU	17.06.55	01.12.68	
15/9	FREIBERG	17.06.55	30.09.65	
16/10	SENFTENBERG	17.06.55	16.06.68	
17/11	FORST	17.06.55	30.12.71	65/66 Schulboot
18/12	WAREN	01.07.55	10.02.73	65/66 Schulboot, ab 69 6. GBK
19/13	MEISSEN	14.09.55	15.07.81	
20/14	GÖRLITZ	24.09.55	10.06.68	
21/15	KAMENZ	14.10.55	02.11.70	63/64 Schulboot
22/16	PRENZLAU	26.10.55	15.06.68	
23/17	EISENACH	16.11.55	02.11.70	63/64 Schulboot
24/18	GOTHA	01.12.55	10.06.68	63/64 Schulboot
25/19	JENA	02.04.56	15.06.68	
26/20	GREIZ	02.04.56	15.05.81	
27/21	PÖSSNECK	02.04.56	14.09.81	

28/22	EISLEBEN	02.04.56	01.12.68	danach bis 85 Wohnschiff im WTZ
29/23	KÖTHEN	24.04.56	24.10.81	
30/24	ZEITZ	24.04.56	01.12.68	
31/25	BORNA	26.06.56	22.04.71	ab 65 6.GBK
32/26	WURZEN	26.06.56	22.04.71	63 Schulboot, ab 65 6.GBK
33/27	TORGAU	26.06.56	22.04.71	ab 65 6.GBK
34/28	CALBE	26.06.56	22.04.71	ab 65 6.GBK
35/29	STENDAL	12.07.56	22.04.71	ab 65 6.GBK
36/30	BURG	12.07.56	22.04.71	ab 65 6.GBK
37/31	WEISSWASSER	09.08.56	10.02.73	
38/32	WEIMAR	22.12.56	10.02.73	
39/33	ANKLAM	22.12.56	15.10.74	ab 65 Schulboot
40/34	LUCKENWALDE	05.02.57	21.08.74	danach an Peenewerft Wolgast
41/35	BRANDENBURG	26.02.57	10.02.73	
42/36	NAUEN	20.03.57	30.12.71	ab 64 Schulboot
43/37	GÜSTROW	02.06.57	30.12.71	ab 69 6.GBK
44/38	STERNBERG	05.06.57	01.02.63	9/62 Kollision mit engl. Frachter
45/39	HAGENOW	11.07.57	10.02.73	ab 69 6.GBK
46/40	ILMENAU	24.08.57	15.06.66	
47/41	MEININGEN	21.09.57	30.04.69	
48/42	SONNEBERG	17.01.58	21.08.74	danach PWW

Die Seepolizei löste im September 1950 beim ZKB einen Auftrag für die Entwicklung und den Bau eines Räumbootes zum Einsatz in küstennahen Gewässern aus. Wegen der bereits dargelegten Probleme in der Schiffbauindustrie erfolgten Entwicklung und Bau in der Thälmann-Werft Brandenburg/Havel. Unter dem Typnamen SCHWALBE (Werft-Projektnummer 508) fertigte die Werft 1953/54 sechs Boote. Artillerie-Bewaffnung und Räumgeräte befanden sich nicht an Bord.

Inzwischen war im Juli 1950 der Seehydrografische Dienst der Hauptverwaltung Seepolizei unterstellt worden. Da diesem Bereich nur alte Schiffe und Boote zur Verfügung standen, erhielt er alle sechs Boote Typ SCHWALBE als Seezeichenkontrollboote.

1952 erteilte die Seepolizei dem nach Wolgast umgezogenen Ingenieurbüro Stralsund (später ISW) den Auftrag, gemeinsam mit der Yachtwerft Berlin Bauvorbereitungen für eine große Serie Räumboote Typ SCHWALBE zu treffen.
Das bereits vorhandene Technische Projekt wurde unter der Projektnummer 8 überarbeitet. (42) Dabei erhöhte sich das Normaldeplacement von 57,3 t auf 63,3 t. Im Jahre 1954 begann der Serienbau der zweiten Bauausführung (BA) in der Yachtwerft Berlin. Die ersten sechs Boote 7/1-12/6 (erste Zahl – laufende Nummer der Gesamtserie; zweite Zahl – laufende Nummer in der Bauwerft Yachtwerft Berlin) gingen ebenfalls ohne Bewaffnung als Seezeichenkontrollboote an den SHD.

Danach begann der Bau als Räumboot (auch als Räumpinasse bezeichnet). Es handelte sich dabei gleichfalls um Boote der zweiten Bauausführung, aber mit 1 x 12,72 mm - MG vor der Brücke.
1955/58 baute die Yachtwerft Berlin insgesamt 36 Räumboote. Es war das erste MAW-Potential aus eigener DDR-Produktion.
Die Artilleriebewaffnung (12,72 mm - MG, später 252 mm - Geschütz 2M3) lieferte die UdSSR, Räumausrüstung und Antriebsanlagen (je zwei Dieselmotoren 6VD 224 von Buckau-Wolf) stammten aus der DDR. Die Ausrüstung der Boote mit Räumgeräten stellte dabei ein besonderes Problem dar. (43)
Trimm- und Stabilitätsprobleme, die beim ersten Baulos auftraten, konnten durch Anbringen von Stabilitätswülsten, Festballast bzw. Ballastwasserzellen bei den später gebauten Serienbooten beseitigt werden. Alle Boote erhielten außer der Bordnummer Namen von Kreisstädten der DDR.

Die Räumboote SCHWALBE erfüllten unter den Minenabwehr-Kräften am intensivsten den scharfen Räumdienst. Bis 1959 und mit abnehmender Intensität auch noch Anfang der 60er Jahre realisierten sie „echte" Räumaufgaben.
Zur Erhöhung der Geschwindigkeit auf 12,5 kn erhielten alle Boote 1959/60 im Rahmen einer Modernisierung zwei neue Dieselmotoren 6 NVD 26A und außerdem als schiffbauliche Maßnahmen:

- neue geschlossene Brücke,
- neuer Dreibeinmast,
- Modernisierung der Räumwinde.

Nach Abbau der Räumausrüstung und Aufbau eines zweiten 252 mm – Geschützes hinter der Brücke gingen ab 1965 insgesamt neun Boote zur 6. GBK.
Mehrere Boote wurden zur Schulbrigade nach Parow kommandiert. Das Boot 19/13 MEISSEN diente bis 1981 der Ausbildung von Reservisten. Dazu befand sich eine Stammbesatzung mit Kommandant, Obersteuermann, Leitender Maschinist und Sperrmaat ständig an Bord.
Im September 1962 kollidierte das Boot 44/38 STERNBERG mit dem britischen Frachter ABBOTSFJORD und sank; die gesamte Besatzung konnte gerettet werden.

Ab 1968 begann die planmäßige Außerdienststellung dieser insgesamt gelungenen ersten Räumboote der VP-See/Seestreitkräfte.

Minenleg- und Räumschiff (MLR) Typ HABICHT Projekt 1

Taktisch technische Daten

1. und 2. Bauausführung

D_N(t)	$L_{üa}$(m)	$B_{üa}$(m)	T_g(m)
510	59,1	8,0	2,3
Antrieb	**V_{max}(kn)**	**Besatzung**	**Bewaffnung**
2xDM 6KVD 43A	18	76	1x37; 4x25

3. Bauausführung

D_N(t)	$L_{üa}$(m)	$B_{üa}$(m)	T_g(m)
670	65,1	8,10	2,4
Antrieb	**V_{max}(kn)**	**Besatzung**	**Bewaffnung**
2xDM 6KVD 43A	17	78	1x85; $4x25_2$

Lebensakte

Projekt-/ Bau-Nr.	Name	in Dienst	außer Dienst	Bemerkungen
1. Bauausführung				
2001	SUHL	07.08.53	10.11.67	
2002	SCHWERIN	07.08.53	10.11.67	
2. Bauausführung				
2003	ohne	08.12.53	01.10.68	62 - 68 Rettungsschiff, danach GST
2004	NEUBRANDENBURG	08.12.53	10.12.65	
2005	ohne	02.02.54	28.10.70	63 - 70 Rettungsschiff
2006	COTTBUS	02.02.54	27.02.65	
3. Bauausführung				
2007	BERGEN	02.08.55	15.10.68	
2008	FRANKFURT/ODER	06.08.55	28.10.70	
2009	STRALSUND	12.09.55	28.10.70	danach bis 74 Schulschiff/Wohnschiff

2010	SASSNITZ	15.11.55	10.12.65
2011	WOLGAST	15.11.55	27.02.65
2012	GREIFSWALD	20.12.55	15.10.68

Im Januar 1951 erging die erste Aufgabenstellung an das neu gebildete Konstruktionsbüro Stralsund (später ISW). Es handelte sich um die Entwicklung und Fertigung eines Minenleg- und Räumschiffes zum Einsatz in größeren Seegebieten und zum Legen von Minen.
Die Erfahrungen des Leiters dieses neuen Büros Oberingenieur Walter Schlaak beim Bau von Räumfahrzeugen während des Zweiten Weltkrieges führten zu einem Projekt, welches sich stark an das letzte im Auftrag der Kriegsmarine entwickelte, aber nicht mehr zum Bau gekommene Minensuchboot Typ M 46 anlehnte. Dieses Projekt mit einem Volldeplacement von 855 t, einer mit 2 x 105 mm, 4 x 37 mm und 8 x 20 mm zu starken und nicht zur Verfügung stehenden Artillerie-Bewaffnung sowie einer mit 94 Mann zu großen Besatzung (ursprünglich sogar 104 Mann) lehnte die Seepolizei als unbrauchbar ab.
Ein noch im selben Jahr ausgelöster Auftrag begrenzte das Volldeplacement auf 700 t und forderte eine verfügbare Artillerie-Bewaffnung. Verlangt wurde, dass das Schiff auch zur Bekämpfung von U-Booten geeignet sein müsse.
Die Realisierung dieser neuen Aufgabenstellung lief als Projekt 1 mit dem Typnamen HABICHT. Auch bei diesem Schiff waren Erfahrungen mit Minensuchbooten der Kriegsmarine zur Anwendung gekommen. Es ähnelte in seinem Äußeren dem Typ M 43 der Kriegsmarine.
Bereits im Mai 1952 begann der Bau von zwei Schiffen der 1. Bausausführung in der Volkswerft Stralsund. Die VP-See stellte sie nach ihrer Endausrüstung in der Peenewerft Wolgast 1953 in Dienst.

Entsprechend der sowjetischen Klassifikation, nach der Fahrzeuge mit einem Normaldeplacement größer als 300 t als Schiffe galten, stufte der Chef der VP-See den Typ HABICHT als MLR-Schiff ein.

Schon während des Baus der beiden Schiffe der 1. Bauausführung stellte das Konstruktionsbüro Stralsund Unterlagen für eine zweite Bauausführung fertig. Es handelte sich dabei um den gleichen Schiffskörper, aber die Aufstellung der Hauptmaschinen erfolgte in zwei getrennten hintereinander liegenden Maschinenräumen.
Die Artillerie-Bewaffnung für alle Schiffe der ersten und zweiten Bauausführung bestand aus 1 x 37 mm-Geschütz 70 K vorn und je 2 x 25 mm-Geschütz 84 KM auf beiden Bordseiten auf dem Brückendeck und achtern. Diese Waffen der Kriegsmarine stellte die UdSSR zur Verfügung.
Zum Minenräumen befanden sich ein Kontakträumgerät, ein magnetisches und ein akustisches Fernräumgerät sowie ein Bugspiergerät zum Eigenschutz an Bord. Anfänglich handelte es sich hierbei um Nachbauten von Geräten der Kriegsmarine, später wurden diese durch eigene DDR-Entwicklungen abgelöst.

Zur Erfüllung der Nebenaufgabe U-Boot-Bekämpfung waren auf allen Schiffen eine hydroakustische Anlage Tamir-11 mit aussetzbarem Suchkopf und an jeder Bordseite ein Wasserbomben-Mörser bzw. Wasserbomben in Schanzkleidpforten installiert. Von dieser zweiten Bauausführung stellte die Volkswerft Stralsund vier Schiffe her, die ebenfalls ihre Endausrüstung in der Peenewerft Wolgast erhielten.

Truppenerprobung und Einsatzerfahrungen mit den sechs Schiffen der ersten und zweiten Bauausführung forderten eine erneute Überarbeitung der Projektunterlagen. So entstand eine dritte Bauausführung mit verlängertem Schiffskörper (Räumgeneratoren in einer eigenen Abteilung, Verlängerung des Achterschiffes zwecks besserer Arbeitsbedingungen für das Sperrpersonal).
Für diese Schiffe lieferte die UdSSR je ein 85 mm-Geschütz 90 K und 4 x 25_2mm-Geschütze 2M3. Auch die sechs Schiffe der ersten und zweiten Bauausführung wurden später auf diese modernere Bewaffnung umgerüstet. Räumausrüstung und UAW-Bewaffnung blieben aber unverändert.
Die sechs Schiffe der 3. Bausausführung baute die Peenewerft Wolgast 1955 ohne Mitwirkung der Volkswerft Stralsund. Es war das erste eigenständige Marinebauprogramm dieser Werft.

Im Flottenjargon wurden jene Typen als „HABICHT lang" und „HABICHT kurz" bezeichnet. Sie galten in der VP-See als gelungener Schiffstyp und nahmen ebenfalls am „scharfen" Räumen teil.
Im März 1958 strandete das MLR 2003 bei schwerer See vor Saßnitz. Dabei verunglückte ein Offizier der Besatzung tödlich. Das Schiff konnte geborgen werden.

Außer Modernisierungen und schiffbaulichen Veränderungen einiger Schiffe (Gittermast und sowjetische FuM-Anlage Sarnitza auf 2012, 57_2mm- Geschütz SIF 31B auf 2008 und 2009 u.a.) wurden drei Schiffe während ihrer Nutzungszeit umgebaut.
Das Schiff 2009 STRALSUND kam ab 1970 als Schulschiff zur Schulbootsabteilung, erhielt 1972 einen Umbau zum Wohnschiff und diente diesem Zweck bis 1974.
Die beiden Schiffe 2003 und 2005 baute die Peenewerft Wolgast ab 1959 unter der Projektnummer 67 zu Rettungsschiffen um. Die gesamte Artillerie- und MAW-Bewaffnung wurde dabei abgerüstet. Die beiden Hauptmaschinen blieben erhalten; mit neuen Propellern, die

optimal für Freifahrt und nicht mehr für Schleppaufgaben ausgelegt waren, erreichten diese Schiffe eine V_{max} von 17,5 kn. Das Deckshaus wurde auf Oberdeck nach hinten und auf dem Backdeck nach vorn verlängert. Zusätzlich kamen zwei Wasserwerfer zur Brandbekämpfung an Bord.
Im Schiffsinneren entstanden ein medizinischer Behandlungsraum, 40 Krankenkojen sowie technische Einrichtungen zur Entaktivierung radioaktiv verseuchten Personals.

Da der Umbau dieser beiden Schiffe 1959 begann, wurden sie 1962 bei der Namensgebung nicht berücksichtigt; die zehn im Dienst befindlichen Minenleg- und -räumschiffe HABICHT Projekt 1 erhielten Namen von Städten der DDR.
1965 begann die planmäßige Außerdienststellung und Verschrottung; nur das Rettungsschiff 2003 fand als Schulschiff ERNST THÄLMANN Verwendung bei der GST.

Minenleg- und Räumschiff (MLR) Typ KRAKE Projekt 15

Taktisch technische Daten

D_N(t)	$L_{üa}$(m)	$B_{üa}$(m)	T_g(m)
676	66,1	8,62	2,55
Antrieb	**V_{max}(kn)**	**Besatzung**	**Bewaffnung**
2xDM 6 KVD 43A	16	38	1x85; $5x25_2$

Lebensakte

Projekt-/ Bau-Nr.	Name	in Dienst	außer Dienst	Bemerkungen
3001	BERLIN	16.08.57	15.01.76	71 - 72 Schulschiff
3002	HALLE	21.09.57	14.10.72	

3003	DRESDEN	09.11.57	26.10.73	71- 72 Schulschiff
3004	ROSTOCK	28.11.57	26.10.73	
3005	GERA	20.12.57	14.10.72	
3006	MAGDEBURG	06.01.58	14.10.72	
3007	ERFURT	18.04.58	14.10.72	danach bis 78 Wohnschiff
3008	KARL-MARX-STADT	14.05.58	25.01.76	73 Schulschiff
3009	POTSDAM	08.07.58	26.10.73	
3010	LEIPZIG	31.10.58	01.10.76	73 Schulschiff

Die Aufgabenstellung für einen weiterentwickelten MLR-Typ war schon 1953 ausgelöst worden. Im Ergebnis der Erfahrungen bei Entwicklung, Bau und Nutzung des Typs HABICHT Projekt I sollte nun ein modifizierter Schiffstyp im Rahmen des vorgegebenen D_N von 700 t entwickelt werden.

Der im Zentralen Konstruktionsbüro Nr. I (später ISW) in Zusammenarbeit mit der Peenewerft Wolgast erarbeitete Typ besaß eine modernere Architektur. Die Bewaffnung entsprach im Wesentlichen dem Vorgänger; nur erhielt dieses Projekt auf einer erhöhten Plattform auf dem Vorschiff hinter dem 85mm-Geschütz ein zusätzliches fünftes 25_2mm-Geschütz. Auch die Antriebsanlage blieb unverändert. Das Vorschiff wurde gegenüber dem HABICHT Projekt I verlängert, das gesamte Deckshaus vergrößert. Neuheiten bildeten zwei Suchscheinwerfer auf der Mars-Plattform sowie ein optisches Artillerie-E-Mess-Gerät. Mit der Navigations-FuM-Anlage KSA-5 (KSA=Kollosionsschutz-Anlage) wurde erstmalig ein DDR-Erzeugnis eingebaut.
Die Peenewerft Wolgast baute bis 1958 eine Serie von zehn Schiffen dieses Typs in einheitlicher Bauausführung. Deren Hauptaufgabe während des Flottendienstes war die Küstensicherung im Rahmen des Vorpostendienstes. Zu scharfen Räumeinsätzen wurden die Schiffe dieses insgesamt gelungenen Projektes aber nicht mehr eingesetzt.
Nach ca. 15jähriger Dienstzeit begann 1972 die planmäßige Außerdienststellung und Verschrottung der Schiffe.

Minensuch- und Räumschiff (MSR) Projekt 89

Projekt 89.0

Taktisch technische Daten

D_N(t)	$L_{üa}$(m)	$B_{üa}$(m)	T_g(m)
266	47,2	6,60	1,85
Antrieb	**V_{max}(kn)**	**Besatzung**	**Bewaffnung**
2xDM 12KVD20/21A	18,5	18	ohne

Lebensakte

Projekt-/ Bau-Nr.	Name	in Dienst	außer Dienst	Bemerkungen
89.0	ohne	28.01.70	20.10.81	Erprobungsschiff im WTZ

Eine im Mai 1963 eingeleitete Entwicklung sah die gemeinsame Ablösung der im Einsatz befindlichen MAW-Kräfte vor.
Die Räumboote Typ SCHWALBE Projekt 8 und die beiden Minenleg- und -räumschiffe Typ HABICHT Projekt 1 und Typ KRAKE Projekt 15 sollten durch ein neues Projekt ersetzt werden. Ziel war ein vergrößerter Typ SCHWALBE mit verbesserter Minenabwehr-Bewaffnung und nur einem Geschütz. Da außerdem der Einbau einer hydroakustischen Anlage gefordert wurde, erhielt das Projekt die Bezeichnung Minensuch- und -räumschiff (MSR).

Insgesamt war eine Serie von 24 MSR Projekt 89 geplant. Während der technischen Vorbereitung stellte sich aber heraus, dass die vorgesehenen Motoren 12 KVD 20/21A nicht geeignet waren. Bei der durch die Reichsbahn eingeleiteten Entwicklung waren Mängel in der Zuverlässigkeit aufgetreten; außerdem verwendete der Entwicklungsbetrieb Motorenwerk Johannisthal westliche Bauelemente. Das war für die Volksmarine Grund, diese Motoren strikt abzulehnen. Als Ausweichvariante kamen sowjetische Motoren 40D in Frage, die bereits in anderen Schiffstypen der Volksmarine erfolgreich eingesetzt waren. Das erforderte aber ein neues Projekt. Die begonnene Entwicklung führte die Peenewerft Wolgast als Projekt 89.0 weiter. Das Schiff erhielt die für die Serienschiffe abgelehnten Motoren aus Johannisthal. Da auf die modifizierte hydroakustische Anlage KLA-58m verzichtet wurde, kam stattdessen die zur U-Bootabwehr ausgelegte Anlage KLA-58 zur Anwendung.

Verzögerungen beim Bau und Ausfälle bei der See-Erprobung führten zu einer Bauzeit von vier Jahren. Im Rahmen der Technischen Erprobung fanden erstmals Ansprengversuche statt. Durch die Detonation von Wasserbomben in definierter Entfernung vom Minensuch- und -räumschiff wurde eine Minendetonation imitiert. Dabei stellte sich heraus, dass die Hauptelemente des Schiffes (Körper, Maschinen, Bewaffnung) die Bedingungen eines MSR-Schiffes erfüllten, aber mehrere zivile Produkte (Lampenhalterungen, Küchengeräte u.a.) nicht geeignet waren, da sie durch die auftretenden Erschütterungen zerstört wurden.

Die Volksmarine entschied, das Schiff nach seiner Fertigstellung 1970 als Erprobungsschiff an das Wissenschaftlich-Technische Zentrum (WTZ) zu übergeben. Obwohl als Minensuch- und räumschiff konzipiert, setzte sie es nicht zur Erfüllung von Minenabwehr-Aufgaben ein. Im Wissenschaftlich-Technischen Zentrum war das Schiff an umfangreichen Erprobungsaufgaben im Rahmen der Weiterentwicklung von Räumgeräten beteiligt.
1981 wurde es planmäßig außer Dienst gestellt und verschrottet.

Projekt 89.1 /KONDOR-I/

Taktisch technische Daten

D_N(t)	$L_{üa}$(m)	$B_{üa}$(m)	T_g(m)
329	51,91	7,13	2,30
Antrieb	**V_{max}(kn)**	**Besatzung**	**Bewaffnung**
2xDM 40D	20	24 (18)	1x25_2

Lebensakte

Projekt-/ Bau-Nr.	Name	in Dienst	außer Dienst	Bemerkungen
89.101	GREIFSWALD	29.05.69	02.04.90	72 - 81 Schulschiff, danach Erprobungsschiff im WTZ
89.102	BERGEN	29.05.69	20.05.81	71 - 81 Schulschiff, danach an Fischereiaufsichtsamt
89.103	ANKLAM	30.05.69	01.12.76	71 - 76 Schulschiff, danach GST-Schule Greifswald
89.104	ÜCKERMÜNDE	01.07.69	-	ab 71 6. GBK
89.105	DEMMIN	16.08.69	-	ab 71 6. GBK
89.106	MALCHIN	18.10.69	-	ab 71 6. GBK
89.107	ALTENTREPTOW	05.09.69	-	ab 71 6. GBK
89.108	PASEWALK	18.10.69	-	ab 71 6. GBK
89.109	TEMPLIN	20.12.69	-	ab 71 6. GBK
89.110	NEUSTRELITZ	20.12.69	28.02.90	ab 73 6. GBK
89.111	VITTE	15.01.70	06.02.90	ab 72 6. GBK
89.112	ZINGST	08.05.70	02.03.89	ab 72 6. GBK
89.113	PREROW	15.05.70	02.08.89	ab 72 6. GBK
89.114	GRAAL-MÜRITZ	25.05.70	20.10.89	ab 72 6. GBK
89.115	KÜHLUNGSBORN	25.05.70	02.10.90	ab 71 6. GBK
89.116	AHRENSHOOP	03.06.70	02.10.90	ab 71 6. GBK

89.117	KIRCHDORF	19.09.70	15.08.90	ab 71 6.GBK
89.118	BOLTENHAGEN	19.09.70	15.08.90	ab 71 6.GBK
89.119	KLÜTZ	03.10.70	28.02.90	ab 73 6.GBK
89.120	RERICK	12.11.70	28.02.90	ab 73 6.GBK
89.121	BANSIN	24.12.70	28.02.90	ab 73 6.GBK

Aufbauend auf den Vorarbeiten und Erfahrungen mit dem Projekt 89.0 sollte ein verbessertes Projekt mit anderem Antrieb entstehen. Noch während der Bearbeitung des Projektes 89.0 entwickelte die Peenewerft Wolgast ein neues Projekt 89.1 mit wesentlichen Veränderungen:

- Einsatz von zwei Antriebsmotoren 40D (Import UdSSR),
- Verlängerung des Schiffes um 4,5 m,
- Änderung der Brücke,
- Änderung des Mastes,
- Änderung des achteren Arbeitsdecks,
- Einsatz der hydroakustischen Anlage KLA 58m.

Entwicklung und Serienbau brachten aber wiederum einige neue Erkenntnisse:

- Für das Projekt 89.1 waren laut Rollenbuch zwei Offiziere (Kommandant, Leitender Ingenieur) vorgesehen. An der Offiziers-Schule wurde aber in großer Zahl Offiziere ausgebildet, die für den Borddienst zur Verfügung standen, während zu wenig Unteroffiziere vorhanden waren. Die Arbeits- und Lebensbedingungen an Bord waren jedoch nicht dafür konzipiert, mehr Offiziere einzusetzen.
- Der Minister für Nationale Verteidigung, der Chef der Luftstreitkräfte/Luftverteidigung und sowjetische Offiziere kritisierten die mit 1x252mm-Geschütz zu geringe Luftabwehr-Bewaffnung des Schiffes.
- Eine Konsultation in der UdSSR zur hydroakustischen Anlage MG-69 (Minenbeobachtungsanlage gegen Ankertauminen in Kursrichtung voraus) zeigte, dass die technischen Parameter dieser Anlage besser waren als die der DDR-Anlage KLA 58m; sie war aber auf dem Projekt 89.1 nicht installierbar.

Damit war nochmals eine Änderung des Projektes notwendig.

Der Serienbau des MSR Projekt 89.1 wurde aber trotzdem wie geplant weitergeführt. In den Jahren 1969/70 konnte die Volksmarine 21 Schiffe dieses Typs in Dienst stellen. Sie erhielten Namen von Städten der DDR.
Zu dieser Zeit waren neue Fahrzeuge für die 6. Grenzbrigade Küste notwendig, um die Grenzsicherung mit der geforderten Effektivität realisieren zu können. Obwohl die Schiffe eigentlich zur Erfüllung von MAW-Aufgaben konzipiert waren, legte der Chef der Volksmarine fest, dass sie als Grenzfahrzeuge eingesetzt werden. Somit erfolgte ab 1971 die Übergabe von 18 Schiffen an die 6. GBK; die Schiffe 89.101 - 89.103 wurden zur Schulbootsabteilung kommandiert.

Nach der Übernahme durch die 6. GBK galten alle 18 Schiffe als MAW-Mobilmachungs-Reserve der Volksmarine. Deshalb blieben auch die Räumgeräte beim Einsatz der Schiffe zur Grenzsicherung an Bord. Die ehemals vier Mann MAW-Personal wurden gestrichen. Ihre Aufgaben hatten vier Doppelfunktioner wahrzunehmen. Verantwortlich für Wartung und Pflege der Technik war der Bootsmann. Nach der Streichung von zwei weiteren Gasten aus dem Stellenplan wurden die Räumgeräte von Bord genommen und im Stützpunkt eingelagert. Für die dortigen Wartung und Pflege blieb die Besatzung des jeweiligen Schiffes verantwortlich.
Die Ergebnisse des Ganzen waren umstritten; Kenntnisse und Fertigkeiten der Besatzungen und der technische Zustand des Minenabwehr-Potentials wurde von Spezialisten der Volksmarine als mangelhaft eingeschätzt.

Ab 1989 begann die planmäßige Außerdienststellung der Minensuch- und räumschiffes Projekt 89.1. Zum Zeitpunkt der Auflösung der Volksmarine befanden sich noch sechs Schiffe in Dienst, der Bundesgrenzschutz zeigte kein Interesse an einer Übernahme. Vier Schiffe kaufte Tunesien und zwei gingen an den Inselstaat Malta. Vor ihrer Überführung erfuhren alle Schiffe in der Peenewerft Wolgast eine teilweise Demobilisierung.

Projekt 89.2 /KONDOR-II/

Taktisch technische Daten

D_N(t)	$L_{üa}$(m)	$B_{üa}$(m)	T_g(m)
436,6	56,7	7,50	2,33
Antrieb	**V_{max}(kn)**	**Besatzung**	**Bewaffnung**
2xDM 40D	18	30	$3 \times 25_2$

Lebensakte

Projekt-/ Bau-Nr.	Name	in Dienst	außer Dienst
89.222	WOLGAST	01.06.71	-
89.223	KAMENZ	24.07.71	-
89.224	STRALSUND	14.08.71	-
89.225	WITTSTOCK	11.09.71	02.04.90
89.226	KÜRITZ	02.10.71	14.03.90
89.227	NEURUPPIN	30.10.71	10.04.90
89.228	STRASSBURG	12.11.71	15.01.90
89.229	RÖBEL	02.12.71	-
89.230	PRITZWALK	23.12.71	-
89.231	RATHENOW	24.03.72	12.02.90
89.232	DESSAU	03.05.72	-
89.233	BITTERFELD	26.06.72	-
89.234	TANGERHÜTTE	30.06.72	-
89.235	GENTHIN	20.07.72	-
89.236	ZERBST	07.08.72	-
89,237	ROSSLAU	12.09.72	-
89.238	ORANIENBURG	30.09.72	-
89.239	JÜTERBOG	01.11.72	-
89.240	BERNAU	01.12.72	-
89.241	EILENBURG	22.12.72	-
89.242	RIESA	03.02.73	-
89.243	WILHELM-PIECK-STADT GUBEN	05.03.73	29.01.90
89.244	SÖMMERDA	07.04.73	-
89.245	EISLEBEN	24.05.73	-
89.246	GRANSEE	30.06.73	20.03.90
89.247	ZEITZ	11.07.73	-
89.248	HETTSTEDT	09.08.73	-
89.249	ALTENBURG	11.09.73	02.04.90
89.250	SCHÖNEBECK	29.09.73	02.03.90
89.251	GRIMMA	10.11.73	-

Im Dezember 1968, vor Abschluss der Serie Projekt 89.1 begannen die Arbeiten an einem nochmals verbesserten MSR als Projekt 89.2

Auch hier gab es wieder wesentliche Veränderungen gegenüber dem Vorgänger:

- Aufbau von 3 x 25₂mm-Geschützen 2M3,
- Einbau der hydroakustischen Anlage MG-69 (Import UdSSR) anstelle der DDR-Anlage KLA 58 m,
- nochmalige Verlängerung des Schiffes um ca. 4,5 m,
- Vergrößerung des Hauptbefehlsstandes/Brücke,
- Verbesserungen der Aufenthaltsbedingungen an Bord,
- Einsatz eines neuen Kontakträumgerätes (DDR-Entwicklung),
- Installierung eines zentralen Leitstandes zur Steuerung und Überwachung der Fernräumgeräte,
- Vergrößerung der Besatzung auf 30 Mann.

Anknüpfend an die Erfahrungen bei Entwicklung und Bau des MSR Projekt 89.1 konnte die Peenewerft Wolgast bereits ab 1971 die ersten MSR Projekt 89.2 fertig stellen. Bei der Technischen Erprobung des ersten Serienschiffes 89.222 stellte sich aber heraus, dass Propellergeräusche die Arbeit der hydro-akustischen Anlage MG-69 störten. Nachdem man Luft in den Propellerstrahl blies, was beim sowjetischen U-Boot-Jäger Projekt 204 M vorgemacht worden war, konnte dieser Mangel beseitigt werden.

Bis 1973 übernahm die Volksmarine eine Serie von 30 Schiffen. Sie besaß damit insgesamt 52 Minensuch- und räumschiffe Projekt 89 (1x 89.0, 21x 89.1, 30x 89.2). Die MSR Projekt 89.2 trugen die Hauptlast des ständigen Vorpostendienstes im Rahmen der verbündeten Ostseeflotten, u.a. im Fehmarnbelt.

Nach mehreren Modernisierungen im Zusammenhang mit der Einführung neuer Räumgeräte (Umbenennung Projekt 89.2 U und 89.2 U2) begann 1990 die Außerdienststellung der ersten inzwischen fast 20 Jahre im Flottendienst befindlichen MSR Projekt 89.2

Am 02.10.1990 befanden sich noch 21 Schiffe im Dienst. Nach vorübergehender Nutzung einiger Schiffe durch die Bundesmarine gingen nach teilweiser Demilitarisierung 15 von ihnen an ausländische Käufer:

- 4 x Marine Uruguay,
- 9 x Marine Indonesien,
- 2 x Marine Lettland.

Die restlichen Schiffe wurden verschrottet.

MAW-Schiff Projekt 189

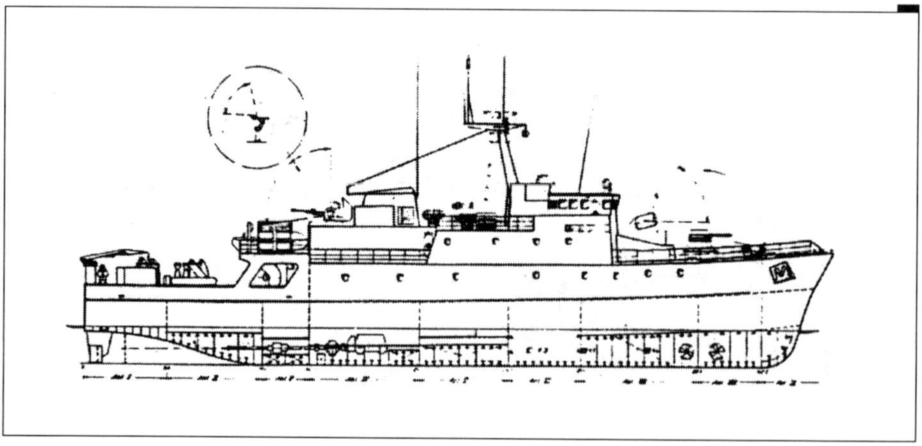

Taktisch technische Daten			
D_N(t)	$L_{üa}$(m)	$B_{üa}$(m)	T_g(m)
424	47,2	9,00	2,20
Antrieb	V_{max}(kn)	**Besatzung**	**Bewaffnung**
2xDM 12VD24/25	15	34	1x30$_2$; 1x23$_2$; verschied. Räumgeräte

Ende der 70er Jahre stand die Ablösung der Minensuch- und -räumschiffe Projekt 89 auf der Tagesordnung. Es galt dabei, den immer moderner werdenden Minen durch verbesserte Minenabwehr-Bewaffnung und neue taktische Einsatzmethoden (Minenjagd) zu begegnen. Ab 1978 liefen deshalb im Institut für Schiffbautechnik Warnemünde Vorarbeiten, die im Abschlussprotokoll der Maßnahme G-79 zu den bereits erwähnten Formulierungen führte.
Die danach begonnene Studie zu einem Minenabwehrschiff Projekt 189 in fünf Varianten (keine fortlaufende Projektnummer, es sollte damit die Nachfolge des MSR Projekt 89 dokumentiert werden) zeigte, dass die Forderungen der Volksmarine nur mit einer Schiffsgröße von D_N ca. 500 t zu realisieren waren. Aber trotz moderner Minen-Eigenschutz-Anlage würde sich dabei eine Sicherheitstiefe (44) größer als 20 m ergeben. Das war für ein Räumschiff in der Verantwortungszone der Volksmarine natürlich indiskutabel. Damit wurde die Notwendigkeit einer schwachmagnetischen Ausführung aktuell. Das war für den militärischen Schiffbau der DDR eine Problematik völlig neuen Ausmaßes.

Parallel hierzu arbeitete das Institut für Schiffbautechnik Warnemünde an einem „Minenidentifizierungs- und -vernichtungsgerät“ (MIVG) Projekt 190 (ebenfalls keine fortlaufende Projektnummer). Mit diesem Gerät sollte die Minenjagd in der Volksmarine als neues taktisches Verfahren der Minenabwehr eingeführt werden.

In einer zum Ende des Jahres 1984 vorliegenden Studie war ein Orientierungspreis für ein MAW-Schiff Projekt 189 von 113 Mio Mark genannt; außerdem machte das Institut für Schiffbautechnik darin Ausführungen über zu erwartende große technische und ökonomische Probleme bei der Realisierung der schwach-magnetischen Bauweise. Deshalb wurde in Übereinstimmung zwischen Volksmarine und Industrie die Entwicklung des schwachmagnetischen Minenabwehrschiffes Projekt 189 abgebrochen. Damit fiel der geplante Träger für die aufzubauende Minenjagdkomponente der Volksmarine aus. Das Minenidentifizierungs- und -vernichtungsgerät MIVG Projekt 190 wurde aber trotzdem weiter entwickelt und von nun an der Einsatz auf dem Reederäumboot Projekt 415 konzipiert.

Allen Beteiligten war klar, dass damit keine Lösung für die Minenabwehr unter modernen Bedingungen in Aussicht stand. Die ökonomischen Möglichkeiten der DDR verhinderten, trotz der militärischen Notwendigkeit, ein anderes Resultat.

Reede-MAW-Boot Projekt 415

Taktisch technische Daten

D_N(t)	$L_{üa}$(m)	$B_{üa}$(m)	T_g(m)
248	35,0	7,96	1,85
Antrieb	V_{max}(kn)	**Besatzung**	**Bewaffnung**
2xDM 6VD18/16AL	12	keine endgültige Festlegung	1x23$_2$; 1xFAM14; 8 MAW-Bewaffn.-Varianten

1981 fand in der UdSSR eine Konsultation zum Kennenlernen des sowjetischen Reederäumbootes Projekt 1258 /YEVGENIA/ statt. In Auswertung dieser Konsultation lehnte der Minister für Schwermaschinen- und Anlagenbau ab, Produktionsmöglichkeiten für ein schwach magnetisches Reederäumboot in der Industrie der DDR zu schaffen. Nach Protest der Volksmarine unter Berufung auf die „Liefer- und Leistungsverordnung" (LVO) wurde das Kombinat Schiffbau Rostock mit der Entwicklung und dem Bau eines solchen Bootes beauftragt. Als Planungsgrundlage galt der Serienbau ab 1991 und eine Seriengröße von 16 Booten.
Im Januar 1983 hatte das Institut für Schiffbautechnik begonnen, eine technische Konzeption für ein schwach-magnetisches Reederäumboot zu entwickeln. Da die Realisierung in Zusammenarbeit Yachtwerft Berlin/ Volkswerft Stralsund vorgesehen war, erhielt das Boot mit 415 eine Projektnummer der Yachtwerft Berlin.

Im Oktober 1983 lagen erste Arbeitsergebnisse vor.
Hauptaufgaben des Bootes sollten sein:

- Minenräumen mit Kontakt- und Fernräumgeräten,

- Sicherstellung des Einsatzes von Minenräumhubschraubern durch Übergabe/Übernahme von geschlepptem Räumgerät in See,
- Fernsteuerung vorauslaufender Räumgeräte oder Sperrbrecher,
- Minensuche mit einer hydroakustischen Anlage und Vernichtung georteter Minen durch Taucher.

Entgegen den bisherigen Vorstellungen legte das Kombinat Schiffbau Rostock auch eine neue Aufgabenverteilung für das Bauprogramm vor:
- IST verantwortlich für F/E-Arbeiten,
- Bau der Bootskörper für ein Erprobungs- und 16 Serienboote sowie bestimmter Teilausrüstungen in der Schiffswerft Rechlin,
- Finalfertigung der Boote in der Peenewerft Wolgast; dazu Landtransport der Bootskörper von Rechlin nach Wolgast.

Eine solche Produktionskooperation war bereits bei den Kleinen Torpedo-Schnellbooten Projekt 131 mit Erfolg praktiziert worden. Die ursprünglich vergebene Projektnummer 415 wurde aber trotzdem weiter beibehalten.

Die drastische Reduzierung der Pläne und die Kürzung der Finanzmittel des Verteidigungshaushaltes für den Zeitraum ab 1986 führten zu einer Veränderung des Entwicklungsablaufes. Der geforderte Serienbeginn verschob sich von 1991 auf 1994, d.h. gegenüber den militärischen Notwendigkeiten hatten die ökonomischen Bedingungen den Vorrang erhalten.

Nachdem Ende 1984/Anfang 1985 auf das MAW-Schiff Projekt 189 verzichtet werden musste, stand die Volksmarine nun plötzlich vor dem Problem, anstelle des bisher konzipierten Reederäumbootes ein Minenabwehr-Boot entwickeln zu lassen, welches zusätzlich die bisher dem Projekt 189 zugeordneten Minenjagdaufgaben mit dem MIVG Projekt 190 erfüllen konnte. So entstand bis Juni 1986 der Entwurf eines MAW-Bootes, welches in acht verschiedenen umrüstbaren Minenabwehr-Bewaffnungsvarianten für die geforderten Minenräum-, Minenjagd- und Sicherstellungsaufgaben wahlweise einsetzbar war. Die Bewaffnungsvarianten sahen vor:

1 – Minenjagd mit MIVG Projekt 190,
2 – Minenjagd mit Minentauchern,
3 – Minenräumen mit Fernräumgerät,
4 – Minenräumen mit mechanischem und akustischem Räumgerät,
5 – Minentauchersicherstellung,
6 – Sicherstellung der Übergabe/Übernahme eines mechanischen Hubschrauberräumgerätes,
7 – Sicherstellung der Übergabe/Übernahme eines Hubschrauber-Fernräumgerätes,
8 – Minenlegen.

Besondere Probleme entstanden bei der Auswahl einer hydroakustischen Anlage als wesentlicher Bestandteil des Minenjagdsystems. Die UdSSR lehnte die Lieferung einer entsprechenden Anlage ab. Alle Versuche der Volksmarine, eine solche Anlage in der DDR entwickeln zu lassen, waren erfolglos. Auch die Bestimmungen der LVO konnten dabei nicht helfen, da das wissenschaftliche Potential auf diesem Gebiet nicht mehr vorhanden war. Als letzte Möglichkeit wurde schließlich die Zusammenarbeit mit der Volksrepublik Polen gesucht, um die dort in Entwicklung befindliche Anlage FLAMINGO nutzen zu können. Damit wurde erstmalig im militärischen Schiffbau der DDR eine Zuentwicklung aus Polen eingeleitet.

Im Juni 1987 lag das Skizzenprojekt vor. Trotz inzwischen mehrjähriger Bearbeitung gab es noch schwerwiegende ungelöste Probleme. Das betraf:

- Die schwachmagnetische Bauweise war unklar, die Substitutionsstrategie (45) war ungelöst; die ökonomischen und technischen Belange konnten nur ungenügend eingeschätzt werden.
- Eine Reihe prinzipieller schiffbaulicher Lösungen war noch nicht vollständig klar.
  Der Landtransport der Bootskörper von Rechlin nach Wolgast begrenzte die Größe des Bootes; die obere zulässige Grenze war bereits in dieser Entwicklungsstufe erreicht.
- Die Festigkeitsberechnungen für ein Boot dieser Größenordnung in Plastebauweise wurden in der DDR-Schiffbauindustrie nicht beherrscht. Festigkeitsannahmen für Plaste waren durch die Praxis noch nicht untermauert.
- Die Bearbeitung der Bewaffnungsvarianten befand sich noch in einem solchen Stadium, in dem keine Aussagen über technische Realisierbarkeit, ökonomischen Aufwand und Forderungen an das Boot gemacht werden konnten.

Eine solche Fülle ungelöster Probleme bei der Bearbeitung des Vorprojektes hatte es bisher noch bei keinem Entwicklungs- und Bauprogramm der Volksmarine gegeben.

Im Dezember 1989 erläuterte die Peenewerft Wolgast, dass sich das Boot an der Grenze der Realisierbarkeit befände und vorhandene technische Risiken bei Zuentwicklungen aus der DDR-Industrie noch nicht wesentlich reduziert werden konnten. Ein neuer Hauptterminplan sah vor, mit der Erarbeitung des Technischen Projektes im Oktober 1990 und mit der Serienlieferung ab 1998 (15 Jahre nach Entwicklungsbeginn) zu beginnen.
Am Ende musste der Minister für Nationale Verteidigung den durch das Kombinat Schiffbau Rostock geforderten Abbruch der Arbeiten am Reede-MAW-Bootes Projekt 415 bestätigen.

Damit endeten die langwierigen und umfangreichen Arbeiten an einer neuen Generation von Minenabwehr-Fahrzeugen zur Ablösung der Minensuch- und -räumschiffe Projekt 89. Weder die Arbeiten an einem schwachmagnetischen MAW-Schiff noch an einem Reede-MAW-Boot konnten erfolgreich abgeschlossen werden. Nur das Minenidentifizierungs- und -vernichtungsgerät Projekt 190 befand sich in der Erprobung.

Der Aufbau einer eigenen U-Boot-Waffe in den Streitkräften der DDR kam über bescheidene theoretische Anfänge nicht hinaus, wurde 1953 endgültig eingestellt und bis zur Auflösung der Volksmarine von deutscher Seite nie wieder in Erwägung gezogen.

Demgegenüber schenkte die Seepolizei/Volksmarine der Schaffung und Erhaltung eines UAW-Potentials große Aufmerksamkeit. Neben der Minenabwehr war die U-Boot-Abwehr ein Schwerpunkt in ihrem Kräftebestand.

In dem „Dokument Zeuthen", einem Marine-Bauprogramm für die Jahre 1954 bis 1956 (46), war der Bau von nicht weniger als 55 U-Boot-Jägern mit einem Deplacement von 240 t in der Volkswerft Stralsund vorgesehen. Wenn dieses Dokument auch völlig irreal war und in den weiteren Bauprogrammen nie Berücksichtigung fand, so zeigt es doch, welche Bedeutung dem Aufbau eines schlagkräftigen Bestandes von UAW-Kräften von Anfang an beigemessen wurde.

Als die Bildung der Nationalen Volksarmee und damit auch der Seestreitkräfte auf der Tagesordnung stand, galt es, neben den Stoßkräften auch ein UAW-Potential aufzustellen.
Da sich die bereits 1952 eingeleitete Eigenentwicklung des U-Boot-Jägers Typ HAI Projekt 12 schwieriger und langwieriger als erwartet gestaltete sowie Entwicklung und Serienbau von MAW-Kräften in der Peenewerft Wolgast und der Yachtwerft Berlin die vorhandenen finanziellen und industriellen Ressourcen bis an die Grenze ausschöpften, bestand nur die Möglichkeit

- 1953 10 **KS-Boote Typ SEEKUTTER,**

die bei der Seepolizei vorhanden waren, so auszurüsten, dass sie UAW-Aufgaben erfüllen konnten. Die schiffbaulichen Voraussetzungen dafür waren beim Bau der Boote bereits berücksichtigt worden.

1957 stellte die Bundesmarine drei U-Boote der ehemaligen Kriegsmarine in Dienst und bereitete den Serienbau von U-Booten Projekt 205 vor. Die Seestreitkräfte der DDR mussten darauf angemessen reagieren. Umgerüstete Küstenschutzboote genügten als zwar robuste, aber langsame und geräuschvolle Fahrzeuge den Anforderungen nicht mehr.
Da die U-Boot-Jäger Typ HAI Projekt 12 noch immer nicht zur Verfügung standen und auch Arbeiten am Großen U-Boot-Jäger Typ ADLER Projekt 74 gerade erst begonnen worden waren, erhielten die Seestreitkräfte als Übergangslösung importierte sowjetischer Schiffe.
Entsprechend einem Handelsvertrag lieferte die UdSSR

- 1959/60 12 **U-Boot-Jäger Projekt 201 M /SO-1/.**

Bei diesem Typ handelte es sich um ein in der UdSSR in großer Stückzahl gebautes Projekt, welches auch an andere Flotten (Bulgarien, Kuba, Algerien u.a.) geliefert wurde. Es waren die ersten „echten" UAW-Fahrzeuge der Volksmarine.

Die 1955 und 1959 aus der UdSSR importierten

- 4 **Küstenschutzschiffe Projekt 50 /RIGA/**

zählten wegen ihrer ausgewogenen Bewaffnung und vielseitigen Einsetzbarkeit bis 1960 zu den Stoßkräften. Ab 1961 wurden sie den UAW-Kräften zugeordnet. (47)
13 Jahre nach Entwicklungsbeginn waren endlich

- 1965-1966 12 **Kleine U-Boot-Jäger Typ HAI Projekt 12.4M**

verfügbar. Die Schiffe galten in der Volksmarine als seetüchtig, aber mit den Gasturbinen Pirna 014 und der sowjetischen Artillerie-Waffenleitanlage MR-104 als relativ störanfällig. Den befohlenen Koeffizienten der technischen Einsatzbereitschaft (KTE) einzuhalten, war daher problematisch. (48)

Anfang der 70er Jahre war in der U-Boot-Abwehr eine Situation entstanden, die eine Reaktion der Volksmarine verlangte:

- Die Ausbildungsfahrten von U-Booten der Typen 205 und 206 der Bundesmarine in die Ostsee hatten kontinuierlich zugenommen.
  Die durch das Oberkommando der Verbündeten Ostseeflotten (VOF) geforderte ständige Begleitung dieser Boote in der Verantwortungszone der Volksmarine konnte mit der vorhandenen U-Bootabwehr-Bewaffnung der Schiffe Typ HAI Projekt 12.4M nicht mehr gewährleistet werden. (häufige Kontaktverluste bei Unterwasserfahrt der U-Boote; die mittlere erzielte Reichweite der hydroakustischen Anlage KLA 58, bedingt durch thermale Sprungschichten in der Ostsee betrug nur 7 Kbl.,). Außerdem standen aufgrund technischer Ausfälle und fehlender Ersatzteile oft nicht genügend Schiffe Typ HAI Projekt 12.4M zur Verfügung.
- Die operative Konzeption sah im Kriegsfall den Durchbruch der Flottenkräfte der VOF in die Nordsee und ihren dortigen Einsatz vor. Dazu waren aber die Schiffe Typ HAI Projekt 12.4M nicht konzipiert und auch nicht in der Lage.

Unter diesen Bedingungen war die Entwicklung und der Bau eines Nachfolgers dringend notwendig. Ende 1971 wurden deshalb Arbeiten an einem neuen U-Bootabwehr-Schiff Projekt 133 eingeleitet.

Nach langer Entwicklungszeit stellte die Volksmarine

- 1981-1985 16 **UAW-Schiffe Projekt 133.1 /PARCHIM/**

in Dienst. Trotz einer empfindlichen Antriebsanlage bewährten sich diese Schiffe auch in schwerstem Wetter. Mit einer gegenüber dem Vorgänger verbesserten Bewaffnung und Ausrüstung konnte die Zeit des Kontakthaltens zu U-Booten in Unterwasserfahrt wesentlich vergrößert werden.

Als Projekt 133.1M lieferte die Peenewerft Wolgast 12 dieser Schiffe in etwas veränderter Ausführung an die UdSSR. Es war das erste und einzige Exportprogramm eines Kampfschiff-Typs der DDR-Industrie an die UdSSR.

Als Nachfolger des Küstenschutzschiffes Projekt 50 /RIGA/ kaufte die DDR 1978, 1979 und 1986

- 3 **Küstenschutzschiffe Projekt 1159 /KONI/.**

Sie stellten in ihrer Grundkonzeption eine schiffbauliche und waffentechnische Weiterentwicklung der bisher im Einsatz befindlichen Küstenschutzschiffe dar und zählten, obwohl Mehrzweckschiffe, ebenfalls zu den U-Bootabwehrkräften der Volksmarine.

Küstenschutzboote (KS-Boote) Typ SEEKUTTER

Taktisch technische Daten

1. Bauausführung			
D_N(t)	**$L_{üa}$(m)**	**$B_{üa}$(m)**	**T_g(m)**
72	26,8	4,60	1,40
Antrieb	**V_{max}(kn)**	**Besatzung**	**Bewaffnung**
3xJumo 205 D	20	20	1x20$_2$; 1x20;Wabo
2. Bauausführung			
D_N(t)	**$L_{üa}$(m)**	**$B_{üa}$(m)**	**T_g(m)**
78,4	28,8	4,80	1,50
Antrieb	**V_{max}(kn)**	**Besatzung**	**Bewaffnung**
3xJumo 205 D	24	20	2x20;Wabo

Lebensakte

Projekt-/ Bau-Nr.	Name	in Dienst	außer Dienst	Bemerkungen
1. Bauausführung „26m-Seekutter"				
1/50	FREUNDSCHAFT	12.50 u. 08.06.51	01.10.66	52 6. GBK
2/50	PIONIER	12.50 u. 10.06.51	20.05.63	52 6. GBK
3/50	SOLIDARITÄT	25.05.51	15.10.66	52 6. GBK
4/50	ohne	22.05.51	10.07.65	52 6. GBK
5/50		29.05.51	05.09.64	52 6. GBK
6/50		03.06.51	20.04.67	52 6. GBK
2. Bauausführung „27,6m-Seekutter"				
1/7	ohne	51	20.05.63	
2/8		51	01.11.67	52 6. GBK
3/9		51	01.10.66	62 6. GBK
4/10		51	15.12.65	52 6. GBK
5/11		51	10.07.65	62 6. GBK
6/12		01.52	20.05.63	
7/13		01.52	10.10.66	62 6. GBK
8/14		01.52	01.11.67	62 6. GBK
15		03.03.53	26.04.69	62 6. GBK
16		03.03.53	15.12.65	62 6. GBK
17		03.03.53	20.06.64	
18		03.03.53	01.10.64	
19		21.03.53	01.11.67	62 6. GBK
20		21.03.53	01.10.64	
21		.53	20.12.63	
22		.53	15.12.65	62 6. GBK
23		25.07.53	26.04.69	62 6. GBK
24		.53	01.10.66	62 6. GBK
25		.53	03.03.64	
26		21.08.53	26.04.69	62 6. GBK
27		.53	01.11.67	62 6. GBK
28		21.08.53	20.05.63	

Boote 15 - 20: gebaut in der Peenewerft Wolgast; alle anderen Boote gebaut in der Yachtwerft Berlin.

Bereits 1948 beauftragte die SMAD das Zentrale Konstruktionsbüro Berlin mit der Ausarbeitung einer Studie für ein Küstenwachboot mit U-Jagd-Eigenschaften. Auf der Grundlage dieser Studie erteilte die damalige Deutsche Verwaltung des Inneren im September 1948, weit vor der Bildung der Hauptverwaltung Seepolizei und noch vor Gründung der DDR, der Claus-Engelbrecht-Werft in Berlin-Köpenick (später Yachtwerft Berlin) den Auftrag zum Bau von sechs „26 m - Seekuttern".(49) Im März 1949 ordnete der Chef der SMAD zusätzlich den Bau von weiteren 20 „Seekuttern" an. (50)

Das erste Produktionslos von sechs Booten lief unter der Werft-Baunummer 1/50-6/50. Die aus Geheimhaltungsgründen auch in den Projektunterlagen ver-

wendete Tarnbezeichnung „26m - Seekutter“ wurde später offiziell in Küstenschutzboot (KS-Boot) umgewandelt.
Im Juli 1950 nahmen die ersten drei Boote über Oder und Achterwasser ihren Weg nach Stralsund, wo die Ausrüstung vervollständigt wurde und eine See-Erprobung ohne Ari-Bewaffnung stattfand.

Bei der Meilenfahrt mit dem Boot 1/50 in der Tromper Wiek konnte die geforderte Geschwindigkeit nicht erreicht werden. Auch eine Verlängerung des Bootes um 1,5 m in der Volkswerft Stralsund erbrachte nicht den erhofften Effekt. Daraufhin tauschte man bei dem Boot 2/50 die Außenpropeller gegeneinander aus. Sie schlugen nun bei Vorausfahrt nicht mehr nach außen, sondern führten, nach innen schlagend, der Mittelwelle Wasser zu. Das brachte eine Geschwindigkeitserhöhung von mehr als 1,5 kn.
Die Verlängerung des Bootskörpers war nur bei dem Boot 1/50 durchgeführt worden. Die anderen fünf Boote der ersten Bauausführung behielten ihre ursprüngliche Länge von 26,8 m, aber alle Boote nach innen schlagende Außenpropeller.

Die installierten Hauptmotoren Jumo 205 D waren Junkers-Flugzeugmotoren der Luftwaffe aus dem Zweiten Weltkrieg; sie stießen große Mengen Ruß aus. Weil der Abgasaustritt seitlich angesetzt war, verrußten beide Bordwände stark. Das versuchte man durch einen schwarzen Teilanstrich optisch zu mindern. Dadurch entstand der Flottenname „Schwarze KS“.

Die geforderte U-Jagd-Eigenschaft erhielt das Projekt dadurch, dass auf Weisung der SMAD ein relativ großer Raum im untersten Teil des Vorschiffes freigelassen und auf der Außenhaut eine große Platte aufgeschweißt war. (51) Damit konnte die hydroakustische Station Tamir-10 (UdSSR-Entwicklung) nachgerüstet werden. Auch Wasserbomben-Ablaufgerüste entwickelte die Industruie der DDR als „Fass-Verladeeinrichtungen“.

Bis Juli 1951 erfolgte die Zuführung weiterer drei Boote 4/50 - 6/50 von der Yachtwerft Berlin nach Wolgast. Sie sollten in der Peenewerft gemeinsam mit den Räumbooten Typ R 218 Ari-Bewaffnung erhalten. Hierzu erging der Befehl 114/51 des Chefs der Hauptverwaltung Seepolizei, die Räum- und Küstenschutzboote mit Bordgeschützen durch die Waffenwerkstatt der Wirtschaftsabteilung Wolgast auszurüsten. Dagegen protestierten die Schiffbauer. In einer Belegschaftsversammlung erläuterte deshalb der Chef der Seepolizei W. Verner die Notwendigkeit, Polizeiboote zu bewaffnen. Er erklärte, dass diese Waffen niemals gegen die eigenen Arbeiter eingesetzt würden. Daraufhin gab es keine weiteren Proteste mehr.

Die sechs KS-Boote der 1. Bauausführung erhielten je 1 x 20_2 mm Flak 38 vorn und 1 x 20 mm hinten auf dem Deckshaus (von der UdSSR übergebene Beutewaffen). Die Boote 1/50 und 2/50 wurden im Dezember 1950 in Dienst gestellt. Die offizielle Indienststellung aller sechs Boote der 1. Bauausführung erfolgte aber erst ab Juli 1951. Daraus ergab sich die eigentümliche Situation, dass zwei KS-Boote zweimal in Dienst gestellt worden sind. Bei der Indienststellung erhielten nur die Boote 1/50 - 3/50 Namen.

In Auswertung der technischen Erprobung mit den sechs KS-Booten der ersten Bauausführung überarbeitete die Yachtwerft Berlin das Technische Projekt, verlängerte den Bootskörper um 2 m und veränderte die Aufbauten. Das niedrige Deckshaus endete auf dem hinteren Maschinenraumschott. Damit stand die hintere Waffe direkt auf dem Deck. Der Austritt der Abgasleitungen befand sich nun am Spiegelheck. Durch die so veränderte Bootskörperform erhöhte sich die Geschwindigkeit von 20 kn auf 24 kn.

Die Boote dieser zweiten Bauausführung erhielten vorübergehend die Tarnbezeichnung „27,8 m - Seekutter“. Eine Besonderheit des Serienbaus war die Fertigung in zwei Werften. Die Yachtwerft Berlin lieferte 1951/52 acht Boote. Die Peenewerft Wolgast baute bis März 1953 sechs und die Yachtwerft Berlin bis August des gleichen Jahres nochmals acht Boote in gleicher Ausführung. Damit erhielt die Seepolizei/VP-See insgesamt 28 Boote, d.h. zwei mehr, als ursprünglich durch die SMAD angeordnet war. (52)

Alle Boote wurden von der Peenewerft Wolgast mit Bewaffnung ausgerüstet. Dazu erfolgte genau wie bei der ersten Bauausführung die Überführung von Berlin nach Wolgast auf dem Wasserweg. Vier Boote trugen eine Ari-Bewaffnung wie die Boote der 1. Bauausführung, alle weiteren Boote je 2 x 20 mm Oerlikon mit Trommelmagazin (Bereitstellung durch UdSSR). Später wurden fast alle Boote auf diese Bewaffnung umgerüstet.

Acht Küstenschutzboote blieben nur kurze Zeit bei der Seepolizei. Mit Befehl 148/52 des Ministers des Inneren übernahm im Juli 1952 die Deutsche Grenzpolizei diese Boote. Sie gingen einschließlich Besatzungen und Stab zur Grenzbereitschaft Rostock. Mit ihnen begann die Grenzpolizei im Sommer 1952 die direkte seeseitige Grenzsicherung der DDR.
Da die Küstenschutzboote nicht für den Grenzdienst konzipiert waren, genügten ihr technischer Zustand und die Bewaffnung nur teilweise den anderen Be-

dingungen und Forderungen. Defizite bestanden im Folgenden:

- Zu geringe Geschwindigkeit für effektive Suche und Verfolgung sowie Ausübung des Rechts der Nacheile;
- Fehlen moderner technischer Mittel zur Seeraumbeobachtung (FuM-Anlage, Infrarot-Geräte, leistungsstarke Scheinwerfer);
- Antriebsanlage zu laut und nicht für Dauerbetrieb mit kleinen Fahrtstufen ausgelegt,
- fehlende UKW-Sprechverbindung zu den an Land eingesetzten Kräften;
- nur einfaches Schlauchboot zum Übersetzen einer Durchsuchungs-/Kontrollgruppe (3-4 Mann) vorhanden;
- zu zeitaufwendiges Ankerlichten (Handspill);
- zu kleine Frischwasserzellen und keine Kühlschränke (bei 7 – 10 tägigen Seetörns musste Grenzdienst zur Ergänzung von Versorgungsgütern mehrfach unterbrochen werden).

1959 lief deshalb ein Modernisierungsprogramm für die acht Küstenschutzboote auf der Werft in Rostock-Gehlsdorf an. Es beinhaltete:

- Umbau und Neugestaltung der Brücke,
- Aufbau eines leichten Gittermastes,
- Einbau einer Rundsicht-FuM-Anlage Sarnitza (UdSSR-Import),
- Umrüstung der Ari-Bewaffnung auf 2 x $12{,}7_2$ mm – Fla-MG DschK-2UK,
- Einbau einer UKW-Anlage R 609,
- Einbau eines zusätzlichen 500 l – Trinkwasserbehälters,
- Installation eines Elektro- Kühlschrankes,
- Plattenwechsel an den Bordwänden zur Verbesserung der Eisklasse.

Eine neue Antriebsanlage wurde nicht eingebaut, sodass die V_{max} = 20 kn erhalten blieb.

Aus den bereits dargelegten Gründen konnte das 1953 geforderte U-Bootabwehr-Potential nur dadurch erreicht werden, dass zehn der bei der Seepolizei verbliebenen Boote in der Peenewerft Wolgast eine hydroakustische Anlage Tamir-10 (Import UdSSR) und zwei Wabo-Ablaufgerüste für je sechs Wasserbomben an Oberdeck erhielten. Durch die bereits vorher geschaffenen schiffbaulichen Voraussetzungen war das leicht zu realisieren.

Diese zehn nachgerüsteten Küstenschutzboote mussten nach der Gründung der NVA/Seestreitkräfte vorerst echte U-Boot-Jäger ersetzen. Die notwendigen Kenntnisse in der U-Jagd-Taktik und in der Beherrschung der Ortungs- und Bekämpfungsmittel erhielten Kommandanten und Hydroakustiker durch Spezialisten der Baltischen Flotte der UdSSR.
Nachdem Ende des Jahres 1959 U-Jäger Projekt 201 M zur Verfügung standen, konnten die Küstenschutzboote wieder ihre eigentliche Aufgabe in der Küstensicherung übernehmen.

Anfang der 60er Jahre war die Instandhaltung der Jumo-Motoren 205 D nicht mehr sichergestellt. Mit dem Einbau von zwei Dieselmotoren 6 NVD 26A auf den Außenwellen entstand ein erheblicher Geschwindigkeitsabfall. Da keine UAW-Aufgaben mehr zu erfüllen waren, akzeptierten das aber die Seestreitkräfte.

Zur weiteren Verbesserung der Grenzsicherung übernahm 1962 die 6. Grenzpolizei-Küste nochmals zwölf Küstenschutzboote der zweiten Bauausführung. Diese Boote waren während ihres Dienstes bei der VP-See bereits auf eine Ari-Bewaffnung 2 x 20 mm Flak Oerlikon umgerüstet worden. Die meisten Boote behielten diese Bewaffnung; auf einigen kam aber später die Variante 2 x 14,52 mm-Fla-MG 2-MA zum Einsatz.
Mehrere Boote waren außerdem durch den Einbau einer hydroakustischen Anlage Tamir-10 zu U-Boot-Jägern umgerüstet worden. Trotzdem erfolgte ihr Einsatz im Grenzdienst nur als Kontrollboote, die Planstelle des Hydroakustikers blieb weiterhin unbesetzt.

Ab 1963 begann die planmäßige Außerdienststellung der bei den Seestreitkräften verbliebenen acht Boote. Einige dieser Boote wurden nochmals instand gesetzt und ohne Bewaffnung an die GST zur weiteren Verwendung als Schulboote übergeben.
Nach mehr als 10jährigem Einsatz waren auch die Boote der 6. Grenzbrigade-Küste Mitte der 60er Jahre technisch verbraucht. Sie wurden deshalb ab 1965 planmäßig außer Dienst gestellt und verschrottet.
Ihr Einsatz als Fahrzeuge der Grenzpolizei-Küste/6. Grenzbrigade-Küste war allgemein positiv eingeschätzt worden.

Küstenschutzschiffe Typ FALKE Projekt 10

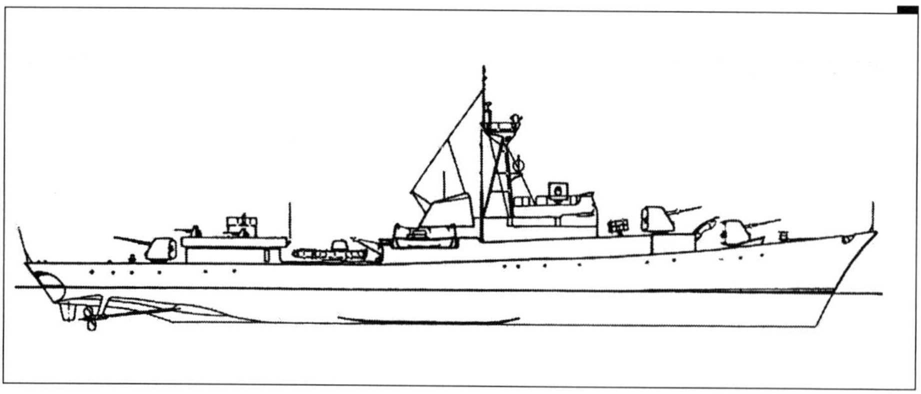

Am 03.09.1952 leitete die Seepolizei in Ergänzung zu den KS-Booten Typ SEEKUTTER die Entwicklung eines wesentlich größeren und kampfstärkeren Küstenschutzschiffes Typ FALKE ein. Das Konstruktionsbüro Stralsund erarbeitete bis 1955 in Anlehnung an das sowjetische Projekt 50 /RIGA/ insgesamt vier Varianten A, B, C und D für ein Mehrzweckschiff, d.h. Artillerieträger (3 x 100 mm, 2 x 37_2 mm) mit einer U-Jagd-Komponente, zwei 533 mm-Torpedorohren und Minenschienen an Oberdeck.
Um die geplante Dampfturbinenanlage für dieses Schiff in Zusammenarbeit mit der ansässigen Industrie entwickeln zu können, entstand 1953 eine Außenstelle in Dresden.

In der Chronik des Instituts für Schiffbautechnik Wolgast heißt es dazu:
Die Konstruktionsarbeiten des Projektes Küstenschutzschiff geben Veranlassung, dass der Maschinenbau sich zu einem maßgebenden Faktor entwickelt, um den steigenden Forderungen größerer Fahrzeugtypen nachzukommen.
Es wird ein Sektor Maschinenbau neben dem eigentlichen Schiffbau gebildet. Hierbei sind geografische und ökonomische Überlegungen ausschlaggebend. Diese Arbeitsstätte wird in Dresden, dem Zentrum der Industrie, geschaffen.

Bis zum 10.09.1955 entstand im ISW das Technische Projekt für ein Küstenschutzschiff mit einem Normaldeplacement von ca. 1 200 t. Nach Überarbeitung bestätigten die Seestreitkräfte das mit einem Aufwand von insgesamt 175.000 h entstandene Projekt.
Mit diesem Entwicklungsstand erfolgte der Abbruch aller Arbeiten, da inzwischen der Import von vier sowjetischen Küstenschutzschiffen Projekt 50 /RIGA/ beschlossen worden war. Die Außenstelle Dresden wurde aufgelöst und die bereits hergestellte maschinenbautechnische Ausrüstung in Wolgast als Ersatzteile für die KSS Projekt 50 eingelagert (Hauptkessel) bzw. verschrottet.

Küstenschutzschiffe Projekt 50 /RIGA/

Taktisch technische Daten

D_N(t)	$L_{üa}$(m)	$B_{üa}$(m)	T_g(m)
1168	91,5	10.2	3,15
Antrieb	**V_{max}(kn)**	**Besatzung**	**Bewaffnung**
2 x Dampfturbine	28	152	3x100; $2x37_2$ 2xTR;Wabo

Lebensakte

Projekt-/ Bau-Nr.	Name	in Dienst	außer Dienst	Bemerkungen
50/1	ERNST THÄLMANN	15.12.56	29.08.77	
50/2	KARL MARX	15.12.56	31.08.76	76/77 Wohnschiff 4. Flottille
50/3	KARL LIEBKNECHT	10.10.59	01.01.68	
50/4	FRIEDRICH ENGELS	10.10.59	10.10.69	

Obwohl die Seepolizei 1952 die Entwicklung eines eigenen Küstenschutzschiffes Typ FALKE in Auftrag gegeben hatte, importierte sie ab 1956 sowjetische KS-Schiffe Projekt 50 /RIGA/. Die Entscheidung für den Import dieser Serienschiffe führte, wie bei dem Schnellboot Projekt 183, zum Abbruch der eigenen Arbeiten und machte von sowjetischen Lieferungen abhängig..

Ab September 1956 überführte die Baltische Flotte das KS-Schiff Projekt 50 BARZUK (übersetzt: DACHS) als Baubelehrungsschiff und schwimmende Lehrbasis nach Saßnitz. Die zukünftigen DDR-Besatzungen wurden auf diesem Schiff ausgebildet und zum Dienst auf zwei Küstenschutz-Schiffen vorbereitet. Die importierten KS-Schiffe 50/1 und 50/2 wurden anschließend in Warnemünde übernommen (sowjetische Projektnummer).

Die Indienststellung durch die Seestreitkräfte der DDR erfolgte am 15.12.1956. Es handelte sich um Gebrauchtschiffe, die bereits kurzzeitig bei der Baltischen Flotte in Dienst gestanden hatten. Daraus resultierten anfänglich Schwierigkeiten, denn wie bei allen Importschiffen aus der UdSSR war die Beschilderung an Bord in Russisch (kyrillische Buchstaben) angebracht, auch die Borddokumentation musste erst nach der Indienststellung und während der ersten Ausbildungsphase aufwendig übersetzt werden. (53)

Diese Küstenschutz-Schiffe waren seetüchtig und mit ihrer ausgewogener Bewaffnung vielseitig verwendbar, besonders zur Geleitsicherung, Aufklärung, Feuerunterstützung, U-Boot-Jagd, zum Legen von Minensperren sowie zur Bekämpfung von Küstenzielen. Es handelte sich also um Mehrzweckschiffe und um keine speziellen U-Boot-Jäger.
Die UAW-Bewaffnung bestand aus der hydroakustischen Anlage Pegas-2 mit Waffenleitanlage Uragan, zwei reaktiven Wabo-Werfern vor der Brücke, vier

Wabo-Einzelwerfern achtern sowie zwei Ablaufgerüsten für Wasserbomben mit Wurfluken im Spiegelheck.

Im September 1959 wurden zwei weitere KS-Schiffe 50/3 und 50/4 geliefert. Beide Schiffe waren ebenfalls Gebrauchtschiffe und zwar mit älterem Baudatum als die Erstlieferungen, sie hatten aber bereits eine Modernisierung durchlaufen. Anstelle des leichten Dreibeinmastes besaßen sie einen kompakten Gittermast für neue moderne FuM-Stationen. Die veralteten Werfer waren durch vier reaktive Wabo-Werfer RBU5-1200 ersetzt.
Die Indienststellung dieser beiden Schiffe erfolgte am 10.10.1959.

Am 16.01.1961 wurden aus Anlass des 42. Jahrestages der Ermordung von K. Liebknecht und R. Luxemburg unter Teilnahme von Rosa Thälmann die Namen KARL MARX, FRIEDRICH ENGELS, KARL LIEBKNECHT und ERNST THÄLMANN an die vier KS-Schiffe Projekt 50 verliehen. Das Schulschiff, das bisher unter dem Namen ERNST THÄLMANN gelaufen war, war vorher in ALBIN KÖBIS umbenannt worden.

1963 erfuhren die beiden KS-Schiffe 1. Bauausführung (50/1 und 50/2) in Kronstadt eine Hauptinstandsetzung und Modernisierung entsprechend den Schiffen der zweiten Bauausführung.

Ab 1968 begann in zeitlich großen Abständen die Außerdienststellung der Küstenschutz-Schiffe Projekt 50. Das KSS 50/2 diente nach seiner Außerdienststellung im August 1976 und nach dem Abbau der Bewaffnung noch für einige Jahre als Wohnschiff in Warnemünde.

U-Boot-Jäger Projekt 201 M /SO-1/

Taktisch technische Daten

D_N(t)	$L_{üa}$(m)	$B_{üa}$(m)	T_g(m)
215	42,2	6,08	1,9
Antrieb	**V_{max}(kn)**	**Besatzung**	**Bewaffnung**
3xDM D30	27	24	2x25$_2$;4xRBU$_5$-1200;WaBo

Lebensakte

Projekt-/ Bau-Nr.	Name	in Dienst	außer Dienst	Bemerkungen
201/ 1	ADLER	07.12.59	29.04.72	66 6. GBK
201 2	SPERBER	07.12.59	02.05.75	67 6. GBK
201/ 3	FALKE	07.12.59	29.04.72	66 6. GBK
201/ 4	HABICHT	07.12.59	03.10.75	67 6. GBK
201/ 5	REIHER	07.12.59	14.10.72	66 6 .GBK
201/ 6	BUSSARD	07.12.59	08.06.71	67 6. GBK
201/ 7	WEIHE	29.12.59	20.05.75	66 6. GBK
201/ 8	ELSTER	29.12.59	29.04.72	68 6. GBK
201/ 9	KRANICH	29.12.59	29.04.72	68 6. GBK
201/10	MÖWE	29.12.59	14.10.72	68 6. GBK
201/11	KORMORAN	15.08.60	03.10.75	67 6. GBK
201/12	ALBATROS	15.08.60	29.04.72	68 6. GBK

Entsprechend einem Handelsvertrag lieferte die UdSSR 1959/60 zwölf U-Boot-Jäger Projekt 201M (sowjetische Projektnummer) an die DDR. Alle Fahrzeuge waren vorher kurzzeitig in der sowjetischen Flotte in Dienst gewesen. Bei diesem Typ handelte es sich um ein in großer Stückzahl in der UdSSR gebautes Projekt, welches auch an andere Flotten geliefert wurde (Bulgarien, Kuba, Algerien u.a.).

Die U-Boot-Jäger Pr. 201M lösten als zweite Generation die nachgerüsteten KS-Boote ab. Die Schiffe waren speziell zur U-Boot-Bekämpfung konzipiert und erreichten eine hohe Geschwindigkeit mit V_{max} = 27 kn. Im Vergleich zu den Küstenschutzbooten besaßen die neuen U-Boot-Jäger eine wesentlich effektivere UAW-Bewaffnung mit 4xRBU$_5$-1200, zwei Ablaufgerüste für je zwölf Wasserbomben sowie die modernere hydroakustische Anlage Tamir 11. Dazu kam eine Artillerie-Bewaffnung mit 2 x 25$_2$ mm-Geschützen 2M3 und die Möglichkeit zum Minenlegen.
Sie hatten aber auch einen wesentlichen Nachteil. Während sie nur geringe Unterwassergeräusche entwickelten, war die Geräuschdämmung innerhalb des Bootes mangelhaft. Eine hohe Lautstärke bis zu 100 Phon an verschiedenen Gefechtsstationen schuf äußerst schwierige Arbeits- und Lebensbedingungen an Bord.

Die moderne UAW-Bewaffnung erforderte auch entsprechende Ausbildungsmethoden. Ab 1960 begann die praktische U-Jagd-Ausbildung, wobei U-Boote als Ziel verwendet wurden. Da die DDR nicht über eigene U-Boote verfügte, mussten deshalb sowjetische und polnische Boote angefordert werden. Diese Ausbildung wurde auch im Weiteren bis 1989 regelmäßig praktiziert.

Anfang 1961 erhielten alle zwölf U-Boot-Jäger Pr. 201M Vogelnamen.

Ab 1963 ging die Volksmarine zum ständigen Vorpostendienst über. Damit begann in der eigenen Verantwortungszone und in Abstimmung mit den beiden anderen Flotten der VOF eine ununterbrochene Beobachtung der Bewegung von Fahrzeugen der NATO-Seestreitkräfte. Für diese Aufgabe wurden regelmäßig auch U-Boot-Jäger Pr. 201M eingesetzt, wobei sie ihre Zuverlässigkeit und Seetüchtigkeit unter Beweis stellten.

Ab 1965 übernahmen die Kleinen U-Boot-Jäger Typ HAI Projekt 12.4M die Aufgaben der Schiffe Projekt 201M, welche somit 1966, 1967 und 1968 mit je vier Schiffen an die 6. Grenzbrigade-Küste übergingen. So wie die Minensuch- und -räumschiffe Projekt 89.1 als MAW-Mob.-Reserve zählten, wurden auch die an die 6. GBK übergebenen Schiffe als U-Bootabwehr-Mob.-Reserve der Volksmarine geführt. Zusätzlich zur Grenzsicherung hatten sie deshalb weiterhin UAW-Ausbildung durchzuführen.
1972 wurden, nachdem sie ihre Nutzungsgrenze erreicht hatten, die ersten Schiffe Pr. 201M planmäßig außer Dienst gestellt und verschrottet.
Da die U-Boot-Jäger Typ HAI Projekt 12.4M auch nach mehrjähriger Nutzung noch immer recht störanfällig waren und der befohlene Koeffizient der technischen Einsatzbereitschaft von 0,8 nur mit großen Anstrengungen zu halten war (48), wurden die vier Schiffe 201/2,4,7 und 11 1972 wieder durch die 4. Flottille übernommen und bis 1975 erneut in der Sicherungsbrigade als U-Boot-Jäger eingesetzt.
1975 erfolgte die endgültige Außerdienststellung und Verschrottung auch dieser Schiffe.

Großer U-Boot-Jäger Typ ADLER Projekt 74

Ende 1958 befand sich der Kleine U-Boot-Jäger Typ HAI Projekt 12 in Entwicklung. Der Chef der Seestreitkräfte stellte dem Institut für Schiffbautechnik Wolgast zusätzlich die Aufgabe, einen Großen U-Boot-Jäger zu entwickeln.
Mit dieser parallelen Bearbeitung sollte ähnlich wie bei den Minenabwehrkräften verfahren werden. Dort waren mit dem Räumboot Typ SCHWALBE Projekt 8 (D_N = 70 t) und dem Minenleg- und -räumschiff Typ KRAKE Projekt 15 (D_N = 676 t) zwei verschiedene Typen in unterschiedlicher Größenordnung vorhanden.

Bis Februar 1960 erarbeitete das Institut für Schiffbautechnik Wolgast eine Studie mit der Projekt-Nummer 74 in mehreren Varianten mit D_N = 900 t, 1.050 t und 1.300 t.

Nach einer Beratung in Moskau zu diesem Großen U-Boot-Jäger entstand eine neue Studie mit D_N = 800 t und dann endgültig mit D_N = 900 t. Die Studie wurde im April 1961 an die Volksmarine übergeben und von ihr bestätigt.
Bis November 1962 folgten Voruntersuchungen im ISW und im Dezember 1962 erneut eine Abstimmungsberatung in Moskau. Im Wesentlichen stimmte die UdSSR dem Projekt mit einigen Änderungsempfehlungen zu, und Anfang 1963 begann die Erarbeitung einer Typskizze.

Im März 1963 teilte die UdSSR plötzlich mit: „In der Sowjetunion wird ein ähnliches Fahrzeug bereits gebaut!" Es ist unklar, weshalb diese Information nicht schon früher erfolgte. Auf jeden Fall war die Verhaltensweise der sowjetischen Seite unseriös und eines „Waffenbruders" unwürdig. Daraufhin brach die Volksmarine die Entwicklung des Großen U-Boot-Jägers ab und beschränkte sich mit dem Serienbau des Kleinen U-Boot-Jägers Projekt 12.4 auf einen Typ.

Kleiner U-Boot-Jäger Typ HAI Projekt 12

Taktisch technische Daten

Projekt 12.1			
D_N(t)	$L_{üa}$(m)	$B_{üa}$(m)	T_g(m)
250,6	48,7	6,02	2,04
Antrieb	V_{max}(kn)	**Besatzung**	**Bewaffnung**
1xDM 6KVD43A; 2xDM 40D	19	11	2x25$_2$; 4xRBU$_5$-1200; Wabo
Projekt 12.3			
D_N(t)	$L_{üa}$(m)	$B_{üa}$(m)	T_g(m)
316	51,57	6,59	2,38
Antrieb	V_{max}(kn)	**Besatzung**	**Bewaffnung**
2xGT Pirna 051; 1xDM 40D	32	24	2x25$_2$; 4xRBU$_5$-1200; Wabo

Projekt 12.4			
D_N(t)	$L_{üa}$(m)	$B_{üa}$(m)	T_g(m)
320	51,57	6,6	2,43
Antrieb	V_{max}(kn)	**Besatzung**	**Bewaffnung**
2xGT Pirna 051 1xDM 40D	32	29	2x30₂; 4xRBU₅-1200; Wabo

Lebensakte

Projekt-/ Bau-Nr.	Name	in Dienst	außer Dienst	Bemerkungen
12.1	ohne	26.11.63	02.11.70	Versuchsschiff
12.3	WERDAU	11.04.63	21.04.83	Vorserienschiff
12.401	GREVESMÜHLEN	05.07.65	21.10.83	
12.402	GADEBUSCH	05.07.65	02.08.83	
12.403	WISMAR	05.07.65	02.05.80	
12.404	STERNBERG	05.07.65	28.02.84	
12.405	PARCHIM	05.07.65	31.10.82	
12.406	LUDWIGSLUST	01.12.65	01.11.82	
12.407	PERLEBERG	08.01.66	03.04.81	
12.408	BAD DOBERAN	08.01.66	29.12.81	
12.409	BÜTZOW	04.11.66	10.07.81	
12.410	LÜBZ	04.11.66	08.01.81	
12.411	RIBNITZ-DAMGARTEN	04.11.66	15.06.83	
12.412	TETEROW	04.11.66	10.01.83	

Die Entwicklung dieses Projektes gestaltete sich als das langwierigste und aufwendigste im Rahmen des militärischen Schiffbaus der DDR.

Projekt 12.1

Am 03. September 1952, mehrere Jahre vor Bildung der NVA, übergab die VP-See an das Konstruktionsbüro Stralsund den Auftrag zur Projektierung eines Kleinen U-Boot-Jägers. Als Planungsgrundlage galt eine Serie von 24 Schiffen: 12 x U-Boot-Jäger für die VP-See, 12 x Wach- und Patrouillenschiff für die Grenzpolizei.

Die geforderte hohe Geschwindigkeit von 30 kn war nur durch einen Antrieb mit einem Dieselmotor 20KVD25 auf der Mittelwelle und je einer Gasturbine mit 4.500 PS auf den beiden Außenwellen zu erreichen.

Bei „Kraft- und Arbeitsmaschinen Dresden“ (später Forschungs- und Versuchsanstalt für Strömungsmaschinen FVAS) sollte dazu die benötigte Gasturbine entstehen. Es war die erste Entwicklung einer Gasturbinenanlage dieser Größenordnung in der Industrie der DDR. Auch der Motor 20KVD25 existierte noch nicht. Seine Entwicklung (Nachbau des Motors MB 511) war mit dem Bauprogramm Schnellboot FORELLE in der Entwicklungsstelle Roßlau gekoppelt.

Die im Dezember 1957 durch den Görlitzer Maschinenbau gelieferte Versuchsanlage Typ GT 4500 wies wesentliche Mängel in der Konstruktion auf, die auch in Erprobungen mit neuen Anlagenteilen bis 1960 nicht abgestellt werden konnten. Nach einer abschließenden negativen Beurteilung gab es keine andere Möglichkeit, als alle Arbeiten an der GT 4500 abzubrechen.

Da der Versuch, das sowjetische Flugzeugtriebwerk T-2 zu importieren, fehlschlug, konnte man sich im Weiteren nur auf das in der DDR entwickelte Triebwerk TL-014 (Antrieb des Turboprop-Flugzeuges 152; erster Typ einer in Aufbau befindlichen Flugzeugindustrie der DDR) orientieren. „Entwicklungsbau Pirna“ wurde beauftragt, eine Modifizierung als Schiffsgasturbinenanlage Pirna 051 vorzunehmen.

Während dieser Zeit lief der Bau des Versuchsschiffes Projekt 12.1 in der Peenewerft Wolgast weiter, und im Dezember 1959 waren alle schiffbaulichen Arbeiten abgeschlossen. Da inzwischen auch die Arbeiten am Motor 20KVD25 abgebrochen worden waren, stand kein Antrieb für das Schiff zur Verfügung.
Acht Jahre nach Entwicklungsbeginn musste deshalb das Technische Projekt geändert werden. Als „Ausweichvariante“ erhielt das Schiff als Marschdiesel auf der Mittelwelle den Dieselmotor 6KVD 43A (gleicher Motor wie MLR Typ HABICHT) und auf den Außenwellen je einen Dieselmotor 40D (Import UdSSR). Damit erreichte das Schiff allerdings nur eine Geschwindigkeit von 19,5 kn. Als UAW-Bewaffnung waren vier reaktive Werfer RBU-1200 (Import UdSSR) auf dem Vorschiff, zwei Ablaufgerüste für je 10 Wasserbomben am Heck sowie die hydroakustische Anlage KLA 58 (DDR-Entwicklung) installiert.
Die Artillerie-Bewaffnung wurde in mehreren Varianten erprobt; z.B. achtern ein 45 mm-Geschütz SM-21-SIF bzw. ein 57_2 mm-Geschütz SIF-31B. Beide Geschütze konnten aber aus Stabilitätsgründen nicht zum Einsatz kommen. Als endgültige Lösung verblieben zwei 25_2 mm-Geschütze vor bzw. hinter der Brücke.

Nachdem das Schiff endlich am 26.11.1963 in Dienst gestellt wurde (zwei Jahre verspätet und 13 Jahre nach Entwicklungsbeginn) fanden weitere Erprobungen statt; ab Juli 1964 ging das Schiff 12.1 zur Schulbootsabteilung, 1970 wurde es außer Dienst gestellt und verschrottet.

Projekt 12.2 und 12.3

Während die Peenewerft Wolgast das Projekt 12.1 als Versuchsschiff baute, entstand 1958 parallel das Projekt 12.2, allerdings nur als technisches Dokument. Eine Konsultation sowjetischer Fachleute mit Vertretern der Seestreitkräfte und der Industrie der DDR in Wolgast führte 1959 zum Projekt 12.3. Das Schiff war etwas größer als das Projekt 12.1, die Aufbauten waren verbessert worden, aber nur mit einem hohen technologischen Aufwand zu realisieren. Die Bewaffnung entsprach der des Vorgängers; es sollte mit zwei Schiffsgasturbinenanlagen Pirna 051 auf den Außenwellen sowie einem Dieselmotor D 40 auf der Mittelwelle angetrieben werden.

Im August 1962 stand die Gasturbine zur Verfügung. Sie war auf dem Prüfstand und auf dem Räumdeck eines MLR-Schiffes KRAKE unter Seebedingungen erfolgreich erprobt worden. Damit konnte im Dezember die kombinierte Gasturbinen-/Diesel-Anlage in Betrieb gehen.
Die See-Erprobung erbrachte den Nachweis, dass das Schiff den gestellten Forderungen weitgehend entsprach; die projektierte Geschwindigkeit von 32 kn wurde erreicht.

Am 11.04.1963, noch vor dem Versuchsschiff 12.1, stellte die Volksmarine den Kleinen U-Boot- Jäger Projekt 12.3 mit dem Namen WERDAU in Dienst.
Bis 1983 erfüllte dieses Schiff im Wissenschaftlich-Technischen Zentrum der Volksmarine als Erprobungsträger und Versuchsschiff unterschiedliche Aufgaben (u.a. passive Schlingerdämpfungsanlage, Unterwasserschallmessungen, Lebensdauer Gasturbinenanlage).

Projekt 12.4 und 12.4M

In Auswertung des Baus und der Erprobung des Schiffes 12.3 erarbeitete das Institut für Schiffbautechnik Wolgast gemeinsam mit der Peenewerft ein verbessertes Serienprojekt 12.4.
Die Serienschiffe besaßen den gleichen Körper wie das Projekt 12.3, aber veränderte Aufbauten. Der Schornstein wurde ebenfalls verändert, diente aber weiterhin als Luftansaug- und Abgasschacht der Gasturbinen. Die Antriebsanlage und die UAW-Bewaffnung entsprachen dem Projekt 12.3.
Nur die Artillerie-Bewaffnung hatte mit 2 x 302 mm-Geschützen AK 230 und der Visiersäule Kolonka ein völlig neues Gesicht. Noch während der Projektierungsphase bot die UdSSR auch die Artillerie-Waffenleitanlage MR-104 für die 30 mm-Geschütze an. Daraufhin wurde das Projekt nochmals geändert und als 12.4M endgültig serienreif.

Im Februar 1964 begann dann der Serienbau der Kleinen U-Boot-Jäger Projekt 12.4M mit dem Schiff 12.401. Die Serie umfasste 12 Schiffe für die Volksmarine, die geplanten zwölf Wach- und Patrouillenschiffe für die Grenzbrigade-Küste waren inzwischen annulliert worden.
Bis zum achten Serienschiff 12.408 erfolgte auf Grund von Lieferverzögerungen durch die UdSSR der Bau ohne Ari-Waffenleitanlage MR-104. Erst danach begann die verspätete Lieferung der ersten Anlagen aus der UdSSR.
Dabei stellte sich heraus, dass erneut Veränderungen vorgenommen werden mussten, obwohl der Serienbau auf vollen Touren lief. Als größtes Problem erwies sich der Aufstellungsort für die FuM-Antenne der MR-104. Nachdem dieser gefunden war, störten die Abgase der Turbinen. Entsprechende Veränderungen der Abgasschächte lösten neue Probleme im Gasstrom des Gaserzeugers aus. Nachträglich angebrachte Schlingerkiele beseitigten zwar die zuvor aufgetretene starke Krängung bei Seegang, beeinflussten aber die Höchstfahrt negativ. Damit waren immer wieder Erprobungen, Veränderungen und Nachrüstungen von Serienschiffen erforderlich, obwohl diese bereits durch die Volksmarine in Dienst gestellt waren.

Erst ab Schiff 12.409 wurden alle Änderungen einschließlich des Einbaus der Waffenleitanlage MR-104 vor Auslieferung an die Volksmarine in der Peenewerft Wolgast realisiert. Im November 1966 endete mit dem Schiff 12.412 die Serie Kleine U-Boot-Jäger Typ HAI Projekt 12.4M (später als Kleine UAW-Schiffe bezeichnet). Alle Schiffe erhielten Namen von Kreisstädten der drei Nordbezirke der DDR.

Im Flottendienst der Volksmarine galten die Schiffe als recht zuverlässig und seetüchtig. Schwachpunkt war aber die Gasturbinenanlage Pirna 051; so kam es mehrfach zu Gehäuserissen. Am Ende der Nutzungsperiode traten zusätzlich

Ersatzteilprobleme auf, da die Fertigung von Triebwerken in Pirna inzwischen eingestellt worden war.
Auch die Waffenleitanlage MR-104 erwies sich, genau wie auf den RS-Booten Projekt 205, als störanfällig.

Mit der Einführung der UAW-Schiffe Projekt 133.1 /PARCHIM-I/ ab 1981 wurden die Kleinen UAW-Schiffe Typ HAI Pr.12.4M planmäßig außer Dienst gestellt. Das Schiff 12.401 erfuhr nach seiner Außerdienststellung bis 1984 noch eine Nutzung als Wohnschiff in Peenemünde.
1984 dienten die Schiffe 12.401 und 12.404 als Versuchsschiffe für Standkrafterprobungen und zur Ermittlung der Schocksicherheit von Kampfschiffen. Dazu wurden Unterwasserdetonationen in unmittelbarer Nähe ausgelöst und der Beschuss mit Schiffsgeschützen und Hubschrauberwaffen (gelenkte und ungelenkte Raketen) durchgeführt. Alle anderen Schiffe wurden nach der Außerdienststellung verschrottet.

UAW-Schiff/KS-Schiff Projekt 133.1 /PARCHIM-I/

Taktisch technische Daten

D_N(t)	$L_{üa}$(m)	$B_{üa}$(m)	T_g(m)
792	75,2	9,82	3,56
Antrieb	**V_{max}(kn)**	**Besatzung**	**Bewaffnung**
3xDM M504	24	59	$1x57_2$; $1x30_2$; $2xFASTA_4$; 4xTR; $2xRBU_{16}$-6000

Lebensakte

Projekt-/ Bau-Nr.	Name	in Dienst	außer Dienst
133.101	WISMAR	09.07.81	-
133.102	PARCHIM	09.04.81	-
133.103	PERLEBERG	19.09.81	-
133.104	BÜTZOW	30.12.81	-
133.105	LÜBZ	12.02.82	-
133.106	BAD DOBERAN	30.06.82	-
133.107	GÜSTROW	10.11.82	-
133.108	WAREN	23.11.82	-
133.109	PRENZLAU	11.05.83	-
133.110	LUDWIGSLUST	04.07.83	-
133.111	RIBNITZ-DAMGARTEN	29.10.83	-
133.112	TETEROW	27.01.84	-
133.113	GADEBUSCH	31.08.84	-
133.114	GREVESMÜHLEN	21.09.84	-
133.115	BERGEN	01.02.85	-
133.116	ANGERMÜNDE	26.07.85	-

Bereits 1973 unterbreitete die sowjetische Seite der DDR den Vorschlag, ein gemeinsames Kleines UAW-Schiff mit einem Normaldeplacement von weniger als 500 t zu bauen. Die hydroakustische Anlage und ein integriertes Waffenleitsystem sollte die DDR entwickeln.
Im Juli 1974 entschied der Ministerrat der DDR, die Bearbeitung der beiden gewünschten Anlagen nicht zu beginnen. Diese Entscheidung war berechtigt, denn in der DDR-Industrie fehlten jegliche Erfahrungen für Entwicklung und Bau solcher Anlagen, besonders für Waffenleitsysteme. Die Schaffung von Grundlagen für derartige technisch und technologisch anspruchsvolle Systeme wäre ökonomisch nicht zu vertreten gewesen, da keine entsprechend große Serienproduktion zu erwarten war. Auch die zur Verfügung stehende Zeit hätte nie ausgereicht.
Die sowjetische Seekriegsflotte reagierte auf die Entscheidung der DDR sehr ungehalten.

In der Peenewerft Wolgast waren Arbeiten zur technischen Vorbereitung eines Bauprogrammes für eine reine DDR-Variante UAW-Schiff begonnen worden. Dabei kam es zu Schwierigkeiten, weil ein dringend notwendiges Regierungsabkommen UdSSR-DDR zur Lieferung von Ausrüstungen aus der UdSSR und zur technischen Hilfe bei Entwicklung und Bau noch nicht abgeschlossen war. Deshalb gab es auch noch keine Konsultationen und keine technische Dokumentation über zum Import freigegebene sowjetische Geräte und Anlagen. Erst im Januar 1976, nach Abschluss des Regierungsabkommens, korrigierte die sowjetische Seekriegsflotte ihre ablehnende Haltung. Damit war die weitere planmäßige Bearbeitung des UAW-Schiffes als DDR-Variante Projekt 133.1 gesichert. Die Gemeinschaftsvariante 133.2 fand keine Berücksichtigung mehr.

Bereits im März 1976 erfolgte die erste gemeinsame Durchsprache der Projektstudie mit sowjetischen Spezialisten in Wolgast. In der Folge weiterer Konsultationen übergab die sowjetische Seite 205 Einzelempfehlungen, von denen die Peenewerft Wolgast im Verlaufe der Projektierung 157 realisierte.

Einen neuen Vorschlag der UdSSR, nur vier Schiffe Projekt 133.1 zu bauen, damit eine umfangreiche technische und Truppenerprobung durchzuführen und anschließend ein Schiff Projekt 133.1M mit teilweise anderer sowjetischer Bewaffnung und Ausrüstung zu entwickeln, lehnte die Volksmarine ab, obwohl dieses weiterentwickelte Schiff sowohl in der Volksmarine als auch in der Sowjetflotte als Serienschiff eingesetzt werden sollte. Der Einsatz von zwei annähernd gleichen Typen UAW-Schiffe wurde von der Volksmarine sowohl operativ als auch technisch nicht akzeptiert. (54)

Im Oktober 1978 begann der Bau einer Serie von 16 UAW-Schiffen Projekt 133.1. Mit D_N = 792 t war dieses Schiff mehr als doppelt so groß wie sein Vorgänger Kleiner U-Boot-Jäger Typ HAI Projekt 12.4 M. Dadurch waren die Voraussetzungen geschaffen, sowohl mehr Waffen und Elektronik an Bord unterzubringen, als auch Seetüchtigkeit (Nordsee-Einsatz) und Autonomie zu vergrößern.
Als UAW-Bewaffnung kamen erstmals vier zielsuchende UAW-Torpedos SÄT 40 UÄ (Kaliber 400 mm) mit Torpedo-Waffenleitanlage Summer 204 (Import UdSSR) an Bord. Dazu wurden zwei Torpedorohre je Bordseite neben dem achteren Deckshaus mit einem konstanten Ausstoßwinkel zur Schiffslängsachse aufgestellt. Vor der Brücke waren zwei reaktive Wabo-Werfer RBU_{16}-6000 mit automatischer Nachladeeinrichtung und achtern unter Deck zwei Wabo-Ablaufgerüste mit Wurfluken im Spiegel installiert.
Neu waren ebenfalls die fest eingebaute transistorisierte hydroakustische Anlage MG 322T und die absenkbare hydroakustische Anlage MG 329 M.
Die Artillerie-Bewaffnung mit achtern 1 x 57_2 mm-Geschütz AK 725, auf dem Vorschiff 1 x 30_2 mm-Geschütz AK 230 mit Waffenleitanlage MR 103, hinter dem Deckshaus zwei Startanlagen $FASTA_4$-4 für Nahbereichs-Luftabwehrraketen Strela-M war ebenfalls wesentlich stärker als bei den Vorgängern.
Als Antriebsanlage dienten drei sowjetische Dieselmotoren M 504-A. Beide Außenmaschinen arbeiteten auf Festpropeller, während die Mittelmaschine mit einem Verstellpropeller gekoppelt war. Damit wurde eine V_{max} = 24,5 kn erreicht.

Von Juli bis Dezember 1980 fanden umfangreiche Taktisch-technische Erprobungen parallel mit den beiden Schiffen 133.101 und 133.102 im Seegebiet nordöstlich Rügen und vor Baltijsk statt.
Das Erprobungsprogramm hatte mit 53 Themen einen bisher nicht gekannten Umfang. Neu war die Nutzung der Marinebasis Baltijsk als Erprobungsstützpunkt und des anliegenden Seegebietes in sowjetischen Territorialgewässern, um die UAW-Bewaffnung mit Unterstützung der Baltischen Flotte zu erproben. Durch

den zeitlich versetzten Abschluss der Erprobung übernahm die Volksmarine am 09.04.1981 als erstes Serienschiff 133.102 PARCHIM. Das eigentliche Typ-Erstschiff 133.101 WISMAR kam erst am 09.07.1981 in Dienst.

Auf Vorschlag des Stabes der Verbündeten Streitkräfte und mit dem daraus abgeleiteten Befehl 119/84 des Ministers für Nationale Verteidigung erfolgten neue Festlegungen für die Klassifizierung von Schiffen und Booten der Volksmarine; dabei erhielt u.a. das Kleine UAW-Schiff Projekt 133.1 die neue Bezeichnung Küstenschutzschiff.
Der Serienbau in der Peenewerft Wolgast lief mit einer Gesamtserie von 16 Schiffen und einem Baurythmus von vier Schiffen pro Jahr planmäßig.
Beim Einsatz im Flottendienst zeigte sich aber, dass Mängel in der technisch-konstruktiven Lösung der Antriebsanlage zugelassen worden waren. Es bestand die eindeutige taktische Forderung an das Fahrtregime, längere Zeit geringe Geschwindigkeiten bei der Begleitung getauchter U-Boote in der Verantwortungszone der Volksmarine zu fahren. Das war aber mit der vorhandenen Antriebsanlage M 504-A nicht zulässig. Da noch Schwachstellen in der Qualität der durch die UdSSR gelieferten Motoren hinzu kamen, entstanden ernste Probleme in den Flottillen. Vorstellungen zur Nachrüstung der Schiffe mit Elektro-Motoren als Hilfsantrieb für Langsamfahrt mussten aus ökonomischen Gründen verworfen werden.
In Zusammenarbeit Volksmarine/Peenewerft Wolgast wurde ein spezielles Fahrtregime entwickelt. Dieses sah u.a. die U-Boot-Begleitung mit zwei Schiffen vor, wovon eines zum „Freibrennen“ der Motoren mit höherer Fahrtstufe laufen und anschließend den Kontakt zum U-Boot übernehmen sollte, um dem anderen Schiff Zeit für das gleiche Manöver zu geben. Natürlich war das eine Notlösung, aber nur so konnten die taktischen Forderungen unter den gegebenen technischen Bedingungen weitgehend erfüllt werden.

Nachdem die taktisch-technischen Mängel beseitigt waren, traten ab 1983 vereinzelt, aber ab 1985 in großem Umfang Korrosionsschäden an Motoren und Kühlwasserleitungen auf. Im August 1985 sah sich deshalb die Volksmarine gezwungen, eine Mängelanzeige abzugeben. Nach eingehenden und aufwendigen Analysen und Gutachten kam es am 12. November 1986 zur Verhandlung vor dem Zentralen Staatlichen Vertragsgericht in Berlin. (55)

Trotz der relativ empfindlichen Maschinenanlage bewährten sich die Küstenschutzschiffe Projekt 133.1 bei strenger Einhaltung der Betriebsinstruktion auch in schwerstem Wetter. Bewaffnung und Ausrüstung entsprachen im Wesentlichen den Forderungen. Durch die größere Reichweite der hydroakustischen Anlagen bei wahlweisem Einsatz der beiden vorhandenen Stationen konnte die Zeit des Kontakthaltens zu U-Booten in Unterwasserfahrt wesentlich vergrößert werden.

Nach der Auflösung der NVA übernahm die Bundesmarine befristet die Schiffe 133.101,105,112 und 113. Für alle 16 Schiffe war aber eine Verwertung durch die VEBEG vorgesehen. Nachdem bereits 1992 die Marine Indonesiens Interesse gezeigt hatte, übergab der Minister der Verteidigung der BRD im Januar 1993 alle Schiffe an den Staatsminister für Forschung und Technologie der Republik Indonesien.
Die Besonderheit dabei war, dass die Schiffe nicht abgerüstet, sondern mit Munition und Ausrüstung übergeben wurden. Die Herstellung der Fahrbereitschaft erfolgte in der Peenewerft Wolgast unter selbständiger Bauaufsicht der indonesischen Marine. Alle 16 Schiffe wurden von indonesischen Besatzungen übernommen und auf eigenem Kiel paarweise nach Indonesien überführt. Die letzten vier Schiffe verließen im Juni 1996 die Peenewerft Wolgast. (56)

Küstenschutzschiff Projekt 1159 /KONI/

Taktisch technische Daten

D_N(t)	$L_{üa}$(m)	$B_{üa}$(m)	T_g(m)
1499	96,4	12,5	4,2
Antrieb	V_{max}(kn)	**Besatzung**	**Bewaffnung**
1xGT M8G; 2xDM 68B	30	110	2x76$_2$; 2x30$_2$; 2xFK$_2$; 2xRBU$_{16}$-6000; Minen

Lebensakte

Projekt-/ Bau-Nr.	Name	in Dienst	außer Dienst
1159/1	ROSTOCK	25.07.78	-
1159/2	BERLIN-HAUPTSTADT DER DDR	10.05.79	-
1159/3	HALLE	28.01.86	-

Die erste Generation sowjetischer Küstenschutzschiffe Projekt 50 war seit 1956 in der Volksmarine im Einsatz. Trotz umfangreicher Modernisierungen waren diese Schiffe nach 20 Jahren Flottendienst veraltet und technisch verbraucht. Am 25.07.1978 stellte die Volksmarine deshalb das erste Küstenschutzschiff einer neuen Generation in Dienst. Es erhielt den Namen ROSTOCK und war mit D_N = 1499 t das größte Kampfschiff der Volksmarine.

Küstenschutzschiffe Projekt 1159 (sowjetische Projektnummer) baute die UdSSR ausschließlich für den Export. Sie waren universell einsetzbar, besaßen hohe Seetüchtigkeit und einen großen Fahrtbereich. Als Mehrzweckschiffe konnten sie zur Bekämpfung von U-Booten, zur Sicherung anderer Flottenkräfte, zur Aufklärung und zum Minenlegen eingesetzt werden. Damit stellten sie praktisch in ihrer Grundkonzeption eine schiffbauliche und waffentechnische Weiterentwicklung der bisher im Einsatz befindlichen KS-Schiffe dar.

Im Vergleich zu den Küstenschutzschiffen Projekt 50 verkörperten die funkelektronische Ausrüstung und die moderne kombinierte Antriebsanlage – Gasturbine M 8 G auf der Mittelwelle und Dieselmotoren 68 B auf den beiden Außenwellen – eine modernere Qualität. Um das Rollen bei stärkerem Seegang zu mindern, hatten die Küstenschutzschiffe Projekt 1159 eine Schlingerdämpfungsanlage mit einziehbaren Flossen. Die U-Bootabwehr-Bewaffnung bestand aus zwei reaktiven Werfern RBU|6-6000 mit vollautomatischer Nachladeeinrichtung, Waffenleitanlage Burja-1159 und einer hydro-akustischen Anlage MG 322 T. Die Artillerie-Bewaffnung umfasste einen Fla-Raketen-Komplex 8 Ä 10 mit Doppelstarter, 2 x 76,2 mm-Geschütz AK 726 auf dem Vor- bzw. Achterschiff, 2 x 30,2 mm-Geschütz AK 230 an den beiden Bordseiten.

Trotz der umfangreichen neuen Bewaffnung und Ausrüstung war der Import dieser personal-intensiven Schiffe mit 110 Mann Besatzung für den Einsatz in der Ostsee umstritten. Kritisiert wurde, dass besonders Seezielraketen fehlten und beim Einsatz in einem begrenzten Seegebiet mit ständiger Bedrohung aus der Luft Luftabwehrmittel nicht ausreichend vorhanden waren.
Ein zweites Schiff gleicher Ausführung wurde im Mai 1979 in Dienst gestellt. Es erhielt mit „Berlin – Hauptstadt der DDR“ den längsten Schiffsnamen der Volksmarine. Im Januar 1986 kam noch ein drittes Schiff HALLE hinzu. Der ursprüng-

lich geplante Import eines vierten Schiffes war aus Kosten- und Personalgründen annulliert worden.

Zum Zeitpunkt der Auflösung der Volksmarine befanden sich alle drei Schiffe noch im Flottendienst. Die Bundesmarine hatte kein Interesse an einer Übernahme. Die Schiffe 1159/2 und 3 wurden abgebrochen. Das Schiff 1159/1 diente zu Ansprengversuche durch die Dienststelle WTD 71 der Bundesmarine, ging dann nach England und sollte ebenfalls verschrottet werden.

Bereits kurz nach der Bildung der NVA entstanden in den Seestreitkräften erste Vorstellungen über die Schaffung von Landungseinheiten.
Es kann nicht belegt werden, aber es ist anzunehmen, dass mit der Formulierung der ersten Forderungen an neu zu entwickelnde Landungsfahrzeuge noch keine klaren operativen Zielstellungen zur Durchführung von taktischen Landungen selbständig oder im Zusammenwirken mit der Baltischen Flotte und der Polnischen Seekriegsflotte vorhanden waren, zumal auch die beiden verbündeten Flotten erst mit der Entwicklung eigener Schiffskräfte für derartige Aufgaben begonnen hatten. Im Vordergrund stand sicher nicht die Aufnahme, der Transport und die Anlandung eines bestimmten zahlenmäßig vorgegebenen Kontingents von Landungstruppen mit ihrer entsprechenden Ausrüstung, sondern die Schaffung einer ausgewogenen Flotte, die in der Lage war, an aktiven Kampfhandlungen teilzunehmen.

Im Januar 1959 legte die Führung der Seestreitkräfte in Abstimmung mit den Verbündeten Ostseeflotten offiziell fest, Landungskräfte als neue Komponente aufzustellen. (57) Von diesem Zeitpunkt an war die Bereitstellung von Landungskapazität durch die Seestreitkräfte/Volksmarine eine Grundsatzforderung des Vereinten Oberkommandos der Warschauer Vertragsstaaten.

So wie MAW-Kräfte, entwickelte und baute die DDR auch Landungsschiffskräfte selbständig und verzichtete auf den Import von Serienfahrzeugen. Obwohl Polen ein umfangreiches Bauprogramm realisierte und auch eine große Anzahl von Landungsschiffen in die UdSSR exportierte, gab es keinen Erfahrungsaustausch zwischen Polen und der DDR. Eine Zusammenarbeit zur Schaffung eines einheitlichen Typs für alle drei Flotten der VOF hat nie bestanden.

Als erster Typ liefen der Volksmarine

- 1962 12 **Landungsboote Typ LABO Projekt 46** zu.

Diese Boote nahmen 1963 an der ersten gemeinsame Anlandung mit Kräften der Baltischen Flotte und der Polnischen Seekriegsflotte in Polen teil.
Anschließend baute die Peenewerft Wolgast als weiteren Typ

- 1964 6 **Landungsschiffe Typ ROBBE Projekt 47.**

Nachdem die konzipierte Lebensdauer von 6 - 8 Jahren überschritten war, wurden beide Projekte

- 1976-79 durch 12 **Mittlere Landungsschiffe Projekt 108 /FROSCH-I/** abgelöst.

Als Modifikation dieses Typs stellte die Volksmarine

- 1979/80 zwei **Gefechtsversorger Projekt 109 /FROSCH-II/** in Dienst.

Es muss in diesem Zusammenhang erwähnt werden, dass in der NVA niemals der Aufbau von Spezialtruppen der Marineinfanterie für die Volksmarine durchgesetzt werden konnte. Alle Anlandungsübungen erfolgten mit einem Bataillon des Mot.-Schützenregiments 28. bzw. 29. Obwohl dieses Regiment mit zum Teil veränderter Technik ausgerüstet war, konnte es kein vollwertiger Ersatz für eine speziell ausgebildete Marineinfanterie sein.
Das 1990 gebildete Marine-Sicherungsbataillon sollte zwar diese Aufgabe übernehmen, durch die politische Wende in der DDR erreichte diese Einheit aber nicht mehr die ausbildungsmäßigen Voraussetzungen für einen Einsatz.

Landungsboot Typ LABO Projekt 46

Taktisch technische Daten

D_N(t)	$L_{üa}$(m)	$B_{üa}$(m)	T_g(m)
232,5	41,3	7,09	1,42
Antrieb	V_{max}(kn)	**Besatzung**	**Bewaffnung**
4xDM 6NVD26A	11,5	15	$2x25_2$

Lebensakte

Projekt-/ Bau-Nr.	Name	in Dienst	außer Dienst	Bemerkungen
46.0	ohne	10.10.62	22.11.76	
46.1		16.06.62	22.11.76	
46.2		05.07.62	22.11.76	an Erdölerkundung Grimmen

46.3		05.07.62	22.11.76	
46.4		05.07.62	24.10.77	
46.5		05.07.62	22.11.76	
46 6	GERHARD PRENZLER	10.10.62	24.10.77	
46.7	ROLF PETERS	11.10.62	24.10.77	bis 81 Versorger
46.8	HEINZ WILKOWSKI	13.11.62	24.10.77	
46.9	ohne	30.11.62	24.10.77	
46.10		14.12.62	24.10.77	
46.11		14.12.62	24.10.77	

Die im Juni 1956 an das Institut für Schiffbautechnik Wolgast übergebene Aufgabenstellung führte zu einem Technischen Projekt mit einer Ladefähigkeit von 80 t. Nachdem die Seestreitkräfte eine Vergrößerung der Ladefähigkeit forderten, die den Transport und die Anlandung von zwei Panzern Typ T-34 mit aufgesessener Infanterie gewährleisten sollte, entstand bis 1959 ein Projekt mit 100 t Ladefähigkeit.

Gestaltung und Anordnung des Gefechtsstandes (Brücke) auf dem Hauptdeck wurden im Verlaufe der Projektierung mehrfach verändert. Die endgültige Ausführung war ein gepanzerter Gefechtsstand aus 25 mm-Kesselstahl mit Sehschlitzen und einer Stahlgussglocke als oberen Abschluss.
Zwei 25_2 mm-Geschütze 2M3 vor der Brücke dienten zur Selbstverteidigung gegen Luftziele. Um einen relativ großen Bestreichungswinkel zu erreichen, erfolgte eine erhöhte Aufstellung der Waffen. Das schränkte aber gleichzeitig die Sicht aus der Brücke, die durch die Sehschlitze bereits begrenzt war, noch weiter ein. Deshalb erfolgte die Führung der Labo Projekt 46 meist von dem freien Stand oberhalb der Brücke.

Das Nullboot 46.0 wurde Ende 1960 in der Peenewerft Wolgast fertig, vorläufig in Dienst gestellt und einer ausgiebigen Truppenerprobung unterzogen. Da es sich mit dem Labo Projekt 46 um einen bisher in der Volksmarine nicht vorhandenen Typ handelte, keine Kenntnisse im Einsatz derartiger Boote vorlagen und unerfahrene Kräfte der Landstreitkräfte der NVA in die Erprobungen einbezogen werden mussten, dauerte die Erprobung fast zwei Jahre.
Während dessen begann bereits der Serienbau der Boote 46.1 - 46.11, wobei die Erfahrungen und Ergebnisse der Erprobung aber noch Eingang in das Technische Projekt und in die Konstruktionsunterlagen fanden.
Durch die zweijährige Erprobung wurde das Nullboot 46.0 erst am 10.10.62 offiziell in Dienst gestellt. In dieser Zeit waren die Boote 46.1 - 46.5 bereits in den Flottendienst überführt worden.
Die gesamte Serie von zwölf Landungsbooten Projekt 46 stellte die Volksmarine 1962 in Dienst. Alle Boote wurden ohne Funkmess-Anlage geliefert. Die Nachrüstung einer TSR-222 auf einem Dreibeinmast geschah erst 1972 in der Peenewerft Wolgast.

Im März 1967 erhielten die Boote 46.6, 7 und 8 Namen von drei Besatzungsangehörigen des Minensuchbootes M 612 der Kriegsmarine, die ein deutsches Kriegsgericht noch am 04.05.1945 zum Tode verurteilt hatte und hinrichten ließ. Die übrigen neun Landungsboote Projekt 46 trugen nur Bordnummern.

Im Verlaufe ihres Flottendienstes wurden die Boote laufend im Interesse ziviler Institutionen der DDR eingesetzt. So fand z.B. jährlich im Frühjahr und im Herbst der Transport von Schafen und Kühen zu Weideplätzen im Barther Bodden statt.

1976, mit Zuführung der neuen Mittleren Landungsschiffe Projekt 108 /FROSCH-I/, begann die planmäßige Außerdienststellung aller Boote. Das Boot 46.7 ROLF PETERS verblieb noch bis 1981 als allgemeiner Versorger mit ziviler Besatzung im Einsatz. 1981 wurde auch dieses Boot, so wie bereits vorher die anderen Serienboote, verschrottet.
Das Labo 46.3 wurde nach der Außerdienststellung von der Weißen Flotte Stralsund übernommen. Nach einem Umbau in einer polnischen Werft erfolgte der Einsatz als Schwerlasttransporter NEUENDORF. Das Boot diente dem Erdölerkundungsbetrieb Grimmen zum Materialtransport zwischen Stralsund und Hiddensee.

Landungsschiff Typ ROBBE Projekt 47

Taktisch technische Daten

D_N(t)	$L_{üa}$(m)	$B_{üa}$(m)	T_g(m)
709,0	63,98	12,04	2,48
Antrieb	**V_{max}(kn)**	**Besatzung**	**Bewaffnung**
2xDM 40D	13,7	24	$1x57_2$; $2x25_2$

Lebensakte

Projekt-/ Bau-Nr.	Name	in Dienst	außer Dienst	Bemerkungen
47.0	SCHWEDT	10.04.64	03.02.78	
47.1	EISENHÜTTENSTADT	20.05.64	06.10.78	
47.2	GRIMMEN	20.05.64	06.10.78	
47.3	LÜBBEN	15.08.64	22.11.76	
47.4	HOYERSWERDA	19.08.64	23.08.75	bis 81 PWW
47.5	EBERSWALDE	20.10.64	22.11.76	

1959,nachdem das Technische Projekt des LABO Projekt 46 vorlag,erhielt das Institut für Schiffbautechnik Wolgast den Auftrag zur Entwicklung eines mittleren Landungsschiffes als zweite Typausführung für die neu aufzubauenden Landungskräfte.

Die Schiffe Typ ROBBE Projekt 47 verdrängten rund 700 t und verfügten über einen bis zum Spiegelheck durchgehenden Laderaum mit einer Grundfläche von 343 m^2, in dem 11 Fahrzeuge, darunter acht Panzer transportiert und an uneingerichteter Küste aufgenommen bzw. angelandet werden konnten. Zusätzlich war es möglich, über eine Auffahrrampe (Steigung 12°) mit Hilfe einer Winde Radtechnik an Oberdeck zu bringen und dort als Deckslast zu verzurren.
Der sich durch die beiden seitlichen Maschinenräume hinten verengende Laderaum konnte zum Minenlegen eingerichtet werden. Dazu war lediglich das Aufschrauben vorgefertigter Minenschienen notwendig. Im senkrechten Spiegelheck waren zwei Wurfluken vorhanden.
Da keine geeigneten Antriebsanlagen aus DDR-Produktion zur Verfügung standen, erhielten die Schiffe zwei sowjetische Importmotoren 40D. Die Ari-Bewaffnung war gegenüber dem Projekt 46 verstärkt worden. Die Landungsschiffe Typ ROBBE Projekt 47 verfügten über ein 57_2 mm-Geschütz SIF-31B auf dem Vorschiff. Auf dem Peildeck war an jeder Bordseite ein 25_2 mm-Geschütz 2M3 aufgebaut. Diese Anordnung gestattete eine bessere Sicht aus der Brücke als bei den Labo Projekt 46.

Eine Serie von sechs Mittleren Landungsschiffen Typ ROBBE Projekt 47 baute die Peenewerft Wolgast direkt im Anschluss an die Landungsboote Projekt 46 und übergab sie 1964 an die Volksmarine. Bei ihrer Indienststellung erhielten sie Namen von Kreisstädten der DDR.

Das Schiff 47.4 HOYERSWERDA wurde am 23.08.75 als erstes Schiff der Serie planmäßig außer Dienst gestellt und der Peenewerft Wolgast als schwimmendes Lager zur Verfügung gestellt. Diese Aufgabe erfüllte es bis 1981.
Die anderen fünf Schiffe beendeten ab 1976 den Flottendienst und wurden abgebrochen.

Mittleres Landungsschiff Projekt 108 /FROSCH-I/

Taktisch technische Daten

D_N(t)	D_V(t)	$L_{üa}$(m)	$B_{üa}$(m)	T_g(m)
1699	1931*	90,7	11,12	3,20

* Anlandedeplacement mit 7 Panzern

Antrieb	V_{max}(kn)	Besatzung	Bewaffnung
2xDM 61B-4A	18	49	2xWerfer A-215; $2x57_2$; $2x30_2$

Lebensakte

Projekt-/ Bau-Nr.	Name	in Dienst	außer Dienst	Bemerkungen
108.01	HOYERSWERDA	12.11.76	-	ohne A-215
108.02	HAGENOW	01.12.76	-	ohne A-215
108.03	FRANKFURT/ODER	02.02.77	-	ohne A-215
108.04	EBERSWALDE/FINOW	28.05.77	-	ohne A-215
108.05	LÜBBEN	15.03.78	-	mit A-215
108.06	SCHWERIN	19.10.77	-	A-215 nachgerüstet
108.07	NEUBRANDENBURG	28.12.77	-	A-215 nachgerüstet
108.08	COTTBUS	26.05.78	-	A-215 nachgerüstet
108.09	ANKLAM	14.07.78	-	F mit A-215
108.10	SCHWEDT	07.09.79	-	F mit A-215
108.11	EISENHÜTTENSTADT	04.12.79	-	F mit A-215
108.12	GRIMMEN	15.06.79	-	F mit A-215

Im Ergebnis der offensiven Strategie der Armeen des Warschauer Vertrages erteilte der Minister für Nationale Verteidigung 1971 den Auftrag an die Volksmarine, dass diese bereit zu sein habe, im Zusammenwirken mit den beiden anderen Flotten der VOF Seelandungen im Gebiet der Ostseeausgänge durch-

zuführen und dabei ein verstärktes Mot.-Schützenbataillon zu überführen und anzulanden. (58)
Die bis dahin im Flottendienst befindlichen Landungsmittel waren 1962/64 in Dienst gestellt worden. Ursprünglich für eine Lebensdauer von sechs bis acht Jahren konzipiert, waren sie aber bereits mehr als zwölf Jahre im Dienst, und ihr technischer Zustand gestattete keine Verlängerung.

Nach Auftragserteilung durch die Volksmarine begann die Peenewerft Wolgast Ende 1971 mit der Entwicklung eines Mittleren Landungsschiffes Projekt 108. Der Transport eines verstärkten Mot.-Schützenbataillons (Rad- und Kettenfahrzeuge) mit einer geplanten Serie von zwölf Schiffen ergab die maximale Beladung mit sieben Panzern T-55A. Die Ladekapazität des neuen Projektes war damit etwas geringer als bei dem abzulösenden Mittleren Landungsschiff Typ ROBBE Projekt 47 (acht Panzer + drei LKW).

Durch eine gegenüber den Mittleren Landungsschiffen Typ ROBBE Projekt 47 verbesserte Bugklappe mit Formklappen vor der Laderampe konnte eine sehr günstige Vorschiffskonstruktion erreicht werden. Der minimale Tiefgang sowie Trimm- und Ballastwasserzellen garantierten, dass die Rad- und Kettentechnik der Landstreitkräfte auch an nicht eingerichteten Küstenabschnitten zügig von bzw. an Bord gebracht werden konnte.
Im Oberdeck war ähnlich wie bei den Landungsschiffen Projekt 47 eine absenkbare Rampe eingelassen, über die leichtere Rädertechnik aus dem Laderaum an Oberdeck gebracht und dort verzurrt werden konnte.
Als Hauptantrieb besaßen die Schiffe je zwei Dieselmotoren 61B-4A (Import UdSSR).

Erhebliche Schwierigkeiten entstanden bei der Lieferung und Installation der Bewaffnung aus der UdSSR. Die Aufgabenstellung durch die Volksmarine sah als Artillerie-Bewaffnung ein 762mm-Geschütz und Geschosswerfer zur Feuerunterstützung der Landungstruppen sowie 252mm-Geschütze zur Luftabwehr vor. Eine Stellungnahme des Technischen Komitees des Oberkommandos der Vereinten Streitkräfte des Warschauer Vertrages erbrachte eine erste Änderungsforderung zum Aufbau der Artillerie-Bewaffnung mit 2 x 572mm-Geschütz AK 725 und 2 x 302mm-Geschütz AK 230 ohne Waffenleitanlage. Außerdem sollten zwei Gassensprenggeräte SOSNA-100 installiert werden (In einem Container gestaute flexible gestreckte Sprengladung, die von einer Rakete auf den Strand gezogen wurde, dort detonierte und Landminen unwirksam machen sollte).

Als die polnische Industrie nicht bereit war, die geplanten Geschosswerfer BM-18A (Nachbau der „Katjuscha“) für die DDR zu fertigen, bot die UdSSR an, 40-rohrige Geschosswerfer MC-73, wie sie bei den Landstreitkräften bereits im Einsatz waren, aber mit Trommelmagazin und automatischer Mehrfachnachladevorrichtung als Komplex A-215 zu liefern. Diese Werfer befanden sich allerdings in der Sowjetflotte noch im Erprobungsstadium. Damit entstand eine zweite Änderungsforderung für das Mittlere Landungsschiff Projekt 108 und im militärischen Schiffbau der DDR die einmalige Situation, dass die Volksmarine eine Waffe von der UdSSR erhalten sollte, die selbst bei ihr noch nicht im Einsatz war.

Eine dritte Änderungsforderung resultierte aus dem nachträglichen Wunsch der Volksmarine, auf drei bis vier Schiffen Arbeitsmöglichkeiten für Stäbe der Landungstruppen zu schaffen (Projekt 108 F; F für „Führungsstelle").

Die Volksmarine bestellte in der UdSSR 24 der angebotenen Geschosswerfer; es kam aber nur ein Liefervertrag für 16 Werfer zustande. Wegen des inzwischen fortgeschrittenen Entwicklungsablaufes entschloss sich die Volksmarine, diese Werfer als Nachrüstung auf acht Schiffen der Serie aufzubauen.

Der Serienbau begann im November 1974 und die Schiffe 108.01 - 108.04 blieben ohne Werfer. Die beiden ersten Werfer für das Schiff 108.05 trafen 1977 ein. Die Laserzielvorrichtung erreichte in der UdSSR nicht die Serienreife, so dass auf optische Visiere orientiert wurde. Die verzögerte Lieferung der weiteren Werfer A-215 bzw. einzelner Anlagenteile führte dazu, dass 1981, d.h. mehrere Jahre nach Indienststellung der ganzen Serie, noch immer auf sechs der acht mit Werfern ausgerüsteten Schiffe die optischen Visiere fehlten und damit die Waffensysteme nicht einsetzbar waren. 1984 konnte endlich die Nachrüstung abgeschlossen werden.

Außer der Bewaffnungsproblematik gab es während des Flottendienstes noch weitere Schwierigkeiten. Infolge des hohen Ölverbrauches der Antriebsmotoren bei nicht ausreichenden Abgastemperaturen (An- und Ablegen, lange Revierfahrten u.a.) entstanden mehrfach Abgasbrände. Durch Veränderungen in der Konstruktion und Präzisierung des Fahrtregimes (Freibrennen der Abgasleitungen durch Fahren mit höheren Drehzahlen) konnten die Ursachen beseitigt werden.

Aus der im Januar 1989 vom damaligen Staatsratsvorsitzenden E. Honecker verkündeten einseitigen Abrüstung der Streitkräfte der DDR leitete die Volksmarine u. a. den Schluss ab, dass Landungen auf fremdem Territorium nicht mehr in Betracht gezogen werden. Deshalb sollte die Landungsschiffsbrigade zur Transport- und Minenlegbrigade umgebildet werden. Belade- und Landetraining wurde aus allen operativen Plänen sowie aus der Ausbildung gestrichen.

Es war geplant:
- fünf Schiffe Projekt 108 für Seetransporte und zum Minenlegen umzurüsten,
- drei Schiffe Projekt 108 zur neu zu bildenden Aufklärungsabteilung der

4. Flottille zu kommandieren,
- vier Schiffe Projekt 108 zu verschrotten.

Die raschen politischen Veränderungen in der DDR ließen aber eine Realisierung der erforderlichen Maßnahmen nicht mehr zu. Zum Zeitpunkt der Auflösung der Volksmarine lagen alle zwölf Mittleren Landungsschiffe Projekt 108 in unverändertem Zustand im Hafen von Peenemünde. Eine Übernahme wurde durch die Bundesmarine nicht erwogen.
1992 zeigte Indonesiens Marine Interesse an dem Erwerb aller 12 Schiffe.
Nach Bestätigung durch die zuständigen staatlichen Stellen der BRD wurden diese Anfang 1993 vom Minister für Verteidigung der BRD an den indonesischen Staatsminister für Forschung und Technologie übergeben.
Laut Vertrag war der Käufer verpflichtet, alle Schiffe vor der Überführung nach Indonesien teilweise demilitarisieren zu lassen (Abbau der gesamten Ari-Bewaffnung). Diese Aufgabe übernahm die Neptunwerft Rostock.
Ehemalige Angehörige der Volksmarine erarbeiteten im Auftrage des Ministeriums der Verteidigung Ausbildungs- und Nutzungsdokumentationen und unterwiesen die indonesischen Besatzungen in der Handhabung der Anlagen der Schiffe. Bis 1995 waren alle Mittleren Landungs-Schiffe Projekt 108 nach Indonesien überführt.

In den vergangenen Kapiteln wurde bereits dargelegt, dass Anfang der 50er Jahre die allmähliche Überführung der bestehenden Polizeikräfte in eine reguläre Flotte begann.

Da die der Seepolizei zur Verfügung stehenden Küstenschutzboote und Räumboote nur im unmittelbaren Küstenvorfeld Minenräum- bzw. Küstensicherungsaufgaben erfüllen sollten und längere Seetörns weder geplant, noch technisch und führungsmäßig möglich waren, konnte in dieser Anfangszeit die Versorgung mit festen und flüssigen Gütern (Treibstoff, Verpflegung, Trinkwasser u.a.) nach dem Einlaufen in den Stützpunkt erfolgen. Es waren also vorerst noch keine Versorger erforderlich.

Schadens- bzw. Havariefälle konnten aber nicht ausgeschlossen werden. So wurde folgerichtig im September 1950 das Bergungs- und Rettungskommando (BRK) gebildet. Dieser neuen in Saßnitz stationierten Dienststelle war als Aufgabe zugeordnet, den Booten der Seepolizei, Handels- und Fischereifahrzeugen in den Küstengewässern der DDR bei Havarien Hilfe zu erweisen.(59)

Dazu erhielt diese Einheit als erstes Fahrzeug
- 1950 **Taucherboot LUMME (ex LOMMEL)**

Zur Erweiterung der Möglichkeiten des BRK kamen 1952 hinzu
- 2 **Feuerlöschboote Typ BERGER (ex Torpedofangboote der KM),**
- **Reede-Seiner-Schlepper 501,**
- **Schwimmkran ohne Eigenantrieb.**

Es folgte
- 1953 **Hochsee-Bergungsschlepper WISMAR Projekt 4 (ex dän. LOSSEN).**

Dabei handelte es sich vorrangig um Wracks, die nach Kriegsende in den Häfen und Küstengewässern geborgen und instand gesetzt wurden.
Bereits 1952 war es aber erforderlich, im Interesse der inzwischen 21 Küstenschutzboote, zwölf Räumboote und vier Schulschiffe/-boote zusätzlich zu den Fahrzeugen des Bergungs- und Rettungskommandos auch Hilfsschiffe zur Sicherstellung einzuführen. Die neu in Dienst zu stellenden Hilfsschiffe sollten zunächst vorwiegend einfache Transportaufgaben zwischen den Stützpunkten durchführen.

Auch hier mussten die damals beschränkten Möglichkeiten der Werftindustrie berücksichtigt werden, und es wurden Fischereifahrzeuge aus der Serienfertigung durch Umbau und Modifizierung für die Zwecke der VP-See nutzbar gemacht.

Die Roßlauer Schiffswerft lieferte
- 1952/53 4 **Logger RL 233-236** (RL 233 Schulschiff, RL 234 für SHD).

Erst Ende 1953, nachdem die UdSSR die „Entnahme von Warenlieferungen und Inanspruchnahme wirtschaftlicher Leistungen" aus der DDR beendete, d.h. keine Reparationslieferungen mehr erfolgen mussten, konnte begonnen werden, eigene Entwicklungen für die Seepolizei in Angriff zu nehmen und kleine Serien zu bauen. Das erste Ergebnis waren
- 1953/54 2 **Trockenleichter 505.**

Bis zur Gründung der NVA 1956 beschränkte sich also die Sicherstellung der ersten schwimmenden Einheiten der Seepolizei/VP-See auf Transport- und Bugsieraufgaben unter einfachen Bedingungen. Die dazu in Dienst gestellten Hilfsschiffe waren keine speziell für diese Aufgaben entwickelten und gebauten Schiffe. Sie entstanden aus instand gesetzten Wracks oder modifizierten Fischereifahrzeugen. Eine Ausnahme bildeten nur die beiden Trockenleichter.

Nach der Bildung der Seestreitkräfte wurden große Anstrengungen unternommen, eine ausgewogene Flotte aufzubauen. Dazu musste auch für die Sicherstellung eine entsprechende materielle Basis geschaffen werden.

Das in der Periode bis 1965 realisierte Entwicklungs- und Bauprogramm und die Indienststellung von:
- 4 **Torpedofangbooten Typ SPERBER Projekt 23**
- 2 **Trockenleichtern 505**
- 1 **Tankleichter 506**
- 1 **Seiner-Schlepper SCHOLLE**
- 2 **Taucherbooten Typ TAUCHER Projekt 24**
- 1 **Wohnschiff GROBIAN**
- 1 **Hochsee-Schlepper 700 Projekt 17**
- 6 **Reede-Schleppern 270 Projekt 19**
- 3 **Tankern 600 Projekt 35**
- 5 **Feuerlöschbooten FLB Projekt 61**
- 6 **Wohnschiffen Projekt 62**
- 5 **Binnentankern Typ GUSTAV KOENIGS**
- 2 **Binnenschleppern HAI und ROBBE**
- 1 **Versorger TIMMENDORF**
- 12 **Schleppbooten Typ ELBE**

sowie zahlreiche eingeleitete, aber nicht bis zum Bau weitergeführte Projekte wie z.B.
- Feuerschiff UHU Projekt 14
- Schlepper 450 Typ WELS Projekt 18
- Lazarettschiff Projekt 37
- Werkstattschiff Projekt 38

- Munitionstransporter Projekt 41
- Begleitschiff Projekt 59 u.a.

belegen, dass große Anstrengungen unternommen wurden, um die Sicherstellung der Flotte auf die erforderliche höhere Stufe zu stellen.

Als Besonderheit müssen dabei die **Wohnschiffe** erwähnt werden. Da die Besatzungen der Schnellboote wegen beengter Platzverhältnisse, aber besonders wegen der zum Trocknen der Holzboote erforderlichen Slip-Liegezeiten nicht ständig an Bord wohnen konnten, sollte ihre Unterbringung auf schwimmenden Einheiten dazu dienen, die geforderte Mobilität der Stoßkräfte zu sichern. Ein zusätzlicher Kasernenbau und die Schaffung von Wohnraum an Land waren nicht vorgesehen. Die Indienststellung des Wohnschiffes GROBIAN 1956 und die anschließende Einführung der schwimmenden Stützpunkte Projekt 62 /JUGEND/ schufen dazu die schiffbauliche Basis.
Die Wohnschiffe waren so eingerichtet, dass sie die anliegenden Schnellboote auch direkt materiell und technisch versorgen konnten. Außerdem ermöglichten sie, trotz des Fehlens eines Eigenantriebs und damit erforderlicher Schlepperhilfe, die Stationierung von Schnellbooten in nicht eingerichteten Häfen an der Küste der DDR, d.h. die Entfaltung von Manöver-Basierungspunkten. Diese Möglichkeit wurde vielfach praktiziert.
Wenn man berücksichtigt, dass im gleichen Zeitraum bis Dezember 1965 in den Kampfbestand der VP-See bzw. Seestreitkräfte

- 12 Reedeschutzboote Typ DELPHIN
- 12 Reedeschutzboote Typ TÜMMLER
- 42 Räumboote Typ SCHWALBE Projekt 8
- 12 MLR Typ HABICHT Projekt 1
- 10 MLR Typ KRAKE Projekt 15
- 12 U-Boot-Jäger Projekt 201M (Import aus der UdSSR)
- 6 U-Boot-Jäger Typ HAI Projekt 12.4
- 27 TS-Boote Projekt 183 (Import aus der UdSSR)
- 3 TS-Boote Typ FORELLE
- 30 LTS-Boote Projekt 63.3
- 6 LTS-Boote Projekt 68.2
- 10 RS-Boote Projekt 205 (Import aus der UdSSR)
- 2 KS-Schiffe Projekt 50 (Import aus der UdSSR)
- 11 Landungsboote Typ LABO Projekt 46
- 6 mittlere Landungsschiffe Typ ROBBE Projekt 47

eingeführt wurden, dann zeigt sich aber auch, dass trotz aller Bemühungen das Verhältnis Kampfschiffe - Hilfsschiffe nur bedingt den Erfordernissen entsprach. Diese Aussage gilt auch unter Berücksichtigung der Tatsache, dass die Seestreitkräfte der DDR eine Randmeerflotte waren, deren Zweckbestimmung den vorwiegenden Einsatz im Küstenvorfeld der DDR und später auch in den daran angrenzenden Seegebieten der Ostsee vorsah.

Ab Mitte der 60er Jahre hatte sich in den Armeen des Warschauer Vertrages ein offensives Denken durchgesetzt. Die damit eingeleitete Periode der Modernisierung und weiteren Erhöhung der Kampfkraft der Flottenkräfte brachte der Volksmarine kontinuierliche Zuführungen neuer Kampfschiffe.
Das erforderte natürlich auch eine Erweiterung der rückwärtigen Sicherstellung mit modernen Hilfsschiffen (später im Rahmen einheitlicher Bezeichnungen in den Vereinten Streitkräften des Warschauer Vertrages als Sicherstellungsschiffe bezeichnet). (60) Diese sollten die Kampfeinheiten in ihren Handlungsräumen bzw. in deren unmittelbarer Nähe versorgen.

Die Volksmarine musste dabei ein zweifaches Anliegen bewältigen.
Erstens ging es darum, den Kampfschiffen und -booten durch ihre Sicherstellung in größeren Entfernungen von den Stützpunkten eine höhere Autonomie zu verleihen; auch mit dem Ziel, ihnen mehr Zeit für die Ausbildung zu verschaffen. Dieser Aspekt hatte für die Volksmarine wegen der nur begrenzt zur Verfügung stehenden Motorenstunden schon immer eine große Bedeutung gehabt, konnte aber bisher wegen der eingeschränkten Möglichkeiten der zur Verfügung stehenden Hilfsschiffe nicht genügend Beachtung finden. Die Begrenzung der Motorenstunden war unter anderem dadurch bedingt, dass der Volksmarine nur ein Kraftstofflimit von ca. 30.000 t DK/Jahr zur Verfügung gestellt wurde.
Ein zweiter wesentlicher Gesichtspunkt musste die Gewährleistung einer komplexen Sicherstellung sein. Dazu wurden universell verwendbare Hilfsschiffe gebraucht, die feste und flüssige Versorgungsgüter gleichzeitig mit sich führten und auch in der Lage waren, Hilfeleistungen wie Eisbrechen, Schleppen, Bergen und bei Reparaturen in See zu erbringen. Mit moderneren Transport- und Übergabetechnologien sollten die Übergabezeiten für Versorgungsgüter erheblich verkürzt werden.
Deshalb mussten die alten, technisch und moralisch verschlissenen Hilfs-/Sicherstellungsschiffe ersetzt werden, d.h. die Flotte benötigte eine neue Generation von Hilfsschiffen.
Im Zeitraum von 1966 bis 1990 wurden entwickelt, gebaut und eingeführt:

- 1 **Hochseetanker USEDOM Projekt 1545 (Import aus der UdSSR)**
- 1 **Aufklärungsschiff HYDROGRAPH**
- 2 **Torpedofangboote FB 65.1 Projekt 129**
- 1 **Flugsicherungsboot HUGO ECKENER Projekt 116**
- 2 **Aufklärungsschiffe FB 65.2 Projekt 115**
- 21 **Schleppboote Typ WARNOW**
- 2 **Gefechtsversorger Projekt 109**
- 1 **Erprobungsschiff RÜGEN-II**
- 6 **Hochseeversorger Projekt 602**
- 6 **Schwimmende Stützpunkte Projekt 162**
- 1 **Bergungsschiff OTTO VON GUERICKE (Import aus der VR Polen)**
- 1 **Schwimmpfahlramme SPR 1250 Projekt 418**

- 3 **Reedeschlepper Projekt 414**
- 1 **Arbeits- und Wohnschiff Projekt 413**
- 1 **Hochsee- und Hafenschlepper 498 (Import aus der UdSSR)**
- 1 **Aufklärungsschiff 602.137.**

Damit war die anvisierte Zielstellung nur zum Teil erfüllt worden. Die meisten der inzwischen moralisch und technisch veralteten Hilfsschiffe verblieben im Flottendienst; davon einige in unveränderter Gestalt, andere wurden modernisiert.
Insgesamt entsprach das Verhältnis Kampfschiffe - Hilfsschiffe auch in dieser Etappe nur bedingt den Erfordernissen eines möglichen Krieges. Nicht alle Hilfsschiffe wurden den Anforderungen eines modernen Seegefechts gerecht. Moderne Transport- und Übergabetechnologien waren nur in Ansätzen vorhanden.
Auch wenn man die Nähe der eigenen Stützpunkte als Vorteil der Volksmarine in Rechnung stellt, konnte der erreichte Stand nicht befriedigen; schon deshalb nicht, weil es im Kriegsfalle infolge der großen zu erwartenden Zerstörungen bereits in der Anfangsperiode die schützenden Basen nicht mehr gegeben hätte bzw. sie nur noch zu einem kleinen Teil funktionsfähig gewesen wären.

Im Weiteren werden zum besseren Überblick die verschiedenen Hilfs-/Sicherstellungsfahrzeuge nach dem Verwendungszweck zusammengefasst im Einzelnen dargestellt. (61)

7.1 Bergungsschiffe und Schlepper

Hochsee-Bergungsschlepper WISMAR Projekt 4

Taktisch technische Daten

D_N(t)	$L_{üa}$(m)	$B_{üa}$(m)	T_g(m)
727	49,90	8,50	3,05
Antrieb	**V_{max}(kn)**	**Besatzung**	**Bewaffnung**
2xDM 6DV148	12	16	keine

Lebensakte

Projekt-/ Bau-Nr.	Name	in Dienst	außer Dienst
4	WISMAR	30.05.53	01.11.62

Bei diesem Schiff handelte es sich um den 1910/11 gebauten ehemaligen dänischen Minenleger LOSSEN. 1943 sprengte seine dänische Besatzung das Schiff, um eine Beschlagnahme durch die deutsche Wehrmacht zu verhindern. Die Kriegsmarine ließ das Fahrzeug bergen, notdürftig in Stand setzen und nach Deutschland überführen.

Am Ende des Zweiten Weltkrieges wurde das bei einem Luftangriff beschädigte, aber noch schwimmfähige Schiff zum zweiten Male durch seine jetzt deutsche Besatzung selbst versenkt. 1945 lag es im Hafen von Warnemünde, wurde wieder gehoben und der dänischen Regierung zur Rückführung angeboten. Aufgrund seines Alters und

technischen Zustandes verzichtete Dänemark aber auf eine Rückgabe des Schiffes. Im Juni 1949 erfolgte die Überführung zur Hansewerft Wismar. Im Auftrage der Generaldirektion Schifffahrt sollte das Schiff zum Bergungs- und Seenotschiff umgebaut werden. Vor Beginn der Arbeiten hatte die Seepolizei es übernommen; 1950 brachte sie es zur Peenewerft Wolgast. Anfang 1951 begann dort der Umbau zum Hochsee- und Bergungsschlepper.
Dieser Umbau umfasste alle Bereiche. Außer Kiel, einigen Bodenverbänden, Spanten und Teilen der Außenhaut im Mittelteil blieb fast nichts von der LOSSEN erhalten. Das Vor- und Achterschiff wurde vollständig erneuert und die Länge von ehemals 45,00 m auf 49,9 m vergrößert; das D_N erhöhte sich von 640 t auf 727 t. Die Decksaufbauten und der Schornstein erhielten eine ähnliche Gestaltung wie die des in Entwicklung befindlichen Minenleg- und Räumschiffes HABICHT Projekt 1. Die ursprüngliche Maschinenanlage (Dampfkessel und zwei Kolbendampfmaschinen) wurden ausgebaut und durch zwei Dieselmotoren 6 VD 148 ersetzt.
Für die Arbeit als Bergungsschlepper kamen je zwei Lenz- und Feuerlöschpumpen neu an Bord. Schlepphaken und -bügel sowie Ladegeschirr mit einer Traglast von 12 t vervollständigten die Ausrüstung.

Am 30.05.53 konnte die VP-See das Schiff in Dienst stellen. Es erhielt den Namen WISMAR und wurde dem Bergungs- und Rettungsdienst in Saßnitz zugeordnet. Während ihrer Dienstzeit nahm die WISMAR an mehreren größeren Einsätzen teil, so z.B. am Abbergen des im Januar 1958 vor der Greifswalder Oie gestrandeten griechischen Frachters ARCHON GABRIEL und bei der Haverie des MLR Typ HABICHT Schiff 2003 im März 1958 vor Saßnitz.

Am 01.11.1962 wurde der Hochsee- und Bergungsschlepper WISMAR Projekt 4 nach 50jähriger Dienstzeit in drei verschiedenen Flotten außer Dienst gestellt und verschrottet.

Reede-Schlepper 501

Taktisch technische Daten

D_N(t)	$L_{üa}$(m)	$B_{üa}$(m)	T_g(m)
194	28,80	6,60	2,80
Antrieb	**V_{max}(kn)**	**Besatzung**	**Bewaffnung**
1xDM 8VD136	10	13	keine

Lebensakte

Projekt-/ Bau-Nr.	Name	in Dienst	außer Dienst	Bemerkungen
501/1	ohne	13.11.52	01.12.76	zu Seeverkehr und Hafenwirtschaft

Seit 1949 fertigte die Ernst-Thälmann-Werft Brandenburg eine Großserie von Seinern in drei Typen für die UdSSR. Der Typ SO diente als Grundlage für eine Scheppermodifikation, von der die Werft 1952/53 insgesamt 14 Schlepper baute. Zwölf dieser Fahrzeuge gingen in die UdSSR; zwei Schlepper wurden unter der Werft-Projektnummer 501 an die Volkspolizei-See übergeben.

Der Schlepper 501/1 erhielt bei seiner Indienststellung durch die VP-See keinen Namen, nur eine mehrfach geänderte Bordnummer und kam beim Bergungs- und Rettungsdienst in Saßnitz zum Einsatz. Parallel dazu wurde der Schlepper 501/2 gebaut und zum Seehydrografischen Dienst kommandiert.

Der Reede-Schlepper 501/1 erfüllte seine Aufgabe im Flottendienst bis 1976; dabei wurde er im Rahmen planmäßiger Werftliegezeiten mehrfach modernisiert und nochmals umgebaut. Nach seiner Außerdienststellung Ende 1976 ging er zum Kombinat Seeverkehr und Hafenwirtschaft. Dort erhielt er den Namen DORSCH und diente noch mehrere Jahre als Versorgungsschlepper.

Seiner-Schlepper Typ SCHOLLE

Taktisch technische Daten

D_N(t)	$L_{üa}$(m)	$B_{üa}$(m)	T_g(m)
191	28,72	6,50	2,45
Antrieb	**V_{max}(kn)**	**Besatzung**	**Bewaffnung**
1xDM 6VD148	10,5	13	keine

Lebensakte

Projekt-/ Bau-Nr.	Name	in Dienst	außer Dienst	Bemerkungen
SCHOLLE	ohne	26.10.56	30.11.76	zu Seeverkehr und Hafenwirtschaft

Aus dem Reparationsprogramm Seiner der Ernst-Thälmann-Werft Brandenburg entstand eine Modifikation Schlepper, wovon die Seepolizei die beiden Fahrzeuge 501/1 und 501/2 erhielt.
Die Warnowwerft Warnemünde übernahm 1956 im Auftrag der Volkspolizei-See aus Brandenburg die Konstruktionsunterlagen und entwickelte daraus einen eigenen Schlepper mit dem Typnamen SCHOLLE. Der Schiffskörper wurde unwesentlich verändert, die Aufbauten erhielten eine den technologischen Bedingungen der Warnowwerft angepasste Form, und es kam zusätzlich eine Feuerlöschpumpe mit einer Leistung von 108 m3/h an Bord.

Bei seiner Indienststellung durch die Seestreitkräfte am 26.10.56 blieb das Schiff ohne Namen, es erhielt nur eine Bordnummer. Der Seiner-Schlepper konnte bis See 6 eingesetzt werden. Wegen seiner Fähigkeit, Festeis bis 10 cm zu brechen, diente er zusätzlich als Hilfseisbrecher.

Nach 20jähriger Dienstzeit im Flottendienst stellte die Volksmarine den Schlepper Ende 1976 außer Dienst. Aber wegen seines guten Zustandes wurde er genau wie der Seiner-Schlepper 501/1 an das Kombinat Seeverkehr und Hafenwirtschaft übergeben und dort noch einige Jahre als Reede- und Hafenschlepper genutzt.

Hochseeschlepper 700 Projekt 1

Taktisch technische Daten			
D_N(t)	$L_{üa}$(m)	$B_{üa}$(m)	T_g(m)
823	44,7	10,7	3,9
Antrieb	V_{max}(kn)	**Besatzung**	**Bewaffnung**
2xE-Motor 650kW	12	21	keine

Lebensakte

Projekt-/ Bau-Nr.	Name	in Dienst	außer Dienst
17	THALE	15.10.63	-

Im Juni 1956 erhielt das Institut für Schiffbautechnik Wolgast die Aufgabe, drei Schlepper im Gesamtkomplex zu entwickeln:

- Schlepper mit D_N ca. 700 t Projekt 17
- Schlepper mit D_N ca. 450 t Projekt 18,
- Schlepper mit D_N ca. 270 t Projekt 19.

Alle drei Typen sollten universell einsetzbar sein, d.h. Bugsier-, Bergungs- und Rettungsaufgaben erfüllen. Nachdem drei Typskizzen vorlagen, entschieden sich die Seestreitkräfte zum Abbruch der Arbeiten am Projekt 18 (450 t-Schlepper). Drei verschiedene, sich untereinander in Größe und Einsatzgebiet nur unwesentlich unterscheidende Schlepper waren uneffektiv. Die nun endgültig formulierte Taktisch-technische Aufgabenstellung für den 700 t-Schlepper Projekt 17 beinhaltete als Zweckbestimmung:

- Hochsee-, Bergungs- und Rettungsfahrzeug zur Hilfeleistung für beschädigte Schiffe sowie zur Durchführung von Schiffsbergungsarbeiten in der Ost- und Nordsee bis 61°N,

- Einsatz als Eisbrecher in der mittleren Ostsee,
- Bekämpfung von Schiffsbränden.

Da 1956/57 in der DDR keine Verstellpropelleranlage zur Verfügung stand, der verschiedenartige Einsatz aber gute Manövereigenschaften des Schiffes voraussetzte, wurde ein diesel-elektrischer Antrieb vorgesehen. Der Antrieb der beiden Schrauben erfolgte durch je einen elektrischen Propellermotor mit 650 kW über ein Getriebe. Zur Stromerzeugung dienten vier Dieselmotoren 12 KVD 21 mit je 550 PS. Für Bergungsarbeiten erhielt das Schiff vier schwere Poller, eine Schleppwinde sowie am Ende des Backdecks einen elektrischen Bordwippkran (9 t). Außerdem besaß es umfangreiche Feuerlösch- und Lenzeinrichtungen sowie Anlagen zum Einsatz von Schiffstauchern.
Im Oktober 1963 erfolgte die Indienststellung des Einzelschiffes als Hochseeschlepper 700. Den Namen THALE erhielt es erst später.

1964 baute die Peenewerft Wolgast ein Schwesternschiff des Hochseeschleppers 700 Projekt 17 mit dem Namen JUPITER für die Seestreitkräfte Bulgariens. Damit war dieses Projekt eines der wenigen Erzeugnisse des militärischen Schiffbaus der DDR, das im Ergebnis von Handelsverträgen auch für ausländische Marinen gebaut wurde.
Zum Zeitpunkt der Auflösung der Volksmarine befand sich der Hochseeschlepper 700 Projekt 17 noch im Flottendienst. Er wurde mit der Kennung Y1434 zeitweilig durch die Bundesmarine übernommen. Im Januar 1992 erfolgte der Verkauf an einen zivilen Nutzer.

Reedeschlepper 270 Projekt 19

Taktisch technische Daten

D_N(t)	$L_{üa}$(m)	$B_{üa}$(m)	T_g(m)
269	30,5	8,05	3,22
Antrieb	**V_{max}(kn)**	**Besatzung**	**Bewaffnung**
1xDM 6VD148	10	12	keine; im Mob.-Fall 1x25$_2$

Lebensakte

Projekt-/ Bau-Nr.	Name	in Dienst	außer Dienst
270/1	ohne	14.07.59	-
270/2		14.07.59	-
270/3		10.09.59	-
270/4		10.09.59	-
270/5		21.10.59	-
270/6		21.10.59	-

Gemeinsam mit dem Hochseeschlepper Projekt 17 entwickelte das Institut für Schiffbautechnik Wolgast auch einen Schlepper 270 Projekt 19.
Die Taktisch-technische Aufgabenstellung beinhaltete als Zeckbestimmung:

- Einsatz als Hafen- und Seeschlepper und in besonderen Fällen Einsatz als Hilfseisbrecher;
- Hilfeleistung für beschädigte Schiffe, in besonderen Fällen Einsatz zu Bergungs- und Taucherarbeiten;
- Bekämpfung von Schiffsbränden.

Als Antriebsanlage wurde mit dem Dieselmotor 6VD 148 der gleiche Motor wie beim Seiner-Schlepper SCHOLLE verwendet.
Der Einsatz war bis See 5/6 möglich. Der Schlepper erhielt ein Radialschleppgeschirr und am Ende des Bootsdecks zwei Ladepfosten mit je einem Ladebaum für 3 t Traglast. Zum Einsatz für Löscharbeiten befand sich auf dem Peildeck eine Wasserkanone. Auch der Einsatz als Hilfseisbrecher bis 15 cm Festeis war möglich. Charakteristisch war die freie Plattform vor der Brücke über dem Vorschiff. Sie sollte ein 25$_2$mm-Geschütz 2M3 aufnehmen. Die Montage des Geschützes war nur für den Mob.-Fall vorgesehen. Der erforderliche Unterbau wurde erst später aufgebaut.

Die Peenewerft Wolgast baute planmäßig eine Serie von sechs Reedeschleppern 270 Projekt 19 vor dem Hochsee-Schlepper 700 Projekt 17. Die gesamte Serie konnten die Seestreitkräfte 1959 in Dienst stellen.

Ab 1983 fand für alle Reedeschlepper 270 Projekt 19 eine grundlegende Modernisierung statt. Es wurden die Hilfsdiesel, die Decksmaschinen sowie ein Teil der Elektroanlage erneuert und bessere Arbeits- und Lebensbedingungen für die Besatzung geschaffen.

Damit war eine weitere uneingeschränkte Indiensthaltung dieser universellen Schlepper möglich.

Zum Zeitpunkt der Auflösung der Volksmarine befanden sich alle sechs Reedeschlepper 270 Projekt 19 noch im Flottendienst. Die Schlepper 270/3,4,5 und 6 übernahm die Bundesmarine zur zeitweiligen Nutzung mit der Kennung Y1654, 1655, 1659 und 1660.
1991/92 wurde der Schlepper 270/4 an die Marine Uruguay und alle anderen Schlepper an zivile Nutzer in den Niederlanden verkauft.

Binnenschlepper HAI und ROBBE

Taktisch technische Daten

D_N(t)	$L_{üa}$(m)	$B_{üa}$(m)	T_g(m)
221	38,50	8,40	1,8
Antrieb	**V_{max}(kn)**	**Besatzung**	**Bewaffnung**
2xDM 8NDV136A	12	8	keine

Lebensakte

Projekt-/ Bau-Nr.	Name	in Dienst	außer Dienst
M-9-463	HAI	04.11.61	-
	ROBBE	04.11.61	-

Die Einführung dieser beiden Schlepper war durch die Volksmarine nicht geplant sondern beruhte auf einem Zufall. Sie wurden 1959/60 in der Schiffswerft Roßlau unter Aufsicht der Deutschen Schiffsrevision und Klassifikation (DSRK) gebaut,

waren als Eisbrecher Typ M-9-463 entwickelt worden und zur Lieferung nach Polen vorgesehen. Mit zwei Dampfmaschinen ausgerüstet, sollten sie als Eisbrecher auf dem Oderhaff dienen. Sie erhielten die Namen LAMPART und PUMA.
Den Liefervertrag annulierte die VR Polen 1960; Gründe dafür sind nicht bekannt. Da beide Fahrzeuge bereits in Bau waren, wurden sie fertig gestellt und durch das Wasserstraßenamt Magdeburg übernommen. Die an Stelle der Dampfmaschinen eingebauten 850 PS-Motoren und die zugehörigen Schiffsschrauben ließen aber wegen zu erwartender Flussbettschäden einen Einsatz auf der Elbe nicht zu.

Da keine anderen Nutzer in Betracht kamen, übernahm 1961 die Volksmarine die beiden „herrenlosen" Schlepper. Im Rahmen einer Projektänderung wurden zwei Dieselmotoren 8 NDV 136A mit je 420 PS eingebaut. Damit erreichten die flachbordigen Binnenschiffe eine Schleppgeschwindigkeit von 8 kn und eine Freifahrtgeschwindigkeit von 12 kn. Sie waren mit je einem Schleppgeschirr für einen Trossenzug von 8 t ausgerüstet. Ein Eiseinsatz war bis 30 cm Festeis möglich. Bei ihrer Indienststellung als Binnenschlepper im November 1961 erhielten sie die Namen HAI und ROBBE

1977 führte die Peenewerft Wolgast einen Umbau, verbunden mit einer Modernisierung, durch. Die Schlepper erhielten dabei u.a. ein neues Deckshaus, wodurch sich ihr Aussehen etwas veränderte.
Beide Schlepper befanden sich zum Zeitpunkt der Auflösung der Volksmarine noch im Flottendienst. Eine Übernahme durch die Bundesmarine war nicht vorgesehen. 1991 wurde der Binnenschlepper ROBBE an einen zivilen Nutzer in den Niederlanden verkauft. Der Schlepper HAI wurde verschrottet.

Schleppboot Typ ELBE

Taktisch technische Daten

D_N(t)	$L_{üa}$(m)	$B_{üa}$(m)	T_g(m)
15,5	12,80	3,45	0,85
Antrieb	**V_{max}(kn)**	**Besatzung**	**Bewaffnung**
1xDM 4EVD21	12	2	keine

Lebensakte

Projekt-/ Bau-Nr.	Name	in Dienst	außer Dienst
2204	ohne	2 x 1964	alle ab 1980
		4 x 1965	alle ab 1980
		6 x 1966	alle ab 1980

Der sich vergrößernde Schiffsbestand, besonders aber die Einführung von Leichten Torpedo-Schnellbooten Projekt 63.3 und Projekt 68.2, machten die Einführung eines kleinen Bugsierbootes für den Hafenbetrieb erforderlich, da diese Boote mit ihrer Minimalgeschwindigkeit von 10 kn beim An- und Ablegen auf Bugsierhilfe angewiesen waren.

Die seit 1959 im Flottendienst befindlichen Reedeschlepper 270 Projekt 19 waren dafür zu groß.

Als Zweckbestimmung für ein solches Boot formulierte die Volksmarine:

> Das Fahrzeug dient als Schleppboot auf Binnengewässern und Bodden und soll auch zum Brechen einer bis zu 5cm dicken Eisdecke eingesetzt werden.

Für ein so einfaches Boot ohne besondere militärische Forderungen sollte keine unnötige Entwicklungskapazität gebunden werden. Die Volksmarine griff deshalb auf eine bereits laufende Serie für zivile Bedarfsträger zurück.

In der Yachtwerft Berlin war 1960 unter der Werft-Projektnummer 2202 eine Serie von zwölf Schleppbooten Typ ELBE für das Wasserstraßenamt gebaut worden; ab 1962 folgten weitere zwölf Boote in einer leicht verbesserten Ausführung als Werft-Projektnummer 2203.

1964 übernahm die Volksmarine zwei Serienboote von der Yachtwerft Berlin und führte damit eine umfangreiche technische Erprobung durch. Ergebnis:

- Die geforderten Schleppeigenschaften werden erreicht.
- Da die Boote unter anderem als Ersatz für die Motorbarkassen MB-12 vorgesehen sind, ist auch eine Personenbeförderung notwendig.
- Diese zusätzliche Forderung ist mit geringfügigen Änderungen realisierbar.

Die beiden bereits in der Volksmarine befindlichen sowie vier weitere 1965 gelieferte Boote behielten die bisherige Serienausführung. Sie wurden später nachgerüstet. Sechs Boote übernahm die Volksmarine 1966 als leicht modifizierte Ausführung unter der Werft-Projektnummer 2204.

Gegenüber dem Projekt 2203 gab es folgende Änderungen:

- Schiffskörper mit Eisverstärkung,
- Reling auf dem Vorschiff,
- zusätzliche Sitzbänke für den Personentransport,
- veränderte Plicht mit zusätzlichen Backskisten und Persenningabdeckung,
- verbesserter Schallschutz,
- Boots-Magnetkompass; damit für die Haff-Fahrt zugelassen.

Von den an die Volksmarine gelieferten zwölf Schleppbooten Typ ELBE übernahm der Seehydrografische Dienst 1965 drei Boote und 1966 ein weiteres. Sie dienten alle ohne Umbau als Schlepp- und Seezeichenbarkassen.

Nach Einführung des Nachfolgers Schleppboot Typ WARNOW wurden die acht in den Hafenkommandos der Flottillen eingesetzten Schleppboote Typ ELBE ab 1980 nacheinander außer Dienst gestellt und verschrottet.

Schleppboot Typ WARNOW

Taktisch technische Daten

D_N(t)	$L_{üa}$(m)	$B_{üa}$(m)	T_g(m)
25,1	15,25	3,8	1,0
Antrieb	V_{max}(kn)	**Besatzung**	**Bewaffnung**
1xDM 6VD14,5	10	2 (25 Fahrgäste)	keine

Lebensakte

Projekt-/ Bau-Nr.	Name	in Dienst	außer Dienst
1344	ohne	7 x 1969	-
		1 x 1970	-
		12 x 1973	-
		1 x 1974	-

Die von der Volksmarine 1964 bis 1966 in Dienst gestellten Schleppboote Typ ELBE hatten sich als robuste und zuverlässige Fahrzeuge erwiesen. Sie waren inzwischen schon mehrere Jahre im Flottendienst und mussten daher ersetzt werden. Die Volksmarine wollte auch bei den Nachfolgern keine unnötige Entwicklung einleiten und griff wiederum auf ein Serienfahrzeug der Yachtwerft Berlin zurück. Die Werft baute das Schleppboot Typ DAHME in großer Stückzahl für zivile Bedarfsträger (Binnenreederei, Wasserstraßenamt); es entsprach den Vorstellungen der Volksmarine.
Der Verwendungszweck des neuen Fahrzeuges war:

Einsatz auf Haff und Bodden als Schleppboot im Einschichtbetrieb sowie zur Personenbeförderung;

Einsatz im Winter – ohne Fahrgäste an Bord – zum Brechen leichter Eisdecken bis 5cm Dicke.

Die Veränderung gegenüber dem Serienprojekt Schleppboot Typ DAHME bestand nur in der zusätzlichen Personenbeförderung. Dazu erhielt das Boot eine rundum laufende Reling sowie Sitzbänke auf dem hinteren Arbeitsdeck und in dem unter Deck liegenden sogenannten Wohnraum.
Diese Ausführung lief in der Yachtwerft Berlin unter der Projekt-Nummer 1344 und erhielt den Typnamen WARNOW.

Die Volksmarine übernahm 1969 bis 1974 von der Yachtwerft Berlin insgesamt 21 Schleppboote Typ WARNOW. Die Boote ergänzten in den Hafenkommandos der Flottillen den Bestand der Schleppboote Typ ELBE. Der SHD erhielt 1986 ein Boot und 1987 drei Boote aus den Beständen der Hafenkommandos.

Alle Boote befanden sich zum Zeitpunkt der Auflösung der Volksmarine noch im Flottendienst. Sie gingen an zivile Nutzer.

Bergungsschiff OTTO VON GUERICKE /PIAST/

Taktisch technische Daten			
D_N(t)	$L_{üa}$(m)	$B_{üa}$(m)	T_g(m)
1628	72,62	12,03	3,94
Antrieb	V_{max}(kn)	**Besatzung**	**Bewaffnung**
2xDM 8PD48	17,5	47	keine; im Mob.-Fall $4x25_2$

Lebensakte			
Projekt-/ Bau-Nr.	**Name**	**in Dienst**	**außer Dienst**
570	OTTO VON GUERICKE	29.12.76	-

Anfang der 70er Jahre war auch im Bergungswesen eine Modernisierung des Schiffsbestandes sowie die Umstellung auf komplexe Einsatzmöglichkeiten notwendig. Die Volksmarine wollte dazu ein spezielles Bergungsschiff in Dienst stellen, welches sowohl als Taucherfahrzeug wie als Bergungsschlepper und Feuerlöschschiff eingesetzt werden konnte.
Die Entwicklung und der Bau eines solchen Sonderschiffes als Einzelschiff in einer Werft der DDR wurde dabei von vorn herein nicht in Erwägung gezogen, sondern Schiffscommerz, das Außenhandelsorgan des DDR-Schiffbaus, beauftragt, die Möglichkeiten des Imports eines solchen Schiffes zu prüfen.

Polen hatte ab 1967 ein Vermessungsschiff Typ MOMA entwickelt und 20 Schiffe an die UdSSR, je ein Schiff an Bulgarien, Jugoslawien und an den eigenen Seehydrografischen Dienst geliefert. Auf der Grundlage dieses Vermesssungsschiffes baute die Nordwerft in Gdansk als Projekt B570 zwei Bergungsschiffe für die eigene Seekriegsflotte.

Ende 1975 schloss Schiffscommerz in Abstimmung mit der Volksmarine einen Liefervertrag für ein solches Bergungsschiff Projekt 570 ab; im Dezember 1976 wurde es von der polnischen Werft geliefert. Bei seiner Indienststellung erhielt es den Namen OTTO VON GUERICKE.

Die Aufgabe für das Schiff bestand in
- bergungs- und rettungsmäßiger Sicherstellung von Kampfschiffen und Kampfeinheiten der Volksmarine sowie im
- Einsatz bei nationalen und internationalen Seenotfällen.

Zur Durchführung seiner Aufgaben besaß das Schiff eine umfangreiche Spezialausrüstung. Vor der Brücke an Backbord war ein großer Schwenkgalgen für eine Taucherglocke montiert. Außerdem befand sich an Bord eine Taucherdruckkammer. Mehrere Wasserfeuerlöschpumpen, Lenzpumpen, Gas- und Schaumfeuerlöschanlagen, drei Wasserkanonen (Reichweite 70m), Kletterrettungsnetze, ein

spezielles Bergungsnetz sowie ein bordeigenes Arbeitsboot mit Außenbordmotor vervollständigten die Rettungs- und Bergungsausrüstung.
Für den Mob.-Fall waren Unterbauten für 4 x 25_2 mm-Geschütze 2M3 fest installiert.

Das Schiff befand sich während seines Flottendienstes mehrfach im Ferneinsatz, so z.B. zur Sicherstellung der Geschwaderfahrten der Verbündeten Ostseeflotten im Atlantik bzw. 1979 und 1981 gemeinsam mit dem Schulschiff WILHELM PIECK im Mittelmeer und im Schwarzen Meer.

Zum Zeitpunkt der Auflösung der Volksmarine war das Schiff noch im Einsatz. Da die Bundesmarine an einer Übernahme nicht interessiert war, wurde es 1991 an die Marine Uruguays verkauft.

Hochsee- und Hafenschlepper Projekt 498

Taktisch technische Daten

D_N(t)	$L_{üa}$(m)	$B_{üa}$(m)	T_g(m)
300	29,3	8,3	3,7
Antrieb	**V_{max}(kn)**	**Besatzung**	**Bewaffnung**
2xDM	11	8	keine

Lebensakte

Projekt-/ Bau-Nr.	Name	in Dienst	außer Dienst
498	ohne	30.08.83	-

Die Volksmarine beauftragte 1980 den staatlichen Außenhandelsbetrieb Schiffscommerz, in der UdSSR den Kauf eines Schleppers, der Schlepp- und Bugsieraufgaben mit größeren Kampf- und Hilfsschiffen realisieren kann, in die Wege zu leiten. Hauptabmessungen und die wesentlichste Ausrüstung sollten derjenigen der Serie von Schleppern entsprechen, die bereits seit mehreren Jahren die Bagger-, Bugsier- und Bergungsreederei im Seehafen Rostock einsetzte.

Nach Vertragsabschluss erfolgte der Bau des Schleppers Projekt 498 (sowjetische Projekt-Nummer) nach den Vorschriften des Seeregisters der UdSSR. Mit seiner leistungsstarken Antriebsanlage, bestehend aus zwei Dieselmotoren mit insgesamt 1.200 PS entsprach dieser Schlepper den Vorstellungen der Volksmarine. Im August 1983 übernahm die Besatzung in Zusammenarbeit mit Schiffscommerz in der Kanonerski-Werft Leningrad den Schlepper und überführte ihn anschließend auf dem Seewege in die DDR. Bei seiner Indienststellung erhielt er keinen Namen. Zur Leck- und Brandbekämpfung auf havarierten Schiffen verfügte der Schlepper über eine umfangreiche Lenz- und Feuerlöscheinrichtung, darunter auch eine leistungsstarke Schaumfeuerlöschanlage und eine Wasserkanone.
Mitte der 80er Jahre wurde der Schlepper geringfügig umgebaut und modernisiert. Deutlichstes Merkmal war ein neuer Vierbeinmast für eine Funkmessanlage.

Bei Auflösung der Volksmarine befand sich der Schlepper Projekt 498 im Flottendienst. Er wurde vorübergehend durch die Bundesmarine übernommen, erhielt die Kennung Y 1650 und den Namen UMMANZ. 1994 wurde er verschrottet.

Reedeschlepper Projekt 414

Taktisch technische Daten			
D_N(t)	$L_{üa}$(m)	$B_{üa}$(m)	T_g(m)
286	30,87	8,77	2,70
Antrieb	V_{max}(kn)	**Besatzung**	**Bewaffnung**
1xDM 6VD26/20Al-1	10,5	8	keine; im Mob.-Fall 2x23$_2$

Lebensakte

Projekt-/ Bau-Nr.	Name	in Dienst	außer Dienst
414.01	ZANDER	25.05.89	-
414.02	KORMORAN	12.12.89	-
414.03	DELPHIN	29.06.90	-
414.04	(HAI)	-	-

Die in den Stützpunkten der Volksmarine eingesetzten Schleppboote Typ WARNOW waren 1969/1973 in Dienst gestellt worden und mussten in den 80er Jahre abgelöst werden. Die Yachtwerft Berlin sollte deshalb einen Reedeschlepper entwickeln und bauen. Dabei wurde von einer Serie von 30 Schleppern ausgegangen. Hinsichtlich seines Einsatzes wurde gefordert:

Der Schlepper ist als Kopf- und Heckschlepper zum Bugsieren von Schiffen und schwimmenden Mitteln im Hafen- und Reedebereich und zum Schleppen von kleinen Schiffen und schwimmenden Mitteln als Einzelschlepper oder im Kollektiv bis zu mittleren Strecken vorgesehen.
Er soll eingesetzt werden als Hilfseisbrecher zum Aufbrechen geschlossener Eisdecken bis zu 20 cm Dicke, zur Brandbekämpfung, für Bergungs- und Taucherarbeiten sowie zur Personenbeförderung.

Da das Kombinat Schiffbau Rostock die Überleitung der Entwicklungarbeiten an die Elbewerften Boizenburg/Roßlau vorsah, übergab die Volksmarine auch dieser Werft die Aufgabenstellung. Nach Vorliegen einer Realisierbarkeitsstudie der Yachtwerft Berlin nahm das Kombinat Schiffbau seine Entscheidung zurück und beauftragte im September 1983 – wie ursprünglich geplant – die Yachtwerft Berlin mit der Bearbeitung des Reedeschleppers.
Aufgrund veränderter Aufgabenstellung und Kürzung der zur Verfügung stehenden Finanzmittel der Volksmarine wurden aber nur noch zwölf Schlepper vorgesehen.

Nachdem im Juni 1985 das Vorprojekt der Yachtwerft Berlin vorlag, bekundete die Bagger-, Bugsier- und Bergungsreederei (BBB) ihr Interesse, und auch die Deutfracht Seereederei Rostock prüfte eine Beteiligung an diesem Schiffsprojekt. Ein daraufhin abgeschlossener dreiseitiger Koordinierungsvertrag zwischen diesen Interessenten beinhaltete die gemeinsame Entwicklung und den Bau eines Reedeschleppers Projekt 414 mit modifizierter Ausrüstung.

Das war eine neue Situation! Nachdem bisher die Volksmarine zivile Serienprojekte für militärische Bedingungen modifiziert hatte, wurde nun eine durch die Volksmarine eingeleitete Entwicklung für zivile Nutzer abgeändert.
Für die BBB wurde eine Serie von vier Schleppern geplant; die Deutfracht Seereederei trat 1986 von dem gemeinsamen Entwicklungsprogramm zurück.

Zur Realisierung der umfangreichen Forderungen sollte ein 30,8 m langes und 8,8 m breites Schiff gebaut werden. Als Antrieb wurde ein Dieselmotor 6 VD 26/20 Al-1 mit einer Leistung von 720 PS vorgesehen. Diese Antriebsleistung war ein Kompromiss. Die Volksmarine hatte eine größere Schleppleistung gefordert, aber die Schiffbauhalle der Yachtwerft Berlin ließ weder den Bau eines längeren noch eines breiteren Schiffes zu. Da gleichzeitig einige spezielle Forderungen der Volksmarine berücksichtigt werden mussten, die den Einsatz des Reedeschleppers auch zu Bergungs- und Feuerlöschaufgaben ermöglichten, war bei den begrenzten Abmessungen des Schiffskörpers der Einbau eines stärkeren Motors oder eventuell einer Zweiwellenanlage nicht möglich.

Beim Serienbau des Reedeschleppers 414 traten, bedingt durch die enge Schiffbauhalle, technische und technologische Probleme auf. Mit diesem Projekt hatte die Yachtwerft Berlin die technisch realisierbare Grenze erreicht. Der Schlepper konnte nicht vollständig in der Werft montiert und geprüft werden. Er wurde als halbfertiges Schiff mit einem relativ geringen Anarbeitungsgrad von Berlin auf dem Wasserwege zur Volkswerft Stralsund transportiert und dort fertiggestellt.

1988 entstanden neue ökonomische Engpässe. Wegen der Kürzung des Finanzvolumens musste die Volksmarine die geplante Serie auf acht und dann endgültig auf sechs Schlepper reduzieren. BBB trat völlig von der Mitarbeit zurück, da die geplanten vier Schlepper finanziell nicht gesichert werden konnten.

Der Schlepper 414.01 wurde nach einer umfangreichen technischen Erprobung am 25.05.89 mit dem Namen ZANDER in Dienst gestellt. Ihm folgte ebenfalls unter Nutzung der Endbaustelle Volkswerft Stralsund im Dezember 1989 noch 414.02 KORMORAN und im Juni 1990 414.03 DELPHIN.

Nach Auflösung der Volksmarine übernahm die Bundesmarine alle drei Schiffe. Sie versah sie mit neuen Bordnummern und, da die Namen bereits an drei Landungsboote Typ 520 vergeben waren, auch mit neuen Namen:

414.01 ex ZANDER Y 1656 WUSTROW	Mar.-Stützpkt.-Komm. W.-mde
414.02 ex KORMORAN Y 1658 DRANSKE	Mar.-Stützpkt.-Komm. W.-mde
414.03 ex DELPHIN Y 1651 KOOS	Mar.-Stützpkt.-Komm. Peenemünde.

Den Schlepper 414.04 übergab die Yachtwerft Berlin im November 1990 an die Bundesmarine. Er wurde aber nicht in Dienst gestellt, sondern sofort an einen zivilen Nutzer in Belgien verkauft. Der Weiterbau der Reedeschlepper 414.05 und .06 war durch das neu entstandene Ministerium für Abrüstung und Verteidigung unter Minister Eppelmann bereits vorher annulliert worden.

7.2 Versorger

Versorger Logger 236 RUDEN

Taktisch technische Daten

D_N(t)	D_V(t)	$L_{üa}$(m)	$B_{üa}$(m)	T_g(m)
427	486	41,4	7,28	3,36
Antrieb	**V_{max}(kn)**	**Besatzung**	**Bewaffnung**	
1xDM 8VD136	9	12	keine	

Lebensakte

Projekt-/ Bau-Nr.	Name	in Dienst	außer Dienst	Bemerkungen
RL 235	RUDEN	01.04.52	29.10.71	danach GST ARTUR BECKER

Dieser Logger stammte aus der im Rahmen von Reparationsleistungen an die UdSSR gelieferten Serie von Fischereifahrzeugen der Roßlauer Schiffswerft; davon erhielt die Seepolizei die Logger RL 233-236.
Das Fahrzeug RL 235 wurde als Versorger modifiziert. Ein größerer Umbau war dazu nicht erforderlich. Der genietete Schiffskörper des Grundtyps blieb genauso erhalten wie der Antriebsmotor 8VD 136 mit 300 PS vom Schwermaschinenbau Karl Liebknecht Magdeburg.
Im April 1952 übernahm die Seepolizei den Logger als Versorger. Er blieb bei der Indienststellung ohne Namen und erhielt nur eine Bordnummer.
1968 wurde der Logger in der Peenewerft Wolgast umgebaut. Er bekam neue

Proviantlasten und eine größere Kühlanlage. Ab Juli 1968 trat er wieder seinen Flottendienst als Versorger an; nun unter dem Namen RUDEN.

Im Oktober 1971 stellte die Volksmarine das Schiff außer Dienst. Nach einem nochmaligen Umbau in der Peenewerft Wolgast, dieses Mal zum Taucherausbildungsschiff, wurde es von der GST übernommen. In der Marineschule Greifswald erfuhr es unter dem Namen ARTUR BECKER eine bis 1990 andauernde Nutzung.

Trockenleichter Typ 505

Taktisch technische Daten

D_N(t)	D_v(t)	$L_{üa}$(m)	$B_{üa}$(m)	T_g(m)
251	535	37,0	7,5	2,5
Antrieb	**V_{max}(kn)**	**Besatzung**	**Bewaffnung**	
1xDM 8VD136	10,5	12	keine; im Mob.-Fall 2x14,5_2	

Lebensakte

Projekt-/ Bau-Nr.	Name	in Dienst	außer Dienst
505/1	ohne	14.11.53	16.05.83
505/2		02.04.54	22.06.83

Dieses Fahrzeug entwickelte und baute die Thälmann-Werft Brandenburg nach einer Aufgabenstellung der Seepolizei als speziellen Versorger. Es war der erste Hilfsschifftyp, der nicht als Modifikation eines zivilen Serienfahrzeuges entstand.

Der Trockenleichter mit der Werft-Projektnummer 505 hatte einen geschweißten Stahlschiffskörper. Die Aufbauten befanden sich auf dem Achterschiff. Davor waren im Hauptdeck zwei Luken für den Laderaum angeordnet. Als Antrieb diente wie bei den Loggern aus Roßlau ein Dieselmotor 8 VD 136 vom Schwermaschinenbau Karl Liebknecht Magdeburg.

Es wurden zwei Schiffe 505/1 und 2 in gleicher Ausführung gebaut, 1953/54 in Dienst gestellt und direkt der Flottenbasis Ost (später der 1. bzw. 4. Flottille) zugeordnet. Sie erhielten keine Namen, sondern nur mehrfach geänderte Bord-Nummern.

Während ihrer Dienstzeit wurden beide Schiffe von Grund auf umgebaut und dabei besonders das Deckshaus und der direkt dahinter liegende Schornstein verändert; anstelle der veralteten Ladebäume wurde je ein elektrischer Bordwippkran installiert.

Beide Schiffe erhielten später Unterbauten für 2 x 14,5$_2$mm-MGs hinter den Aufbauten, um im Mob.-Fall eine Ari-Bewaffnung aufbauen zu können.
Nach der Einführung neuer Versorger Projekt 602 wurden beide Schiffe 1983 außer Dienst gestellt und verschrottet.

Versorger TIMMENDORF

Taktisch technische Daten

D_N(t)	**D_V(t)**	**$L_{üa}$(m)**	**$B_{üa}$(m)**	**Tg(m)**
325	844	47,95	8,4	2,87
Antrieb	**V_{max}(kn)**	**Besatzung**	**Bewaffnung**	
1xDM 8VD136	9	12	keine	

Lebensakte			
Projekt-/ Bau-Nr.	**Name**	**in Dienst**	**außer Dienst**
-	TIMMENDORF	14.07.62	14.06.83

Das Schiff wurde in der Schiffswerft Laubegast bei Dresden im Auftrage der Generaldirektion Seeschifffahrt als Schrott-Transporter projektiert, aber noch vor seiner Fertigstellung zum Küstenmotorschiff modifiziert. In dieser Version wurde es im April 1956 von der Deutschen Seereederei übernommen. Es erhielt den Namen TIMMENDORF.
Das Schiff hatte ein Fassungsvermögen von 660 m^3 Schüttgut. Der Laderaum war durchgehend ohne Mittellängsschott ausgeführt. Die Be- und Entladung konnte über zwei Luken mit zwei elektrischen Bordwippkränen oder Krantechnik an der Pier erfolgen.
Mit einem Dieselmotor 8 VD 136 vom Schwermaschinenbau Karl Liebknecht Magdeburg erreichte das Schiff eine V_{max} = 9 kn.

Die Deutsche Seereederei setzte das Küstenmotorschiff hauptsächlich in der Stück- und Schüttgutfracht ein. Weil sein Einsatz Anfang der 60er Jahre nicht mehr rentabel war, sollte es ausgemustert werden. Daraufhin übernahm die Volksmarine das Schiff und stellte es nach geringfügigem Umbau im Juli 1962 als Versorger in Dienst. Dieser Einsatz war also für das Schiff nicht geplant, sondern eher zufällig. Seinen Namen TIMMENDORF behielt es auch weiterhin.
1976 erfolgte eine größere Modernisierung. Das Schiff behielt zunächst noch den Doppelkran; 1977 wurde dieser aber durch einen Einzelkran ersetzt. Der Dieselmotor 8 VD 136 wurde nicht ausgewechselt. Dadurch blieb das Schiff mit 9 kn weiterhin sehr langsam, aber es war äußerst zuverlässig.
Während seiner Flottendienstzeit bewältigte es die vielfältigsten Transportaufgaben. Aufgrund seiner Zuverlässigkeit war es mehr als zehnmal bei Raketenschießabschnitten der RS-Boote vor Baltijsk als Versorger eingesetzt. Dabei führte es in der Regel neben allerlei Gütern auch einen vollbeladenen Kühlanhänger, einen Geländewagen und eine mobile Werkstattechnik im Laderaum mit.
Nach fast 30jähriger Fahrzeit wurde das Schiff 1983 außer Dienst gestellt und verschrottet.

Gefechtsversorger Projekt 109 /FROSCH-II/

Taktisch technische Daten

D_N(t)	D_v(t)	$L_{üa}$(m)	$B_{üa}$(m)	T_g(m)
1791	1859	90,7	11,1	3,30
Antrieb	**V_{max}(kn)**	**Besatzung**	**Bewaffnung**	
2xDM 61B-4A	17,5	35	$2x57_2$;$2x25_2$;Minen	

Lebensakte

Projekt-/ Bau-Nr.	Name	in Dienst	außer Dienst
109.01	NORDPERD	03.10.79	-
109.02	SÜDPERD	26.02.80	-

1973 erarbeitete die Volksmarine Operativ-taktische Forderungen für einen Gefechtsversorger Projekt 108 M als Modifikation des in Entwicklung befindlichen Mittleren Landungsschiffes Projekt 108. Mit diesem Schiff sollte die Sicherstellung sowohl weitgehend universell, als auch in größeren Entfernungen von den eigenen Stützpunkten gewährleistet werden.

Die Peenewerft Wolgast hielt aber wegen der vielen einzuarbeitenden Änderungen ein neues Projekt 109 für erforderlich. Die schiffbauliche Grundkonzeption des Landungsschiffes Projekt 108 blieb dabei erhalten; Ausrüstung und ein Teil der Einrichtungen wurde aufgabenbezogen modifiziert. Das war äußerlich am deutlichsten an einem hydraulischen Schiffswippkran auf dem Vorschiff zu erkennen. Der Kran schränkte aber die Sichtmöglichkeiten des Rudergängers stark ein.Trotzdem stimmte die Volksmarine einer Versetzung des Steuerstandes in der Brücke aus der Mittschiffslinie zur Steuerbordseite nicht zu.

Zur Übergabe und Übernahme fester Versorgungsgüter in See oder in Basierungspunkten mit Hilfe des Schiffskranes konnte die vorhandene kleine Ladeluke, aber auch die zur Luke umfunktionierte Auffahrrampe vor dem Kran genutzt werden. Es war möglich, im Laderaum außer Fahrzeugen aller Art auch Paletten und Container zu stauen; allerdings wurde durch die Fundamente des Kranes die Bewegungsfreiheit eingeengt.
Die Beibehaltung der Landungsschiffkonzeption mit einer Ladeklappe im Bug gestattete sowohl die Versorgung von Schiffen in See, als auch die Anlandung von Nachschubgütern und spezieller Ausrüstung an nichteingerichteten Küstenabschnitten. Zusätzlich waren Torpedolagerungen an Oberdeck, Minenschienen auf dem Vorschiff, Halterungen für Ölfässer, Container für eine Torpedoregelstelle u.a. vorhanden.

Die Aufbauten wurden im Wesentlichen vom Projekt 108 übernommen, auch der Hauptantrieb mit zwei Dieselmotoren DM 61B-4A (Import UdSSR) entsprach dem Projekt 108.
Die Ari-Bewaffnung wurde aber verändert. Während zwei 57$_2$ mm-Geschütze AK 725 vor und hinter den Aufbauten wie beim Mittleren Landungsschiff Projekt 108 installiert waren, (Antennenstandort der Waffenleitanlage MR 103 verändert), fehlten die beiden 30$_2$mm-Geschütze AK 230. Dafür waren auf dem Vorschiff zwei 25$_2$mm-Geschütze 2M3 in paralleler Anordnung aufgebaut. Die zwei Geschosswerfer A-215 fehlten ebenfalls.

Nach dem Abschluss des Serienbaus des Mittleren Landungsschiffes Projekt 108 schloss sich ab Januar 1978 der Bau der beiden Gefechtsversorger nahtlos an. Die beiden Schiffe erhielten die Namen NORDPERD und SÜDPERD nach den beiden Landspitzen auf der Insel Rügen.

Im Verlaufe ihres Flottendienstes waren beide Schiffe sowohl als Begleitversorger bei Flottenbesuchen und bei Raketenschießabschnitten als auch bei Geschwaderfahrten der Verbündeten Ostseeflotten eingesetzt. Sie erfüllten im vollen Umfang die in sie gesetzten Erwartungen.

Bei Auflösung der Volksmarine lagen beide Schiffe gemeinsam mit den zwölf Mittleren Landungsschiffen Projekt 108 in Peenemünde. Auch ihre Übernahme wurde durch die Bundesmarine nicht erwogen. Genau wie die Landungsschiffe traten sie 1995 nach teilweiser Demilitarisierung in der Neptunwerft mit indonesischen Besatzungen die Überfahrt in ihr neues Einsatzgebiet an.

Hochseeversorger Projekt 602 /DARSS/

Taktisch technische Daten

D_N(t)	D_V(t)	$L_{üa}$(m)	$B_{üa}$(m)	T_g(m)
2085	2292	76,30	12,00	4,15
Antrieb	**V_{max}(kn)**	**Besatzung**	**Bewaffnung**	
1xDM 40D	13,5	13	keine; im Mob.-Fall 3x25_2	

Lebensakte

Projekt-/ Bau-Nr.	Name	in Dienst	außer Dienst
602.131	DARSS	07.01.83	-
602.132	MÖNCHGUT	23.03.83	-
602.133	WITTOW	16.06.83	-
602.134	KÜHLUNG	28.10.83	-
602.135	GRANITZ	09.12.83	-
602.136	WERDAU	25.01.84	-

Mitte 1975 legte die Volksmarine Operativ-taktische Forderungen zur Entwicklung und zum Bau einer Serie von Versorgungsschiffen vor. Zielstellung war genau wie bei der Modifikation des Mittleren Landungsschiffes Projekt 108 zum Gefechtsversorger Projekt 109 eine komplexe Sicherstellung der Kampfschiffe und -boote in größerer Entfernung von den Stützpunkten. Ein Serienbau von sechs Schiffen wurde ab 1980 geplant.

Die Vorstellungen, das in den Elbewerften Boizenburg/Roßlau bereits in Serie gebaute Küstenmotorschiff Kümo 499 nur zu modifizieren, erwies sich als nicht durchführbar. Die Operativ-taktischen Forderungen konnten nur mit einem neuen Projekt realisiert werden.

Nachdem in den Elbewerften Boizenburg/Roßlau Ende 1976 eine Projektstudie erstellt worden war, überprüfte das Ministerium für Nationale Verteidigung die Möglichkeiten des Serienbaus in den Elbewerften. Ausgangspunkt der Überlegungen war die Notwendigkeit der Überführung der Schiffe aus dieser Werft über die Elbe durch die BRD in die Ostsee.
Für den Bau wurden drei Möglichkeiten erwogen:

- Konstruktion und Bau in den Elbewerften Boizenburg/Roßlau, Überführung via Hamburg durch die Deutsche Seereederei als vorläufiger Reeder,
- Konstruktion und Bau der Schiffe in der Neptunwerft Rostock (Serie ab 1982), dazu Erarbeitung des Technischen Projektes in den Elbewerften Boizenburg/Roßlau,
- Import der Schiffe.

Der Minister für Nationale Verteidigung entschied sich für die zweite Variante und stimmte dem Bau in der Neptunwerft Rostock und einer damit verbundenen späteren Serienlieferung zu.
Daher übergaben im März 1979 die Elbewerften Boizenburg/Roßlau das mehrfach korrigierte Technische Projekt des Versorgungsschiffes Projekt 602 und damit die weitere Bearbeitung an die Neptunwerft Rostock. Dort erfolgte bis Ende 1980 eine nochmalige Überarbeitung unter Berücksichtigung der werftspezifischen Bedingungen. Daraus ergab sich eine Gesamtbearbeitungszeit des Technischen Projektes von fast vier Jahren.

Bei der Überarbeitung durch die Neptunwerft wurde unter anderem auch der bisher im Projekt vorgesehene Motor 6 VD 36/30 Al-1 aus dem Schwermaschinenbau Karl Liebknecht Magdeburg verworfen. Mehrere Gründe sprachen gegen seinen Einsatz:

- Außer in den Versorgungsschiffen Projekt 602 war kein weiterer Einsatz dieser Motoren im Schiffbau vorgesehen,
- es gab keinen ausreichenden Erprobungszeitraum,
- die Motoren waren zu teuer,
- in den Motoren wurden Teile aus NSW-Importen eingesetzt.

Um den Serienbau nicht noch weiter zu verzögern, musste auf instand gesetzte sowjetische Importmotoren 40D zurückgegriffen werden, die die Volksmarine beistellte. Eine vertragliche Absicherung der Lieferung neuer Motoren durch die UdSSR wäre in der kurzen zur Verfügung stehenden Zeit nicht mehr möglich gewesen. Es waren aber instandsetzungswürdige Motoren vorhanden, und mit der geplanten Ablösung der MSR Projekt 89.1 sollten weitere hinzukommen. Fachoffizieren der Volksmarine registrierten voller Skepsis den Bau der Versorgungsschiffe als Einschraubenschiffe unter Verwendung gebrauchter Motoren. Es gab aber keine Alternative!

Im November 1981 begann die Neptunwerft Rostock mit dem Serienbau von sechs Versorgungsschiffen Projekt 602. Die Schiffe besaßen einen achtern angeordneten Maschinenraum. Der Schiffskörper war mit einem Bugwulst versehen. Charakteristisch waren zwei parallele Scheuerleisten und elf dazwischen beiderseits am Schiffskörper angebrachte, schräg nach vorn oben verlaufende Versteifungsleisten als Schutz beim Längsseitskommen von anderen Schiffen. In dem achtern angeordneten Deckshaus befanden sich die Brücke, Unterkunfts- und Versorgungsräume sowie technische Anlagen.
Zur Ausrüstung gehörten:

- ein hydraulischer Schiffswippkran (8 t) in der gleichen Ausführung wie beim Gefechtsversorger Projekt 109,
- Trinkwasser- und DK-Schlauchwinde,
- automatische Schleppwinde (5 t),
- hydraulische Ladelukenabdeckung,
- Stauvarianten für Container und Munition.

Damit war die Versorgung von Kampfschiffen während der Fahrt möglich; hierbei handelte es sich um eine neuartige Methode in der Volksmarine.
Für den Mob.-Fall waren Unterbauten auf dem Vorschiff für 1 x 25$_2$mm- und auf den achteren Aufbauten für 2 x 25$_2$mm-Geschütze 2M3 fest installiert.

Die sechs Schiffe stellte die Volksmarine 1983/84 in Dienst, aber nur vier Schiffe wurden entsprechend ihrer Zweckbestimmung als Versorgungsschiffe eingesetzt und den Flottillen zugeordnet. Da die von der Volksmarine geforderte Modifizierung zum Erprobungsschiff Projekt 603 und zum Werkstattschiff Projekt 604 abgebrochen werden musste, übernahm das Schiff 602.134 KÜHLUNG die Aufgaben eines Werkstattschiffes in der 4. Flottille, und das Schiff 602.136 WERDAU kam zum Wissenschaftlich-Technischen Zentrum. Hier fungierte es ohne Umbau in der normalen Serienausführung als Erprobungsschiff.
Der bis dahin als Erprobungsschiff im WTZ eingesetzte Kleine U-Boot-Jäger 12.3 WERDAU war im April 1983 außer Dienst gestellt worden. Da das WTZ enge Beziehungen zu der sächsischen Stadt Werdau unterhielt, bekam das Schiff 602.136 auf Wunsch des Kommandeurs des WTZ, abweichend von den Küstenlandschaftsbezeichnungen der anderen Schiffe, den Namen der Stadt WERDAU.
Ein siebentes Schiff dieser Serie wurde als Bau-Nummer 602.137 nur vorgerüstet und anschließend in der Peenewerft Wolgast als Aufklärungsschiff modifiziert.

Einige der Hochseeversorger Projekt 602 nahmen wiederholt an Fernfahrten bzw. Flottenbesuchen bis ins Mittelmeer und in das Schwarze Meer teil. Dabei erwies sich der umstrittene Einbau der gebrauchten Motoren 40D mehrfach als Schwachstelle der Schiffe. Es traten verschiedentlich Störungen auf. Die Umrüstung auf einen anderen Maschinentyp wurde zwar ins Auge gefasst, kam aber nicht mehr zur Ausführung.

Alle sechs Hochseeversorger Projekt 602 befanden sich zum Zeitpunkt der Auflösung der Volksmarine noch im Flottendienst. Außer dem Schiff 602.135 GRANITZ wurden die anderen fünf Versorger mit den neuen Kennungen A 1430-1434 vorübergehend durch die Bundesmarine in Dienst gestellt. Sie fuhren 1991 als Transporter für Lebensmittel und schafften Reserven der Bundeswehr im Rahmen einer Hilfsaktion von Wilhelmshaven nach St. Petersburg.

Nach Abschluss dieser Aktion gingen alle sechs Schiffe 1991 nach Norwegen. Dort erfolgte ein Umbau zum Küstenfrachter für den Transport von Schütt- und Massengut.

Tank-Logger 235 VILM

Taktisch technische Daten

D_N(t)	D_V(t)	$L_{üa}$(m)	$B_{üa}$(m)	T_g(m)
429	491	38,50	7,28	3,40
Antrieb	V_{max}(kn)	**Besatzung**	**Bewaffnung**	
1xDM 8DV136	9,5	11	keine	

Lebensakte

Projekt-/ Bau-Nr.	Name	in Dienst	außer Dienst
RL 235	VILM	01.04.52	-

Dieser Logger stammte aus der im Rahmen von Reparationsleistungen an die UdSSR gelieferten Serie von Fischereifahrzeugen der Roßlauer Schiffswerft. Von den insgesamt für die Seepolizei abgezweigten vier Loggern (RL 233-236) wurde dieses Fahrzeug gemeinsam mit zehn anderen Loggern, die für die UdSSR bestimmt waren, zum Tanklogger modifiziert. Der genietete Schiffskörper wurde dazu nur geringfügig verlängert. Das durchlaufende Hauptdeck und das achtern aufgesetzte Deckshaus blieben erhalten. Auch der Antriebsmotor 8DV136 vom Schwermaschinenbau Karl Liebknecht in Magdeburg blieb unverändert. Der tankertypische Laufsteg schloss die Brückennocken ein und verband das Deckshaus mit der Back.

Die Seepolizei stellte den Tanklogger im April 1952 gemeinsam mit dem Versorger-Logger 236 in Dienst; den Namen VILM erhielt er erst später. Er wurde als erstes Hilfsschiff der Räum- und KS-Division (später Flottenbasis Ost) in Peenemünde zugeordnet und bildete damit den Grundstein für eine Hilfsschiffsabteilung dieser Einheit. Mit dieser Unterstellung begann der Aufbau selbständiger rückwärtiger Einheiten in den operativen Verbänden. Dieses System hat sich bis zur Auflösung der Volksmarine durchgängig bewährt.
Die Aufgabe des Tankloggers bestand ausschließlich im Transport von Betriebsstoffen zwischen den Stützpunkten (Ladekapazität: 147 t Kraftstoff, 6,4 t Motorenöl, 28 t Trinkwasser). Eine Versorgung von Schiffseinheiten in See war technisch nicht möglich.

1961, nachdem mehrere moderne Tanker in Dienst gestellt worden waren, baute die Peenewerft Wolgast den Tanklogger 235 VILM zum Bilgenwassertransporter um. Mit der Sammlung und Abfuhr von öl- und dieselverschmutztem Bilgenwasser sowie Altöl von Kampfschiffen erfüllte dieses Hilfsschiff damit eine wichtige Funktion im Rahmen des Umweltschutzes. Diese Aufgabe realisierte das Schiff bis zur Auflösung der Volksmarine.

Da die Bundesmarine an der Übernahme nicht interessiert war, wurde das Schiff 1990 an eine private Firma in Wolgast verkauft und 1991 in der Peenewerft Wolgast zu einem „Tanksegler" umgebaut.

Tank-Leichter Typ 506

Taktisch technische Daten

D_N(t)	D_v(t)	$L_{üa}$(m)	$B_{üa}$(m)	T_g(m)
410	550	39,90	7,75	2,68
Antrieb	**V_{max}(kn)**	**Besatzung**	**Bewaffnung**	
1xDM 8VD136	9	12	keine; im Mob.-Fall 2x14,5_2	

Lebensakte

Projekt-/ Bau-Nr.	Name	in Dienst	außer Dienst
506	ohne	27.07.56	-

Im Auftrag der VP-See modifizierte die Thälmann-Werft Brandenburg den Trockenleichter 505 zu einem Kraftstofftransporter mit einer Ladekapazität von 290 t. Dieser Tankleichter erhielt die Werft-Projektnummer 506. Das Schiff hatte die gleichen Abmessungen wie der Trockenleichter 505; auch die Antriebsanlage mit einem Dieselmotor 8VD136 blieb unverändert. Unterschiede bestanden nur in den Aufbauten und beim Schornstein.
Das fertige Einzelschiff stellten die Seestreitkräfte ohne Namen 1956 in Dienst. 1969 erfuhr es in der Peenewerft Wolgast eine Modernisierung. Aus dem Kraftstofftanker wurde ein Wassertanker. Dazu kamen ein größerer Dampfkessel und eine Verdampferanlage an Bord, wodurch es möglich wurde, aus Salzwasser Trinkwasser zu erzeugen. Aus den eingebauten Trinkwasserzellen konnten außerdem Einheiten in See mit Trinkwasser versorgt werden. Die Volksmarine hat das Schiff auch mehrfach zur Trinkwasserversorgung von Fischereifahrzeugen in der Ostsee eingesetzt.

Im Verlaufe seiner Dienstzeit wurde das Schiff von der Peenewerft Wolgast noch einmal umgebaut. Hiervon war hauptsächlich der Brückenbereich betroffen; für den Mob.-Fall wurden wie bei den beiden Trockenleichtern achtern Unterbauten für 2 x 14,5_2mm-MGs installiert. Die Funktion des Wassertankers blieb dabei uneingeschränkt erhalten.

Bei der Auflösung der Volksmarine befand sich das Schiff noch im Flottendienst. Weil die Bundesmarine an einer Übernahme nicht interessiert war, wurde der Tankleichter 506 an einen zivilen Nutzer in Hamburg verkauft.

Tanker 600 Projekt 35

Taktisch technische Daten

D_N(t)	D_v(t)	$L_{üa}$(m)	$B_{üa}$(m)	T_g(m)
643	1221	59,30	9,30	4,20

Antrieb	V_{max}(kn)	Besatzung	Bewaffnung
2xDM 6KVD43 später 2xDM 8VD26/20	13,5	18	keine; im Mob.-Fall $2x25_2$

Lebensakte

Projekt-/ Bau-Nr.	Name	in Dienst	außer Dienst	Bemerkungen
600/1	RIEMS	20.05.60	-	
600/2	POEL	02.06.61	15.01.90	
600/3	HIDDENSEE	18.01.62	15.09.90	an DSR

Die Gründung der NVA und Bildung der Seestreitkräfte stellten neue Bedingungen an die technische Sicherstellung. Nach der Zuführung von Versorgern, Schleppern und Taucherfahrzeugen wurden nun auch neue Betriebsstofftanker benötigt. Der 1952 in Dienst gestellte Tanklogger 235 VILM (modifizierter Fischlogger) und der 1956 nachfolgende, als neues Projekt entwickelte Tankleichter 506 konnten die steigenden Anforderungen nicht mehr zufriedenstellend erfüllen.
So erging im Mai 1956 eine Aufgabenstellung zur Entwicklung und zum Bau einer Serie von Tankern an das Institut für Schiffbautechnik Wolgast.

Als Zweckbestimmung war formuliert:

Der Tanker ist für die Versorgung von Einheiten der Seestreitkräfte mit Treiböl, Heizöl, Schmieröl, Kesselspeisewasser und Trinkwasser in der Nord- und Ostsee vorgesehen.

Nach unbestätigten Informationen sollen für den Tanker 600 Projekt 35 die Ende des Zweiten Weltkrieges von der Greiffen-Werft Stettin ausgelagerten Unterlagen des Kriegsmarineschmieröltankers der LIST-Klasse „Pate gestanden" haben.

Nach der Fertigstellung des Technischen Projektes im Institut für Schiffbautechnik Wolgast erarbeitete die Peenewerft Wolgast Konstruktionsunterlagen und baute 1958 bis 1961 drei Tanker 600 Projekt 35.
Dabei kamen zwei Dieselmotoren 6 KVD 43 mit je 1200 PS vom Dieselmotorenwerk Rostock zum Einsatz, die gleichen Antriebsanlagen wie auf den MLR Typ HABICHT Projekt 1 und Typ KRAKE Projekt 15.
Zur Übergabe von Fässern oder anderen Versorgungsgütern war vor dem achteren Deckshaus ein elektrischer Bordwippkran (2,4 t) angeordnet. Im Mob.-Fall konnten auf fest eingebauten Waffenplattformen zwei 25_2 mm - Geschütze montiert werden.

Die Seestreitkräfte stellten die Schiffe nach ihrer Fertigstellung 1960/62 planmäßig in Dienst. Zwanzig Jahre später, ab 1981, modernisierte die Peenewerft Wolgast alle drei Tanker nacheinander, wobei diese u.a. eine neue Antriebsanlage 2 x DM NVD 26/20 erhielten.

Der Tanker 600/2 POEL wurde Anfang 1990 außer Dienst gestellt und verschrottet; im September erfolgte die Außerdienstsetzung für den Tanker 600/3 HIDDENSEE; ihn übernahm die Deutsche Seereederei GmbH zur weiteren Nutzung. Nur der Tanker 600/1 RIEMS befand sich bei Auflösung der Volksmarine noch im Flottendienst. Da die Bundesmarine das Schiff nicht übernehmen wollte, wurde es 1992 nach Flensburg verlegt und von dort nach Malta zur zivilen Nutzung verkauft.

Binnentanker Typ GUSTAV KOENIGS

Taktisch technische Daten

D_N(t)	D_V(t)	$L_{üa}$(m)	$B_{üa}$(m)	T_g(m)
321	1182	67,0	8,20	2,50
Antrieb	**V_{max}(kn)**	**Besatzung**	**Bewaffnung**	
1xDM 8NVD36	10	6	keine	

Lebensakte

Projekt-/ Bau-Nr.	Name	in Dienst	außer Dienst
2852	ohne	20.04.60	-
2853		20.04.60	-
2854		03.06.60	-
2855		15.07.60	-
2856		15.07.60	-

1958/60 baute die Schiffswerft Roßlau eine Serie von insgesamt 22 Motortankschiffen Typ GUSTAV KOENIGS für den Export in die BRD. (Herkunft des Typnamens war nicht zu ermitteln; wahrscheinlich ist es der Name eines Reeders der BRD, der die ersten dieser Schiffe in Auftrag gegeben hat). Die Schiffe entsprachen dem sogenannten „Groß-Plauer Maß“ (67 m/8,2 m/2 m), der internationalen Standardgröße für die mitteleuropäischen Binnenwasserstraßen.

Aus dieser Exportserie ließen die Seestreitkräfte einen Binnentanker modifizieren. Ein größerer Umbau war dazu nicht erforderlich. Im Anschluss an die Export-Serie wurden für die Seestreitkräfte fünf Fahrzeuge fast unverändert unter den Werft-Baunummern 2852 bis 2856 gebaut und 1960 in Dienst gestellt. Sie blieben ohne Namen.

Die Aufgabe der Tanker mit einer Ladekapazität von 860 t DK bestand darin, als mobile Tanklager zu fungieren und Kampfschiffe und -boote insbesondere auf Reede und beim Einlaufen in Binnengewässer mit Kraftstoff zu versorgen.
Die flachbordigen Binnenschiffe waren aber bei der Volksmarine nur für das Fahrtgebiet „Boddenfahrt" zugelassen. Bei der Überführung in Küstengewässer bedurfte es deshalb einer Ausnahmegenehmigung.

Bei Tanker 2853 wurden 1969 in der Peenewerft Wolgast Versuche unternommen, die Längsfestigkeit des Schiffskörpers durch den Einsatz zusätzlicher Längsverbände zu verbessern und so den Einsatz in einem höheren Fahrtgebiet zu gewährleisten. Die Versuche waren aber erfolglos. 1974 wurde letztmalig ein eventueller Umbau geprüft, dann aber wegen zu hoher Kosten nicht weiter verfolgt.

Zum Zeitpunkt der Auflösung der Volksmarine befanden sich alle fünf Binnentanker noch im Flottendienst. Die Schiffe 2852, 2855 und 2856 wurden außer Dienst gestellt, die Schiffe 2853 und 2854 zeitweilig durch die Bundesmarine als Bunker- bzw. Entsorgungsschiffe genutzt. Sie erhielten die Kennung Y1652 und Y1657 sowie die Namen KÖLPINSEE bzw. FLEESENSEE.
1991/95 wurden alle fünf Schiffe an zivile Nutzer in den Niederlanden verkauft.

Hochseetanker USEDOM Projekt 1545 /BASKUNCHAK/

Taktisch technische Daten				
D_N(t)	D_v(t)	$L_{üa}$(m)	$B_{üa}$(m)	T_g(m)
2060	2920	83,55	12,0	5,50
Antrieb	V_{max}(kn)	**Besatzung**	**Bewaffnung**	
1xDM 8DR43/61-W1	13	27	keine; im Mob.-Fall 1x25$_2$	

Lebensakte			
Projekt-/ Bau-Nr.	**Name**	**in Dienst**	**außer Dienst**
1545	USEDOM	14.01.66	-

Die der Volksmarine Mitte der 60er Jahre zur Verfügung stehenden Tanker (Logger 235 VILM, Leichter 506, Tanker 600, Binnentanker Typ G. KOENIGS) waren nur für die Versorgung von Kampfschiffen im Küstenbereich bzw. für die Versorgung direkt in den Stützpunkten ausgelegt. Zur Kraftstoffergänzung in einem entsprechend der operativen Gesamtkonzeption der Staaten des Warschauer Vertrages erweiterten Handlungsgebiet waren sie nicht geeignet. Dazu benötigte die Volksmarine einen wesentlich größeren, hochseefähigen Tanker.

Über das Ministerium für Außenhandel wurde Kontakt zur UdSSR aufgenommen. Absicht war, einen Tanker zu erwerben, den die sowjetische Werft Kertsch als Großserie für den Eigenbedarf der UdSSR baute (Typbezeichnung BASKUNCHAK). Die Projektierung und der Bau liefen unter Aufsicht des Seeregisters der UdSSR für das Fahrtgebiet „unbegrenzte Fahrt".
Im Januar 1965 erhielt die DDR ein Angebotsprojekt für diesen sowjetischen Hochseetanker Projekt 1545. Der Kauf sollte durch die zivile Institution „Transportmaschinen Export/Import - Kontor Schiffbau „ (später Schiffscommerz) realisiert werden.
Die Überführung des Schiffes war unter sowjetischer Flagge mit sowjetischer Besatzung und einigen Angehörigen der späteren deutschen Besatzung vorgesehen. Die Überfahrt sollte als Instruktions- und Lehrfahrt dienen und die endgültige Übergabe in Rostock erfolgen.

Noch vor der Übernahme gab es neue Abstimmungen, nach denen die Überführung des Schiffes nun durch die deutsche Besatzung vorgenommen werden sollte. Mitte November 1965 begann die deutsche Abnahme- und Übernahmekommission mit der Arbeit. Da Kertsch militärisches Sperrgebiet war, wurde der Tanker nach Odessa gebracht, obwohl er noch nicht endgültig fertig gestellt war. Deshalb befanden sich während der Übergabe noch ca. 150 Mann sowjetisches Werftpersonal an Bord. Mit der Abnahmefahrt im Schwarzen Meer war die Übergabe erfolgreich abgeschlossen; die Restpunkteerledigung sollte in Abstimmung mit Sudoimport später erfolgen.

Die deutsche Zivilbesatzung brachte mit Unterstützung von zwei sowjetischen Spezialisten (Maschinen-Ing., Ing. für Funk- und Navigationsausrüstung) das Schiff von Odessa nach Batumi. Dort wurde eine DK-Ladung für die Seereederei übernommen und das Schiff nach Warnemünde überführt.
Am 14.01.1966 erfolgte die Indienststellung durch die Volksmarine. Der Hochseetanker erhielt den Namen USEDOM. Im Juni wurde er nach Klaipeda überführt, um dort die noch offenen Nachleistungen, wie z.B. die Erneuerung des Überwasseranstrichs durch die sowjetische Werft realisieren zu lassen.
Der Tanker war als Backdecker mit achtern liegender Maschinenanlage ausgeführt. Als Hauptantriebsanlage waren ein Skoda-Dieselmotor aus der CSSR, als Hilfsmaschinen zwei Diesel vom Schwermaschinenbau Karl Liebknecht Magdeburg installiert. Die Bunkerkapazität betrug insgesamt 1360 t (Kraftstoff, Heizöl, Motorenöl, Trinkwasser).
Während seines Flottendienstes wurde der Tanker mehrfach zur Versorgung von Fernfahrern in der Nordsee und im Atlantik eingesetzt. Auch das Schulschiff WILHELM PIECK begleitete der Tanker USEDOM bei dessen Ausbildungsfahrten in das Mittelmeer und versorgte es mit Kraft- und Schmierstoffen.
Bei der Auflösung der Volksmarine befand er sich noch im Flottendienst. Eine Übernahme durch die Bundesmarine kam nicht in Betracht. Deshalb erfolgte 1992 der Verkauf an einen zivilen Nutzer in den Vereinigten Arabischen Emiraten.

Wohnschiff GROBIAN

Taktisch technische Daten

D_V(t)	$L_{üa}$(m)	$B_{üa}$(m)	T_g(m)
550	57,85	10,5	1,15
Antrieb	V_{max}(kn)	**Besatzung**	**Bewaffnung**
ohne	-	22 (+157)	keine

Lebensakte

Projekt-/ Bau-Nr.	Name	in Dienst	außer Dienst
	GROBIAN	08.10.58	18.09.81

Dieses Schiff hatte bereits vor der Übernahme durch die Seestreitkräfte eine bewegte Vergangenheit. Es wurde 1928 auf einer holländischen Werft als Tankschleppkahn SALLANDIA gebaut. Nach dem Einmarsch der deutschen Truppen beschlagnahmte die Kriegsmarine 1942 das Schiff, brachte es nach Deutschland und setzte es dort weiter als Tankschleppkahn ohne Eigenantrieb ein. Es sank nach einem Bombentreffer auf der Elbe bei Wittenberge.

1946 wurde das Wrack durch das Wasserstraßenamt Magdeburg gehoben, nach Plau/Havel geschleppt und zum Hebeschiff mit einer Hubkraft von 120 t umgebaut. 1954 war der Umbau abgeschlossen; das Schiff erhielt den Namen GROBIAN. Beim Einsatz durch den Wirtschaftsbetrieb „Schiffsbergung und Taucherei" in Stralsund zur Schrottbergung an der Ostseeküste stellte sich heraus, dass die eingebauten Hebezeuge sehr störanfällig waren. Der Einsatz als Hebeschiff wurde deshalb eingestellt.

Mitte 1956 übernahmen die Seestreitkräfte das Schiff zur weiteren Nutzung. In der Neptunwerft Rostock erfolgte in Vorbereitung auf die Einführung der Torpedo-Schnellboote Projekt 183 ein Umbau zum Wohnschiff. Nach dem Abbau des Kranauslegers wurden zusätzliche Wohnkammern, eine neue Kombüse, Sanitäranlagen und Proviantlasten installiert. Auch eine neue Dampfkesselanlage für die eigene Heizung, den Antrieb der Ankerwinde und zur Wärmeversorgung der TS-Boote erhielt das Schiff. Da es selbst keinen Eigenantrieb besaß, war bei einer Verlegung Schlepperhilfe erforderlich.

Nachdem im Oktober 1957 die ersten neun Torpedo-Schnellboote Projekt 183 aus der UdSSR eingetroffen waren, diente das Wohnschiff 1958 bis 1976 zur Unterbringung und Versorgung der TS-Bootsbesatzungen. Außer 22 Mann Stammbesatzung konnten zusätzlich bis 157 Mann aufgenommen werden.
Seinen Namen GROBIAN behielt das Schiff auch in den Seestreitkräften. Trotz des fehlenden Eigenantriebs wurde das Schiff während seiner Dienstzeit mehrfach in verschiedenen Manöverhäfen (Gager, Parow u.a.) stationiert.

Nach Bildung des Marinepionierbataillons erhielt diese Einheit 1976 bis 1977 das Wohnschiff GROBIAN. Danach wurde es zur Schulschiffsabteilung nach Parow verlegt. Dort erfüllte es seine Aufgabe als Wohnschiff bis zur Außerdienststellung am 18.09.1981.

Schwimmender Stützpunkt Projekt 62 /Jugend/

Taktisch technische Daten

D_N(t)	D_V(t)	$L_{üa}$(m)	$B_{üa}$(m)	T_g(m)
1113	1328	74,4	12,4	1,66
Antrieb	**V_{max}(kn)**	**Besatzung**	**Bewaffnung**	
ohne	-	27 (+199)	$2x25_2$; im Mob.-Fall $2xFASTA_4$	

Lebensakte

Projekt-/ Bau-Nr.	Name	in Dienst	außer Dienst	Bemerkungen
62.0	ohne	29.03.61	31.10.86	
62.1		10.05.61	15.05.90	an zivilen Nutzer
62.2		30.09.61	20.09.85	an Peenewerft Wolgast
62.3		05.04.62	07.12.87	
62.4		30.05.62	-	
62.5		05.07.62	10.05.90	an BBB Rostock
62.6		27.07.63	-	
62.7		08.08.63	12.02.90	an VWS
62.8		13.09.63	27.11.84	

Für die in Aufbau befindlichen Stoßkräfte wurden nicht nur Sicherstellungsschiffe wie Tanker, Versorger und Schlepper benötigt, sondern auch schwimmende Stützpunkte. Da die Besatzungen der einzuführenden Schnellboote nicht ständig an Bord wohnen konnten, mussten andere Unterbringungsmöglichkeiten geschaffen werden.
Das Wohnschiff GROBIAN war nur der Beginn und konnte den zu erwartenden Umfang an Aufgaben nicht erfüllen. Die Seestreitkräfte waren aber daran interessiert, die Unterbringung auf schwimmenden Einheiten weiter auszubauen, um die geforderte Mobilität der Stoßkräfte sichern zu können. Ein zusätzlicher Kasernenbau an Land sollte nicht erfolgen.

In Erweiterung zum Wohnschiff GROBIAN sollten schwimmende Stützpunkte zusätzlich so ausgerüstet werden, dass sie anliegende Schnellboote auch direkt materiell und technisch versorgen konnten und damit die zeitweilige Stationierung in nicht eingerichteten Häfen an der Küste der DDR ermöglichen, d.h. die Einrichtung von Manöver-Basierungspunkten gestatten.

Zur Realisierung dieser Vorstellungen wurde bereits im September 1957, noch vor Indienststellung des Wohnschiffes GROBIAN, eine entsprechende Aufgabenstellung an das Iinstitut für Schiffbautechnik Wolgast übergeben. Sie sah die Entwicklung von Stützpunkten vor mit der Zweckbestimmung:

- Unterbringung und Betreuung von zwölf Schnellboots-Besatzungen, des Stabes und der Stammbesatzung,
- operative Führung sowie allseitige Versorgung der anliegenden Boote mit Kraft- und Schmierstoffen, Trinkwasser, Munition und Proviant.

Anfang 1959 begann in der Peenewerft Wolgast der Serienbau von neun Schwimmenden Stützpunkten Projekt 62. Die Einheiten hatten genau wie das Wohnschiff GROBIAN keinen Eigenantrieb; für die Verlegung war Schlepperhilfe erforderlich. Der Schiffskörper war pontonartig mit geraden Enden ausgeführt. Außer der Stammbesatzung von 27 Mann konnten zusätzlich 199 Offiziere, Unteroffiziere und Mannschaften untergebracht werden. Dazu befanden sich in den zwei Aufbaudecks Wohnkammern, Sanitärräume, ein kleines Schiffslazarett und verschiedene Diensträume. Die Schiffe verfügten über Hilfsdieselaggregate mit den Motoren 6 NVD 26, die es ermöglichten, die anliegenden Schnellboote über ihren Landanschluss mit Elektroenergie zu versorgen. Zur Brandschutzausrüstung gehörten Feuerlöschpumpen, Gas- und Schaumfeuerlöschanlagen sowie tragbare Druckluftatemgeräte.

Einige der den TS- bzw. LTS-Booten zugeordneten Schwimmenden Stützpunkte waren mit Lagerräumen für Torpedos und mit einer Torpedoregelstelle ausgerüstet. Zur Übergabe der Torpedos und anderer fester Versorgungsgüter befand sich am Heck an jeder Bordseite ein elektrischer Bordwippkran.
Auf dem zweiten Aufbaudeck war ein Brückenhaus angeordnet, von dem aus die Ruderanlage bei Schleppfahrt bedient wurde. Auf diesem Deck standen auch zwei 25$_2$mm-Geschütze 2M3. Später wurde die zusätzliche Ausrüstung mit zwei Fla-Raketenstartanlagen FASTA4 für den Mob.-Fall vorbereitet.

Das erste Serienschiff 62.0 gehörte ab 29.03.1961 zum Bestand der 4.TS-Bootsabteilung.
Das zweite Schiff 62.1 erhielt eine veränderte Innenausstattung. Es wurde als Stabs- und Führungsschiff eingerichtet und dazu mit umfangreichen Nachrichtenmitteln ausgerüstet. Unter der Bord-Nummer H-02 diente es dem Chef der Volksmarine als Reserve-Gefechtsstand. Bis September 1963 folgten noch weitere sieben Serienschiffe, die den TS-, RS- und LTS-Brigaden zugeordnet wurden. Sie erhielten keine Namen, sondern nur Bord-Nummern.

Nach Einführung der neuen Generation Schwimmender Stützpunkte Projekt 162 ab 1984 konnten die Schiffe 62.0, 62.2 und 62.8 bis 1986 planmäßig außer Dienst gestellt werden.
Das Schiff 62.2 übernahm 1984 die Peenewerft Wolgast. Unter dem Namen MARIA diente es dort als Unterkunft für die sowjetischen Besatzungen während der Baubelehrung und Übernahme der Exportschiffe Projekt 133.1M /PARCHIM-II/. Das Schiff 62.2 wurde auch als Erprobungsstützpunkt im Hafen Vierow bei Greifswald eingesetzt. Von ihm startete Personal der Peenewerft Wolgast in Zusammenarbeit mit sowjetischen Spezialisten mehrere Testraketen zur Funktionserprobung der Startcontainer TPK 1520 in den Greifswalder Bodden. (62)

Nach der planmäßigen Außerdienststellung des Schiffes 62.3 Ende 1987 wurden die restlichen fünf Schiffe 1989/90 nach einem kurzen Umbau in der Peenewerft Wolgast zu reinen Wohnschiffen umfunktioniert.
Im Februar 1990 ging das Schiff 62.7 an die Volkswerft Stralsund. Dort wurde es für die Foreign-Trade and Transports GmbH Meyer GmbH Düsseldorf zum Flusswohnschiff umgebaut und im Schlepp durch die Ost- und Nordsee rheinaufwärts zu seinem neuen Heimathafen Mainz transportiert.

1990 übernahm die MARWIA GmbH das Schiff 62.1 als Segelstützpunkt und BBB Rostock das Schiff 62.5.
Nach Auflösung der Volksmarine erhielt die Stadt Rostock 1991 das Schiff 62.6; dagegen wurde das Schiff 62.4 verschrottet.

Schwimmender Stützpunkt Projekt 162 /OHRE/

Taktisch technische Daten

D_N(t)	$L_{üa}$(m)	$B_{üa}$(m)	T_g(m)
2391	89,61	13,22	2,56
Antrieb	**Vmax(kn)**	**Besatzung**	**Bewaffnung**
2xDM 6VD18/15A1	7	35 (+190)	2x25$_2$;2xFASTA$_4$

Lebensakte

Projekt-/ Bau-Nr.	Name	in Dienst	außer Dienst
162.01	VOGTLAND	05.09.84	-
162.02	ALTMARK	24.10.84	-
162.03	HARZ	04.06.85	-
162.04	HAVELLAND	01.08.85	-
162.05	BÖRDE	01.10.85	-
162.06	UCKERMARK	08.01.86	-

1975 verfügte die Volksmarine über neun schwimmende Stützpunkte Projekt 62. Sie waren 1961/63 in Dienst gestellt worden und hatten ihre Aufgabe bisher erfüllt. Da sie inzwischen mehr als zwölf Jahre Flottendienst hinter sich hatten und über keinen Eigenantrieb verfügten, sollten sie im Rahmen der Verbesserung der Arbeits- und Lebensbedingungen der Schnellboots-Besatzungen durch neue, modernere Schiffe abgelöst werden.

Im September 1975 erging deshalb eine Aufgabenstellung zur Entwicklung und zum Bau eines Schwimmenden Stützpunktes an die Peenewerft Wolgast. Die dazu vergebene Projektnummer 162 war als laufende Nummer nicht exakt, damit sollte aber der Zusammenhang mit dem Vorgänger Projekt 62 dokumentiert werden.
Als Zweckbestimmung war angegeben:
Hauptaufgabe:

Der schwimmende Stützpunkt ist vorgesehen als bewegliche Basis für Raketen- bzw. Torpedo-Schnellboote. Er dient zur Unterbringung der Besatzungen dieser Einheiten und eines zugehörigen Stabes.
Die Versorgung und Entsorgung dieser Einheiten ist zu gewährleisten.

Nebenaufgabe:

Durchführung kleiner Reparaturen an den Einheiten in den Häfen, auf nicht eingerichteten Liegeplätzen, in Buchten und auf geschützten Reeden.

Anfang 1977 entstand in der Volksmarine eine neue Konzeption. Die inzwischen im Institut für Schiffbautechnik Warnemünde als Projekt 141 begonnenen Arbeiten an der Entwicklung eines raketentragenden Nachfolgers für das KTS-Boot Projekt 131 erforderten, dass auch dieses Projekt Berücksichtigung finden musste.

Es wurde festgelegt, die weiteren Arbeiten in zwei getrennten Varianten fortzusetzen:

- Projekt 162.1 als Schwimmender Stützpunkt mit Torpedoregelstelle,
- Projekt 162.2 als Wohnschiff.

Zu beiden Varianten erarbeitete die Peenewerft Wolgast bis Juni 1977 Studienentwürfe, wobei die Volksmarine der Variante 162.2 den Vorzug gab.
Auf der Grundlage dieser Variante entstanden erneut zusätzliche Forderungen für die weitere Bearbeitung. Dazu gehörte unter anderem die Versorgung der zur Einführung vorgesehenen sowjetischen RS-Boote Projekt 1241 RÄ /TARANTUL/ und die Unterbringung einer größeren Anzahl von Besatzungen.

Damit begann praktisch die dritte Etappe der Konzipierung des Schwimmenden Stützpunktes als Projekt 162.3.
Es wurden wiederum zwei getrennte Varianten bearbeitet:

- Projekt 162.31 als Wohnschiff,
- Projekt 162.32 als Schwimmender Stützpunkt mit Torpedolagerung.

Nach Fertigstellung der Planungsstudie für beide Varianten entschied die Volksmarine:

- die Variante 162.31 wird weiter bearbeitet als Projekt 162,
- die Variante 162.32 wird als selbständiges Projekt 163 bearbeitet.

Nachdem die Peenewerft Wolgast bis 1979 die Vorprojekte für beide Schiffstypen fertig gestellt hatte, entschied die Volksmarine, alle Aktivitäten am schwimmenden Stützpunkt mit Torpedolagerung Projekt 163 einzustellen, da mit der inzwischen geplanten Außerdienststellung der TS-Boote Projekt 206 und der KTS-Boote Projekt 131.4 reine Torpedoträger nicht mehr zu versorgen waren.

Damit verblieb die alleinige Entwicklung des schwimmenden Stützpunktes Projekt 162 als Variante Wohnschiff. Die vom Kombinat Schiffbau Rostock vorgesehene weitere Bearbeitung in der Neptunwerft lehnte die Volksmarine mit aller Entschiedenheit ab. Der Streit zog sich über mehr als ein Jahr hin. Während dieser Zeit ruhten die gesamten Entwicklungsarbeiten. Erst ab Juli 1981 arbeitete die Peenewerft Wolgast wieder an diesem Projekt und im September 1982 konnte endlich mit dem Serienbau von sechs Schwimmenden Stützpunkten Projekt 162 begonnen werden.

Gegenüber den Schwimmenden Stützpunkten Projekt 62 waren die neuen Schiffe mit zwei Dieselmotoren 6 VD 18/15 A1 mit je 470 PS als Generatorantrieb für die E-Anlage und als Antriebsanlage für die beiden Propeller ausgerüstet, sodass sie in die Lage versetzt wurden, Überführungen oder Verlegungen unter bestimmten Umständen selbständig durchzuführen. Die damit erreichte Geschwindigkeit von 7 kn wurde zwar als zu gering angesehen, aber andere Motoren standen nicht zur Verfügung.
Zur Erhöhung der Manövrierfähigkeit kam erstmalig in der Volksmarine ein Querstrahlruder und eine spezielle, in der Binnenschifffahrt bewährte Ruderanlage (Jenckelruder) zum Einsatz.

Laut bestätigtem Technischen Projekt galt als Fahrtgebiet „erweiterte Seewasserstraßenfahrt".
Für die Forderung der Volksmarine, das Fahrtgebiet zu erweitern, wäre eine neue Konzeption erforderlich gewesen (Schiffsform, Antrieb, Stabilität, Lecksicherheit, Ausrüstung). Da eine solche nicht möglich war, wurde eine Ausnahmeregelung getroffen: Das Fahrtgebiet konnte unter speziell zu benennenden Einsatzbedingungen mit und ohne Schlepperhilfe erweitert werden, ohne dass technische Veränderungen am Projektes vorgenommen wurden.

Mit einem Normaldeplacement ohne Zuladung von 2 391 t waren die entwickelten Schiffe wesentlich größer als ihre Vorgänger Projekt 62 mit 1.113 t. Die Schiffskörperkonstruktion entstand in Anlehnung an Binnenschiffe, so wie auch Bagger-Schiffskörper ausgeführt waren.
Große Aufmerksamkeit wurde der Verbesserung von Dienst- und Lebensbedingungen der an Bord untergebrachten Besatzungen gewidmet. So verfügten die Schiffe u.a. über eine Bordbäckerei, verschiedene Klub- und Freizeiträume, einen Kino- und einen Sportraum sowie eine Sauna.
Als Vorräte lagerten Kraftstoff, Schmieröl, Frisch- und Speisewasser, Munition und Proviant an Bord und standen zur Übergabe an anliegende Kampfschiffe/-

boote zur Verfügung. Dazu bediente man sich eines 8-t-Krans, der hinter den Aufbauten installiert war. Ursprünglich war für diesen Kran eine Seegangsfolgeeinrichtung in Entwicklung, die aber abgebrochen wurde. Dadurch war die Übergabe von Versorgungsgütern in See nur bedingt möglich.
Für die Einhaltung geltender Umweltschutzbestimmungen standen eine Schiffsabwasserbehandlungsanlage und eine Müllverbrennungsanlage zur Verfügung.
Auf allen Schiffen kam erstmalig ein feuerhemmendes Einrichtungssystem S 50 an Decken und Wänden zum Einsatz.
Zur Selbstverteidigung waren die Schiffe mit je 2 x 25 2 mm-Geschützen 2M3 und zwei FASTA4-Startern für Strela-Raketen zur Luftabwehr ausgerüstet.
Alle Schiffe erhielten bei ihrer Indienststellung 1984/86 Namen nach Landschaftsgebieten in der DDR (VOGTLAND, ALTMARK,...).

Zum Zeitpunkt der Auflösung der Volksmarine befanden sich alle sechs Schwimmenden Stützpunkte Projekt 162 im Flottendienst. Sie wurden durch die Bundesmarine zur weiteren Nutzung übernommen. Dazu erhielten sie die neuen Kennungen Y 890-895. Die Namen blieben erhalten. Nur das Schiff 162.03 musste in WISCHE umbenannt werden, da ein Versorger der Bundesmarine bereits den Namen HARZ trug.

Arbeits- und Wohnschiff Projekt 413

Taktisch technische Daten

D_N(t)	**$L_{üa}$(m)**	**$B_{üa}$(m)**	**T_g(m)**
138	37,06	5,33	0,82
Antrieb	**V_{max}(kn)**	**Besatzung**	**Bewaffnung**
ohne	-	3 (+16)	keine

Lebensakte			
Projekt-/ Bau-Nr.	**Name**	**in Dienst**	**außer Dienst**
413	ohne	12.09.86	-

Seit 1968 befand sich das abgerüstete und umgebaute Räumboot Typ SCHWALBE Boot 28/22 als Wohnschiff ohne Antrieb im Wissenschaftlich-Technischen Zentrum der Volksmarine. Das Boot erfüllte dort über viele Jahre seine Aufgaben, vorwiegend als Erprobungsbasis in kleinen Häfen sowie an Anlegern im Greifswalder Bodden, aber Anfang der 80er Jahre war erkennbar, dass der vorgesehene Umfang der Arbeiten des WTZ ein größeres Wohnschiff erforderte. Das Räumboot Typ SCHWALBE war zu klein und zu eng geworden.

Die Volksmarine forderte im September 1982 ein Objekt mit einer Kombination von Unterkunfts- und Arbeitsräumen und einer begrenzten Autonomie; es sollte für den küstennahen Einsatz geeignet sein und die Durchführung von Mess- und Erprobungsaufgaben ermöglichen.

Nach der in der Volksmarine seit langem angewendeten und bewährten Methode prüfte die Verwaltung Schiffbau vorhandene bzw. in Entwicklung befindliche Objekte, um in der entsprechenden Bauwerft eine Modifikation für diese Aufgabe realisieren zu lassen. Im Ergebnis der Untersuchungen wurde das in der Yachtwerft Berlin, Betriebsteil Eisenhüttenstadt in Bau befindliche Arbeits- und Wohnschiff des SHD MERCATOR Projekt 412 vorgeschlagen.
Die Volksmarine stimmte dem zu. Im September 1986 war das Arbeits- und Wohnschiff Projekt 413 fertig. Bei seiner Indienststellung erhielt es keinen Namen. Am gleichen Tage wurde das als Wohnschiff genutzte Räumboot SCHWALBE 28/22 außer Dienst gestellt und anschließend verschrottet.

Das kleine Schiff hatte ein Normaldeplacement von 138 t, verfügte über bordeigene Energieerzeugungsanlagen, jedoch über keinen eigenen Antrieb. Zusätzlich zur dreiköpfigen Besatzung waren an Bord Arbeits- und Wohnmöglichkeiten für 16 Personen vorhanden.

Zum Zeitpunkt der Auflösung der Volksmarine befand sich das Schiff im Flottendienst im Wissenschaftlich-Technischen Zentrum. Da die Bundesmarine an einer Übernahme nicht interessiert war, wurde es 1991 als Wohnschute an einen zivilen Nutzer in Cuxhaven verkauft.

7.5 Aufklärungsschiffe

Aufklärungs-/Vermessungsschiff HYDROGRAPH

Taktisch technische Daten

D_N(t)	$L_{üa}$(m)	$B_{üa}$(m)	T_g(m)
680	50,82	8,88	3,53
Antrieb	V_{max}(kn)	**Besatzung**	**Bewaffnung**
1xDM 8NVD48	11	26	keine

Lebensakte

Projekt-/ Bau-Nr.	Name	in Dienst	außer Dienst
-	HYDROGRAPH	28.11.61	27.05.83

Wie alle Marinen unternahm auch die Volksmarine optische, funktechnische und elektronische Aufklärung innerhalb, aber auch außerhalb der eigenen Verantwortungszone, besonders in der ihr zugeteilten operativen Hauptrichtung Kieler Bucht. Begonnen wurde die Erfüllung dieser Aufgabe mit der Übernahme des Vermessungsschiffes HYDROGRAPH vom Seehydrografischen Dienst.

Das Schiff stammte aus einer Serie von insgesamt 171 Mitteltrawlern Typ OKEAN, die in der Volkswerft Stralsund 1957 bis 1961 für die UdSSR gebaut wurden. Das letzte Schiff sollte als Vermessungsschiff für den Seehydrografischen Dienst modifiziert werden. Dazu ging es in die Peenewerft Wolgast. Als der Umbau bereits eingeleitet war, entschied sich die Volksmarine für den Umbau zu einem Aufklärungschiff. Bis 1965 erhielt es neben einer erweiterten elektronautischen Ausrüstung (Flach- und Horizontallot, Vermessungsechograph,...) eine spezielle Ausrüstung zur Funk- und funktechnischen Überwachung. Aus Tarnungsgründen lief es weiter unter der Bezeichnung Vermessungssschiff, behielt seinen Namen und noch einige Jahre auch die Schiffsfarben des Seehydrografischen Dienstes. Der Schiffskörper war vollständig geschweißt;das Deckshaus bestand aus Leichtmetall.Als Antrieb diente ein Dieselmotor 8 NVD 48 mit 540 PS,mit dem das Schiff 11 kn erreichte.

Im Vergleich zu anderen Einheiten hatte das Aufklärungsschiff HYDROGRAPH entsprechend seiner Aufgabenpalette den längsten Seeaufenthalt. Dieser umfasste bis Ende 1981, nach 20 Dienstjahren, ca. 1.800 Seetage. Dabei waren rund 180.000 sm zurückgelegt worden.
Im Mai 1983 wurde das Schiff außer Dienst gestellt und nach dem Ausbau aller Aufklärungstechnik verschrottet.

Aufklärungsschiff FB 65.2 Projekt 115

Taktisch technische Daten

D_N(t)	$L_{üa}$(m)	$B_{üa}$(m)	T_g(m)
359	52,02	6,91	2,21
Antrieb	V_{max}(kn)	**Besatzung**	**Bewaffnung**
2xDM 40D	19,7	27	keine; im Mob.-Fall 1x25$_2$

Lebensakte

Projekt-/ Bau-Nr.	Name	in Dienst	außer Dienst
115/FB 65.201	KOMET	09.04.72	-
115/FB 65.202	METEOR	03.05.72	-

Obwohl das seit 1965 eingesetzte Aufklärungsschiff HYDROGRAPH überdurchschnittlich viele Seetage hatte, konnte es allein auf Dauer nicht den gesamten Aufgabenkomplex erfüllen, die Handlungen der NATO-Flotteneinheiten zu beobachten. Bereits 1969 forderte deshalb die Volksmarine zusätzlich zwei Aufklärungsschiffe als Modifikation des MSR Projekt 89.1. Eine solche Modifikation bot sich an, da 1969 der Serienbau dieser Schiffe in der Peenewerft Wolgast angelaufen war und die Volksmarine in diesem Jahr insgesamt 10 MSR Projekt 89.1 in Dienst stellte. Sie kannte also die guten Seeeigenschaften dieser Schiffe. Außerdem belief sich die Gesamtserie auf 21 Schiffe, sodass die technische und materielle Sicherstellung weiterer Fahrzeuge dieses Typs relativ unproblematisch sein musste.

Der Beginn der Arbeiten verzögerte sich bis Ende 1970, da die Peenewerft Wolgast das Technische Projekt für die Yacht OSTSEELAND – eine Modifikation des MSR 89.2. – fertig stellen musste. Das führte zu Problemen bei der Kooperationssicherung, besonders bei Importanlagen, da die notwendigen Bestellungen zu spät ausgelöst worden waren.
Nach Fertigstellung entsprachen die beiden Aufklärungsschiffe, wie in der Aufgabenstellung gefordert, in ihren Hauptabmessungen und der Antriebsanlage 2 x Dieselmotor 40 DM dem MSR Projekt 89.1. Sie wurden jedoch zusätzlich mit einer Reihe Sonderanlagen zur optischen, funkelektronischen und hydroakustischen Aufklärung ausgerüstet.

Die Volksmarine stellte beide Schiffe 1972 als KOMET und METEOR in Dienst. Ihr Einsatz erfolgte in der Aufklärungsabteilung in Warnemünde gemeinsam mit dem bereits seit 1965 dort arbeitenden „Vermessungsschiff“ HYDROGRAPH.

Die verspätete Bestellung von Importtechnik aus der UdSSR führte dazu, dass bei Übergabe in beiden Schiffen die im Projekt vorgesehene absenkbare hydroakustische Anlage MG 329 noch nicht eingebaut war. Deshalb wurde 1973 eine Nachleistung in der Peenewerft Wolgast notwendig.
Obwohl die Anlage MG 329 zum Absenken neben der Bordwand vorgesehen war, konnte auf den beiden Schiffen das Absenken durch den Taucherausstiegschacht, d.h. mittschiffs, technisch sichergestellt werden. Der ursprünglich offene Messstand zwischen Mast und Schornstein wurde 1976 in der Peenewerft Wolgast durch eine geschlossene sechseckige Messkabine ersetzt. Gleichzeitig erhielten die Schiffe als Mob.-Variante auf dem Vorschiff den Unterbau für ein 25_2 mm-Geschütz 2M3.

Beide Schiffe befanden sich zum Zeitpunkt der Auflösung der Volksmarine noch im Flottendienst. Eine Übernahme durch die Bundesmarine war nicht vorgesehen. Nach einer teilweisen Demilitarisierung in der Peenewerft Wolgast gingen die Schiffe im November 1994 entsprechend eines Regierungsabkommens kostenlos an die Marine Lettlands.

Aufklärungsschiff 602.137 JASMUND

Taktisch technische Daten

D_N(t)	**$L_{üa}$(m)**	**$B_{üa}$(m)**	**T_g(m)**
2096	76,30	12,00	4,15
Antrieb	**V_{max}(kn)**	**Besatzung**	**Bewaffnung**
1xDM 40D	13,5	34	keine; im Mob.-Fall $3x25_2$

Lebensakte

Projekt-/ Bau-Nr.	Name	in Dienst	außer Dienst
602.137	JASMUND	15.05.85	-

Im September 1983 forderte die Volksmarine nach Abschluß der Serie Hochseeversorger Projekt 602 den Bau eines Einzelschiffes als „Aufklärer" mit der Projektnummer 604. In einer Untersuchung stellte die Verwaltung Schiffbau fest, dass ein solches Schiff etwa 65 Mio. Mark kosten würde und nicht vor 1987 der Flotte zulaufen könnte.
Nach neuen Überlegungen veränderte die Volksmarine ihre Forderung. Es sollte nun aus der geplanten Serie von Hochseeversorgern Projekt 602 das siebente Schiff 602.137 zum Aufklärungsschiff modifiziert werden.
Dafür waren zwei Etappen vorgesehen:

- 1. Etappe Abschluß 1984 mit Übergabe des Neubaus an die Volksmarine,
- 2. Etappe 1986/87 im Rahmen einer Werftliegezeit des Schiffes.

Zur ersten Etappe erarbeitete die Neptunwerft Rostock in kürzester Zeit das erforderliche Umrüstungsprojekt für das Schiff 602.137, das sich bereits seit Mai 1983 als Versorger in Bau befand.

Im April 1985, d.h. mit elf Monaten Verspätung, lieferte die Neptunwerft Rostock das Schiff 602.137 an die Volksmarine. Zum Einbau der Spezialtechnik war es zwischenzeitlich zur Peenewerft Wolgast gebracht worden. Es erhielt den Namen JASMUND.
Die teilweise zu Tarnungszwecken vorgesehene Bezeichnung Ausbildungsschiff wurde kaum verwendet. Das Schiff hat während seines Flottendienstes auch nie eine andere Aufgabe durchgeführt als die Aufklärung von NATO-Aktivitäten innerhalb und außerhalb der eigenen Verantwortungszone.

Hauptabmessungen und maschinentechnische Ausrüstung sowie die Ari-Bewaffnung für den Mob.-Fall entsprachen der Serienausführung des Hochseeversorgers Projekt 602. Raumaufteilung, Einrichtung und Decksaufbau wichen dagegen ab. An Stelle des hinteren Laderaumes waren mit einem Deckshausvorbau Arbeitskabinen und technische Räume für das Aufklärungspersonal eingerichtet. Auch der Bordkran entfiel. An seiner Stelle besaß das Schiff einen Pfahlmast zur Aufnahme von Antennen verschiedener Aufklärungsanlagen.

Bereits während des als erste Etappe der Modifizierung laufenden Baus in der Neptunwerft Rostock wurde die Aufgabenstellung für die zweite Umrüstungsetappe durch die Volksmarine erarbeitet.
Diese sah u.a. vor:

- Erweiterung bzw. Modernisierung der Nachrichtenausrüstung,
- Aufbau einer FuM-Aufklärungs- und Störstation und eines FuM-Warnempfängers,
- Verstärkung der Luftabwehrbewaffnung durch 2 x 23_2 mm ZU-23 und 2 x Fla-Raketen-Startanlage FAM4,
- Aufbau von 2 x Düppelwerfer PK-16,
- Aufbau einer Satellitennavigationsanlage,
- Einbau eines Hilfsantriebes.

Als die UdSSR die Lieferung der im Projekt vorgesehenen Nachrichten-, Navigations- und Sonderanlagen ablehnte, wurde an Stelle der vorgesehenen sowjetischen FuM-Luftraumbeobachtungsstation Positiv-Ä die polnische Anlage NUR-25 vertraglich gebunden. Dafür war ein neuer Mast mit einer Aufstellungsplattform notwendig. Ein Teil der fehlenden Anlagen konnte durch die Volksmarine aus eigenen Beständen bereit gestellt werden. Auf den Einbau der Satellitennavigationsanlage musste aber verzichtet werden.

Die Änderung des Leistungsumfangs und die unklare Liefersituation von Importtechnik führte dazu, dass der Beginn der zweiten Umrüstungsetappe nicht planmäßig im April 1987 erfolgte, sondern nach mehrfachen Verschiebungen erst im Dezember beginnen konnte. Im Oktober 1989, praktisch mit zwei Jahren Verzug, war die Umrüstung abgeschlossen.

Das Aufklärungsschiff 602.137 JASMUND befand sich bei Auflösung der Volksmarine noch im Flottendienst. Die Bundesmarine war an einer Übernahme des Schiffes nicht interessiert.
Nach einer zwischenzeitlichen Überführung zum Marinestützpunkt-Kommando Olpenitz wurde das Schiff 1992 entsprechend eines Regierungsabkommens an die Marine Spaniens verkauft.

Feuerlöschboot Typ BERGER

Taktisch technische Daten

D_N(t)	$L_{üa}$(m)	$B_{üa}$(m)	T_g(m)
39,4	22,3	3,8	1,32
Antrieb	**V_{max}(kn)**	**Besatzung**	**Bewaffnung**
1xDM MWM später 6NVD26	11	6	keine

Lebensakte

Projekt-/ Bau-Nr.	Name	in Dienst	außer Dienst	Bemerkungen
-	BERGER I	..52	..58	an zivile Hafenfeuerwehr
	BERGER II	..52	15.10.71	

Bei der Erkundung und Beseitigung der vielen Wracks vor der Küste der DDR als Hinterlassenschaften des Zweiten Weltkrieges fand man auch zwei ehemalige Torpedofangboote der Kriegsmarine. Das Boot Y-149 war durch die eigene Besatzung vor Darßer Ort und das Boot Y-244 in der Tromper Wiek vor Glowe versenkt worden.
Beide Boote hatten keine großen Beschädigungen; im Sommer 1949 wurden sie durch ein Sonderkommando von 18 Angehörigen der Wasserschutzpolizei unter Leitung von Oberrat Walter Steffens zwecks weiterer Verwendung als Polizeiboote geborgen. Sowohl bei der Bergung als auch beim Transport der Boote nach Rostock erhielten die Polizeikräfte Unterstützung durch die Generaldirektion Wasserwirtschaft.

Beide Boote baute die Schiffs- und Bootswerft Gehlsdorf (später Bereich IV der Neptunwerft Rostock) unter der Projektbezeichnung T-2 zu Feuerlöschbooten um. Der Bootskörper und die stählernen Aufbauten blieben erhalten, wurden aber nach hinten um ein zusätzliches Deckshaus verlängert. Der Antrieb (je ein Dieselmotor MWM) wurde für beide Boote instand gesetzt und wieder eingebaut. Als zusätzliche Ausrüstung erhielten sie eine Berge- und Feuerlöschpumpe sowie eine Wasserkanone an Oberdeck vor dem neuen Deckshaus.

Nach Fertigstellung Anfang 1952 übernahm das Bergungs- und Rettungskommando in Saßnitz die Boote mit den Namen BERGER I und BERGER II. 1958 erhielt die zivile Hafenfeuerwehr in Saßnitz das Boot BERGER I zur Nutzung. Das Feuerlöschboot BERGER II verblieb beim Bergungs- und Rettungsdienst. Es wurde mehrmals modernisiert, u.a. erhielt es einen neuen Dieselmotor

6 NVD 26; im Oktober 1971 wurde es außer Dienst gestellt und danach verschrottet.

Feuerlöschboot FLB Projekt 61 /IBIS/

Taktisch technische Daten

D_N(t)	$L_{üa}$(m)	$B_{üa}$(m)	T_g(m)
88,3	29,4	5,62	1,45
Antrieb	**V_{max}(kn)**	**Besatzung**	**Bewaffnung**
2xDM 6NVD26A	12,7	8	keine

Lebensakte

Projekt-/ Bau-Nr.	Name	in Dienst	außer Dienst
FLB 61/1	ohne	11.11.59	05.04.90
FLB 61/2		20.04.60	03.08.89
FLB 61/3		20.04.60	17.10.83
FLB 61/4		27.05.60	16.05.89
FLB 61/5		27.05.60	25.11.83

Der rapide ansteigende Schiffsbestand der Seestreitkräfte und die Vergrößerung der Hafenkapazität führten dazu, dass im Februar 1957 zur Schaffung einer eigenen „Feuerwehr" der Auftrag zur Entwicklung eines entsprechenden Fahrzeuges an das Institut für Schiffbautechnik Wolgast erging. Die Zweckbestimmung sah vor:

Das Fahrzeug ist als Feuerlöschboot in Küstenhäfen und auf Reede zu verwenden.

Dabei soll der Einsatz bei leichter Eisdecke bzw. Scholleneis gewährleistet sein.

Gemeinsam mit der Yachtwerft Berlin entwickelte das ISW ein Feuerlöschboot Projekt 61.
1958 legte die Yachtwerft eine Serie von fünf Booten für die Seestreitkräfte auf; das gleiche Boot wurde auch für andere Bedarfsträger gebaut. 1962 gingen zwei Boote an das Ministerium des Innern (MdI) und drei nach Ägypten; 1965 erhielt das MdI nochmals vier Boote und vier weitere wurden nach Polen exportiert.

Dem Haupteinsatzzweck entsprechend waren die Boote mit umfangreichen Feuerlöschanlagen und Löschmitteln wie Feuerlösch- und Schaummittelpumpen sowie Wasserkanonen ausgerüstet. Um den Schiffskörper und auf den Aufbauten war eine Wassersprühanlage zur Erzeugung eines „Hitzeschildes" installiert.
Die Seestreitkräfte der DDR stellten 1959 ein Boot und vier Boote 1960 in Dienst. Alle fuhren mit Zivilbesatzung; sie erhielten keine Namen, sondern nur Bord-Nummern. Im Flottenjargon nannte man die Boote „Feuerpatsche".
Außer zur Brandbekämpfung haben sich die Boote während ihres Flottendienstes auch als Bugsierboote und Hilfsschlepper bewährt. Darüber hinaus waren sie zur gefechtsmäßigen Sicherstellung in Bergungsgruppen vorgesehen; die Wasserkanonen konnten zur Entaktivierung im Rahmen der KCB-Abwehr eingesetzt werden.

1983 stellte die Volksmarine die Boote 65/3 und 65/5 planmäßig außer Dienst und verschrottete sie; die restlichen Boote folgten 1989/90. Die Yachtwerft Berlin entwickelte und baute als Nachfolger das Feuerlöschboot Küste Typ FLB 40. Drei Boote dieses Typs erhielt 1983/84 die Feuerlöschpolizei des Seehafens Rostock. Aus Stabilitätsgründen lehnte die Volksmarine aber einen militärischen Einsatz dieser Boote und die Ausrüstung mit zusätzlichen technischen Anlagen ab. Eine Bestellung wurde deshalb nicht ausgelöst.

Andere Nachfolger waren nicht vorhanden; demzufolge besaß die Volksmarine zum Zeitpunkt ihrer Auflösung keine Feuerlöschboote.

Taucherfahrzeug LUMME

Taktisch technische Daten

D_N(t)	$L_{üa}$(m)	$B_{üa}$(m)	T_g(m)
180	28,10	6,20	1,60
Antrieb	**V_{max}(kn)**	**Besatzung**	**Bewaffnung**
1xDM 8VD136	10	8	keine

Lebensakte

Projekt-/ Bau-Nr.	Name	in Dienst	außer Dienst
-	LUMME	01.10.50	08.02.71

Im Zweijahrplan 1949/50 war unter anderem vorgesehen, im Rahmen der Gewässerbereinigung auch den Tollense-See bei Neubrandenburg einer Überprüfung zu unterziehen. Dort hatte sich während des Zweiten Weltkrieges die Torpedoversuchsanstalt Eckernförde, Abt. Neubrandenburg befunden. Es wurden fünf Wracks von Torpedofangbooten unterschiedlicher Bauart (IBIS, FLAMINGO, KRANICH, HELGA, ADLER) sowie das Erprobungs- und Torpedofangboot LOMMEL gefunden. Dieses Boot war durch Sprengung und Öffnen der Seeventile von der eigenen Besatzung versenkt worden.
Im April 1949 wurde das Wrack freigespült und danach gehoben. Die gerade gegründete Schiffswerft Rechlin übernahm die Säuberung, Konservierung und

den Transport der LOMMEL nach Stralsund und die dortige Staatswerft (später Volkswerft) den Umbau zum Taucherboot.

Nach seiner Fertigstellung im Mai 1950 erhielt es den Namen LUMME. Es verblieb vorerst beim Wasserstraßenamt Stralsund und wurde als Tonnenkontrollboot zwischen Swinoujscie und Wismar eingesetzt. Zeitweise war es auch an die „Schiffsbergerei und Taucherei" Stralsund zur Unterstützung bei der Schrottbergung verchartert.

Ab Oktober 1950 führte die Seepolizei das Boot offiziell in ihrem Bestand. Die Besatzung wurde übernommen. Auch danach diente das Boot der Schrottbergung; unter anderem arbeitete es am Wrack des ehemaligen Schul-Linienschiffes der KM SCHLESIEN vor Swinoujscie.
Im November 1950 wurde es als das erste Fahrzeug des neu geschaffenen Bergungs- und Rettungskommandos in den Hafen Saßnitz verlegt. Es war zugleich das erste seegängige Fahrzeug, welches die Seepolizei in Dienst stellte.
Außer seinen Einsätzen wurde das Boot auch für die Ausbildung leichter und schwerer Taucher und als Schleppboot genutzt. Es wurde mehrfach umgebaut und teilweise modernisiert. So erhielt es 1951 in der Peenewerft Wolgast eine Funkanlage, 1956 einen Ladebaum mit 1,2 t Tragfähigkeit und 1959 eine neue Maschinenanlage (Dieselmotor R8 VD 136 mit 300 PS).

1968 sollte im Interesse des Jagdgeschwaders 9 in Peenemünde/Karlshagen im Rahmen einer planmäßigen Instandsetzung der Umbau des Taucherbootes LUMME zum Flugsicherungsboot erfolgen. Die Peenewerft Wolgast führte dazu Untersuchungen durch, in denen sie nachwies, dass ein solcher Umbau einen unvertretbar hohen Aufwand an technischer und technologischer Vorbereitung erfordern würde. Die Volksmarine musterte das Boot daraufhin als Taucherfahrzeug aus und nutzte es als Verkehrsboot der 6. Flottille in Dranske. Zeitweilig erhielt es aber mobile Technik der Luftstreitkräfte und diente in Kurzeinsätzen als Flugsicherungsboot.

Anfang 1971 wurde das robuste Boot nach mehr als 20jährigem Flotteneinsatz außer Dienst gestellt und verschrottet.

Taucherboot Typ TAUCHER Projekt 24

Taktisch technische Daten

D_N(t)	$L_{üa}$(m)	$B_{üa}$(m)	T_g(m)
170	28,78	6,90	2,68
Antrieb	**V_{max}(kn)**	**Besatzung**	**Bewaffnung**
1xDM 6NVD48	10,8	11(+2)	keine

Lebensakte

Projekt-/ Bau-Nr.	Name	in Dienst	außer Dienst
24/1	TAUCHER I	22.07.59	12.03.81
24/2	TAUCHER II	12.08.59	-

Da das Taucherboot LUMME Taucherarbeiten und die Ausbildung von Tauchern allein auf Dauer nicht erfüllen konnte, wurde bereits im Oktober 1952 ein Auftrag zur Entwicklung und zum Bau eines Taucherbootes an die Yachtwerft Berlin übergeben.

Die Werft war aber zu dieser Zeit mit dem Reparationsprogramm (bis Ende 1952 Bau von 152 17m-Kuttern) und dem Bau der KS-Boote (26m- und 27,8m-„Seekutter") ausgelastet. Sie versuchte deshalb, einen Fischkutter (Holz in Kompositbauweise) des laufenden Programmes zu einem Taucherboot zu modifizieren. Das im April 1953 auf dieser Basis als Technisches Projekt mit den Abmessungen 19,6 m / 5,2 m / 1,6 m und einem D_N = 41 t entwickelte Boot wurde von der Volkspolizei-See abgelehnt. Sie forderte ein größeres Boot und ließ deshalb das vorliegende Projekt in der Yachtwerft nicht weiter bearbeiten.
Die Dokumentation übernahm das Zentrale Konstruktionsbüro Wolgast. Von dort kam Ende 1953 der Vorschlag, auf die Projektentwicklung zu verzichten. Um eine Typenvielfalt mit einer großen Anzahl von Spezialfahrzeugen bei einer so kleinen Flotte von Anfang zu verhindern, sollte der 1952 in Dienst gestellte Reedeschlepper 501/1 zusätzlich mit einer Tauchereinrichtung ausgerüstet werden.
Auch diesen Vorschlag lehnte die Volkspolizei-See ab, und das Zentrale Konstruktionsbüro Wolgast erhielt erneut den Auftrag zur Entwicklung eines „100 t-Taucher- und Feuerlöschbootes".

In der Taktisch-technischen Aufgabenstellung wurde als Zweckbestimmung für das Taucherfahrzeug gefordert:

- Ausführung von Taucherarbeiten in Häfen und Küstengewässern selbständig oder im Bestand von Bergungsgruppen,
- behelfsmäßiger Einsatz für Schleppfahrten und bis zu mittleren Eisverhältnissen als Eisbrecher;
- Aussattung mit Einrichtungen zur Bekämpfung von Schiffsbränden und mit einer Bergungspumpe.

Das führte letztlich zu der Entscheidung, den bei der Warnowwerft Warnemünde in Bau befindlichen Seiner-Schlepper Typ SCHOLLE als Grundtyp zu verwenden. Um Projektierungsstunden einzusparen und um eine weitgehende Einheitlichkeit beider Projekte zu erzielen, übernahm das ISW alle Unterlagen vom Seiner-Schlepper SCHOLLE aus der Warnowwerft Warnemünde.

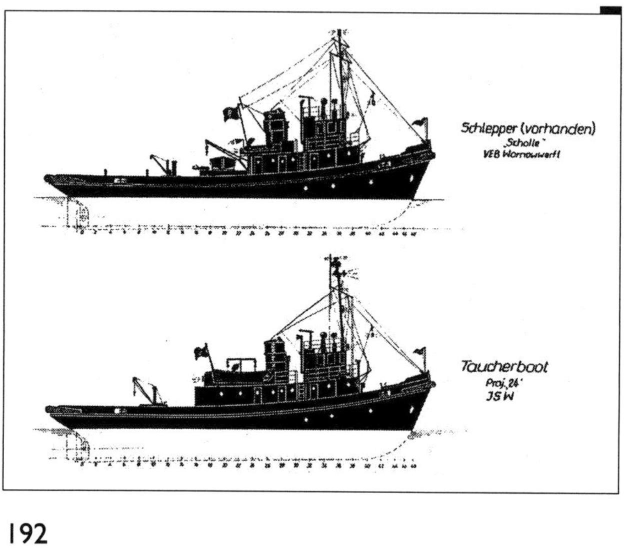

Die notwendige Spezialausrüstung, u.a. eine stationäre Taucherdruckkammer im Deckshaus, wurde in dem Projekt zusätzlich angeordnet, ohne dessen Aussehen wesentlich zu verändern. Dadurch besitzen beide Projekte – das ursprüngliche und das neue – eine sehr große Ähnlichkeit.

1958 begann in der Peenewerft Wolgast der Bau von zwei Taucherbooten TAUCHER 1 und TAUCHER 2 Projekt 24. 1959 wurden sie von den Seestreitkräften in Dienst gestellt.

TAUCHER 1 war bis März 1981 im Einsatz und wurde dann verschrottet. Taucher 2 verblieb nach einer Hauptinstandsetzung in der Peenewerft Wolgast bis zur Auflösung der Volksmarine weiter im Flottendienst. Da eine Übernahme durch die Bundesmarine nicht vorgesehen war, ging 1990 das Boot TAUCHER 2 Projekt 24 an einen privaten Nutzer.

Rettungsschiff Projekt 67

Taktisch technische Daten

D_N(t)	$L_{üa}$(m)	$B_{üa}$(m)	T_g(m)
510	59,1	8.0	2,3
Antrieb	**V_{max}(kn)**	**Besatzung**	**Bewaffnung**
2xDM 6KVD43A	17,5	49	keine

Lebensakte				
Projekt-/ Bau-Nr.	**Name**	**in Dienst**	**außer Dienst**	**Bemerkungen**
2003	ohne	10.10.62	01.10.68	an GST
2005		24.06.63	28.10.70	

Die beiden Minenleg- und -räumschiffe 2003 – vor Saßnitz gestrandet – und 2005 wurden zu Rettungsschiffen umgebaut. Die Taktisch-technische Aufgabenstellung zu diesem Umbau erging im Mai 1958 an das ISW mit der Zweckbestimmung:

- Durchführung von Rettungsmaßnahmen für Besatzungen von radioaktiv verseuchten und durch Feindeinsatz beschädigten Schiffen und Booten.
- Hinzuziehung bei Löscharbeiten von Schiffsbränden auf See und in Häfen.

Die Umrüstung führte die Peenewerft Wolgast unter der Projektnummer 67 durch. Alle Bewaffnung des GA-II (Artillerie) und GA-III (Torpedo, Mine und MAW) wurde dabei abgerüstet. Die beiden Hauptmaschinen blieben erhalten, aber die Schiffe erhielten neue Propeller, die optimal für Freifahrt und nicht mehr für Schleppaufgaben ausgelegt waren. Damit erreichten sie eine Geschwindigkeit von 17,5 kn.
Das Deckshaus wurde zur Aufnahme medizinischer Räume nach hinten verlängert, im Schiffsinneren ein medizinischer Bahandlungsraum eingerichtet, 40 Krankenkojen eingebaut sowie Räume und Einrichtungen zur Entaktivierung radioaktiv verseuchten Personals geschaffen.
Ein Bordwippkran, zwei zusätzliche Motordingis und Schlauchboote sowie zwei Wasserwerfer kamen zusätzlich an Bord.

Die Volksmarine stellte die beiden umgebauten Minenleg- und -räumschiffe Typ HABICHT als Rettungsschiffe 1962 (Schiff 2003 - R 21) und 1963 (Schiff 2005 - R 11) in Dienst. Das Schiff 2003 wurde anschließend, d.h. 1968 von der GST-Marineschule Greifswald als Motorschulschiff ERNST THÄLMANN übernommen, während das Rettungsschiff 2005 1970 außer Dienst gestellt und verschrottet wurde.

Flugsicherungsboot HUGO ECKENER Projekt 116

Taktisch technische Daten

D_N(t)	$L_{üa}$(m)	$B_{üa}$(m)	T_g(m)
430	37,67	8,2	3,63
Antrieb	V_{max}(kn)	**Besatzung**	**Bewaffnung**
1xDM 8NVD36A	11,4	14	keine

Lebensakte

Projekt-/ Bau-Nr.	Name	in Dienst	außer Dienst
116	HUGO ECKENER	08.02.71	-

Anfang 1968 äußerten die Luftstreitkräfte den Wunsch, mit Hilfe eines schwimmenden Mittels die Flugsicherung des Jagdfliegergeschwaders 9 in Peenemünde/ Karlshagen mobil zu gestalten und damit wesentlich zu verbessern. Ein seegängiges Fahrzeug sollte bei Bedarf Funkmarkierungsfeuer im Greifswalder Bodden bzw. im Seegebiet vor Usedom stationieren.
Die Volksmarine nahm die Vorstellungen der Luftstreitkräfte auf und forderte, im Rahmen einer planmäßigen Instandsetzung das Taucherboot LUMME zu einem Flugsicherungsboot umzubauen. Untersuchungen der Peenewerft Wolgast führten zu dem Ergebnis, dass ein solcher Umbau nur mit einem unvertretbar hohen Aufwand an technischer und technologischer Vorbereitung möglich ist.
Aus Rationalisierungsgründen wurde daraufhin gefordert, verschiedene Schiffstypen auf ihre Eignung zur Modifizierung als Flugsicherungsboot zu untersuchen.

Die Peenewerft Wolgast empfahl zwei Varianten:

- Seezeichenkontrollboot SK 64; in der Peenewerft Wolgast 1967/68 in einer Serie von acht Booten für den SHD gefertigt,
- Fischkutter HD 569 Typ HAVANNA; in der Schiffswerft Roßlau 1968/70 in einer Serie von 15 Booten zum Export nach Kuba gebaut.

Nach intensiver Prüfung durch die Volksmarine und die Luftstreitkräfte entschied man, als Grundlage für die weiteren Arbeiten den Fischkutter Typ HAVANNA zu verwenden und dabei folgendermaßen zu verfahren:

- In der Roßlauer Schiffswerft wird der Bootskörper gebaut und mit einer zusätzlichen Eisverstärkung versehen; ein Teil der im Serienprojekt vorgesehenen Ausrüstung wird nicht installiert.
- Durch die Luftstreitkräfte werden spezielle Geräte beigestellt und in der Peenewerft Wolgast eingebaut.
- Für die Fahrtprüfung und die See-Erprobung ist die Peenewerft Wolgast verantwortlich; die flugtechnische Erprobung wird von den Luftstreitkräften personell und materiell sicher gestellt.

Schiffskörper und die Antriebsanlage Dieselmotor 8 NVD 36 AI mit 565 PS entsprachen der Serienausführung des Fischkutters. Auch die Heckaufschleppe und das lange Deckshaus mit Wohn-, Wirtschafts- bzw. Sanitärräumen sowie die zwei Ladepfosten mit je einem Ladebaum (7,5 t) hinter dem Deckshaus wurden unverändert übernommen.
Nach der Überführung des Schiffskörpers in die Peenewerft Wolgast setzte man hinter dem Mast auf das Deckshaus einen Kommandoraum für die Flugleitung und installierte die spezielle Ausrüstung für die Flugsicherung.
Im Februar 1971 stellte die Volksmarine das Schiff in Dienst. Seinen Namen erhielt es nach dem Pionier des Luftschiffwesens HUGO ECKENER (1868 bis 1954).

Die Hauptaufgabe des Fahrzeuges bestand in der Unterstützung des Flugdienstes für das Jagdfliegergeschwader 9. Wegen seiner guten Seetüchtigkeit sowie seiner universellen Ausrüstung wurde das Schiff 1981, als die Hauptaufgabe Setzen von Flugfeuern durch ein stationäres Bauwerk vor der Küste erfüllt werden konnte, zum Bergungsschiff umklassifiziert. Ein Umbau war nicht erforderlich. Das Aufgabengebiet Flugsicherstellung wurde weiter aufrechterhalten.

Zum Zeitpunkt der Auflösung der Volksmarine befand sich das Flugsicherungs-/Bergungsschiff HUGO ECKENER noch im Flottendienst. Eine Übernahme durch die Bundesmarine erfolgte nicht. 1991 wurde das Schiff zur zivilen Nutzung in die Niederlande verkauft.

7.8 Erprobungsschiffe

Torpedo-Logger 233 RÜGEN

Taktisch technische Daten			
D_N(t)	$L_{üa}$(m)	$B_{üa}$(m)	T_g(m)
382	38,5	7,28	2,80
Antrieb	V_{max}(kn)	**Besatzung**	**Bewaffnung**
1xDM 8VD136	9,7	13	2xTR (Erprobung)

Lebensakte

Projekt-/ Bau-Nr.	Name	in Dienst	außer Dienst	Bemerkungen
R 233	RÜGEN	15.06.52	15.11.74	an GST

Der Logger gehörte zu den vier Fahrzeugen R 233 - R 236, die aus der Serienproduktion von Fischereifahrzeugen der Roßlauer Schiffswerft für die UdSSR abgezweigt wurden. R 233 übernahm die Seepolizei im Juni 1952 mit der Bordnummer 842. Den Namen RÜGEN erhielt das Fahrzeug erst später.

Es handelte sich um ein Einschraubenschiff mit genieteter Außenhaut, durchlaufendem Hauptdeck und dem Deckshaus auf dem Achterschiff. Der Logger wurde der Seepolizeischule Parow zugeordnet, dort aber nicht als Versorger, sondern als Schulfahrzeug eingesetzt. Er diente zur Bordausbildung der ersten Kursanten und eines Sonderlehrgangs für Kommandanten, Wachoffiziere und Leitende Ingenieure.

Nach Einführung der Torpedo-Schnellboote Projekt 183 in den Flottenbestand der Seestreitkräfte wurde der Schullogger 233 RÜGEN aus der inzwischen zur Schulbootsflottille umbenannten Einheit ausgegliedert und in der Neptunwerft Rostock zum Torpedo-Logger umgebaut. Dazu erhielt er zwei schwenkbare Torpedorohre an Oberdeck; es handelte sich um die gleichen Rohre, die auch auf den Torpedo-Schnellbooten Projekt 183 vorhanden waren.

Das Schiff wurde nach seiner Fertigstellung 1957 als Erprobungsfahrzeug zum Wissenschaftlich-Technischen Zentrum der Seestreitkräfte in Wolgast kommandiert. Dort erfüllte es Aufgaben im Rahmen von Erprobungs- und Funktionsschießen nach großen Regelungen von Torpedos bzw. war an sonstigen Erprobungen beteiligt. So erhielt es z.B. eine in einem Bugwulst fest eingebaute hydroakustische Ortungsanlage und wurde zum Einholen von Übungsminen eingesetzt. Auch als Erprobungsbasis für LTS-Boote in kleinen Häfen wurde es genutzt.

1974 erfolgte die Außerdienststellung des Torpedo-Loggers 233 RÜGEN und in der Peenewerft Wolgast sein Umbau zum Motorschulschiff; dazu gingen die Torpedorohre von Bord. Anschließend übernahm die GST das Schiff und setzte es in der Marineschule Greifswald unter dem Namen FREUNDSCHAFT zur Ausbildung von Marinebewerbern ein. 1979, nachdem die GST das ehemalige MLR 89.103 ANKLAM als neues Motorschulschiff erworben hatte, wurde die FREUNDSCHAFT durch den Außenhandelsbetrieb Schiffscommerz nach Griechenland verkauft. Wegen seines guten Zustandes und der an Bord vorhandenen Unterbringungsmöglichkeiten diente es dort als Touristenschiff.

Erprobungsschiff RÜGEN-II

Taktisch technische Daten			
D_N(t)	$L_{üa}$(m)	$B_{üa}$(m)	T_g(m)
326	39,15	7,38	2,90
Antrieb	V_{max}(kn)	**Besatzung**	**Bewaffnung**
1xDM	10	13	keine

Lebensakte

Projekt-/ Bau-Nr.	Name	in Dienst	außer Dienst
4323	RÜGEN-II	06.11.74	29.09.86

Dieses Fahrzeug wurde nicht im Auftrag der Volksmarine entwickelt und gebaut. In Anlehnung an das Reparationsserienprojekt Logger entstand 1956 unter der Werft-Baunummer 4323 in der Volkswerft Stralsund eine Modifikation als Forschungsschiff für das Amt für Messwesen und Warenprüfung. Das Schiff erhielt den Namen METEOR und erfüllte seine Aufgabe als Forschungsschiff im Zeitraum 1957 bis 1974.

Anfang 1974 übernahm die Volksmarine den Logger. Das Schiff wurde in der Peenewerft Wolgast zum Erprobungsschiff umgebaut, im November 1974 in Dienst gestellt und zum WTZ kommandiert. Da es die Nachfolge des gleichzeitig außer Dienst gestellten und an die GST übergebenen Torpedologgers 233 RÜGEN antrat, erhielt es den Namen RÜGEN-II.

Während seines Flottendienstes im WTZ erfüllte das Schiff vielfältige Versuchsaufgaben zur Erprobung unterschiedlicher Militärtechnik. Nach Übernahme des Hochseeversorgers 602.136 WERDAU als Erprobungsschiff wurde das Versuchsschiff RÜGEN-II 1986 außer Dienst gestellt und verschrottet.

7.9 Torpedo-Fangboote

Torpedo-Fangboot Typ SPERBER Projekt 23

Taktisch technische Daten

D_N(t)	$L_{üa}$(m)	$B_{üa}$(m)	T_g(m)
41,5	25,90	4,45	1,42
Antrieb	**V_{max}(kn)**	**Besatzung**	**Bewaffnung**
1xDM 8KVD21S	14	7	keine; im Mob.-Fall 2x12,7_2

Lebensakte

Projekt-/ Bau-Nr.	Name	in Dienst	außer Dienst	Bemerkungen
23/1	ohne	25.08.58	10.12.68	ab 63 SHD
23/2		25.08.58	15.07.68	ab 63 SHD, an Weiße Flotte
23/3		25.08.58	30.06.69	ab 63 SHD
23/4		25.08.58	15.07.68	an Weiße Flotte

Zur Vorbereitung der Einführung von Torpedo-Schnellbooten (ab 1952 Arbeiten an den TS-Booten Typ LACHS und Typ FORELLE) erging bereits im April 1953 eine Aufgabenstellung an das Zentrale Konstruktionsbüro Wolgast, eine Serie von Torpedofangbooten zu entwickeln und zu bauen. Seit 1952 wurde dort an der Entwicklung des Räumbootes Typ SCHWALBE Projekt 8 gearbeitet. Das Torpedofangboot Typ SPERBER Projekt 23 ähnelte dadurch im Aufbau diesem Projekt, war nur ca. drei Meter kürzer.

Da der Serienbau des Räumbootes Typ SCHWALBE Projekt 8 in der Yachtwerft Berlin erfolgte (bis Ende 1957 insgesamt 42 Boote), wurden auch die Torpedofangboote Typ SPERBER Projekt 23 von dieser Werft direkt im Anschluß an die Großserie Räumboote gebaut.

Bei der technischen Erprobung stellte sich heraus, dass der fest eingebaute Motor 8 KVD 21S Schwingungen erzeugte, die zu Rissen in der Außenhaut im Bereich der Maschinenfundamente führten. Die Maschinen wurden daraufhin auf Schwingungsdämpfern gelagert, was zwar zu einer Verbesserung des Zustandes führte, aber ihn nicht völlig beseitigte.
Die Boote wurden gemeinsam im August 1958 durch die Seestreitkräfte in Dienst gestellt. Sie erhielten keine Namen, sondern nur Bordnummern. Sie konnten aufgetauchte Übungstorpedos einfangen und querab oder achtern schleppen. Zum seitlichen Schleppen wurden an beiden Bordseiten vier Gummimatten bis unter die Wasserlinie gezurrt, um die Außenhaut, aber auch die Torpedos vor Beschädigungen zu schützen. Die Boote besaßen keine Heckaufschleppe und auch keine eigene Krankapazität; dadurch waren Übernahme und Übergabe von Übungstorpedos mit Bordmitteln nicht möglich. Die eingefangenen Torpedos mussten zu einem Stützpunkt oder zu einem Schiff mit Hebezeug geschleppt werden. In einem Lagerbock auf dem achteren Arbeitsdeck konnten zusätzlich vier Torpedos durch jedes Boot transportiert werden.

Beim Einsatz als Torpedofangboote zeigte sich, dass die Boote mit nur einer Maschine und einer Schraube nicht genug manövrierfähig waren. In mehreren Fällen wurden eingefangene Übungs-Torpedos überlaufen. 1963 erfolgte deshalb ein Austausch gegen vier vom SHD abgezogene ehemalige Räumboote Typ SCHWALBE, die zu Torpedofangbooten umfunktioniert worden waren.
Die Torpedofangboote SPERBER 1-3 übernahm der SHD und setzte sie ohne Umbau als Seezeichenkontrollboote ein. Die bei ihrer eigentlichen Verwendung aufgetretenen Mängel zeigten sich bei der Arbeit im Seezeichenwesen zwar ebenfalls, aber sie wirkten sich nicht so ungünstig aus.
Das Boot SPERBER 4 blieb bis Juli 1968 als Torpedofangboot in der 6. Flottille, wurde dann außer Dienst gestellt und der Weißen Flotte Stralsund übergeben. Dort erhielt es nach einem Umbau zum Fahrgastschiff den Namen GELLEN.
Die drei an den SHD abgegebenen Boote wurden 1968/69 ebenfalls außer Dienst gestellt. Das Boot SPERBER 2 übernahm anschließend die Weiße Flotte in Ückermünde und nutzte es nach einem vollständigen Umbau als Fahrgastschiff HAFFTOURIST.

Torpedo-Fangboot FB 65.1 Projekt 129

Taktisch technische Daten

D_N(t)	$L_{üa}$(m)	$B_{üa}$(m)	T_g(m)
342	51,76	7,10	2,30
Antrieb	V_{max}(kn)	**Besatzung**	**Bewaffnung**
2xDM 40D	20	18	keine; im Mob.-Fall 1x25_2

Lebensakte

Projekt-/ Bau-Nr.	Name	in Dienst	außer Dienst
129.101	LIBBEN	30.03.71	16.03.90
129.102	STRELASUND	30.03.71	-

Im Februar 1966 erging eine Aufgabenstellung an das Institut für Schiffbautechnik Wolgast zur Entwicklung eines Torpedofangbootes auf der Basis des MSR Projekt 89.0. Die im Einsatz befindlichen vier zu Torpedofangbooten umgebauten Räumboote Typ SCHWALBE Projekt 8 und das eine verbliebene Torpedofangboot Typ SPERBER Projekt 23 sollten abgelöst werden. Diese Boote waren technisch und moralisch verschlissen; sie waren nicht ausreichend in der Lage, den erhöhten Anforderungen zur Unterstützung der praktischen Ausbildung vorhandener und zur Einführung vorgesehener TS-/KTS-Boote zu genügen.

Mit der Forderung nach Nutzung des Serienprojektes MSR Projekt 89.0 entsprach die Volksmarine einem immer wieder angewendeten Grundsatz. Um die begrenzten Entwicklungs- und Baukapazitäten in den Werften der DDR nicht über Gebühr zu belasten, den Ausbildungsaufwand zu veringern und die Sicherstellung zu vereinfachen, wurde versucht, auf der Grundlage von Serienprojekten durch Modifikationen zusätzliche Fahrzeuge für andere Verwendungszwecke bauen zu lassen.

In einer Studie wies die Peenewerft Wolgast nach, dass durch die vorliegende Aufgabenstellung die Bedingungen und Möglichkeiten zur geforderten weitgehenden Übernahme des Projektes 89.0 in wesentlichen Punkten überschritten werden. Daraufhin wurde die bisherige Aufgabenstellung durch die Volksmarine annulliert und als neue Basis für das zu entwickelnde Torpedofangboot das MSR-Schiff Projekt 89.1 angegeben.
Die Hauptabmessungen und die Antriebsanlage entsprachen damit dem Projekt 89.1. Zur Torpedobergung nutzte man wie bei den Booten Typ SCHWALBE Projekt 8 eine Heckaufschleppe mit Winde. Zusätzlich wurde hinter den Aufbauten ein moderner hydraulischer Bordwippkran aufgebaut. Auch eine Torpedoregelstelle gehörte zur speziellen Ausrüstung. Am geänderten Mast wurde ein Rundum-Winkelreflektor zur Nutzung als Zielschiff angebracht. Artillerie- und MAW-Bewaffnung befanden sich nicht an Bord.

Zwei Schiffe mit den Bau-Nummern 65.101 und 65.102 baute die Peenewerft Wolgast parallel. Bei ihrer Indienststellung im März 1971 erhielten sie die Namen LIBBEN und STRELASUND.

Das Torpedofangboot 65.101 wurde im März 1990 außer Dienst gestellt und verschrottet. Da die Bundesmarine das Boot 65.102 nach Auflösung der Volksmarine nicht übernehmen wollte, ging es nach einer Teildemilitarisierung in der Peenewerft Wolgast 1994 entsprechend einer Regierungsvereinbarung an die Marine Lettlands.

7.10. Verkehrsboote

Zum Personen- und Materialtransport, für Kurierfahrten bzw. später auch zum Reedebetrieb mit Kampf- und Hilfsschiffen sowie zu kleineren Schlepp- und Bugsieraufgaben setzte die Flotte Verkehrsboote ein. Auch zu Ausflugsfahrten wurden sie genutzt. Sie unterstanden den Hafenkommandos bzw. den Stützpunkten. Diese Boote wurden ab 1950 in die Seepolizei eingeführt. Sie standen in verschiedenen Typen mit relativ großen Stückzahlen zur Verfügung, wurden periodisch ausgemustert und durch einen Nachfolgetyp ersetzt.

Speziell in Rostock (Kommando der Volksmarine) und in Warnemünde (4. Flottille) setzten Armeeangehörige und Zivilbeschäftigte zu Dienstbeginn und -ende sowie bei Auslösung einer höheren Stufe der Gefechtsbereitschaft (Alarmierung) mit den Verkehrsbooten über die Warnow.
Zu den bereits in den 50er Jahren in Dienst gestellten verschiedenen Typen gibt es keine exakten Angaben mehr. Aus einer Chronik der Yachtwerft Berlin läßt sich nur noch die Anzahl und das Baujahr der Boote ermitteln.
Es gab mehrere Vorhaben, wie 100-Mann-Barkasse Projekt 408/409, ein Reise-Motorboot bzw. ein Führungsboot FB-30; sie wurden aus verschiedenen Gründen nicht realisiert, bleiben daher bei dieser Betrachtung unberücksichtigt.

Kommandantenboot

Taktisch technische Daten			
D_N(t)	$L_{üa}$(m)	$B_{üa}$(m)	T_g(m)
3,4	9,5	2,32	0,65
Antrieb	V_{max}(kn)	**Besatzung**	**Bewaffnung**
1x Benzinmotor Maybach HL120	24	2 (4 Fahrgäste)	keine

Lebensakte		
Projekt-/ Bau-Nr.	**Name**	**in Dienst**
004	ohne	10 x 1950

Nachdem bereits Anfang 1950 durch die neu gebildete Hauptverwaltung Seepolizei (HVS) in der Yachtwerft Berlin der Bau von KS-Booten eingeleitet worden war, übergab sie auch einen Auftrag zur Entwicklung und zum Bau einer Serie von „Kommandantenbooten". Gefordert war ein Boot, das für kurze Fahrten als Kurier-, Grenzschutz- und Kontrollboot, aber auch zur Personenbeförderung auf Flüssen und Küstengewässern eingesetzt werden konnte.

Bis Ende 1950 übergab die Yachtwerft Berlin zehn Boote an die Hauptverwaltung Seepolizei. Diese Boote waren unter der Werft-Projektnummer 004 bearbeitet worden. Es handelte sich um 9,5 m lange flachbordige Holzboote. Als Antrieb diente ein Benzinmotor Maybach Typ H 120 mit einer Leistung von 300 PS womit eine relativ hohe Geschwindigkeit erreicht werden konnte.
In der vorderen Plicht befand sich der offene Steuerstand mit zwei gepolsterten Klappsitzen. Er war nach vorn durch eine vierteilige Windschutzscheibe abgeschlossen. Das Boot besaß einen Signalmast, der mit der Hand bis auf drei Meter Höhe ausgefahren werden konnte.

Die zehn Kommandantenboote setzte die Seepolizei als Verkehrsboote, aber auch als Kontrollboote ein. Einsatzorte und -zeiten sind nicht mehr zu ermitteln.
Auf der Basis des Kommandantenbootes nahm die Yachtwerft Berlin 1951 mit der Werft-Projektnummer 0072 eine Weiterentwicklung vor. Dieses Boot wurde von der Grenzpolizei-Küste als Grenzkontroll- bzw. Kurierboot verwendet.

Motorbarkasse MB-12

Taktisch technische Daten

D_N(t)	$L_{üa}$(m)	$B_{üa}$(m)	T_g(m)
9,24	12,08	3,20	0,90
Antrieb	**V_{max}(kn)**	**Besatzung**	**Bewaffnung**
1xDM 4NVD14	6	2	keine

Lebensakte

Projekt-/ Bau-Nr.	Name	in Dienst	außer Dienst
012	ohne	6 x 1956	6 x 1965
		6 x 1958	6 x 1965

Im Oktober 1955 erhielt die Yachtwerft Berlin den Auftrag, eine Motorbarkasse als Nachfolger des seit 1950 im Einsatz befindlichen „Kommandantenbootes" zu entwickeln und zu bauen.
Bezüglich ihrer Zweckbestimmung war formuliert:

> Die Barkasse kann in Seehäfen und auf Binnengewässern zur Personenbeförderung, zum Schleppen kleinerer Wasserfahrzeuge sowie für leichte Bergungsarbeiten eingesetzt werden.

Auf der Grundlage der Hafenbarkasse der Grenzpolizei, Werft-Projektnummer 012 entwickelte die Yachtwerft Berlin den neuen Typ MB-12 (12 m-Barkasse). Es handelte sich um einen Stahlbootskörper, der in kombinierter Niet-Schweißbauweise hergestellt war.

Durch eine Verkürzung der Vorpiek und des Kajütenaufbaus erhielt die Barkasse eine längere offene Achterplicht.(63) Dort konnten 20, kurzzeitig sogar 35 Fahrgäste Platz finden. Mit einem Dieselmotor 4 NVD 14, der eine Leistung von 40 PS erreichte, kam die Barkasse auf eine Geschwindigkeit von 6 kn. Diese relativ geringe Geschwindigkeit

genügte aber den Forderungen der VP-See zum Personenverkehr für kürzere Strecken. Die Yachtwerft Berlin baute unter der Werft-Projektnummer 538 eine Serie von zwölf Motor-Barkassen MB-12 für die VP-See/SSK von denen sie 1956 und 1958 je sechs Fahrzeuge auslieferte. Alle Motorbarkassen MB-12 wurden 1965 planmäßig außer Dienst gestellt.
1959 baute die Yachtwerft eine weitere Serie von 14 Motorbarkassen MB-12 für andere Bedarfsträger der NVA (Grenztruppen, Pioniere). Die Seestreitkräfte erhielten aus dieser Serie keine weiteren Fahrzeuge.

Verkehrsboot Projekt 55

Taktisch technische Daten

D_N(t)	$L_{üa}$(m)	$B_{üa}$(m)	T_g(m)
17,2	16,9	3,2	1,06
Antrieb	V_{max}(kn)	**Besatzung**	**Bewaffnung**
1xDM 6NVD26	11,2	2 (ca.25 Fahrgäste)	keine

Lebensakte

Projekt-/ Bau-Nr.	Name	in Dienst
55	ohne	2 x 1958

Nachdem die Entwicklung einer größeren Serie von Barkassen in der Yachtwerft Berlin eingeleitet war, übergaben die inzwischen gebildeten Seestreitkräfte im August 1956 eine Aufgabenstellung für ein reines Verkehrsboot an das Institut für Schiffbautechnik Wolgast.
Als Zweckbestimmung war formuliert:

> Das Boot soll als Zubringer für Personen und Materialien in Flußmündungen, größeren Häfen und auf Reeden eingesetzt werden.
> Ferner soll das Boot auch als Bereisungsboot und Inspektionsboot Verwendung finden und in Ausnahmefällen Repräsentationszwecken dienen.

Es ist nicht mehr zu ermitteln, warum mit der Motorbarkasse MB-12 in der Yachtwerft Berlin und dem Verkehrsboot Projekt 55 im Institut für Schiffbautechnik Wolgast zwei Bauprogramme fast gleichzeitig eingeleitet wurden.

Wahrscheinlich sollte außer der Barkasse ein Boot entwickelt und gebaut werden, dass auch als Repräsentationsboot eingesetzt werden konnte. Ein solches Boot fehlte bisher in den Seestreitkräften.

Nach den technischen Vorgaben des ISW baute die Peenewerft Wolgast 1958 zwei Verkehrsboote Projekt 55. Die Boote waren mit $L_{üa}$ = 16,9 m und D_N = 17,2 t die größten Verkehrsboote, die in der Flotte zum Einsatz kamen.
Es waren vollständig geschweißte Boote aus Schiffbaustahl. Sie besaßen eine offene Achterplicht, in der 12 - 15 Personen Platz finden konnten sowie eine geschlossene, aus der Achterplicht zugängige Kajüte für zehn bis zwölf Personen.
Die Transportkapazität war damit wesentlich höher als bei den vorhandenen Booten. Als Antrieb diente ein Dieselmotor 6 NVD 26 mit 210 PS, mit dem das Verkehrsboot eine Geschwindigkeit von 11,2 kn erreichte.

Beide Boote wurden dem Hafenkommando Rostock-Gehlsdorf zugeordnet und übernahmen die Beförderung der Armeeangehörigen und Zivilangestellten im Routineverkehr auf der Strecke Hafen Rostock/Gehlsdorf - Anlegestelle Kabutzenhof.

Nach Einführung der Barkassen MB-13 wurden 1962 beide Verkehrsboote Projekt 55 an das Wasserstraßenamt Stralsund übergeben.

Motorbarkasse MB-13

Taktisch technische Daten			
D_N(t)	**$L_{üa}$(m)**	**$B_{üa}$(m)**	**T_g(m)**
9,9	13,41	3,10	0,88
Antrieb	**V_{max}(kn)**	**Besatzung**	**Bewaffnung**
1xDM 6KVD14,5	9,5	2 (25 Fahrgäste)	keine

Lebensakte

Projekt-/ Bau-Nr.	Name	in Dienst
MB-13/I	ohne	4 x 1961
		12 x 1962
MB-13/II		10 x 1964
		8 x 1965

Als in der Yachtwerft Berlin der Serienbau der Motorbarkasse MB-12 angelaufen war, wurde durch die Seestreitkräfte bereits die Aufgabenstellung für einen Nachfolger an das Institut für Schiffbautechnik Wolgast übergeben. Die Zweckbestimmung sah vor:

> Die Barkasse dient zur Personenbeförderung, zum Transport kleiner Lasten und als Schleppboot auf Binnen-, Haff- und Boddengewässern sowie im Hafenbereich.
> Der Einsatz ist auch bei leichtem Treibeis möglich.

Da die Yachtwerft Berlin im Bau dieser Bootsklasse inzwischen genügend Erfahrungen besaß, wurde sie auch als Bauwerft für die Motorbarkasse MB-13 festgelegt. Gemeinsam mit dem Institut für Schiffbautechnik Wolgast erarbeitete sie unter der Werft-Projektnummer 590 die Konstruktionsunterlagen und begann 1961 mit dem Serienbau.

Der Bootskörper war in Kompositbauweise hergestellt, d.h. die Spanten waren aus Stahl und die Außenhaut aus Eichenplanken in Doppelkraweelbeplankung gefertigt. Darauf war ein aus Mahagoni bestehendes Deckshaus aufgesetzt.
Um den geforderten Einsatz bei leichtem Treibeis zu ermöglichen, wurde der Vorsteven mit einer Eisverstärkung versehen und im Bereich der Wasserlinie auf der Außenhaut ein 700 mm breites Band aus verzinktem Stahlblech aufgebracht. Durch das Steuerhaus erreichte man über einen Niedergang den vorn gelegenen drei Meter langen Fahrgastraum mit Sitzplätzen für elf Personen. Achtern befand sich ein 4,4 m langes Cockpit mit seitlich angeordneten Sitzplätzen für 14 Personen. Durch einen aufsteckbaren Rohrrahmen und eine allseitig abdeckende Persenning konnte bei ungünstiger Wetterlage das Cockpit geschlossen werden.

Als Motorbarkasse MB-13/I wurde mit vier Booten 1961 und zwölf Booten 1962 ein erstes Baulos abgeschlossen. Eine gleiche Barkasse erhielt 1962 als Boot 590/17 die Warnowwerft Warnemünde.

Ab 1964 baute die Yachtwerft Berlin in unveränderter Ausführung ein zweites Baulos als Motorbarkasse MB-13/II. An die Volksmarine wurden davon 1964 10 und 1965 acht Fahrzeuge ausgeliefert. Sie hatte damit von diesem Typ insgesamt 34 Motorbarkassen im Einsatz.
Die robuste Bauweise gestattete die Nutzung der Motorbarkasse MB-13 über mehr als 20 Jahre. Der Verbleib der Barkassen, die teilweise zum Zeitpunkt der Auflösung der Volksmarine 1990 noch in Dienst waren, ist nicht bekannt.
Zusätzlich baute die Yachtwerft Berlin in unveränderter Ausführung:

1967 2 x MB-13/II für das Ministerium für Staatssicherheit
1968 1 x MB-13/II für Energieversorgung Rostock
1968 2 x MB-13/II für Seefahrtsamt Rostock.

Reedeverkehrsboot Projekt 066 S

Taktisch technische Daten

D_N(t)	**$L_{üa}$(m)**	**$B_{üa}$(m)**	**T_g(m)**
4,3	9,65	3,20	2,45
Antrieb	**V_{max}(kn)**	**Besatzung**	**Bewaffnung**
2xDM AQ150/200	28,6	2	keine

Lebensakte

Projekt-/ Bau-Nr.	Name	in Dienst	außer Dienst
066 S	ohne	1 x 1968	-
		1 x 1969	-

Ab 1966 baute die Schiffswerft Rechlin eine große Serie von Grenzsicherungsbooten Projekt 066 für die Grenztruppen der DDR. Als Vertreter des Bedarfsträgers fungierte die Verwaltung Schiffbau. Probleme bei der Beschaffung effektiver Antriebsanlagen führten zu einer zweimaligen Umgestaltung des Bootes und nach mehreren fehlgeschlagenen Entwicklungsversuchen zum Import kompletter Aggregate Volvo Penta aus Schweden. Damit trat die kuriose Situation ein, dass ausgerechnet bei einem Grenzsicherungsboot, eingesetzt an der Staatsgrenze zur BRD, der Grundsatz der ausschließlichen Nutzung von Technik des sozialistischen Wirtschaftsgebietes durchbrochen wurde. (64)

Die guten Eigenschaften des Leichtmetallbootes veranlassten die Volksmarine, in Abstimmung mit dem Ministerium für Nationale Verteidigung, eine Modifikation des Grenzkontrollbootes Projekt 066 zum Reedeverkehrsboot Projekt 066 S zu fordern.
Diese Sondervariante Projekt 066 S besaß den gleichen Bootskörper wie das Standardprojekt und mit je zwei Motoren Volvo Penta AQ 150/200 auch die gleiche Antriebsanlage. Um die Fahrzeuge als Chefboote für den Reedeverkehr, z.B. bei Flottenbesuchen, einsetzen zu können, wurde die Kajüte ausgebaut, exklusiv ausgestattet und nach hinten erweitert.

Von der Sondervariante Projekt 066 S baute die Schiffswerft Rechlin insgesamt drei Boote zusätzlich zur Serie der Grenzkontrollboote Projekt 066. Ein Boot übernahm das Ministerium für Nationale Verteidigung und zwei Boote erhielt die Volksmarine. Sie wurden an das Hafenkommando Rostock-Gehlsdorf übergeben. Der an den Serienbooten Projekt 066 vorgenommene Austausch der Motoren Volvo Penta AQ 150/200 gegen den Typ AQ 225/280 wurde 1979 ebenfalls für diese Boote vorgenommen. Die Geschwindigkeit erhöhte sich damit von 28,6 kn auf 35 kn.

Zum Zeitpunkt der Auflösung der Volksmarine befanden sich beide Reedeverkehrsboote Projekt 066 S noch im Flottendienst. Da die Bundesmarine kein Interesse an einer Übernahme hatte, wurden beide Boote 1992 zum Zwecke ziviler Nutzung verkauft.

Motorbarkasse Projekt 407

Taktisch technische Daten			
D_N(t)	$L_{üa}$(m)	$B_{üa}$(m)	T_g(m)
19,8	14,77	3,97	1,07
Antrieb	V_{max}(kn)	**Besatzung**	**Bewaffnung**
1xDM 6KVD14,5	9,5	2 (45/25 Fahrgäste)	keine

1973 übergab die Volksmarine die Aufgabenstellung zur Entwicklung und zum Bau eines Nachfolgers für die bewährten, aber technisch verbrauchten Motorbarkassen MB-13.

Als Zweckbestimmung galt:

Das Boot wird für den Einsatz in Binnen- und küstennahen Gewässern als Arbeits- und Transportboot für Personen und Lasten eingesetzt.

Im Kurzstreckenverkehr (< 1 sm) können bis 45 Personen und im Langstreckenverkehr bis 25 Personen befördert werden.

Das Boot kann weiterhin für das Schleppen von kleinen Booten und speziellen Geräten über Schlepprollen am Heck eingesetzt werden.

In der Yachtwerft Berlin lief die Bearbeitung unter der Werft-Projektnummer 1106. Der Bootskörper bestand aus Stahl, der Kajütenaufbau war aus Leichtmetall gefertigt. Vom Steuerstand aus war durch einen Niedergang ein Kajütenvorraum mit Sitzmöglichkeiten für zehn Personen zu erreichen. Die offene Plicht bot Sitzmöglichkeiten (auf Backskisten) für zwölf Personen. Sie ließ sich durch sechs Leichtbauplatten schließen, die auch als Rettungsmittel genutzt werden konnten. Die in der Aufgabenstellung geforderte Schleppeinrichtung besaß einen Schlepp-

haken mit einer Nutzlast von einer Tonne. Die Führung der Schlepptrosse erfolgte über eine auf dem hinteren Hauptdeck montierte Führungsrolle.
Ein Dieselmotor 6 VD 14,5/12-1 mit einer Dauerleistung von 130 PS verlieh der Barkasse eine Geschwindigkeit von 9,5 kn.

Bereits während der Entwicklung der Motorbarkasse Projekt 407 zeigten verschiedene andere Bedarfsträger Interesse an dem Fahrzeug. Daraus abgeleitete Forderungen zu Änderungen an der Standardausführung des Projektes 407 führten zu fünf verschiedenen Modifikationen, für die jeweils ein neues Technisches Projekt erarbeitet wurde:

- 1975 Projekt 407-M für Gesellschaft für Sport und Technik
- 1975 Projekt 407-OHS für Offiziershochschule der Volksmarine
- 1976 Projekt 407-S für Ministerium für Staatssicherheit
- 1977 Projekt 407-BBB für Bagger-, Bugsier- und Bergungsreederei
- 1979 Projekt 407-SHD für Seehydrografischen Dienst.

Der Bau der Modifikationen erfolgte im Rahmen des Serienbaus der Standardausführung.
Für die Volksmarine wurden insgesamt 41 Boote geliefert:

- 1976 1 Boot Projekt 407
- 1977 10 Boote Projekt 407
- 1978 15 Boote Projekt 407
  2 Boote Projekt 407 (für OHS)
- 1979 9 Boote Projekt 407 (für 6. GBK)
  3 Boote Projekt 407 (für OHS)
- 1981 1 Boot Projekt 407-Vermessungsbarkasse BESSEL (für SHD).

Das Projekt 407 BBB erhielten auch andere zivile Bedarfsträger. Für Nutzer außerhalb der Volksmarine wurden 1978 bis 1981 gebaut:

- 9 Boote Projekt 407-M für GST
- 6 Boote Projekt 407-S für MfS
- 15 Boote für zivile Bedarfsträger.

Die an die Volksmarine gelieferten Motorbarkassen Projekt 407, mitunter auch als MBK-14 bezeichnet, wurden den Hafenkommandos und Stützpunkten übergeben. Die Barkasse 407/1 stand dem Ferienheim der NVA in Speck/Müritz zur Verfügung.
Zum Zeitpunkt der Auflösung der Volksmarine befanden sich die Barkassen noch im Flottendienst. Einige Fahrzeuge übernahm die Bundesmarine, die Mehrzahl wurde bis 1993 an verschiedene zivile Nutzer verkauft.

Motoryacht OSTSEELAND-II

Taktisch technische Daten

D_N(t)	$L_{üa}$(m)	$B_{üa}$(m)	T_g(m)
342	40,5	7,9	2,5
Antrieb	**V_{max}(kn)**	**Besatzung**	**Bewaffnung**
1xDM 6KVD43	13	18	keine

Lebensakte

Projekt-/ Bau-Nr.	Name	in Dienst	außer Dienst
582	OSTSEELAND-II	01.05.61	-

Bereits 1959 erhielt die Warnowwerft Warnemünde einen Auftrag zum Bau einer Yacht. Das Fahrzeug sollte der Leitung der Seestreitkräfte die Möglichkeit geben, an Übungen der Flottenkräfte teilzunehmen und Repräsentationsaufgaben zu erfüllen. Als Einsatzgebiet waren das Küstenvorfeld und die Boddengewässer vorgesehen.

Die Warnowwerft Warnemünde entwickelte und baute 1960/61 das Schiff als Sonderobjekt unter der Werft-Baunummer 582. Es war als Glattdecker ausgeführt. Im durchgehenden Deckshaus mit Vorbau waren vier Gästekabinen, ein Salon und ein Speiseraum eingerichtet. Die Innenausstattung war relativ luxeriös und gestattete die Betreuung und Unterbringung von repräsentativen Gästen. Ausgerüstet mit einem Dieselmotor 6 KVD 43 des Dieselmotorenwerkes Rostock, erreichte das Schiff eine Geschwindigkeit von 13 kn.

Bei seiner Indienststellung im Mai 1961 erhielt das Schiff den Namen OSTSEELAND. Es unterstand direkt dem Chef der Volksmarine, Liegeort war der Hafen in Rostock-Gehlsdorf.
Mit der Indienststellung einer neuen gleichnamigen Motoryacht im Juli 1971 erfolgte eine Umbenennung in OSTSEELAND-II. Gleichzeitig gingen im Rahmen einer Vereinbarung die Befugnisse zum Einsatz des Schiffes für Repräsentationsaufgaben an den Rat des Bezirkes Rostock. Die materielle und technische Sicherstellung sowie die operative Führung verblieben weiter bei der Volksmarine. Auch die Besatzung wurde weiter von der Volksmarine gestellt.

Während einer Modernisierung im Jahre 1981 in der Warnowwerft Warnemünde erhielt das Schiff unter anderem eine neue Hauptmaschine 8 NVD 48 A-2K mit 1.320 PS.
Die Weiße Flotte in Rostock setzte die Motoryacht OSTSEELAND-II 1990 kurzzeitig für Charterfahrten ein. Zum Zeitpunkt der Auflösung der Volksmarine befand sich das Schiff noch im Einsatz. Es wurde 1991 an einen zivilen Nutzer in den Niederlanden verkauft.

Motoryacht OSTSEELAND Projekt 121 (Staatsyacht)

Taktisch technische Daten

D_N(t)	$L_{üa}$(m)	$B_{üa}$(m)	T_g(m)
612	59,85	7,50	3,36
Antrieb	**V_{max}(kn)**	**Besatzung**	**Bewaffnung**
2xDM 40D	18	22	keine

Lebensakte

Projekt-/ Bau-Nr.	Name	in Dienst	außer Dienst	Bemerkungen
121	OSTSEELAND	01.07.71	01.07.90	an zivilen Nutzer

1969 beauftragte das Büro des Ministerrates der DDR die Verwaltung Schiffbau, den Bau einer Staatsyacht einzuleiten und dabei die Aufgaben des Bedarfsträgers für dieses Schiff wahrzunehmen. Die Peenewerft Wolgast erarbeitete für dieses Vorhaben eine Studie in zwei Varianten:

- Bau des Schiffes auf der Grundlage des MSR Projekt 89.2 mit entsprechender Modifizierung,
- Entwicklung und Bau eines neuen, größeren Schiffes mit einem Deplacement von ca. 1.050 t (6 m länger und 0,6 m breiter als Projekt 89.2).

Es wurde entschieden, das Schiff als Modifikation des MSR 89.2 weiter zu bearbeiten. 1970 begann der Bau der Motor-/Staatsyacht Projekt 121 in der Peenewerft Wolgast. Da es sich nicht um ein Kampf- oder Hilfsschiff der Volksmarine handelte, erfolgte die Bauaufsicht und -abnahme auf der Grundlage eines speziellen Prüfprogrammes, das mit der DSRK erarbeitet worden war.

Das Schiff erhielt den gleichen Körper und mit zwei aus der UdSSR importierten Dieselmotoren 40 D auch den gleichen Antrieb wie die MSR-Schiffe Projekt 89.2. Zur Dämpfung der Rollbewegung im Seegang wurde eine Schlingerdämpfungsanlage, die aus Großbritannien importiert worden war, mit einer Stabilisierungsflosse an jeder Bordseite installiert.
Als mit nur 17,6 kn beim Meilelaufen die geforderte Vertragsgeschwindigkeit von 18 kn nicht erreicht wurde, verlängerte man den Schiffskörper des bereits fertigen Schiffes am Heck um 1,5 m. Die dadurch eingetretene Verbesserung des Formwiderstandes („Länge läuft") führte zu einer Geschwindigkeitserhöhung um 0,5 kn.

Beim Bau des Schiffes traten Terminverzögerungen ein. Die Peenewerft Wolgast hatte erhebliche Qualitätsmängel zugelassen, so dass verschiedene Nacharbeiten notwendig waren. Das Aufholen der Rückstände erfolgte auf Kosten militärischer Bauprogramme (MSR Pr. 89.1, KTS-Boote Pr. 131 u.a.)

Das Schiff hatte nach seiner Fertigstellung eindeutig das Aussehen einer Yacht und keine Ähnlichkeit mehr mit dem Grundtyp MSR Projekt 89.2. Viele spezielle Forderungen an die Innenausstattung, wie künstlerische Ausgestaltung, personengebundene Kojenlängen, exklusive Einrichtungsgegenstände u.a. lagen außerhalb der Probleme des Kriegsschiffbaus. Daraus entstanden sowohl der Peenewerft Wolgast, als auch der Verwaltung Schiffbau ungewohnte Schwierigkeiten.

Die Indienststellung als Staatsyacht erfolgte im Juli 1971 mit dem Namen OSTSEELAND. Das Schiff erhielt eine Besatzung der Volksmarine und wurde durch sie operativ geführt sowie technisch sicher gestellt; Eigner blieb aber das Büro des Ministerrates. Das Schiff war überwiegend für hohe Staats- und Parteifunktionäre einschließlich ihrer Gäste im Einsatz. Einige Male wurde es auch zur

Beobachtung von Flottenübungen und Manövern für akkreditierte Militärattaches genutzt.
Im Juli 1990, noch vor Auflösung der DDR, wurde die Staatsyacht an einen schwedischen Reeder verkauft. Mit ihrem neuen Namen ANIARA dient sie seit der Überführung in das Mittelmeer unter maltesischer Flagge als Privatyacht.

Wie in fast allen Bereichen hatte der Zweite Weltkrieg auch in der Hydrografie und im Seezeichenwesen ein katastrophales Erbe hinterlassen. Die teilweise Zerstörung der Leucht- und Funkfeuer sowie Nebelsignale, die Verminung des Küstenvorfeldes und zahllose Wracks ließen eine Wiederaufnahme normaler Schifffahrtsverbindungen nicht zu.
Die bis 1945 entstandenen Materialien und Unterlagen der ehemaligen deutschen Seewarte und der Kriegsmarine, alle Originale und Kartenbestände des Seekartenwerkes waren während des Krieges nach Kaufbeuren/Allgäu ausgelagert worden. 1946 gingen sie auf Beschluss des Allierten Kontrollrates mit den Resten anderer nautischer und wissenschaftlicher Dienste zum Deutschen Hydrografischen Institut (DHI) nach Hamburg. (65)

Die Wiederaufnahme der hydrografischen Arbeiten in der Sowjetischen Besatzungszone wurde dadurch erschwert, dass das DHI seine Tätigkeit fast ausschließlich auf die westlichen Besatzungszonen beschränkte. So wurden u.a. 1948 die begonnene Verpeilung der Wismarbucht eingestellt und die geplanten Vermessungsarbeiten in den Seegebieten der Reede Warnemünde, des Stralsunder Fahrwassers, der Reede Saßnitz und des Osttief-Fahrwassers nicht durchgeführt. Von der 1947 durch das DHI mit dem Vermessungsschiff PAUL BENEKE realisierten Verpeilung der Wismarbucht sowie der Häfen Wismar, Tarnewitz, Timmendorf und Rerik verblieben beim Wasserstraßenamt Stralsund nur die Abschriften der Berichte des Kapitäns des Schiffes. (66)

Die Entwicklung des Schiffsverkehrs und des Fischereiwesens, der Ausbau der zerstörten Häfen und der begonnene Aufbau der Werften machten aber eine nautisch-hydrografische Sicherung der Küste der SBZ/DDR dringend erforderlich. 1948 ordnete deshalb die SMAD an, die hydrografischen Arbeiten und meereskundliche Beobachtungen in der sowjetischen Besatzungszone neu zu organisieren. Diese Aufgabe wurde ab 1948/49 den Wasserstraßenämtern Rostock und Stralsund übertragen und gleichzeitig in Berlin als Zentralstelle ein Hydrografisches Institut geschaffen.

Am 27. Juni 1950 wurde schließlich durch Regierungsbeschluß aus dem Hydrografischen Institut der Seehydrografische Dienst der DDR (SHD) gebildet und der Hauptverwaltung Seepolizei unterstellt. Der SHD übernahm das Personal der beiden bestehenden Gruppen Seevermessung und Seehydrografie des Institutes sowie die bisher für seehydrografische Arbeiten genutzten Schiffe und Boote mit allen Instrumenten und Geräten. Das gesamte Seezeichenwesen verblieb bei den Wasserstraßenämtern.

Mit der Gründung des Seehydrografischen Dienstes wurde dort auch die Abteilung Seevermessung mit Vermessungsgruppen zur Realisierung der anstehenden praktischen Arbeiten gebildet. Diesen Gruppen standen als schwimmende Mittel aus dem bisherigen Bestand der Wasserstraßenämter zur Verfügung:

- **Kutter HYDROGRAPH**
- **Tjalk (Motorsegler) SENTA**
- **Barkasse ERNA**
- **Motorboot SCHWALBE**
- **Motorboot KRANICH**
- **Motorboot HYDROLOGE**
- **Wohnschute BARTH**

Dazu kamen die ebenfalls übernommenen Boote für Transport und Personenbeförderung:

- **Barkasse SEEMÖWE**
- **Motorboot UWE**
- **Motorboot HELMUT**

Die technische Ausrüstung zur Durchführung hydrologischer Aufgaben bestand aus transportablen Messeinrichtungen wie Peilstäbe, Lotleinen, Sextanten u.s.w.

Mit diesem Schiffsbestand und den teilweise unzureichenden technischen Mitteln wurde durch die Seevermessungsgruppen nach alten klassischen Methoden die Verpeilung der Bodden- und Küstengewässer in Angriff genommen.

Durch die Indienststellung weiterer Vermessungsfahrzeuge ab 1951 konnten die materiellen Voraussetzungen für die Fortsetzung der hydrografischen Arbeiten wesentlich verbessert werden.
Es wurden zugeführt:

- 1951 **Logger J.L. KRÜGER**
- 1953 **Seiner KARL F. GAUSS**
- 1953/54 **Kutter MAGNETOLOGE und JORDAN**
- 1952 **Arbeitsboote KOMPASS und SEXTANT**

Bei diesen Fahrzeugen handelte es sich mit Ausnahme der zuletzt genannten Arbeitsboote um Modifikationen aus den in den Werften der DDR laufenden Großserien von Fischereifahrzeugen bzw. um sichergestellte oder beschlagnahmte Boote aus Privatbesitz, aber nicht um speziell für diesen Verwendungszweck entwickelte Einheiten.

Bereits ab 1951 nahm der Seehydrografische Dienst sowohl an Land wie auch in See mit Vermessungstrupps an Übungen der Seepolizei teil. Die nautisch-hydrografische Sicherstellung des scharfen Minenräumens war eine der Hauptaufgaben des SHD im Interesse der Seepolizei/VP-See in dieser Etappe.

Am 05. Juni 1952 wurde durch eine gesetzliche Verordnung zur Verbesserung der Organisation und zur Sicherung der Seegewässer der DDR sowie zur Schaffung einer einheitlichen Verantwortung auf diesem Gebiet der bisher zur Generaldirektion Schifffahrt des Verkehrsministeriums gehörige „Seezeichendienst der Ostsee" ebenfalls dem Seehydrografischen Dienst angegliedert. Einzelheiten der Übernahme gibt der Tätigkeitsbericht des SHD von 1952 wieder:

> Der technische Zustand der übernommenen Seezeichen ist unbefriedigend. Die mechanischen Teile, Optiken, Gebäude wurden wegen fehlender Ersatzteile und der Verzögerung von Reparaturen im Verlaufe des Krieges teilweise zerstört und abgenützt.
> Die Maschinenausrüstung der Leuchtfeuer, die aus der Produktion westdeutscher Firmen stammte, ist durch die lange Benutzung so gut wie verschlissen.

Alle Arbeiten mit den Tonnen auf See mussten mit der 1952 von den Wasserstraßenämtern übernommenen wahrhaft abenteuerlichen „Seezeichenflotte" bewältigt werden. Sie bestand am Anfang aus den Dampfern:

- **MÖWE/DORNBUSCH**
- **BLITZ/GELLEN**
- **MARS/FREESENDORF**
- **WOLF/BUK**
- **LEITHOLM/DÄNHOLM**

Motorschiffen/-booten:

- **STRALSUND/FLAGGTIEF**
- **BORWIN/WALFISCH**
- **ORION/GOLLWITZ**
- **MECKLENBURG**
- **ROLAND.**

Mit diesen technisch unzureichenden Schiffen galt es, neben der Instandhaltung der bereits bestehenden Betonnung (68 Tonnen im Bereich Wismar, 66 Tonnen im Bereich Rostock und 956 Tonnen im Gebiet Ribnitz bis zur polnischen Grenze einschließlich der Gewässer um Rügen) die Kennzeichnung der vielen Haff- und Boddenfahrwasser fortzusetzen sowie die Fahrwasser zu den Stützpunkten der VP-See und zum damals größten Seehafen Wismar einzurichten. Dazu mussten nicht nur die bestehenden Seezeichen instand gesetzt und ihre Anzahl vergrößert, sondern auch neue Richtfeuer und Fahrwasserdalben in der Wismarbucht und auf dem Peenestrom eingerichtet werden. Nach 1952 wurde außerdem die Betonnung der DDR auf das bereits 1936 vom Völkerbund empfohlene Betonnungssystem umgestellt. Bis zu diesem Zeitpunkt gab es in den Seegewässern der DDR das alte deutsche System und in einigen Häfen noch eigene, davon abweichende Systeme.

Die 1953 erfolgte Bildung der Dienststellen des SHD in Peenemünde, Wolgast, Warnemünde und Stralsund mit Nebenstelle Saßnitz in unmittelbarer Nähe von

Häfen und Basierungspunkten der VP-See führte zu einer verbesserten Arbeitsorganisation. Anfangs waren die Schiffe und Boote dem Verband der Schiffe des Seehydrografischen Dienstes noch zentral unterstellt und wurden von seinen Dienststellen zu Arbeitsleistungen angefordert, danach gingen sie direkt in den Bestand der einzelnen Dienststellen über.

Im Jahre 1953 war die strukturelle Umwandlung im Wesentlichen abgeschlossen, und der SHD hatte sich als Dienst der Volkspolizei-See etabliert. Der Abschluß der Aufbauphase war auch der Anlass für eine allgemeine Änderung von Schiffsnamen. Dafür wurden generell Namen bekannter Wissenschaftler bzw. geografische Bezeichnungen, die mit dem Seezeichenwesen in Verbindung standen, ausgewählt, um nach außen den Verwendungszweck der Schiffe besser zum Ausdruck bringen zu können. Diese Namen wurden teilweise von einem Schiff an ein anderes übergeben, verblieben aber im Bereich des SHD.

Ab 1954 konnte der Schiffsbestand des Seezeichenwesens durch die Zuführung neuer bzw. modifizierter Schiffe wesentlich verbessert werden. Die Zuführung betraf:

- 1952 **Reede-Schlepper 501**
- 1954 3 **Seezeichenkontrollboote Typ SPERLING**
- 1954/55 12 **Räumboote/Seezeichenkontrollboote Typ SCHWALBE Projekt 8**
- 1955 **Tonnenleger ALFRED MERZ**
- 1956 **Seezeichenschiff FÜRSTENBERG** (vorher Schulschiff).

Die Arbeit in dieser Etappe war bis 1956 vorrangig auf die Verpeilung der Küstengewässer, die Bezeichnung der Seewasserstraßen, die Schaffung eines allgemeinen Seekartenwerkes, das Kompensieren und Funkbeschicken, also auf die nautisch-hydrografische Sicherstellung der zivilen Schifffahrt orientiert. Eine Ausnahme bildete nur die Sicherstellung des scharfen Minenräumens.

Mit der 1956 erfolgten Bildung der Nationalen Volksarmee wurde der Seehydrografische Dienst in die neu aufgestellten Seestreitkräfte übernommen. Damit erweiterten sich auch seine Aufgaben. Zur nautisch-hydrografischen Sicherstellung der zivilen Schifffahrt kam nunmehr die militärische Sicherstellung der Handlungen der Seestreitkräfte hinzu.
Diesen neuen Anforderungen wurde nicht nur dadurch entsprochen, dass die Dienststellen des SHD im Juni 1956 den Flottenbasen Ost bzw. West unterstellt wurden; auch die Ausarbeitung des Projektes der Küstenzwangswege, die Schaffung eines Systems der Sonderbefeuerung, die Erarbeitung erster militärhydrografischer Auskunftsunterlagen, die Entwicklung einheitlicher Lagekarten, die Einführung des Funknavigationssystems RYM für die Sicherstellung des Minenräumens im Jahre 1959 und die Herausgabe einer Vorschrift „Gefechtseinsatz

des Funknavigationssystems RYM“ trugen zur speziellen Sicherstellung der Einheiten der Seestreitkräfte und im weiteren der Volksmarine bei.

Neben der Sicherstellung der Aufgaben der Seestreitkräfte/Volksmarine blieb aber auch die Arbeit für zivile Bedarfsträger erhalten, bzw. erweiterte sich. Die nautische Sicherstellung der wichtigsten Häfen Wismar, Rostock und Stralsund wurde ergänzt durch die Mitarbeit des SHD bei der Projektierung und beim Bau des Überseehafens Rostock-Warnemünde.
Der Seehydrografische Dienst war auch nach wie vor verantwortlich für die Durchführung sämtlicher hydrografischer Arbeiten im Küstengebiet der DDR und für die Betreuung der 127 festen und 1700 schwimmenden Seezeichen. Dazu gab es pro Jahr mehrere hundert Störungen zu beseitigen.

Verbunden war diese Erweiterung der Aufgaben mit Veränderungen im Dienstbereich des SHD. 1959 wurde der Hydrometeorologische Dienst herausgelöst und damit die meteorologische Prognose sowie der Wasserstands- und Eisdienst abgegeben. 1960 folgte die Übergabe des Hydrometeorologischen Institutes an die Akademie der Wissenschaften zu Berlin als Institut für Meereskunde.
Damit war der Prozeß der Formierung des Seehydrografischen Dienstes im Wesentlichen abgeschlossen. Im Rahmen dieser Übergabe wurden auch die Schiffe/Boote des SHD
- Motorboot KRANICH
- Barkasse ERNA
- Wohnschute BARTH
- Logger J.L.KRÜGER
- Kutter MAGNETOLOGE

außer Dienst gestellt und mit übergeben.

Damit er seine umfangreichen Aufgaben in dieser Periode realisieren konnte, erhielt der SHD neue Schiffe und Boote, so
- 1962 4 **ehemalige Torpedofangboote Typ SPERBER Projekt 23** im Austausch gegen vier Seezeichenkontrollboote Typ SCHWALBE Projekt 8.

Ab 1962 erfolgte im Rahmen eines Schiffsneubauprogrammes auch die schrittweise Zuführung von Spezialschiffen und die Ablösung der alten Seezeichenschiffe. So wurden in Dienst gestellt:
- 1962 **Tonnenleger FREESENDORF Projekt 39**
- 1964 **Tonnen- und Kabelleger DORNBUSCH Projekt 27**
- 1965/66 4 **Schleppboote ELBE**
- 1968 8 **Seezeichenboote SK 64**
- 1969 **Seezeichenschute DÄNHOLM**
- 1969 **Tonnenleger BUK** (Import Polen)

Inzwischen war die Werftindustrie der DDR wesentlich leistungsfähiger geworden, so dass Schiffsneubauten entstehen konnten, die einen relativ hohen Spezialisierungsgrad für ihren Einsatz aufwiesen. Neben ihren sonstigen guten technischen Eigenschaften verfügten fast alle Neubauten über eine ausgezeichnete Manövrierfähigkeit im Eis. Dadurch war auch die nautische Sicherstellung unter harten Winterbedingungen gewährleistet.

Nun war es möglich, die „Behelfsschiffe" in Ehren außer Dienst zu stellen. Das letzte Dampfschiff aus der Anfangszeit des Seehydrografischen Dienstes war der Tonnenleger BUK, der 1969 seinen Dienst beendete.

Die Seevermessung konnte in dieser Periode durch die Einführung neuer Messtechnik, wie Vermessungsecholote und -echographen, verbessert werden. Mit Einführung des Funknavigationssystems RYM wurden Arbeiten über das unmittelbare Küstengebiet hinaus bis an die Grenze der quasioptischen Sichtweite ausgedehnt. Auch die Wetterabhängigkeit verringerte sich. Die Vermessungsschiffe und -boote blieben in dieser Periode aber im Wesentlichen in ihrem Bestand erhalten.

Nachdem in der Etappe 1956 bis 1970 eine grundlegende Erneuerung des Schiffsbestandes des Seehydrografischen Dienstes erfolgt war, ging es nun darum, mit der inzwischen gefestigten Struktur und den vorhandenen Fahrzeugen das im Umfang wesentlich größer gewordene Aufgabenspektrum zu erfüllen.

In der Folge der internationalen Anerkennung der DDR wurde der SHD 1975 Mitglied des Internationalen Seezeichenverbandes (IALA). Es hatte zwar seit Ende der 50er Jahre mit sowjetischen und polnischen Partnern Kontakte und Konsultationen gegeben, die sich auf bestimmte technische Einzelprobleme konzentrierten, sie führten aber nicht dazu, Informationen über den generellen internationalen Entwicklungsstand des Seezeichenwesens zu erhalten oder gar selbst international in Erscheinung treten zu können.
Hauptbetätigungsfeld auf internationalem Gebiet war das Technische Komitee für Maritime Markierungssysteme, auf dessen Initiative bis 1977 die Regeln des ersten international einheitlichen Betonnungssystems (IALA-System) erarbeitet und in Kraft gesetzt wurden.

Im Zusammenhang damit organisierte und realisierte der Seehydrografische Dienst 1976/77 die Einrichtung des Verkehrstrennungsgebietes im Seegebiet der Ansteuerung Rostock sowie der Reeden Rostock und Wismar und 1977 bis 1982 die Umbetonnung aller schwimmenden Seezeichen auf das System A der IALA.
Beim Einsatz des Seezeichenwesens spielte im nationalen Rahmen auch die Einrichtung des Fährhafens Mukran eine maßgebliche Rolle.

Während dieser Zeit wurden auch die Stützpunkte der Volksmarine weitgehend modernisiert. Parallel dazu erfolgte der weitere Ausbau vieler Fahrwasser, um der neuen Generation von Kampf- und Hilfsschiffen der Volksmarine, die sich in ihren Abmessungen und Manövereigenschaften zum Teil wesentlich von denen früherer Zeit unterschieden, möglichst optimale Bedingungen zu bieten.

Diese umfangreichen Aufgaben des Seezeichenwesens wurden mit dem in der Etappe 1956 bis 1970 grundlegend erneuerten Schiffsbestand realisiert.

Seine weitere Modernisierung erfuhr eine kontinuierliche Fortsetzung mit der Einführung von

- 1977 3 **Seezeichenkontrollbooten Projekt 601**
- 1978 **Seezeichenschute KAMP Projekt 411**
- 1978 **Tonnenleger DORNBUSCH Projekt 872** (Import Polen)
- 1986 4 **Schleppbooten Typ WARNOW.**

Obwohl die Zahl der neu in Dienst gestellten Fahrzeuge wesentlich geringer als in den vorangegengenen Perioden war, verbesserten sich damit die Möglichkeiten zur Wartung und Kontrolle der schwimmenden Seezeichen weiter.

Die gestiegenen Anforderungen an die nautisch-hydrografische Sicherstellung sowohl für die militärische, als auch für die zivile Schifffahrt wurden durch weitere Verbesserungen der technischen Ausrüstung in Gestalt eines hohen Automatisierungsgrades realisiert. Das zeigte sich im Besonderen an der Umstellung des Funknavigationssystems RYM auf das ebenfalls aus der UdSSR importierte System BRASS im Jahre 1976.
Mit der Indienststellung der neuen speziell für diesen Verwendungszweck konzipierten Fahrzeuge

- 1976 **Vermessungsschiff CARL F. GAUSS Projekt 136**
- 1981 **Vermessungsbarkasse BESSEL Projekt 407**
- 1983 **Arbeits- und Wohnschiff MERCATOR Projekt 412**

wurde auch die Seevermessungstechnik weiter modernisiert.

Damit konnte die gesamte Seevermessung auf ein höheres Niveau gehoben werden. Die bis 1980 realisierten 60.000 km Lotungslinie in der Mecklenburger Bucht und in der Arkonasee im Rahmen der zweiten. Wiederholung der Seevermessung vor der Küste der DDR waren nur durch einen hohen Automatisierungsgrad und die Auswertung durch Datenverarbeitungsanlagen möglich. Außerdem konnte das Vermessungsgebiet bis an die Seegrenzen der benachbarten Ostseeanliegerstaaten ausgedehnt werden.

Mit der Auflösung der Volksmarine am 02.10.1990 beendete der Seehydrografische Dienst der DDR seine Tätigkeit. Sein einsatzbereiter und auf hohem technischemn Niveau stehender Schiffsbestand wurde zum großen Teil vom Bundesamt für Seeschifffahrt und Hydrografie übernommen und für die gleichen Aufgaben weiter eingesetzt.

Kutter HYDROGRAPH/J.L. KRÜGER

Taktisch technische Daten

D_N(t)	$L_{üa}$(m)	$B_{üa}$(m)	T_g(m)
44,28	17,60	5,14	2,04
Antrieb	**V_{max}(kn)**	**Besatzung**	**Bewaffnung**
1xDM S4VD224	8	7 (+4)	keine

Lebensakte

Projekt-/ Bau-Nr.	Name	in Dienst	außer Dienst
-	HYDROGRAPH	1950	31.10.75

1936/37 führten deutsche Werften Schleppversuche durch, in denen sieben verschiedene Kutterentwürfe getestet wurden. Der Typ D mit den Hauptabmessungen 17,6 m/5,0 m/1,54 m gewann den Vergleich; er gilt als Urform des deutschen Fischkutters. Dieser Typ wird allgemein als „17 m - Kutter" bezeichnet.

In der SBZ/DDR begannen 1947 die Bootswerft Gehlsdorf, 1948 die Warnowwerft Warnemünde und die Volkswerft Stralsund sowie 1949 die Boddenwerft Damgarten mit dem Bau dieses Kutters. Der Großteil dieser Serie wurde anfangs als Reparationsleistung an die UdSSR übergeben.
Einen der in der Boddenwerft Damgarten gebauten Kutter übernahm 1949 das Wasserstraßenamt Stralsund. Er erhielt den Namen HYDROGRAPH und diente zur Durchführung erster hydrografischer Arbeiten in der DDR.

Im Juli 1950 kam der Kutter zum neu gegründeten Seehydrografischen Dienst. Er behielt seinen Namen und wurde weiter als Vermessungskutter eingesetzt. Der mit einem Dieselmotor S 4 VD 224 ausgerüstete Kutter erreichte eine Geschwindigkeit von 8 kn; er war seetüchtig, aber beim langsamen Linienlaufen während der Durchführung von Verpeilungen rollte er schon bei mäßigem Seegang sehr stark. Das komplizierte die Arbeit, da die Seevermessung zur damaligen Zeit noch mit der Lotleine erfolgte.
Geeignete Echolote und Echographen waren noch nicht vorhanden. Erst 1956 konnte das vom Nautisch-Hydrografischen Institut des SHD entwickelte und von RFT Berlin-Köpenick hergestellte elektronische Flachlot auf dem Kutter HYDROGRAPH erprobt und dann fest eingebaut werden.
1961 erhielt der Kutter den neuen Namen J. L. KRÜGER. Der als Vermessungsschiff eingesetzte Logger, der bisher diesen Namen getragen hatte, wurde 1960 an das Institut für Meereskunde abgegeben und bekam dort den Namen PROF. ALBRECHT PENCK.

Unter seinem neuen Namen arbeitete der Kutter bis 1976. Trotz seines nachteiligen Seeverhaltens beim Langsamlaufen musste ihn der SHD weiter als Vermessungskutter einsetzen, da der zur Verfügung stehende Schiffsbestand zu gering war.
1975 wurde der Kutter J.L. KRÜGER außer Dienst gestellt und verschrottet.

Tjalk/Motorsegler SENTA

Taktisch technische Daten			
D_N(t)	**$L_{üa}$(m)**	**$B_{üa}$(m)**	**T_g(m)**
30,0	16,00	5,14	2,04
Antrieb	**V_{max}(kn)**	**Bewaffnung**	
1xDM		keine	

Lebensakte

Projekt-/ Bau-Nr.	**Name**	**in Dienst**	**außer Dienst**	**Bemerkungen**
-	SENTA	1950	1956	Rückgabe an Eigner

Bei dem Motorsegler handelte es sich um eine echte alte Tjalk mit flachem Kiel und Seitenschwertern. Das Boot wurde 1930 in Muyden/Holland als Privatsegeljacht gebaut. Es besaß einen Dieselmotor mit einer Leistung von 60 PS. Nach dem Zweiten Weltkrieg befand es sich in Privatbesitz der Weinbrennerei Bockelmann/ Westberlin. Ende 1949 beschlagnahmten die Staatsorgane der DDR das Boot wegen Schmuggelfahrten des Eigners und übergaben es dem Wasserstraßenamt Stralsund.

Die Volkswerft Stralsund setzte das Holzboot im Rahmen des Winterslips instand, der Schiffsboden wurde dabei gereinigt und konserviert, aber der alte Dieselmotor nicht ausgewechselt.
Im März 1950 stellte das Wasserstraßenamt Stralsund die Tjalk SENTA als Vermessungsboot zur Durchführung erster hydrografischer Arbeiten in Dienst. Der Name wurde beibehalten.

Im Juli 1950 übernahm der neu gegründete SHD das Boot. Mit ihm erfolgte noch die traditionelle „Seevermessung unter Segel“, d.h. nicht nur auf dem Wege in das Arbeitsgebiet, sondern häufig auch beim Linienlaufen wurde das Segel zur Stabilisierung mit gesetzt.
Bereits um 1800 soll mit einer solchen Tjalk die erste systematische Seevermessung „unter Segel“ im Mündungsgebiet der Schelde durchgeführt worden sein. Damit wird der technische Stand der Seevermessung mit Bildung des Seehydrografischen Dienstes 1950 hinlänglich charakterisiert.
1956 stellte der SHD das Vermessungsboot SENTA außer Dienst. Anschließend wurde es dem Eigner in Westberlin zurückgegeben.

Barkasse ERNA

Taktisch technische Daten

D_N(t)	$L_{üa}$(m)	$B_{üa}$(m)	T_g(m)
	18,0	3,8	1,2
Antrieb	**V_{max}(kn)**	**Besatzung**	**Bewaffnung**
1xDM			keine

Lebensakte				
Projekt-/ Bau-Nr.	**Name**	**in Dienst**	**außer Dienst**	**Bemerkungen**
-	ERNA	1950	1970	an AdW

Die Barkasse ERNA war ein altes Fahrzeug, welches bereits 1923 gebaut wurde. Die Bauwerft und der Eigentümer während und nach dem Zweiten Weltkrieg sind nicht bekannt.

Mit Bildung des Seehydrografischen Dienstes übernahm dieser 1950 das Boot vom Wasserstraßenamt Rostock. Es behielt seinen Namen und diente weiter als Vermessungsboot.
1960 wurde im Rahmen der Übergabe des Institutes für Meereskunde vom SHD an die Akademie der Wissenschaften der DDR die Barkasse ERNA mit übergeben. Nach dem 1970 erfolgten Verkauf in privaten Besitz war das Boot 1989 als LÜTT ERNA noch vorhanden.

Motorboot SCHWALBE

Taktisch technische Daten			
D_N(t)	**$L_{üa}$(m)**	**$B_{üa}$(m)**	**T_g(m)**
	8,1	2,4	0,7
Antrieb	**V_{max}(kn)**	**Besatzung**	**Bewaffnung**
1xDM			keine

Lebensakte			
Projekt-/ Bau-Nr.	Name	in Dienst	außer Dienst
-	SCHWALBE	1950	1957

Es handelte sich um ein altes Fahrzeug. Baujahr, Bauwerft sowie Eigentümer während des Zweiten Weltkrieges und danach sind nicht bekannt.

Der Seehydrografische Dienst übernahm 1950 das Boot vom Wasserstraßenamt Stralsund. Es behielt seinen Namen und war weiter als Vermessungsboot eingesetzt. 1957 wurde das Boot durch den SHD außer Dienst gestellt und anschließend verschrottet.

Barkasse KRANICH

Taktisch technische Daten			
D_N(t)	$L_{üa}$(m)	$B_{üa}$(m)	T_g(m)
	13,6	2,9	0,8
Antrieb	V_{max}(kn)	Besatzung	Bewaffnung
1xDM			keine

Lebensakte				
Projekt-/ Bau-Nr.	Name	in Dienst	außer Dienst	Bemerkungen
-	KRANICH	1950	1960	an AdW

Bei der Barkasse Kranich handelte es sich um ein altes Fahrzeug. Baujahr, Bauwerft sowie Eigentümer während des Zweiten Weltkrieges und danach sind nicht bekannt. 1945/50 erfolgte im Auftrag des Wasserstraßenamtes Stralsund in der Bootswerft Jahrling/Freest der Umbau zum Vermessungsboot.

Mit der Gründung übernahm der Seehydrografische Dienst 1950 die Barkasse vom Wasserstraßenamt Stralsund. Sie behielt ihren Namen und arbeitete weiter als Vermessungsboot.

Die Barkesse diente in Zusammenarbeit mit einem Ruderboot hauptsächlich zur Verpeilung flacher Gewässer und damit als Ausweichvariante für Tage mit ungenügender Fernsicht. Das war erforderlich, da das sonst genutzte Vermessungsschiff HYDROGRAPH die Ortsbestimmung ausschließlich nach der Doppelwinkelmessung mit Sextanten durchführen musste.

Motorboot HYDROLOGE

Taktisch technische Daten

D_N(t)	$L_{üa}$(m)	$B_{üa}$(m)	T_g(m)
	15,7	3,1	0,6
Antrieb	**V_{max}(kn)**	**Besatzung**	**Bewaffnung**
1xDM			keine

Lebensakte

Projekt-/ Bau-Nr.	Name	in Dienst	außer Dienst
-	HYDROLOGE	1950	1957

Es handelte sich um ein altes Fahrzeug. Bauwerft, Baujahr und der Eigentümer während des Zweiten Weltkrieges und danach sind nicht bekannt.

Das ehemalige Motorboot M 101 wurde 1950 beschlagnahmt, für den Einsatz im SHD umgebaut und im Oktober 1950 als Vermessungsboot mit dem Namen HYDROLOGE in Dienst gestellt.

1955 war das Boot technisch verbraucht. Es diente deshalb nach dem Ausbau des Motors nur noch als Wohnschiff in Wolgast. 1957 erfolgte seine Außerdienststellung und anschließend die Verschrottung.

Wohnschute BARTH

Taktisch technische Daten

D_N(t)	$L_{üa}$(m)	$B_{üa}$(m)	T_g(m)
	14,9	3,2	0,6
Antrieb	**V_{max}(kn)**	**Besatzung**	**Bewaffnung**
ohne	-		keine

Lebensakte

Projekt-/ Bau-Nr.	Name	in Dienst	außer Dienst	Bemerkungen
-	BARTH	1950	1960	an AdW

Bei der Wohnschute BARTH handelte es sich um ein bereits 1935 gebautes Fahrzeug. Bauwerft sowie Eigentümer während des Zweiten Weltkrieges und danach sind nicht bekannt.

Nach seiner Bildung übernahm der Seehydrografische Dienst 1950 auch die Schute. Sie behielt ihren Namen und wurde weiter als Wohnschute ohne Eigenantrieb genutzt. Sie diente hauptsächlich als Basis für die Landvermessungsgruppe. Dadurch war eine zügige Arbeit in von der Dienststelle weiter entfernten Gebieten möglich.

1960 wurde im Rahmen der Übergabe des Institutes für Meereskunde vom SHD an die Akademie der Wissenschaften der DDR die Wohnschute Barth mit übergeben.

Logger J.L.KRÜGER

Taktisch technische Daten			
D_N(t)	$L_{üa}$(m)	$B_{üa}$(m)	T_g(m)
435	38,5	7,28	3,1
Antrieb	V_{max}(kn)	**Besatzung**	**Bewaffnung**
1xDM 8NVD136	9	15 (+11)	keine

Lebensakte

Projekt-/ Bau-Nr.	Name	in Dienst	außer Dienst	Bemerkungen
RL 234	J.L.KRÜGER	1951	1960	an AdW

Ab Dezember 1949 baute die Schiffswerft Roßlau im Rahmen des Reparationsprogrammes für die UdSSR insgesamt 116 Logger (RL 201...).

1951 wurden die vier Logger RL 233-236 aus der Serie abgezweigt und als Modifikationen an die Seepolizei geliefert, so der

- Logger RL 233 als Versorger,
- Logger RL 234 als Forschungs- und Vermessungsschiff,
- Logger RL 235 als Tanklogger,
- Logger RL 236 als Versorger.

Der für den Fischfang konzipierte Logger RL 234 erhielt u.a. vier Labors für die Arbeit von elf Wissenschaftlern und Technikern, die zum Stammpersonal dazukamen. 1951 übernahm der Seehydrografische Dienst den umgebauten Logger RL 234 und stellte ihn mit dem Namen J.L.KRÜGER, nach dem deutschen Geodäten Johannes Heinrich Louis Krüger (1857 bis 1923), in Dienst. Das Fahrzeug wurde ausschließlich zur ozeanographischen Forschung genutzt. (67)

Im Rahmen der Übergabe des Institutes für Meereskunde vom SHD an die Akademie der Wissenschaften der DDR wechselte auch das Vermessungsschiff J.L.KRÜGER 1960 seinen Besitzer. Es erhielt den neuen Namen PROF. ALBRECHT PENCK. Noch im selben Jahr erfolgte in der Volkswerft Stralsund ein Umbau zum Forschungsschiff; dazu gehörte u.a. der Aufbau einer Walback.

Den Namen J.L. KRÜGER übernahm der Vermessungskutter, der bisher den Namen HYDROGRAPH gehabt hatte.

Seiner KARL F. GAUSS/JORDAN

Taktisch technische Daten			
D_N(t)	$L_{üa}$(m)	$B_{üa}$(m)	T_g(m)
215,5	28,8	6,2	2,34
Antrieb	V_{max}(kn)	**Besatzung**	**Bewaffnung**
1xDM 8VD136	9	17 (+5)	keine

Lebensakte			
Projekt-/ Bau-Nr.	**Name**	**in Dienst**	**außer Dienst**
501/2	KARL F. GAUSS/JORDAN	15.03.53	01.12.83

Im Juni 1949 stellte die Volkswerft Brandenburg den ersten Seiner einer Großserie für die UdSSR fertig. Die gesamte Serie bestand aus drei einander ähnelnden Typen.
Von dem Typ SO erarbeitete die Volkswerft Brandenburg eine Scheppermodifikation. Davon wurden 1952/53 insgesamt 14 Schlepper gebaut. Zwölf dieser Schlepper erhielt die UdSSR, zwei übernahm 1952 die Volkspolizei See. Diese deutsche Ausführung erhielt die Werft-Baunummer 501.
Den Seiner-Schlepper 501/1 setzte die VP-See auch als Schlepper ein. Parallel dazu wurde der Seiner-Schlepper 501/2 gebaut, im März 1953 vom Seehydrografischen Dienst übernommen und als Vermessungsschiff KARL F. GAUSS in Dienst gestellt.

1965 erfolgte in der Volkswerft Stralsund ein größerer Umbau. Der Seiner erhielt einen neuen, etwas flacheren Schornstein und einen Dreibeinmast anstelle des bisherigen Pfahlmastes.

Nachdem er noch bis April 1976 unter seinem bisherigen Namen KARL F. GAUSS gefahren war, erhielt der Seiner/Vermessungsschiff 501/2 den Namen JORDAN, den bisher ein 1975 außer Dienst gestellter Kutter getragen hatte. Unter diesem Namen blieb das Vermessungsschiff bis Dezember 1983 im Einsatz, wurde dann außer Dienst gestellt und verschrottet.

Kutter MAGNETOLOGE und JORDAN

Taktisch technische Daten

D_N(t)	$L_{üa}$(m)	$B_{üa}$(m)	T_g(m)
114	24,0	6,70	2,40
Antrieb	**V_{max}(kn)**	**Besatzung**	**Bewaffnung**
1xDM 6NVD36	8,5	13 (+2)	keine

Lebensakte

Projekt-/ Bau-Nr.	Name	in Dienst	außer Dienst	Bemerkungen
-	JORDAN	11.07.53	17.02.75	
	MAGNETOLOGE	08.03.54	1960	an AdW

Das umfangreiche Kutterprogramm, bei dem 17 m-Kutter, basierend auf dem Grundtyp Kutter D, gebaut wurden, begann 1948. Ab 1950 erfolgte der Startschuss zu einer weiteren Großserie. Auf der Grundlage des 1936/37 entwickelten Kutters G wurden in zehn DDR-Werften insgesamt 57 „24 m-Kutter" gebaut, der größte Teil davon als Reparationsleistung an die UdSSR. Den ersten Kutter lieferte im Juli 1950 die Bootswerft Gehlsdorf.
Zwei dieser hier gebauten 24 m-Holzkutter erhielt der Seehydrografische Dienst. Sie wurden im Juli 1953 als JORDAN bzw. im März 1954 als MAGNETOLOGE in Dienst gestellt. Es waren die ersten beiden Fahrzeuge des SHD, die über Vermessungsecholote (Import aus der UdSSR) verfügten. Während JOR-

DAN als Vermessungsschiff arbeitete, hatte MAGNETOLOGE vorwiegend ozeanographische Arbeiten zu erfüllen.
1960 wurde im Rahmen der Übergabe des Institutes für Meereskunde vom SHD an die Akademie der Wissenschaften der DDR das Schiff MAGNETOLOGE mit übergeben. Es erhielt den neuen Namen PROF. O. KRÜMMEL und diente als Forschungsschiff. 1989 ging das Schiff an die Wasserwirtschaftsdirektion Küste in Stralsund.

Das Vermessungsschiff JORDAN blieb bis 1975 beim SHD im Einsatz. Danach wurde es außer Dienst gestellt und verschrottet.

Arbeitsboote KOMPASS und SEXTANT

Taktisch technische Daten

D_N(t)	$L_{üa}$(m)	$B_{üa}$(m)	T_g(m)
4,5	10,52	2,70	0,85
Antrieb	V_{max}(kn)	**Besatzung**	**Bewaffnung**
1xDM Pionier 4F145	10,5	2	keine

Lebensakte

Projekt-/ Bau-Nr.	Name	in Dienst	außer Dienst
0091/1	KOMPASS	1952	1969
0091/2	SEXTANT	1952	1958

Mit den Booten KOMPASS und SEXTANT begann der Seehydrografische Dienst ein eigenes, allerdings noch sehr bescheidenes Bauprogramm.

Während alle anderen Schiffe und Boote bei Gründung des SHD übernommen wurden oder als Modifikationen von Serienprojekten für eine andere Zweckbestimmung entstanden, erging erstmalig eine spezielle Aufgabenstellung an eine Werft.
1952 entwickelte und baute die Schiffswerft Berlin (später Yachtwerft Berlin) zwei Arbeitsboote mit der Werft-Projektnummer 0091.
Der Bootskörper war vollständig aus Eichenholz gefertigt. Der Kajütenaufbau bestand ebenfalls aus Holz. Angetrieben wurden die Boote durch einen Dieselmotor Pionier 4F 145 Be aus dem IFA-Schlepperwerk Nordhausen. Dieser Motor kam nur bei diesen Booten zum Einsatz.

Das Vermessungsboot SEXTANT wurde 1958 und das Boot KOMPASS 1969 außer Dienst gestellt und verschrottet.

Tonnenleger MÖWE/DORNBUSCH

Taktisch technische Daten

D_N(t)	$L_{üa}$(m)	$B_{üa}$(m)	T_g(m)
268	33,4	6,1	3,3
Antrieb	**V_{max}(kn)**	**Besatzung**	**Bewaffnung**
Dampfmaschine		12	keine

Lebensakte			
Projekt-/ Bau-Nr.	**Name**	**in Dienst**	**außer Dienst**
-	MÖWE	05.52	1956

Der Tonnenleger hatte bereits eine bewegte Vergangenheit hinter sich. Das Schiff wurde 1898 auf der Helsingör Jernskibs og Maskinbyggeri gebaut und im selben Jahr als Tonnenleger mit dem Namen NORDSÖEN in Dienst gestellt. Grund für den Schiffsneubau war, das Fahrzeug für die Befeuerung der Gewässer vor der Jütländischen Nordseeküste, speziell des Hafens von Esbjerg, einzusetzen. Nachdem das Schiff ursprünglich eine Lüa = 27,60 m hatte, wurde es 1907 auf 33,40 m verlängert. Anschließend diente es bis 1948 wieder an der Nordseeküste als Tonnenleger und gehörte zum dänischen Fahrwasserdirektorat, das ebenfalls den Seestreitkräften unterstellt ist.
Ende 1948 wurde der Tonnenleger außer Dienst gestellt und im Herbst 1949 an eine Abbruchfirma auf der Insel Masnedö (östlich Seeland) verkauft. Weil der Abbruch dort erfolgen sollte, schleppte man ihn im Dezember auf der Route nördlich Skagen und danach durch den Sund. Bei der Überführung herrschte starker Nordoststurm. Da die Schleppleine brach, nahm der Dampfschlepper LISCA das manövrierunfähige Schiff längseits. Nördlich des Feuers Stevns brach auch die Festmacherleine. Das Schiff trieb unbemannt in der südwestlichen Ostsee und strandete am 12.12.49 vor Prerow.

Bereits nach wenigen Stunden entdeckte es die Wasserschutzpolizei und identifizierte es als Tonnenleger. Eine Kommission des Ministeriums für Verkehrswesen, die eine Untersuchung des Wracks durchführte, kam zu dem Ergebnis:
- Außenhaut unbeschädigt, Einrichtung vollständig vorhanden,
- Schiff ist auf- und ausbaufähig.

Im Februar 1950 wurde der Versuch unternommen, das gestrandete Schiff zu bergen. Der kleine Schlepper ÄGIR reichte aber nicht aus. Die NORDSÖEN trieb wieder auf Grund und strandete ein zweites Mal.Auch der Schlepper trieb auf Grund, konnte aber mit eigener Kraft wieder freikommen.
Im März wurde das Schiff endgültig geborgen und zur Werft nach Wismar überführt. Dort stellte man in einem Gutachten fest, dass der Schiffskörper einige Leckstellen aufwies sowie mehrere schiffbauliche Teile fehlten und ersetzt werden mussten.

Während der Instandsetzung des Schiffes in Wismar wurde entsprechend den geltenden juristischen Forderungen ein Aufgebotsverfahren veröffentlicht. Man rief den Eigner auf, sich zu melden und seine Ansprüche auf das Schiff NORDSÖEN geltend zu machen. Die gestellte Frist verstrich aber, ohne das sich dieser meldete. Der Grund dafür ist nicht bekannt; es ist aber anzunehmen, dass der Eigner für das Wrack keine Bergungskosten an die DDR zahlen wollte.

Bei der Instandsetzung des Schiffes blieb die vorherige technische Ausführung erhalten. Es wurden keine Umbauten vorgenommen. Nachdem im Mai 1950 das Wasserstraßenamt Stralsund einen Messbrief für das instand gesetzte Schiff ausgefertigt hatte, stellte es die Generaldirektion Schifffahrt als Tonnenleger in Dienst. Das Schiff erhielt den neuen Namen MÖWE.

Damit besaß die DDR das erste Schiff zur nautischen Sicherstellung entlang der eigenen Küstengewässer. Das Seezeichenwesen gehörte damals noch nicht zum Aufgabenbereich des Seehydrogafischen Dienstes. Dieses Fachgebiet unterstand der Generaldirektion Schifffahrt im Verkehrsministerium. Damit verrichtete der Tonnenleger auch unter dessen Leitung seine Arbeit.

Mit der Übernahme des Seezeichenwesens durch den SHD wurde im Juli 1952 auch der Tonnenleger MÖWE übernommen. Obwohl mehr als 50 Jahre alt und eigentlich schon außer Dienst gestellt, war er noch ein „richtiger" Tonnenleger und gegenüber dem ebenfalls übernommenen veralteten Bestand von Seezeichenschiffen ein geradezu hochwertiges Objekt.
Die MÖWE war zunächst das einzige Schiff des SHD im Seezeichenwesen, das über ein solch leitungsfähiges Ladegeschirr verfügte, mit dem auch in freier See liegende schwere Leuchttonnen ausgelegt und eingeholt werden konnten.
Die vorhandene Handwinde erforderte allerdings harte körperliche Arbeit.Auch die Dampfmaschine mit Kohlefeuerung und Handbeschickung stellte hohe Anforderungen an das Maschinenpersonal.

1953 erhielt der Tonnenleger MÖWE im Rahmen der Namensänderung aller Seezeichenschiffe des SHD den neuen Namen DORNBUSCH.

Mitte der 50er Jahre lief dem Seehydrografischen Dienst mit den neuen Booten Typ SPERLING die erste Generation neu gebauter Seezeichenkontrollboote sowie zwölf Räumboote/Seezeichenkontrollboote Typ SCHWALBE Projekt 8 zu. Dadurch konnten die alten Hilfsfahrzeuge nach und nach ersetzt werden. Nur der Tonnenleger DORNBUSCH erfüllte trotz seines hohen Alters und der veralteten technischen Ausrüstung weiterhin alle Aufgaben als Tonnenleger an der Seite zwar kleinerer, aber modernerer Boote.

1956 kam es schließlich doch zur Außerdienststellung. Nicht mehr beschaffbare Ersatzteile sowie der sich rapide verschlechternde Zustand des Schiffskörpers zwangen den SHD zur zweiten Ausmusterung des Schiffes, nachdem es bereits 1948 durch die dänischen Seestreitkräfte abgeschrieben worden war.
Den Namen DORNBUSCH erhielt ab 1964 der in der Peenewerft Wolgast gebaute Kabelleger Projekt 27.

Tonnenleger BLITZ/GELLEN

Taktisch technische Daten

D_N(t)	$L_{üa}$(m)	$B_{üa}$(m)	T_g(m)
	22,2	5,6	1,5
Antrieb	V_{max}(kn)	**Besatzung**	**Bewaffnung**
Dampfmaschine			keine

Lebensakte

Projekt-/ Bau-Nr.	Name	in Dienst	außer Dienst
-	BLITZ	05.52	1957

Im Rahmen der Übernahme des Seezeichenwesens vom Verkehrsministerium übernahm der Seehydrografische Dienst auch den Tonnenleger BLITZ. Dieser „Methusalem“ war das älteste Schiff, welches der SHD im Juli 1952 in Dienst stellte. Es war bereits 1883 in der Werft Möller u. Holberg in Grabow bei Stettin gebaut worden. Die Eigentümer während des Zweiten Weltkrieges und in den Jahren danach sind nicht bekannt. Das Schiff behielt bei der Indienststellung seinen Namen, wurde aber 1953 in GELLEN umbenannt.

Es besaß eine Dampfmaschine mit einer Leistung von 75 PS und Kohlefeuerung. Ein kleines Ladegeschirr auf dem Achterschiff ermöglichte die Arbeit mit Tonnen in See. Auf einen Umbau bzw. eine Modernisierung des Schiffes verzichtete der SHD. 1957 wurde der Tonnenleger außer Dienst gestellt und verschrottet. Den Namen übernahm später ein in der Elbewerft Boizenburg entwickeltes und gebautes Seezeichenkontrollboot Projekt 601.

Tonnenleger MARS/FREESENDORF

Taktisch technische Daten

D_N(t)	$L_{üa}$(m)	$B_{üa}$(m)	T_g(m)
	37,8	5,8	1,2
Antrieb	V_{max}(kn)	**Besatzung**	**Bewaffnung**
Dampfmaschine			keine

Lebensakte

Projekt-/ Bau-Nr.	Name	in Dienst	außer Dienst
-	MARS	05.52	1957

Auch dieses als Tonnenleger MARS eingesetzte Schiff übernahm der SHD vom Verkehrsministerium. Es handelte sich um ein altes Frachtschiff, welches bereits 1891 mit dem Namen BORUSSIA in der Werft Johannsen und Co in Danzig gebaut wurde und damit eines der ältesten Schiffe des Dienstbereiches war. Die Eigentümer während des Zweiten Weltkrieges und danach sind nicht bekannt.

Das Schiff besaß eine Dampfmaschine mit Kohlefeuerung und Handbeschickung. Die beiden Ladebäume auf dem Vor- und Achterschiff waren auf dem als Frachtschiff konzipierten Fahrzeug bereits vorher vorhanden. Obwohl nicht dafür ausgelegt, ermöglichten sie doch die Arbeit mit Tonnen in See.

1953 erhielt der Tonnenleger den neuen Namen FREESENDORF. Er wurde ohne Umbau bzw. Modernisierung weiter im Seezeichenwesen eingesetzt. 1957 erfolgte seine Außerdienststellung und Verschrottung. Den Namen übernahm später der in der Peenewerft Wolgast entwickelte und gebaute Tonnenleger Projekt 39.

Tonnenleger WOLF/BUK

Taktisch technische Daten

D_N(t)	$L_{üa}$(m)	$B_{üa}$(m)	T_g(m)
67,3	23,6	5,9	2,7
Antrieb	**V_{max}(kn)**	**Besatzung**	**Bewaffnung**
Dampfmaschine	9	8	keine

Lebensakte

Projekt-/ Bau-Nr.	Name	in Dienst	außer Dienst
-	WOLF	05.52	03.09.69

Auch diesen alten ehemaligen Schlepper, 1906 in der Schiffswerft Wichhorst Hamburg gebaut, übernahm der Seehydrografische Dienst vom Verkehrsministerium. Die Eigentümer während des Zweiten Weltkrieges und danach sind nicht bekannt. Es ist aber anzunehmen, dass sich die Besitzverhältnisse mehrfach geändert haben, da das Schiff bereits vorher die Namen KRANICH, SILBERMÖWE und MÖLTENORT trug.

Ab 1941 gehörte das Schiff mit dem Namen WOLF der Kohlehandelsgesellschaft mbH in Wismar. Diesen Namen behielt es auch weiterhin.

Um den Einsatz des Schleppers als Tonnenleger zu ermöglichen, wurde in der Warnowwerft Warnemünde hinter dem Schornstein ein Ladegeschirr aufgebaut. Der Dampfantrieb mit handbeschickter Kohlefeuerung blieb erhalten.

1953 erhielt auch dieses Schiff im Rahmen der Umbenennungsaktion den neuen Namen BUK.
Nachdem 1968 die neuen Seezeichenkontrollboote SK 64 eingeführt wurden, konnte der Tonnenleger BUK im September 1969 außer Dienst gestellt und verschrottet werden. Den Namen BUK erhielt der aus Polen importierte Tonnenleger Projekt 870.

Seezeichenschiff LEITHOLM/DÄNHOLM

Taktisch technische Daten

D_N(t)	$L_{üa}$(m)	$B_{üa}$(m)	T_g(m)
	21,1	5,6	1,5
Antrieb	**V_{max}(kn)**	**Besatzung**	**Bewaffnung**
Dampfmaschine			keine

Lebensakte

Projekt-/ Bau-Nr.	Name	in Dienst	außer Dienst
-	LEITHOLM	05.52	1957

Dieses alte Schiff baute bereits 1916 eine Binnenwerft in Breslau. Wie es zur Ostsee kam, ist nicht bekannt. Auch die Eigentümer während des Zweiten Weltkrieges und der Nachkriegsjahre sind nicht mehr zu ermitteln.

Im Rahmen der Übernahme des Seezeichenwesens durch den SHD vom Verkehrsministerium wurde das Seezeichenschiff LEITHOLM mit übernommen. In diesem Bereich war es weiterhin eingesetzt. Allerdings wirkte sich das Fehlen eines Ladegeschirrs nachteilig auf die Arbeit mit den Tonnen in See aus. Das Schiff war deshalb nur bedingt einsetzbar; es wurde nicht als Tonnenleger, sondern als Seezeichenschiff bezeichnet.
Ausgerüstet mit einer Dampfmaschine mit Kohlefeuerung, erreichte es eine Leistung von 75 PS.

1953 erhielt das Schiff den neuen Namen DÄNHOLM. Ein Umbau bzw. eine Modernisierung wurde nicht mehr vorgenommen; 1957 erfolgte die Außerdienststellung und anschließend die Verschrottung. Den Namen übernahm später eine in der Schiffswerft Barth entwickelte und gebaute Seezeichenschute.

Vermessungs- und Seezeichenkutter STRALSUND/FLAGGTIEF

Taktisch technische Daten

D_N(t)	$L_{üa}$(m)	$B_{üa}$(m)	T_g(m)
48,7	17,76	5,60	2,35
Antrieb	**V_{max}(kn)**	**Besatzung**	**Bewaffnung**
1xDM S4VD224	8,5	4 (+1)	keine

Lebensakte

Projekt-/ Bau-Nr.	Name	in Dienst	außer Dienst
-	STRALSUND	08.50	15.11.68

Wie bereits dargelegt, wurde ab Dezember 1947 in der Sowjetischen Besatzungszone in mehreren Werften mit dem Bau einer Großserie sogenannter 17 m - Kutter begonnen. Von dieser ersten Bauausführung erhielt der Seehydrografische Dienst 1950 den Kutter HYDROGRAPH.

Einsatzerfahrungen der Saßnitzer Fischer, die ebenfalls mehrere der Kutter nutzten, verlangten nach einer Optimierung dieses Typs. In der ersten Hälfte des Jahres 1949 erfüllte die Volkswerft Stralsund diese Forderungen und entwickelte eine zweite Bauausführung. Die Breite des Kutters wurde von 5,00 m auf 5,60 m und die Länge von 17,60 m auf 17,76 m verändert. Das Deplacement vergrößerte sich dadurch von 44,28 t auf 48,7 t. Hierdurch wurde ein besseres Seeverhalten erreicht. Das Fahrzeug behielt aber wegen der nur geringfügigen Verlängerung die bisherige Typbezeichnung 17 m - Kutter.

Den ersten Kutter dieser verbesserten zweiten Bauausführung übernahm der SHD. Nach einer Modifizierung vom Fischkutter zum Vermessungsboot erfolgte im August 1950 die Indienststellung mit dem Namen STRALSUND. Die Einrichtung blieb im Wesentlichen erhalten. Auch der Dieselmotor S 4 VD 224 mit 140 PS und das Ladegeschirr auf dem Vorschiff wurden nicht verändert.

Beim SHD erfolgte der Einsatz anfangs als Vermessungsfahrzeug. Nach Übernahme des Seezeichenwesens vom Verkehrsministerium wurde der Kutter im Bedarfsfalle wegen des vorhandenen Ladegeschirrs auch für Tonnenarbeiten genutzt. Er lief deshalb fortan unter der Bezeichnung Vermessungs- und Seezeichenkutter.

1953 erhielt auch dieses Fahrzeug einen neuen Namen. STRALSUND wurde nicht als geografischer Begriff des Seezeichenwesens anerkannt; der neue Name war FLAGGTIEF.

Nach weiterem Einsatz entsprechend seiner bisherigen Bestimmung beendete der Vermessungs- und Seezeichenkutter FLAGGTIEF 1968 den Dienst. Der Name wurde später nicht wieder vergeben.

Schlepper BORWIN/WALFISCH

Taktisch technische Daten			
D_N(t)	$L_{üa}$(m)	$B_{üa}$(m)	T_g(m)
	14,3	3,8	1,2
Antrieb	V_{max}(kn)	**Besatzung**	**Bewaffnung**
1xDM	8,5		keine

Lebensakte			
Projekt-/ Bau-Nr.	**Name**	**in Dienst**	**außer Dienst**
-	BORWIN	05.52	1971

Dieses Fahrzeug baute die Schiffswerft A.G. Neptun Rostock bereits 1930. Über die Eigentümer während des Zweiten Weltkrieges und der Folgejahre ist nichts bekannt.
Nach der Übernahme durch den SHD vom Verkehrsministerium im Jahre 1952 behielt der Schlepper BORWIN seinen mit der Geschichte der Stadt Rostock verbundenen Namen und arbeitete weiterhin im Seezeichenwesen.

Mit dem Schlepper BORWIN wurde 1952/53 hauptsächlich die Umstellung der Betonnung entsprechend des einheitlichen Genfer Betonnungssystems im Seegebiet Kühlungsborn bis Darßer Ort durchgeführt. Da der Schlepper kein Ladegeschirr besaß, arbeitete er mit dem Tonnenprahm des Tonnenhofes Warnemünde zusammen. Dazu schleppte BORWIN den Prahm zum Einsatzort. Die jeweilige Tonne wurde mit der Handwinde des Prahm eingezogen. Für eine Leuchttonne benötigte man sechs Mann Personal des Tonnenhofes. Es dauerte zwei bis drei Stunden, ehe sie aus dem Wasser gezogen war.
BORWIN wechselte sich bei dieser Arbeit mit der Barkasse ORION ab.

1953 erhielt das Seezeichenboot BORWIN den neuen Namen WALFISCH nach der kleinen Insel in der Wismarer Bucht. Ein Umbau bzw. eine Modernisierung erfolgte nicht; auch der vorhandene Dieselmotor mit einer Leistung von 80 PS wurde nicht ausgetauscht.
1971 wurde der Schlepper/Seezeichenboot WALFISCH außer Dienst gestellt und verschrottet.

Barkasse ORION/GOLWITZ

Taktisch technische Daten

D_N(t)	$L_{üa}$(m)	$B_{üa}$(m)	T_g(m)
	9,1	2,1	1,0
Antrieb	V_{max}(kn)	**Besatzung**	**Bewaffnung**
1xDM	8		keine

Lebensakte

Projekt-/ Bau-Nr.	Name	in Dienst	außer Dienst
-	ORION	05.52	1967

Mit der Übernahme des Seezeichenwesens kam auch die Barkasse ORION zum Seehydrografischen Dienst. Das Alter und die Bauwerft dieses Fahrzeuges sind nicht bekannt. Auch die Eigentümer während des Zweiten Weltkrieges und danach waren nicht zu ermitteln.

Bei der Indienststellung behielt die Barkasse ihren Namen und arbeitete weiter im Seezeichenwesen; 1953 wurde sie in GOLWITZ umbenannt.

Die Arbeiten im SHD entsprachen dem beim Schlepper BORWIN Gesagten. Ein Umbau bzw. eine Modernisierung des Bootes erfolgten nicht; auch der vorhanden Dieselmotor mit einer Leistung von nur 40 PS blieb erhalten. 1967 wurde das Seezeichenboot GOLWITZ außer Dienst gestellt und verschrottet.

Seezeichenboot MECKLENBURG

Taktisch technische Daten

D_N(t)	$L_{üa}$(m)	$B_{üa}$(m)	T_g(m)
	18,2	3,8	1,2
Antrieb	**V_{max}(kn)**	**Besatzung**	**Bewaffnung**
1xDM			keine

Lebensakte

Projekt-/ Bau-Nr.	Name	in Dienst	außer Dienst	Bemerkungen
-	MECKLENBURG	05.52	1954	an Wasserstraßenamt Stralsund

Das Boot wurde 1951 im Auftrag des Verkehrsministeriums durch die Reparaturwerft Genthin gebaut und als Seezeichenboot MECKLENBURG eingesetzt. Im Rahmen der Übernahme des Seezeichenwesens kam es 1952 zum SHD, wo es unter seinem Namen weiterarbeitete.
Bei der umfangreichen Namensänderung von Fahrzeugen des SHD 1953 blieb das Seezeichenboot MECKLENBURG aus nicht mehr zu ermittelnden Gründen unberücksichtigt.
Als sich herausstellte, dass sich das Boot, obwohl es einen leistungsstarken Dieselmotor mit 115 PS besaß, für die Arbeit im SHD nicht besonders eignete, wurde es 1954 außer Dienst gestellt und als Kontrollboot an das Wasserstraßenamt Stralsund abgegeben. Dort war es bis 1989 im Einsatz und wurde dann der Mathias-Thesen-Werft Wismar als Taucherboot zur Verfügung gestellt.

Motorschlepper ROLAND

Taktisch technische Daten			
D_N(t)	$L_{üa}$(m)	$B_{üa}$(m)	T_g(m)
	14,0	4,0	1,2
Antrieb	**V_{max}(kn)**	**Besatzung**	**Bewaffnung**
1xDM		3	keine

Lebensakte

Projekt-/ Bau-Nr.	Name	in Dienst	außer Dienst	Bemerkungen
-	ROLAND	05.52	1958	an HO Kreisbetrieb Rügen

Der Motorschlepper ROLAND war ein alter Schlepper mit dem ehemaligen Namen WESTERLEY. Baujahr und Bauwerft sind nicht bekannt und auch die Eigentümer während des Zweiten Weltkrieges und der Nachkriegsjahre konnten nicht ermittelt werden.

Mit der Übernahme des Seezeichenwesens durch den SHD wurde auch der Schlepper mit dem nunmehrigen Namen ROLAND übernommen. Bei seiner Indienststellung im Mai 1952 durch den SHD blieb der Name erhalten.Der Schlepper wurde weiter im Seezeichenwesen,aber teilweise auch als Vermessungsboot eingesetzt.

Auch dieses Boot erfuhr 1953 keine Namensänderung.1958 wurde es außer Dienst gestellt und an den HO-Kreisbetrieb Rügen verkauft.

Seezeichenkontrollboot Typ SPERLING

Taktisch technische Daten

D_N(t)	$L_{üa}$(m)	$B_{üa}$(m)	T_g(m)
70,5	20,0	4,77	1,76
Antrieb	V_{max}**(kn)**	**Besatzung**	**Bewaffnung**
1xDM 8VD136	10,5	5	keine

Lebensakte

Projekt-/ Bau-Nr.	Name	in Dienst	außer Dienst	Bemerkungen
-	ARKONA	15.05.54	17.08.76	an BBB
	STUBBENKAMMER	29.06.54	15.10.76	an BBB
	DARSSER ORT	26.08.54	30.09.76	an BBB

Bereits im Februar 1951, als die Übernahme des Seezeichenwesens durch den SHD zwar ins Gespräch kam, aber noch nicht vollzogen war, erging an das Konstruktionsbüro Stralsund eine Aufgabenstellung der Seepolizei zur Entwicklung einer Serie von Seezeichenkontrollbooten. Als Zweckbestimmung war angegeben:

> Die Fahrzeuge sind bestimmt zur Kontrolle und zur Versorgung der Seezeichen. Außerdem sollen sie in der Lage sein, die zur Versorgung nötigen Materialien (Gas, Batterien und Ersatzteile) mitzuführen und kleinere Seezeichen zu schleppen.

Da erst ab Mai 1951 die ersten offiziellen Projektnummern für Neubauprogramme vergeben wurden (Nr. 1 für das Minenleg- und -räumschiff HABICHT), lief die Entwicklung des Seezeichenkontrollbootes SPERLING nur unter dem Typnamen.

In Zusammenarbeit mit der Volkswerft Stralsund entstanden bis 1953 die technischen Unterlagen; anschließend baute die Werft eine Serie von drei Seezeichenkontrollbooten, die alle 1954 als erste speziell entwickelte Fahrzeuge an den SHD übergeben wurden.
Die drei Boote erhielten bei ihrer Indienststellung die Namen ARKONA, STUBBENKAMMER und DARSSER ORT.

Auch wenn sie mit D_N = 70,5 t relativ klein waren, trugen die Boote doch wesentlich dazu bei, die Wartung der Tonnen in See zu erleichtern, da sie längst nicht so störanfällig waren, wie die übernommenen alten Dampfer.

Die relative Unerfahrenheit der Bearbeiter im Konstruktionsbüro Stralsund führte dazu, dass die Boote einige Unzulänglichkeiten aufwiesen, die sich bei der Arbeit an den Tonnen in See herausstellten. Die Boote besaßen zwar einen guten und robusten Körper und eine zuverlässige Maschinenanlage, aber sie nahmen bereits bei geringem Seegang so viel Wasser über, dass das Arbeiten an Oberdeck sehr schwierig war. Grund dafür war das ungünstige L/B-Verhältnis (Länge : Breite) unter den Bedingungen der mittleren Wellenlänge in der Ostsee.

Einem Erfahrungsbericht von 1963 war zu entnehmen:
- Die Boote sind zu kurz.
- Mast und Ladebaum sind aus Holz und von Hand angetrieben, das Ladegeschirr ist für Seezeichenboote ungeeignet.
- Das Ankerspill wird von Hand bedient; die Boote müssen aber oft ankern.
- Das Ankergeschirr ist zu leicht, es kann die Boote vor Anker kaum halten.
- Die Maschine muss direkt aus dem Ruderhaus gefahren werden können, damit die gute Manövrierfähigkeit der Boote noch besser genutzt werden kann.
- Es fehlt ein kleines Arbeitsboot.
- Das Arbeitsdeck ist zu klein und zu wenig freie Decksfläche vorhanden.
- Da die Besatzung ständig an Bord wohnt, ist der Wohnraum zu gering.

Trotz der dargelegten Unzulänglichkeiten haben sich die Boote im Einsatz bewährt und wurden über viele Jahre im Seezeichenwesen eingesetzt.
1976 stellte der SHD alle drei Boote außer Dienst; sie gingen an den Bagger-, Bugsier- und Bergungsdienst (BBB) und erhielten dort die neuen Namen SÜDPERD, VORWÄRTS und NORDPERD.

Räumboot/Seezeichenkontrollboot, Typ SCHWALBE Projekt 8

Taktisch technische Daten

1. Bauausführung

D_N(t)	$L_{üa}$(m)	$B_{üa}$(m)	T_g(m)
59,6	27,55	4,20	1,0
Antrieb	**V_{max}(kn)**	**Besatzung**	**Bewaffnung**
2xDM 6DV224	11	12	keine

2. Bauausführung

D_N(t)	$L_{üa}$(m)	$B_{üa}$(m)	T_g(m)
67,1	28,74	4,45	1,13
Antrieb	**V_{max}(kn)**	**Besatzung**	**Bewaffnung**
2xDM 6DV224	11,5	12	keine

Lebensakte

Projekt-/ Bau-Nr.	Name	in Dienst	außer Dienst	Bemerkungen
508/1	ohne	16.11.53	10.09.68	
508/2		16.11.53	15.09.71	ab 63 Torpedofangboot
508/3		16.11.53	26.03.71	ab 63 Torpoedofangboot
508/4		19.05.54	30.09.68	
508/5		19.05.54	10.04.67	ab 63 Torpedofangboot
508/6		19.05.54	15.09.71	ab 63 Torpedofangboot
7/1	ohne	01.06.55	04.11.68	
8/2		01.06.55	30.11.67	
9/3		01.06.55	31.03.68	
10/4		01.06.55	02.12.68	
11/5		17.06.55	20.06.64	
12/6		01.06.55	28.10.71	ab 63 WTZ/Erprobungsboot

Bereits 1950 löste die Hauptverwaltung Seepolizei (HVS) beim Zentralen Konstruktionsbüro Berlin einen Auftrag für die Entwicklung und den Bau eines kleinen Räumbootes aus. Damit sollte die notwendige Verstärkung des Minenräumpotentials der Seepolizei eingeleitet werden.

1950 existierte in der DDR aber nur eine schwach entwickelte Werftindustrie, die außerdem durch Reparationslieferungen an die UdSSR weitgehend ausgelastet war. Deshalb bezog das Zentrale Konstruktionsbüro Berlin die Thälmann-Werft Brandenburg/Havel (vormals Bootswerft Gebrüder Wichmann) in die Bearbeitung ein.

Als schnell realisierbare Zwischenlösung sollte ein erstes Baulos von sechs Booten gebaut werden. Diese Boote liefen in der Werft unter den Baunummern 508/1 - 508/6 (Typname SCHWALBE) und wurden 1953/54 fertig gestellt. Alle sechs Boote hatten weder Ari-Bewaffnung noch Räumausrüstung. Sie kamen auf dem Wasserwege über Oder und Achterwasser nach Stralsund; dort vervollständigte man die Ausrüstung und unterzog die Boote einer umfangreichen Erprobung.

Inzwischen war der Seehydrografische Dienst gebildet und der Hauptverwaltung Seepolizei unterstellt worden. Ab Mai 1952 war er auch für das Seezeichenwesen verantwortlich. Die dabei mit übernommenen Seezeichenschiffe waren, wie bereits dargelegt, nur bedingt in der Lage, die Aufgaben zu erfüllen. Deshalb entschied die Seepolizei, die sechs in Brandenburg gebauten Boote nach Abschluß der technischen Erprobung dem SHD zu übergeben.
Ob diese Idee bereits bei der Aufgabenstellung zur Entwicklung der Boote entstanden war oder erst, nachdem die Boote der Volkspolizei-See zugegangen waren, konnte nicht mehr ermittelt werden.

Der SHD übernahm die Boote und stellte sie ohne Umbau als Seezeichenkontrollboote in Dienst. Sie erhielten keine Namen, sondern nur Bordnummern (D-..).
Die Boote waren für die Seezeichenarbeit nur bedingt hergerichtet, sie bedeuteten aber trotzdem gegenüber den altersschwachen Dampfern einen bedeutenden Fortschritt.

Der eigentliche Grund zur Entwicklung dieser Boote bestand darin, das Minenräumpotential der Volkspolizei-See zu verstärken. Hieran hielt man weiter fest. In Gemeinschaftsarbeit ISW/Yachtwerft Berlin entstand eine etwas vergrößerte zweite Bauausführung, deren Serienbau 1954 in Berlin mit der SCHWALBE 7/1 begann. Trotz abweichender Größen unterschieden sich die Boote der ersten und zweiten Bauausführung äußerlich kaum voneinander.

Im Interesse der weiteren Verbesserung des Schiffsbestandes für das Seezeichenwesen wurden die ersten sechs Boote dieser Serie (Boote 7/1 - 12/6) ohne Ari-

Bewaffnung und Räumausrüstung ausgeliefert und ebenfalls dem SHD als Seezeichenkontrollboote übergeben. Diese Boote stellte der SHD 1955 in Dienst. Sie erhielten ebenfalls keine Namen, sondern nur Bordnummern (D-..).
Erst ab Boot 13/7 begann der Bau als „Kampfschwalbe".

Nachdem sich herausgestellt hatte, dass die 1957/58 eingeführten Torpedofangboote Typ SPERBER Projekt 23 für ihre Aufgaben nur bedingt einsetzbar waren, sollten sie gegen vier Seezeichenkontrollboote SCHWALBE ausgetauscht werden. Für den Tausch wurden 1962 die Boote der ersten Bauausführung 508/2, 3, 5 und 6 ausgewählt, weil sie sich mit ihrem Bootskörper – bei normalen Reparaturen – noch bis zur geplanten Modernisierung 1964/65 als einsetzbar erwiesen. Daher wurden diese Boote von der Yachtwerft Berlin zu Torpedofang- und -übernahmebooten umgebaut.

1963 wurde ein weiteres Seezeichenkontrollboot SCHWALBE vom SHD abgezogen. Das Boot der zweiten Bauausführung 12/6 ging zum Wissenschaftlich-Technischen Zentrum der Volksmarine nach Wolgast und erfüllte dort mit der Bordnummer V-72 bis zu seiner Außerdienststellung 1971 Aufgaben als Erprobungsfahrzeug und zuletzt als Führungs- und Wohnschute.
Damit befanden sich ab 1963 noch insgesamt sieben Seezeichenkontrollboote SCHWALBE beim Seehydrografischen Dienst im Einsatz.

Bei der 1965 begonnenen Modernisierung der „Kampfschwalben" blieben die Boote des SHD unberücksichtigt. Bis 1968 wurden sie nach Zuführung speziell entwickelter leistungsfähiger Tonnenleger planmäßig außer Dienst gestellt und verschrottet.

Tonnenleger ALFRED MERZ

Taktisch technische Daten

D_N(t)	$L_{üa}$(m)	$B_{üa}$(m)	T_g(m)
181	28,6	6,3	2,8
Antrieb	**V_{max}(kn)**	**Besatzung**	**Bewaffnung**
1xDM 8VD136	10		keine

Lebensakte

Projekt-/ Bau-Nr.	Name	in Dienst	außer Dienst
-	ohne	16.11.53	10.09.68

Der Tonnenleger ALFRED MERZ war ein ehemaliger Fischlogger, der bereits vor dem Zweiten Weltkrieg gebaut worden war und den Namen REIHER trug. Baujahr und Bauwerft sind nicht bekannt. Das Fahrzeug entsprach im Aufbau etwa dem Logger RL 234 J.L.KRÜGER, war aber kleiner. Im Auftrag des Verkehrsministeriums baute die Volkswerft Stralsund den Logger 1949 bis 1951 zum Vermessungsschiff um.

Sofort nach seiner Fertigstellung 1951 übernahm der inzwischen gebildete SHD das Schiff. Nach nur kurzer Einsatzzeit ging dieses erneut in die Volkswerft Stralsund, wo es zum Tonnenleger umgebaut wurde. Dieser Umbau gestaltete sich äußerst langwierig, war kompliziert und damit teuer. Nach mehrjähriger Werftliegezeit erhielt das Schiff deshalb den Beinamen „Millionenschiff".

Wieder nur wenige Monate als Tonnenleger im Einsatz, kam es 1955 erneut zur Volkswerft Stralsund. Es hatte sich herausgestellt, dass trotz wiederholter Reparaturen der als Antrieb dienende Dieselmotor nicht mehr lange betriebsfähig sein würde. Der Originalmotor des Loggers hatte eine Leistung von 550 PS, konnte aber nie voll ausgefahren werden, weil dann durch die ungünstige Heckform und durch den für Schleppfahrt des Schiffes (Logger zum Fischfang) ausgelegten Propeller eine Saugwirkung entstand, die die Geschwindigkeit herabsetzte. Beim Einsatz im SHD wurde deshalb der Motor gedrosselt und nur mit 350 PS gefahren, womit das Schiff eine V_{max} = 8,5 kn erreichte.

Der neue Motor 8VD 136 vom Schwermaschinenbau Karl Liebknecht in Magdeburg hatte zwar nur eine Leistung von 400 PS, mit diesem zuverlässigen Motor und der für Freifahrt geänderten Schraube erzielte das Schiff nun aber eine V_{max} = 10 kn. Zusätzlich wurde der enge Maschinenraum umgebaut und auf Kosten des bisher nie voll genutzten Laderaumes vergrößert.

Nach diesem erneuten Umbau avancierte der Tonnenleger ALFRED MERZ ab 1955 bis zu seiner Außerdienststellung 1963 zu dem am meisten eingesetzten Tonnenleger des Seehydrografischen Dienstes.

Tonnenleger FREESENDORF Projekt 39

Taktisch technische Daten

D_N(t)	$L_{üa}$(m)	$B_{üa}$(m)	T_g(m)
217	38,6	7,86	2,82
Antrieb	**V_{max}(kn)**	**Besatzung**	**Bewaffnung**
2xDM 4NVD26	10	14	keine; im Mob.-Fall 1x25$_2$

Lebensakte

Projekt-/ Bau-Nr.	Name	in Dienst	außer Dienst	Bemerkungen
39	FREESENDORF	30.03.62	15.12.76	an Geol. Institut Reinkenhagen

Zur Verbesserung der Situation im Seezeichenwesen übergaben die Seestreitkräfte im Juni 1956 den Auftrag zur Entwicklung eines Tonnenlegers an das Institut für Schiffbautechnik.

Als Zweckbestimmung war formuliert:

> Das Fahrzeug soll zum Auslegen und Aufnehmen von Seezeichen mit einer Masse bis 2 t im Bodden und in den Küstengewässern eingesetzt werden. Ferner soll das Fahrzeug zu Taucherarbeiten herangezogen werden. Vorstehende Aufgaben sollen auch in der Winterperiode bei leichter Eisdecke bzw. Treibeis durchgeführt werden.

Obgleich die SSK das Technische Projekt im März 1957 bestätigt hatten, konnte nicht sofort mit der Bauausführung begonnen werden. Die Entwicklungs- und Baukapazität der als Bauwerft vorgesehenen Peenewerft Wolgast war mit der Serie Minenleg- und -räumschiff Typ KRAKE Projekt 15 voll ausgelastet. Erst im März 1962 übergab die Werft den Binnentonnenleger Projekt 39 an die Volksmarine, und der SHD stellte ihn mit dem Namen FREESENDORF in Dienst.

Mit diesem Schiff begann eine neue Etappe für den Seehydrografischen Dienst. Es war das erste „Spezialschiff", das nach einer Aufgabenstellung direkt für seinen Verwendungszweck entwickelt und gebaut worden war.
Ein Stahlschiffskörper, ein Antrieb von zwei Dieselmotoren 4 NVD 26 mit einer Leistung von je 120 PS, ein Kran mit einer Hubkraft von 4 t bei 8 m Auslage sowie größere Unterkünfte an Bord schufen wesentlich verbesserte Arbeits- und Lebensbedingungen für die Zivilbesatzung dieses SHD-Schiffes.
Im Rahmen einer planmäßigen Werftliegezeit erhielt das Schiff Anfang der 70er Jahre auf der Back einen Unterbau, um im Mob.-Fall ein 252 mm-Geschütz 2M3 aufsetzen zu können.

1973 forderte die Volksmarine, den Binnentonnenleger FREESENDORF Projekt 39 zum Vermessungsboot umzubauen. Diese Forderung hielt sie nur kurze Zeit aufrecht, weil nach sehr langwieriger Entwicklung die baldige Indienststellung des Vermessungsschiffes Projekt 136 zu erwarten war.
Danach sollte geprüft werden, ob der Umbau zu einem Tonnen- und Kabelleger möglich sei. Die VVB Schiffbau konnte aber dafür keine Kapazität zur Verfügung stellen und auch andere Varianten erwiesen sich als nicht realisierbar; deshalb musste die Volksmarine das Vorhaben aufgeben.
Der Binnentonnenleger FREESENDORF Projekt 39 arbeitete noch bis Ende 1976 in seinem eigentlichen Aufgabengebiet weiter. Als dann die Einführung der drei neuen Seezeichenkontrollboote Projekt 601 kurz bevor stand, wurde er außer Dienst gestellt und als Forschungsschiff an das Geologische Institut Reinkenhagen übergeben.

Tonnen- und Kabelleger DORNBUSCH Projekt 27

Taktisch technische Daten

D_N(t)	$L_{üa}$(m)	$B_{üa}$(m)	T_g(m)
941	59,77	9,82	3,90
Antrieb	**V_{max}(kn)**	**Besatzung**	**Bewaffnung**
4xDM 12KVD21	13,2	28 (+6)	keine

Lebensakte

Projekt-/ Bau-Nr.	Name	in Dienst	außer Dienst
27	DORNBUSCH	03.03.64	05.11.80

Außer dem für die Binnengewässer vorgesehenen Tonnenleger FREESENDORF Projekt 39 benötigte der SHD auch ein solches Schiff für den Bereich Ostsee, um die noch im Einsatz befindlichen „Behelfsschiffe" ablösen zu können. Da zu dieser Zeit Überlegungen im Gange waren, das Nachrichten-Kabelnetz der Volksmarine in die Küstengewässer zu verlegen, wurde gleichzeitig für diese Arbeiten auch ein Kabelleger gefordert.

Entgegen den Vorstellungen des SHD entstand die Idee eines kombinierten Tonnen- und Kabellegers. So wollte man das Schiff ständig einsetzen; ein reiner Kabelleger hätte zwischen den einzelnen Arbeiten erhebliche Stillstandszeiten in Kauf nehmen müssen.
Ende 1956 erhielt das Institut für Schiffbautechnik Wolgast den Auftrag zur Entwicklung und zum Bau eines Tonnen- und Kabellegers. Als Zweckbestimmung war formuliert:

Das Fahrzeug soll zum Auslegen, zur Instandhaltung sowie zur Versorgung von Seezeichen, Leuchttonnen und Leuchtfeuern aller Art dienen.
Das Fahrzeug muss außerdem mit Vorrichtungen zum Kabellegen, zur Instandhaltung von Seekabeln sowie mit Einrichtungen zum Suchen von Schadstellen an Seekabeln versehen werden.
Das Fahrzeug soll vorstehende Aufgaben im Bereich der Ostsee bis zu einer Windstärke von 4 bis 5 auch bei einer Eisdecke bis 20 cm oder bei Treibeis erfüllen können.

Obwohl diese Aufgabenstellung später an das ISW übergeben worden war als jene für den Tonnenleger FREESENDORF Projekt 39, erhielt das Projekt die Nummer 27. Der Grund dafür ist nicht mehr zu ermitteln.

Nach Fertigstellung des Technischen Projektes wurden vorerst auch diese Arbeiten unterbrochen, da – wie bereits erwähnt – die Entwicklungs- und Baukapazität der Peenewerft Wolgast mit der Serie MLR KRAKE Projekt 15 voll ausgelastet war und nach Abschluß jenes Programmes zuerst der Tonnenleger FREESENDORF gebaut werden sollte.

Während der Entwicklungspause führte das ISW im Juli 1961 auf der Grundlage des vorliegenden bestätigten Technischen Projektes eine Untersuchung durch zur „Verbesserung der Manövrier- und Einsatzfähigkeit des Tonnen- und Kabellegers Projekt 27“. Es wurde vorgeschlagen, für dieses Schiff den noch nicht fertig entwickelten Horizontalpropeller/Voith-Schneider-Antrieb (F/E-Thema 1023) einzusetzen. Diesen Vorschlag lehnte die Volksmarine strikt ab; sie forderte, die weitere Arbeit entsprechend des Technischen Projektes durchzuführen.

Nachdem Anfang 1962 der Tonnenleger FREESENDORF Projekt 39 in Dienst gestellt war, begannen ISW und Peenewerft Wolgast intensiv am kombinierten Tonnen- und Kabelleger Projekt 27 zu arbeiten. Im März 1964 war das Schiff fertig und der Seehydrografische Dienst stellte es mit dem Namen DORNBUSCH in Dienst. Diesen Namen hatte vorher, bis 1956, ein alter Tonnenleger getragen.

Das Schiff war mit D_N = 941 t wesentlich größer als alle bisher im SHD eingesetzten Fahrzeuge.
Zum Übernehmen und Aussetzen von Leuchtonnen diente ein vor dem Deckshaus stehender elektrisch betriebener Schiffsdrehkran (Tragkraft maximal 13 t bei 6,5 m Ausladung).
Zur Arbeit als Kabelleger befanden sich eine Bug- und eine Heckrolle an Bord sowie unter den beiden Luken des Backdecks im Kabelwindenraum auf jeder Seite eine elektrisch angetriebene Kabelwinde. Zum Spleißen von Seekabeln war auf dem Backdeck eine Arbeitsfläche von 15 m^2 vorgesehen. Das Schiff besaß alle erforderlichen Einrichtungen für das gleichzeitige Arbeiten von zwei Tauchern.

Um eine hohe Manövrierfähigkeit und eine geringe Dauergeschwindigkeit von 0,5 - 3,5 kn beim Kabellegen oder Arbeiten an einer Tonne zu gewährleisten, war das Schiff mit einem dieselelektrischen Antrieb und einem Pleuger-Aktivruder ausgerüstet. Vier Dieselmotoren 12 KVD 21 mit je 550 PS dienten als Generator. Je zwei Motoren konnten auf einen Propeller-E-Motor aufgeschaltet werden.

Das Schiff arbeitete bis 1980 erfolgreich als Tonnenleger. Da die Volksmarine den Aufbau eines eigenen Seekabelnetzes fallen gelassen hatte, war es aber nie als Kabelleger zum Einsatz gekommen. Im November wurde es außer Dienst gestellt und verschrottet. Den Namen DORNBUSCH übernahm ein aus der VR Polen importierter Tonnenleger Typ 872.

Seezeichenkontrollboot Projekt SK 64

Taktisch technische Daten

D_N(t)	$L_{üa}$(m)	$B_{üa}$(m)	T_g(m)
157,1	29,57	6,42	1,86
Antrieb	**V_{max}(kn)**	**Besatzung**	**Bewaffnung**
1xDM 8NVD36.1	11,5	7	keine

Lebensakte

Projekt-/ Bau-Nr.	Name	in Dienst	außer Dienst
64.101	GOLWITZ	1968	-
64.102	RANZOW	1968	-
64.103	BREITLING	1968	31.10.86

64.104	LANDTIEF	1968	-
64.105	GRASORT	1968	-
64.106	KOLLICKER ORT	1968	-
64.107	ESPER ORT	1968	-
64.108	PALMER ORT	1968	-

Im Rahmen der dringend notwendigen Ergänzung und Modernisierung der Seezeichenschiffe stellte 1963 die Volksmarine Überlegungen hinsichtlich eines Nachfolgers für die seit fast zehn Jahren im Einsatz befindlichen Seezeichenkontrollboote Typ SPERLING an.
In einem Erfahrungsbericht über den Einsatz dieser Boote waren notwendige Veränderungen an der Konstruktion eines neuen Seezeichenkontrollbootes gefordert, die bei der späteren Aufgabenstellung Berücksichtigung fanden.

Da das Institut für Schiffbautechnik Wolgast ab 1964 der VVB Schiffbau unterstellt war und damit nicht mehr zur Volksmarine gehörte und die Volkswerft Stralsund – Bauwerft der Boote Typ SPERLING – inzwischen aus dem Marinebauprogramm ausgeschieden war, wurde die Aufgabenstellung zur Entwicklung und zum Bau einer Serie von Seezeichenkontrollbooten direkt an die Yachtwerft Berlin übergeben. Geplant war die Lieferung von zwei Booten 1967 und von sechs Booten 1968.

Als Zweckbestimmung war formuliert:

Hauptaufgabe:

Das Boot soll auf See und in Seewasserstraßen Kontroll- und Wartungs arbeiten folgender Art durchführen:

- Versorgung von Seezeichen mit Gas und Elektro-Energiequellen,
- Durchführung von kleinen Reparaturen,
- Schleppen von großen Tonnen,
- Transport und Auslegen bzw. Einholen kleiner Tonnen,
- Lagekontrolle von schwimmenden Seezeichen.

Nebenaufgabe:

Das Boot soll eingesetzt werden als

- Hilfsschlepper
- Hilfseisbrecher.

Die Typskizze der Yachtwerft Berlin beinhaltete gegenüber dem Typ SPERLING einen völlig veränderten Bootskörper Da die Beschaffung eines geeigneten Kranes entsprechend der Typskizze in der Industrie der DDR auf Schwierigkeiten stieß, verzichtete die Volksmarine hierauf; dafür wurde der Aufbau eines Mastes mit Ladebaum sowie eine elektrische Deckswinde gefordert. Als Arbeitsboot sollte ein Schlauchboot eingesetzt werden.

Die VVB Schiffbau legte ohne vorherige Abstimmung mit der Volksmarine fest, dass der Serienbau der Seezeichenkontrollboote von der Yachtwerft Berlin nach

Wolgast verlegt wurde. In dieser Werft war aber der Serienbau der MLR Projekt 89.1 Schwerpunkt. Deshalb verschob sich die Lieferung der ersten Serienboote auf das erste Quartal 1968 und dann endgültig auf das dritte Quartal. Proteste der Volksmarine gegen diese Vorgehensweise blieben ohne Wirkung.

Die weitere Bearbeitung des Projektes erfolgte unter der vom abgebrochenen Tonnenlegerprojekt der Peenewerft Wolgast stammenden Projektnummer 64. Zwecks Unterscheidung wurde das neue Projekt als SK 64 eingeordnet. Diese Neuvergabe widersprach der sonst üblichen Praxis, wonach alle Vorhaben nur eine Projektnummer erhielten.

1968 baute die Peenewerft Wolgast die geplante Serie von acht Seezeichenkontrollbooten Projekt SK 64 mit den Werft-Baunummern 64.101 - 64.108 nach überarbeiteten und teilweise veränderten Unterlagen. Bei der Indienststellung durch den SHD erhielten die Boote Namen von geografischen Bezugspunkten an der Ostseeküste der DDR. Die Boote Typ SPERLING blieben aber trotzdem weiter im Einsatz.

Charakteristisch für die Boote Projekt SK 64 war ein durch eine Traverse verbundener Doppelpfosten auf dem Achterschiff mit einem daran befestigten Ladebaum. Der veränderte Bootskörper, ein Dieselmotor 8 NVD 36.1 AU vom Schwermaschinenbau Karl Liebknecht in Magdeburg sowie eine verbesserte Ausrüstung führten dazu, dass die Boote für ihre Einsatzzwecke sehr gut geeignet waren und die Mängel der Seezeichenkontrollboote Typ SPERLING nicht mehr aufwiesen.

Im Januar 1986 kollidierte ein abgetriebenes Neubauschiff der Warnowwerft Warnemünde mit dem Seezeichenkontrollboot 64.103 BREITLING. Dieses befand sich an seinem Liegplatz an dem der Werft gegenüberliegenden Ufer. Das Boot wurde dabei so schwer beschädigt, dass es noch 1986 außer Dienst gestellt werden musste.

Die restlichen sieben Seezeichenkontrollboote Projekt SK 64 befanden sich zum Zeitpunkt der Auflösung der Volksmarine noch beim SHD. Sie wurden von der Wasser- und Schifffahrtsdirektion Kiel übernommen und weiter im Seezeichenwesen eingesetzt.
Das Boot 64.106 KOLLICKER ORT ging 1992 an einen zivilen Nutzer in Cuxhaven.

Seezeichenschute DÄNHOLM

Taktisch technische Daten

D_N(t)	$L_{üa}$(m)	$B_{üa}$(m)	T_g(m)
	21,1	6,3	0,7
Antrieb	**V_{max}(kn)**	**Besatzung**	**Bewaffnung**
ohne	-		keine

Lebensakte

Projekt-/ Bau-Nr.	Name	in Dienst	außer Dienst
-	DÄNHOLM	1969	1978

Im Zusammenhang mit der Einführung der Seezeichenkontrollboote Projekt SK 64 sollte zusätzlich eine Seezeichenschute zur Durchführung von Transportaufgaben zum Einsatz kommen.

Es wurde nicht für notwendig gehalten, deswegen ein eigenes Entwicklungs- und Bauprogramm auszulösen, durch das die begrenzte Werftkapazität zusätzlich belastet worden wäre.

Die Volksmarine beschränkte sich deshalb 1969 auf die Beschaffung einer Standardschute ohne Eigenantrieb, die Schiffsanlagenbau Barth für verschiedene zivile Bedarfsträger baute.

Zusätzlich wurde nur eine E-Winde auf das Oberdeck aufgesetzt; andere Veränderungen waren nicht notwendig.

Die Schute DÄNHOLM verrichtete ihren Dienst bis 1978. Sie wurde verschrottet, als die neue Seezeichenschute KAMP Projekt 411 in Dienst gestellt war.

Tonnenleger BUK Projekt 870

Taktisch technische Daten

D_N(t)	$L_{üa}$(m)	$B_{üa}$(m)	T_g(m)
654	53,45	9,00	2,80
Antrieb	**V_{max}(kn)**	**Besatzung**	**Bewaffnung**
2xDM 6NVD48	13,7	19	keine

Lebensakte

Projekt-/ Bau-Nr.	Name	in Dienst	außer Dienst
870/10	BUK	07.10.69	-

Zur Modernisierung der Seezeichenschiffe benötigte der Seehydrografische Dienst zu den bisher in Auftrag gegebenen Fahrzeugen außerdem noch einen größeren Tonnenleger, um auch die vorhandenen großen Leuchttonnen einschließlich ihrer Verankerung besser transportieren und heben bzw. aussetzen zu können.

In der im November 1964 an die Peenewerft Wolgast übergebenen Aufgabenstellung zur Entwicklung und zum Bau eines Tonnenlegers war als Zweckbestimmung formuliert:

Hauptaufgabe:

Das Schiff soll auf See und Seewasserstraßen das Auslegen, Einholen, den Transport und die Wartung von Tonnen und Seezeichen aller Art ermöglichen.

Nebenaufgabe:

Das Schiff soll eingesetzt werden zum

- Schleppen von Seezeichen sowie als
- Hilfseisbrecher für Eisdecken bis 20 cm.

Bis März 1965 erarbeitete die Peenewerft Wolgast die Typskizze für einen Tonnenleger Projekt 64 und begann anschließend mit dem Technischen Projekt. Mitte des Jahres wurde auf staatlicher Ebene entschieden: Zur besseren Nutzung der beschränkten Schiffbaukapazität und zur Erhöhung der Wirtschaftlichkeit von Entwicklungs- und Bauprogrammen werden Einzelschiffe in der DDR nicht mehr gebaut.
Daraus ergab sich die Festlegung, den Neubau eines Tonnenlegers Projekt 64 nur dann zu gestatten, wenn eine Modifikation des bereits gebauten und 1962 in Dienst gestellten Tonnenlegers FREESENDORF Projekt 39 verwendet wird. Andernfalls müsse ein Import erfolgen.

In einem Gutachten legte die Peenewerft Wolgast dar, dass die Aufgabenstellung zum Tonnenleger Projekt 64 erheblich von der des Projektes 39 abweicht. Deshalb sollte vom Eigenbau Abstand genommen werden.

Durch eine im August 1965 erfolgte Konsultation in Gdansk erfuhr die Volksmarine, dass in der VR Polen ein Kleines Hydrografisches Schiff Projekt 870 für die UdSSR entwickelt wird und ab 1968 unter dem Typnamen KAMENKA in Serie gebaut werden solle. Dieses Schiff war etwas größer, als in der 1964 an die Peenewerft Wolgast übergebenen Aufgabenstellung formuliert, entsprach aber im Wesentlichen den Vorstellungen der Volksmarine. Daraufhin begonnene Verhandlungen des Ingenieur-Technischen Außenhandels (ITA) führten 1966 zum Kauf eines solchen Schiffes.

Nach dem Bau von neun Schiffen für die UdSSR erhielt die Volksmarine das Schiff 870/10 aus der VR Polen. Es wurde ohne Veränderungen zur Serienausführung vom SHD übernommen und mit dem Namen BUK im Oktober 1969 in Dienst gestellt.

Den Namen erhielt das Schiff von dem kurz vorher außer Dienst gestellten alten dampfgetriebenen Tonnenleger, dem letzten Schiff der 1952 vom Verkehrsministerium übernommenen „Seezeichenflotte".
Mit der Indienststellung des Tonnenlegers BUK war zugleich die Modernisierung der Seezeichenschiffe abgeschlossen.

Als die Volksmarine aufgelöst wurde, befand sich der Tonnenleger BUK noch beim Seehydrografischen Dienst im Einsatz. Er wurde durch das Amt für Seeschifffahrt und Hydrografie übernommen und mit seinem bisherigen Namen weiterhin im Seezeichenwesen eingesetzt.

Seezeichenkontrollboot Projekt 601

Taktisch technische Daten

D_N(t)	$L_{üa}$(m)	$B_{üa}$(m)	T_g(m)
161	29,57	6,42	2,40
Antrieb	**V_{max}(kn)**	**Besatzung**	**Bewaffnung**
1xDM 8NVD36.1	10	8	keine; im Mob-Fall $1x25_2$

Lebensakte

Projekt-/ Bau-Nr.	Name	in Dienst	außer Dienst
601/1	GELLEN	1977	-
601/2	DARSSER ORT	1977	-
601/3	ARKONA	1977	-

1972 forderte der SHD ein kombiniertes Vermessungsboot/Seezeichenkontrollboot, um den Schiffsbestand durch eine Serie vielseitig einsetzbarer Fahrzeuge zu erweitern. Nach ausgiebigen Beratungen und Analysen mit der für die Entwicklung in der Industrie zuständigen Verwaltung Schiffbau wurde festgelegt, eine funktionale Trennung vorzunehmen. Es sollte ein Auftrag für zwei Seezeichenkontrollboote auf der Basis des seit 1968 im Einsatz befindlichen Typs SK 64 ausgelöst und gleichzeitig ein Vermessungsboot gebaut werden.

Da die Peenewerft Wolgast das Projekt SK 64 gebaut hatte, wurde ihr die Aufgabenstellung zur Entwicklung und zum Bau von zwei Seezeichenkontrollbooten auf der Basis des o.g. Projektes übertragen.

Ausgehend von den bisher gesammelten Erfahrungen beim Einsatz der Boote Projekt SK 64 wurden Änderungsforderungen für die neuen Boote formuliert. Das betraf die:

- Erhöhung der Autonomie für den Seeaufenthalt auf sieben Tage für sieben Personen,
- Erhöhung der Fahrtstrecke auf s = 1000 sm,
- zusätzliche Aussteifung der Außenhaut im Bereich des freien Arbeitsdecks,
- Erhöhung der Tragfähigkeit des Hebezeugs auf 3,5 t,
- Verbesserung der Raumaufteilung (Vorschläge waren beigelegt),
- Schaffung von Möglichkeiten zur Aufstellung eines 25₂mm-Geschützes 2M3 als Mob.-Variante,
- Vergrößerung der Generatorleistung und den
- Einbau einer zusätzlichen Navigationsanlage sowie zusätzlicher Nachrichten- und funktechnischer Mittel.

Untersuchungen der Peenewerft Wolgast ergaben, dass alle Forderungen des Seehydrografischen Dienstes auf der Basis des Projektes SK 64 realisierbar sind. Zur gleichen Zeit entstand die Idee, den Tonnenleger FREESENDORF Projekt 39 zum Vermessungsboot umzubauen und damit die Entwicklung und den Bau eines neuen Bootes zu umgehen. Diese Überlegungen hatten weitere Konsequenzen. Sollte dadurch der Tonnenleger FREESENDORF für seine bisherige Verwendung ausfallen, dann wären nicht nur zwei, sondern drei neue Seezeichenkontrollboote notwendig, die zusätzliche Bedingungen erfüllen müßten, so eine

- Tragfähigkeit des Hebezeuges von 4 t,
- Laderaum- bzw. Transportkapazität, die zumindest annähernd die des Tonnenlegers Projekt 39 ersetzt.

Ein Umbau des Tonnenlegers FREESENDORF Projekt 39 zum Vermessungsschiff fand dann aber nicht statt, da die Indienststellung des Vermessungsschiffes Projekt 136 bevorstand. Trotzdem erhielt die Peenewerft Wolgast den Auftrag zum Bau einer Serie von drei Seezeichenbooten; die FREESENDORF wurde 1976 außer Dienst gestellt und einem zivilen Nutzer übergeben.

1974 entschied das Kombinat Schiffbau Rostock, dass die Entwicklung der Seezeichenboote nicht in der Peenewerft Wolgast, sondern in der Elbewerft Boizenburg weitergeführt wird. Die Volksmarine stimmte dem erst zu, nachdem durch das Ministerium für Nationale Verteidigung die Genehmigung erteilt worden war, die Boote auf der Elbe via Hamburg durch das Territorium der BRD zu überführen. Da es sich um unbewaffnete Boote für allgemeine Aufgaben handelte, gab es keine Bedenken.

Im Juni 1974 wurde dann die technische Dokumentation zum Projekt SK 64 sowie die Taktisch-technische Aufgabenstellung an die Elbewerft Boizenburg übergeben. Unter den Bedingungen einer zentral geführten Planwirtschaft war die Übergabe einer technischen Dokumentation und die Verlagerung der Produktion von einer Werft an eine andere problemlos möglich.
Als Zweckbestimmung war formuliert:

- Auslegen und Einholen von unbefeuerten Seezeichen aller beim SHD eingesetzten Klassen und der Flachwasserleuchttonnen FWT 71 und FWT 76 in geschützten Gewässern sowie bei günstigem Wetter auch im freien Seegebiet,
- Kontrolle, Wartungsarbeiten und Durchführung kleiner Reparaturen an schwimmenden Seezeichen,
- Einsatz als Hilfseisbrecher bis 25 cm Festeis.

Da mit 100 – ...für die Peenewerft Wolgast, 400 – ...für die Yachtwerft Berlin und 0 – ...für die Schiffswerft Rechlin Projektnummernbereiche vorgegeben waren, erhielt dieses in der Elbewerft Boizenburg bearbeitete Fahrzeug die Projektnummer 601.

Äußerlich unterschieden sich die beiden Projekte SK 64 und 601 kaum voneinander. Die Bootskörper entsprachen einander. Mit dem Dieselmotor 8 NVD 36 mit 580 PS wurde auch der gleiche Antrieb verwendet. Durch veränderte bzw. zusätzliche Ausrüstung stieg aber das Normaldeplacement von 142 t auf 161 t, und die Geschwindigkeit verringerte sich von 11 kn auf 10 kn.

1976 baute die Elbewerft Boizenburg alle drei Boote der Serie. Die Überführung des Bootes 601/1 über Hamburg nach Wismar konnte aber nicht wie geplant im September erfolgen, da die Elbe einen zu niedrigen Wasserstand hatte. Das Boot wurde deshalb erst im November zur Matthias-Thesen-Werft Wismar gebracht. Dort erfolgte der Endausbau. Die Bauzeit dafür betrug nochmals ca. sechs Wochen. Dabei kam auch ein Podest auf das Vorschiff, auf dem für den Mob.-Fall ein 25$_2$mm-Geschütz 2M3 installiert werden konnte. Auf gleiche Weise wurde 1977 mit den Booten 601/2 und 601/3 verfahren.

Alle drei Boote übernahm der SHD 1977 und stellte sie mit den Namen GELLEN, DARSSER ORT und ARKONA in Dienst. Von den Booten des Typs SPERLING wurden die Namen DARSSER ORT und ARKONA übernommen. Den Namen GELLEN trug vorher ein bereits 1957 außer Dienst gestelltes Seezeichenschiff.

Auch die zivilen Besatzungen für diese drei neuen Boote kamen von den vorher außer Dienst gestellten Seezeichenkontrollbooten Typ SPERLING sowie vom Vermessungsschiff J.L.KRÜGER.

Alle drei Seezeichenkontrollboote Projekt 601 waren zum Zeitpunkt der Auflösung der Volksmarine noch im Einsatz. Die Wasser- und Schifffahrtsdirektion Kiel übernahm diese Boote und setzte sie ohne Namensänderung weiter im Seezeichenwesen ein.

Seezeichenschute KAMP Projekt 411

Taktisch technische Daten

D_V(t) (mit Ladung)	$L_{üa}$(m)	$B_{üa}$(m)	T_g(m)
247	32,85	5,46	1,73
Antrieb	**V_{max}(kn)**	**Besatzung**	**Bewaffnung**
ohne	-	-	keine

Lebensakte

Projekt-/ Bau-Nr.	Name	in Dienst	außer Dienst
411	KAMP	17.04.78	-

Im März 1974 erarbeitete der Seehydrografische Dienst Operativ-taktische Forderungen für eine neue Seezeichenschute. Die 1969 eingeführte Schute DÄNHOLM entsprach nicht mehr den Anforderungen zum Transport von Seezeichen, Ankersteinen und Ketten. Auch die bevorstehende Außerdienststellung des Tonnenlegers FREESENDORF Projekt 39 mit seiner Transportkapazität musste kompensiert werden.

Um der angespannten personellen, materiellen und finanziellen Situation gerecht zu werden, strebte die Volksmarine eine weitgehende Minimierung des Aufwandes an. So wurde unter anderem auch auf einen Eigenantrieb der neuen Seezeichenschute verzichtet.

Im Mai 1974 ging die fertiggestellte Technische Aufgabenstellung an die Yachtwerft Berlin.
Die Zweckbestimmung lautete:

> Die Schute soll als geschlepptes Fahrzeug zum Transport von schwimmenden Seezeichen sowie zum Auslegen und Einziehen derselben verwendet werden. Sie muss außerdem zum Transport von Schüttgut (Kies) geeignet sein.
> Der Einsatz der Schute erfolgt auf Binnenwasserstraßen, Haff, Bodden- und Seewasserstraßen in begrenztem Bereich.

Im Betriebsteil Eisenhüttenstadt der Yachtwerft Berlin entstand eine Projektstudie unter der Projektnummer 411. Bis aber mit der Erarbeitung des Technischen Projektes begonnen wurde, vergingen acht Monate. Ein fehlender, straff organisierter innerbetrieblicher Ablauf und vorrangig eingeordnete Aufträge ziviler Bedarfsträger verhinderten eine zügige Projektbearbeitung.

Nachdem im Oktober 1977, also dreieinhalb Jahre nach Übergabe der Aufgabenstellung, endlich die Konstruktionsunterlagen fertiggestellt waren, vergingen nochmals sieben Monate bis zum Baubeginn für die Seezeichenschute. Ursache waren wiederum innerbetriebliche Probleme, dieses Mal vor allem fehlende Hellingkapazität.

Eine Besonderheit im Rahmen dieses Projektes war die Eigenentwicklung des hydraulischen Hebezeuges mit einer Tragfähigkeit von 2,5 t. Nachdem das Klement-Gottwald-Werk Schwerin die Bearbeitung abgelehnt hatte, stellte die Yachtwerft Berlin, Betriebsteil Eisenhüttenstadt die Anlage aus verschiedenen Erzeugnissen der DDR-Industrie zusammen und paßte sie den spezifischen Erfordernissen des Bordbetriebes an.

Nach erfolgreicher Erprobung in der Werft, Überführung über die Oder und einer weiteren Erprobung im Gebiet des Greifswalder Boddens wurde endlich im Oktober 1978 die Seezeichenschute Projekt 411 durch den SHD in Dienst gestellt. Sie erhielt den Namen KAMP.

Bereits bei der Erprobung und anschließend im praktischen Einsatz wirkte sich die Tatsache, auf einen Eigenantrieb der Schute verzichtet zu haben, nachteilig aus. Eine Veränderung an der fertig gestellten Schute war aber nicht mehr möglich.

Zum Zeitpunkt der Auflösung der Volksmarine befand sich die Seezeichenschute KAMP Projekt 411 noch beim Seehydrografischen Dienst im Einsatz. Auch sie wurde durch die Wasser- und Schifffahrtsdirektion Kiel übernommen und unter ihrem bisherigen Namen weiter zu Transportaufgaben im Seezeichenwesen eingesetzt.

Tonnenleger DORNBUSCH Projekt 872 /FINIK/

Taktisch technische Daten

D_N(t)	$L_{üa}$(m)	$B_{üa}$(m)	T_g(m)
1141	61,30	10,80	3,27
Antrieb	**V_{max}(kn)**	**Besatzung**	**Bewaffnung**
2xDM Sulzer	13	27	keine; im Mob.-Fall 2x12,7$_2$

Lebensakte

Projekt-/ Bau-Nr.	Name	in Dienst	außer Dienst
872	DORNBUSCH	17.12.78	-

Es handelte sich um einen in der VR Polen entwickelten und in Serie gebauten Tonnenleger. Ausgangspunkt war das 1972 bis 1976 gebaute Projekt BIYA. Davon wurden insgesamt 17 Schiffe an die UdSSR geliefert. Ab 1978 ging ein weiterentwickeltes Projekt 872 in den Serienbau. Von diesem Typ erhielt die UdSSR bis 1982 insgesamt 23 Schiffe und vier Schiffe übernahmen die Seestreitkräfte Polens. Da die Volksmarine an einem größeren seegängigen Tonnenleger zur Erweiterung des eigenen Bestandes interessiert war, trat sie über den Ingenieur-Technischen

Außenhandel mit Polen in Verbindung und erhielt 1980 aus der laufenden Serie der Werft Stoznia Polnocna Gdansk einen Tonnenleger in geringfügig veränderter Serienausführung.

Das Schiff war mit einem Normaldeplacement von 1.141 t das weitaus größte Schiff des SHD. Es war mit zwei Dieselmotoren Sulzer mit je 960 PS ausgerüstet. Diese Motoren gab es bei keinem anderen Schiff im Bereich der Volksmarine. Der Tonnenleger konnte an Oberdeck 23 Seezeichen transportieren (Gesamtladung 70 t). Ein Bordwippkran mit einer Tragfähigkeit von 7 t vor den Aufbauten gestattete die Arbeit an allen im Seegebiet der DDR liegenden Tonnen. Charakteristisch für das Schiff waren an beiden Bordseiten im Arbeitsbereich des Bordwippkranes angebrachte Abweiser unter der Scheuerleiste. Sie dienten als Schutz des Schiffskörpers gegen Beschädigungen beim Arbeiten mit Tonnen.

Das Schiff war, wie alle anderen Serienschiffe dieses Typs, außerdem mit Geräten für hydrografische Arbeiten ausgerüstet, darunter vier Echolotanlagen. Außerdem befanden sich ein hydrologisches Labor und Räume für kartografische Arbeiten an Bord. Trotz dieser Ausrüstung kam das Schiff aber nur als Tonnenleger zum Einsatz.

Den Namen DORNBUSCH übernahm es bei seiner Indienststellung von dem in der DDR gebauten und vorher außer Dienst gestellten Tonnen- und Kabelleger Projekt 27.

Zum Zeitpunkt der Auflösung der Volksmarine war das Schiff noch beim SHD im Einsatz. Es befand sich im Oktober 1990 zur planmäßigen Werftliegezeit in der Neptunwerft Rostock, kam als Tonnenleger nicht wieder in Fahrt sondern ging an einen zivilen Nutzer.

Vermessungsschiff CARL FR.GAUSS Projekt 136

Taktisch technische Daten			
D_N(t)	$L_{üa}$(m)	$B_{üa}$(m)	T_g(m)
444,8	56,73	7,76	2,31
Antrieb	V_{max}(kn)	**Besatzung**	**Bewaffnung**
2xDM 40D	19	23	keine; im Mob.-Fall $2x25_2$

Lebensakte

Projekt-/ Bau-Nr.	Name	in Dienst	außer Dienst
136	CARL FRIEDRICH GAUSS	30.04.76	-

Entwicklung und Bau dieses Schiffes nehmen im Sonderschiffbau der DDR einen speziellen Platz ein. Bereits 1966 forderte der Seehydrografische Dienst Ersatz für die Vermessungsschiffe Kutter JORDAN und Seiner KARL F. GAUSS. Für die beiden planmäßig außer Dienst zu stellenden Fahrzeuge sollten im Zeitraum 1971 bis 1975 zwei neue unterschiedliche Vermessungsschiffe gebaut werden. Um die Entwicklung zu vereinfachen, war daran gedacht, das in der Yachtwerft Berlin gebaute Feuerlöschboot FLB Projekt 61 /IBIS/ als Basis für eine Modifizierung zu verwenden. Von diesem in großer Serie auch für den Export gebauten Typ befanden sich seit 1959/60 fünf Boote bei der Volksmarine.
Die VVB Schiffbau informierte darüber, dass der Serienbau dieser Fahrzeuge seit 1965 abgeschlossen, eine Neuauflage der Serie nicht möglich und ein Nachfolger noch nicht entwickelt ist. Die Verwaltung Schiffbau erarbeitete daraufhin zwei Vorschläge:

1. Es werden zwei Vermessungsschiffe auf der Basis des in Entwicklung befindlichen MSR Projekt 89.1 gebaut.
2. Es werden ein Vermessungsschiff auf der Basis des Minensuch- und Räumschiffes Projekt 89.1, ein Vermessungsschiff auf der Basis des Seezeichenkontrollbootes SK 64 und zusätzlich drei Vermessungsbarkassen gebaut.

Beide Vorschläge lehnte der SHD ab, da damit nicht alle bestehenden Forderungen erfüllt wurden.

Daraufhin wurde festgelegt, die Modifizierung eines laufenden Serienschiffes nicht mehr zu erwägen, sondern anstelle dessen die Projektierung und den Neubau von zwei in Größe und Ausrüstung unterschiedlichen Vermessungsschiffen einzuleiten. Zur Prüfung der Realisierbarkeit gingen technische Forderungen an die Peenewerft Wolgast und die Yachtwerft Berlin.
Während die Yachtwerft die Bearbeitung aus Kapazitätsgründen und nicht ausreichenden technischen und technologischen Bedingungen der Werft ablehnte, erarbeitete die Peenewerft Wolgast eine Studie, die Ende 1969 vorlag und die Entwicklung eines speziellen Schiffes für diese Aufgaben vorsah.

Aus finanziellen Gründen sollte aber nur ein Typ VMS 40 (40m-Schiff) und nicht, wie gefordert, zwei verschiedene Typen entstehen.
Die Studie enthielt folgende Koeffizienten:

Länge: 48,3 m,
Breite: 8,8 m,
Tiefgang: 2,2 m,
Volldeplacement: 590 t,
Geschwindigk.: 12 kn,
Motor: 1 x 8 NVD 48.2 mit 1320 PS,
Besatzung: 20 Mann + 6 Mann Vermessungsgruppe,
Ausrüstung: 2 Arbeitsboote für je 5 Mann,
1 Vermessungsbarkasse für 8 Mann.

Diesen Vorschlag akzeptierte die Volksmarine und erarbeitete danach Operativtaktische Forderungen mit der darin enthaltenen Zweckbestimmung:

Hauptaufgabe:
- Durchführung von Vermessungsaufgaben in der Ostsee.

Nebenaufgaben:
- Ergründung der physikalischen Eigenschaften des Meeresbodens,
- Suchen und Orten von Unterwasserhindernissen.

Nachdem die Studie zum Schiffstyp VMS 40 (40m-Schiff) durch die Volksmarine unter Berücksichtigung einiger kleinerer technischer Änderungsforderungen bestätigt war, ergab sich bei der weiteren Bearbeitung durch die Peenewerft Wolgast, dass die geplanten Kosten erheblich überschritten wurden. Da keine zusätzlichen Mittel bereitgestellt werden konnten, blieb nur die Möglichkeit, den Auftrag auf ein Schiff zu reduzieren.
Die Bemühungen der VVB Schiffbau, mit dem Institut für Meereskunde Warnemünde die Lieferung mehrerer Schiffe dieses Typs zu vereinbaren, führten zu keinem Erfolg. Daraufhin versuchte die Peenewerft Wolgast, einen Verzicht wegen unrentabler Einzelfertigung zu erreichen.

Da der Seehydrografische Dienst aber dringend einen Nachfolgetyp als Vermessungsschiff benötigte, erfolgten weitere Untersuchungen über Realisierungsmöglichkeiten.
Der Bau auf der Basis des Seezeichenkontrollbootes SK 64 wurde erneut verworfen, auch der Tonnenleger FREESENDORF Projekt 39 kam nicht in Frage. Schließlich erarbeitete die Verwaltung Schiffbau bis Ende 1971 eine neue Technische Aufgabenstellung für einen Typ VMS 30 (30m-Schiff) und übergab sie an die Peenewerft Wolgast mit der Forderung, zwei solche Fahrzeuge bis 1974 zu bauen. Die Peenewerft Wolgast lehnte aber die Bearbeitung wegen der geforderten technisch-konstruktiven Parameter und der Preisvorgaben ab.

Nach sechs Jahren vergeblicher Bemühungen ließ die Volksmarine im Januar 1972 die Arbeiten einstellen und Importmöglichkeiten über Schiffscommerz prüfen. Aber auch das führte zu keinen brauchbaren Ergebnissen.

Im Juli 1972 ging erneut eine Aufgabenstellung an die Peenewerft Wolgast, dieses Mal für eine Modifikation des inzwischen als Serie gebauten und in der Volksmarine teilweise bereits in Dienst gestellten Minensuch- und -räumbootes MSR Projekt 89.2. Die weitere Bearbeitung erfolgte nun in der Peenewerft Wolgast mit der Projekt-Nummer 136.
Es wurde vereinbart, im Rahmen der Serienfertigung der MSR Projekt 89.2 einen Schiffskörper zusätzlich zu fertigen und diesen für ein Jahr zu konservieren, um die Entwicklungsarbeiten an der Modifikation zum Vermessungsschiff abschließen zu können.

Nachdem die Entwicklung eines Vermessungsschiffes damit endlich auf eine reale Basis gestellt war, mussten ein Vermessungsboot und eine Vermessungsbarkasse in Auftrag gegeben werden. Sie sollten zusammen mit dem Vermessungsschiff Projekt 136 die vorgesehene Vermessungstechnik zum Einsatz bringen.
Um eine Verringerung des Entwicklungs- und Bauaufwandes zu erreichen, modifizierte man auch hier bereits im Serienbau befindliche Projekte. So wurde als Grundtyp für das zu bauende Vermessungsboot das Rettungs- und Sicherungsboot (RuSB) und für die Vermessungsbarkasse das Grenzsicherungsboot Projekt 066 verwendet. Beide Fahrzeuge baute die Schiffswerft Rechlin.

Da in der Peenewerft Wolgast 1973 die Konstrukteure hauptsächlich für den Bau einer Serie von Baggern für zivile Nutzung eingesetzt waren, begann die Erarbeitung des Technischen Projektes für das Vermessungsschiff Projekt 136 erst im Mai 1974, obwohl für März 1974 die Fertigstellung vertraglich vereinbart war. Dadurch verzögerte sich natürlich die Wiederaufnahme des Baus des konservierten Schiffskörpers ebenfalls, und trotz staatlicher Beauflagung verschob sich die Fertigstellung des Vermessungsschiffes Projekt 136 von 1975 auf 1976. Von der ersten Aufgabenstellung bis zur Fertigstellung des Schiffes vergingen damit zehn Jahre.

Bereits in der Vorbereitungsphase wusste man, dass in den Ländern des RGW keine Technik zur Verfügung stand, die die vorgesehenen hydrografischen Aufgaben an Bord des Vermessungsschiffes realisieren könnte. Deshalb wurden ab 1969 über Schiffscommerz Rostock Recherchen zur Einführung von Vermessungstechnik aus dem „nichtsozialistischen Wirtschaftsgebiet“ (NSW) eingeleitet.
Das war eine absolut unübliche Verfahrensweise und widersprach dem Grundsatz, in Schiffen und Booten der Volksmarine nur Anlagen und Geräte aus befreundeten Ländern des RGW einzusetzen. Der Umfang der beteiligten westlichen Firmen und der vorgesehenen Technik überstieg den bis dahin erst einmal

praktizierten Vorgang, schwedische Volvo-Motoren für die Grenzsicherungsboote Projekt 066 einzuführen, bei weitem.

Die Klärung des Imports zog sich daher bis 1974 hin. Verzögerungen bei der Entwicklung und beim Bau des Vermessungsschiffes und nicht ausreichende Valutamittel führten dazu, dass wegen der schnellen Entwicklung auf dem Gebiet der Vermessungstechnik die Volksmarine mehrfach mit neuer Technik und höheren Preisen konfrontiert wurde (z.B. insgesamt acht verschiedene Systeme zur Standortbestimmung und vier Systeme zur Datenverarbeitung).

Die Beurteilung der angebotenen Technik wurde noch dadurch erschwert, dass größtenteils keine exakten Unterlagen vorlagen oder infolge von Embargobestimmungen durch die Anbieter auch nicht übergeben wurden. Auch Vorführungen und Erprobungen fanden deshalb nicht statt. Die Auswahl der Technik erfolgte nur auf der Grundlage von Beratungen durch die Hersteller- und Vertriebsfirmen während der etwa halbjährlich durchgeführten Vertragsverhandlungen bei Schiffscommerz Rostock.

In der Endphase waren folgende westliche Firmen beteiligt:

Hersteller:
- Krupp-Atlas-Elektronik, Bremen,
- Decca Survey Limited, England,
- Decca Survey Systems, USA,
- Decca Navigators Company, England;

Vertrieb:
- Debeg, Hamburg
- Internationale Navigatic Apparaten, Niederlande.

Die Vermessungsbarkasse und das Vermessungsboot wurden mit Importtechnik ausgerüstet und 1975 auf der Müritz und im Greifswalder Bodden erprobt. Da das Vermessungsschiff Projekt 136 noch nicht zur Verfügung stand, machten die Unterbringung und die Schaffung geeigneter Arbeitsmöglichkeiten für das Erprobungspersonal (Peenewerft Wolgast, Schiffselektronik Rostock, Decca, Atlas) sowie die rückwärtige Sicherstellung (Treibstoff, Verpflegung, Transport) erhebliche Schwierigkeiten.

Probleme bei der Erprobung hatte folgende Gründe:
- Anfänglich unvertretbar hohe Ausfallraten bei der NSW-Technik,
- erstmaliges Zusammenwirken von Decca- und Atlas-Technik,
- mangelhafte Software des Datenverarbeitungssystems,
- mangelhafte vertragliche Vereinbarung zur Gesamtverantwortung Chefmontage/Erprobung,
- verspätete Schulung und Einweisung des DDR-Personals erst parallel zur Erprobung.

Nach Fertigstellung des Vermessungsschiffes Projekt 136 erfolgte 1976 im Seegebiet Kattegat und in der Bornholmsee die Komplexerprobung.Auch daran nahm Prüfpersonal der NSW-Firmen teil. Anfänglich auftretende gerätetechnische Probleme wurden schnell geklärt und die Gesamterprobung erfolgreich abgeschlossen.

Im April 1976 konnte das Vermessungsschiff Projekt 136 durch den SHD endlich in Dienst gestellt werden. Es erhielt den Namen CARL FRIEDRICH GAUSS, die Vermessungsbarkasse wurde GAUSS-I und das Vermessungsboot GAUSS-II genannt.

Den Namen GAUSS hatte vorher das Vermessungsschiff/Seiner getragen. Ursprünglich war mit der Einführung des neuen Vermessungsschiffes seine Außerdienststellung vorgesehen gewesen. Es blieb aber noch bis 1983 weiter beim SHD im Einsatz und erhielt den neuen Namen JORDAN.

Das Vermessungsschiff CARL FR. GAUSS Projekt 136 war genau wie die MSR Projekt 89.2 mit zwei Dieselmotoren 40 DM (UdSSR-Import) mit einer Leistung von 2.500 PS ausgerüstet und erreichte damit eine Maximalgeschwindigkeit von 19 kn. Zwei Verstellpropeller verliehen dem Schiff eine hohe Manövrierfähigkeit.
Die Vermessungsbarkasse GAUSS-I (modifiziertes Grenzsicherungsboot Projekt 066) wurde an Oberdeck auf der Steuerbordseite transportiert. Mit einem modernen Hydraulikkran konnte sie ausgesetzt und aufgenommen werden.
Das Vermessungsboot GAUSS-II (modifiziertes Rettungs- und Sicherungsboot RuSB) sowie ein Arbeits-Schlauchboot mit Außenbordmotor befanden sich auf dem Achterdeck. Sie wurden von zwei kleinen Hydraulikkränen bedient.
Die große Leistungsfähigkeit des Schiffes mit seiner modernen Vermessungstechnik ist daran erkennbar, dass bei etwa zwölfstündigem Einsatz 200.000 Tiefeninformationen erarbeitet und für Vermessungsunterlagen weiter aufbereitet werden konnten.

Das Vermessungsschiff CARL FR. GAUSS Projekt 136 befand sich zum Zeitpunkt der Auflösung der Volksmarine noch im Einsatz beim SHD. Es wurde durch das Bundesamt für Seeschifffahrt und Hydrografie übernommen und weiter in seinem Aufgabenbereich eingesetzt.

Arbeits- und Wohnschiff MERCATOR Projekt 412

Taktisch technische Daten

D_N(t)	$L_{üa}$(m)	$B_{üa}$(m)	T_g(m)
138	37,13	5,43	0,82
Antrieb	**V_{max}(kn)**	**Besatzung**	**Bewaffnung**
ohne	-	9 (+18)	keine

Lebensakte

Projekt-/ Bau-Nr.	Name	in Dienst	außer Dienst
412	MERCATOR	29.11.83	-

Der 1976 in Dienst gestellte Vermessungskomplex mit dem Vermessungsschiff CARL FR. GAUSS Projekt 136, der Vermessungsbarkasse GAUSS-I und dem Vermessungsboot GAUSS-II war für die Durchführung von hydrografischen Arbeiten im offenen Seegebiet konzipiert. Die bisher erzielten Ergebnisse in der praktischen Arbeit waren für den SHD sehr zufriedenstellend.

1978 erging daher eine Aufgabenstellung des Seehydrografischen Dienstes an die Yachtwerft Berlin, die einen ähnlichen Vermessungskomplex zum Einsatz im Haff und in den Boddengewässern beinhaltete. Er sollte aus einem Arbeits- und Wohnschiff, einer modifizierten Barkasse Projekt 407 und einem modifizierten Rettungs- und Sicherungsboot RuSB bestehen. Wegen fehlender Entwicklungs- und Baukapazität lehnte die Yachtwerft Berlin die Bearbeitung aber ab.

Eine neue reduzierte Aufgabenstellung beschränkte sich auf die Herstellung eines Arbeits- und Wohnschiffes. Die Zweckbestimmung sah vor:

Das Arbeits- und Wohnschiff (AWS) dient als schwimmender Stützpunkt zur Sicherstellung von Vermessungsaufgaben für den SHD der DDR.
Zu diesem Zweck muss an Bord des AWS die Auswertung von Messungen und die Unterbringung der gesamten Besatzung der Vermessungseinheit möglich sein. Außerdem ist die Versorgung und die Möglichkeit kleinerer Reparaturen für eine Vermessungsbarkasse und ein Vermessungsboot zu gewährleisten.
Die Sicherstellung der Vermessungsaufgaben erfolgt vorzugsweise in Häfen, zeitweilig auf nicht eingerichteten Liegeplätzen im Haff- und Boddengebiet.
Die Verlegung der Vermessungseiheit muss selbständig ohne fremde Hilfe unter Nutzung der Vermessungsbarkasse als Schleppboot oder eines Seezeichenkontrollbootes SK-64 möglich sein.

Dieses Fahrzeuges wurde in der Yachtwerft Berlin, Betriebsteil Eisenhüttenstadt, als Projekt 412 auf der Grundlage des für die Binnenwasserstraßenämter der DDR entwickelten Schubwohnschiffes SWS 16/13 entwickelt.
Da der Bau erst für 1983 in den Plan aufgenommen wurde, entstand eine Lücke im Entwicklungsablauf, so dass das Schiff erst im November 1983 in Dienst gestellt werden konnte. Es erhielt den Namen MERCATOR nach dem bedeutendsten Geografen und Kartografen des 16. Jahrhunderts (1512-1594).

Das Arbeits- und Wohnschiff MERCATOR Projekt 412 arbeitete gemeinsam mit der bereits 1981 in Dienst gestellten Barkasse BESSEL als Vermessungseinheit an der Vermessung und Verpeilung der inneren Gewässer. Dazu war es mit einem Vermessungsauswerteraum und einem Werkstattraum ausgerüstet. Eine schiffbauliche Besonderheit war die am Heck angeordnete Aufschleppe mit Slipwinde für das zum Schiff gehörende Vermessungsboot.

Zum Zeitpunkt der Auflösung der Volksmarine befand sich das Arbeits- und Wohnschiff MERCATOR Projekt 412 noch im Einsatz beim Seehydrografischen Dienst. Es wurde vom Bundesamt für Seeschifffahrt und Hydrografie übernommen und arbeitete unter seinem Namen in seinem bisherigen Aufgabenbereich weiter.

Vermessungsbarkasse BESSEL Projekt 407 SHD

Taktisch technische Daten

D_N(t)	$L_{üa}$(m)	$B_{üa}$(m)	T_g(m)
18,3	14,55	3,97	0,93
Antrieb	**V_{max}(kn)**	**Besatzung**	**Bewaffnung**
1xDM 6VD14,5	8,5	2	keine

Lebensakte

Projekt-/ Bau-Nr.	Name	in Dienst	außer Dienst
407 SHD	BESSEL	05.81	-

Nachdem die Yachtwerft Berlin die Entwicklung eines Vermessungskomplexes als Gesamtthema abgelehnt hatte, aber die Bearbeitung des Arbeits- und Wohnschiffes Projekt 412 im Betriebsteil Eisenhüttenstadt eingeordnet war, fehlte dem Seehydrografischen Dienst eine Vermessungsbarkasse.

Im August 1979 erging deshalb an die Yachtwerft Berlin eine Technische Aufgabenstellung zum Bau einer Vermessungsbarkasse auf der Basis der Motorbarkasse Projekt 407. Diese Barkasse baute die Werft in einer großen Serie für die Volksmarine und für zivile Bedarfsträger.

Als Zweckbestimmung war formuliert:

Die Barkasse ist für den Einsatz im Haff- und Boddengebiet zur Erfüllung von Vermessungsaufgaben bestimmt.

Das Abschleppen eines in Verbindung stehenden Arbeits- und Wohnschiffes, auf dem die Auswertung der Messergebnisse erfolgt, ist über einen Schlepp-

haken in Verbindung mit einer Heckführungsrolle möglich.
Auf offenen Liegeplätzen im Haff- und Boddengebiet erfolgt die Versorgung der Barkasse durch das Arbeits- und Wohnschiff.

Die Yachtwerft Berlin baute 1981 als 70. und letztes Boot dieser Serie die Vermessungsbarkasse Projekt 407 SHD. Von den vorher gebauten 69 Barkassen hatte die Volksmarine 48 Fahrzeuge erhalten.

Die Barkasse Projekt 407 SHD war mit einem Vermessungssystem mit Echolotanlage und einem Positionsbestimmungssystem aus NSW-Technik ausgestattet. Beim Import und dem Einbau dieser Anlagen konnten die mit dem Vermessungsschiff CARL FR. GAUSS Projekt 136 gesammelten Erfahrungen weitgehend genutzt werden.
Der SHD stellte die Vermessungsbarkasse nach umfangreicher Erprobung im Mai 1981 in Dienst. Sie erhielt den Namen des deutschen Astronomen und Mathematikers BESSEL (1784-1846).

Die geplante Zusammenarbeit mit dem Arbeits- und Wohnschiff MERCATOR Projekt 412 kam nicht zustande, da der Bau dieses Fahrzeuges planmäßig erst für 1983 vorgesehen war. Bis zur Indienststellung jenes Schiffes wurden deshalb Vermessungsaufgaben nur in sehr beschränktem Rahmen realisiert. Danach arbeiteten beide Fahrzeuge erfolgreich als Vermessungskomplex.

Zum Zeitpunkt der Auflösung der Volksmarine befand sich die Vermessungsbarkasse BESSEL Projekt 407 SHD noch im Einsatz beim SHD. Sie wurde durch das Bundesamt für Seeschifffahrt und Hydrografie gemeinsam mit dem Arbeits- und Wohnschiff MERCATOR Projekt 412 als Vermessungseinheit übernommen und im bisherigen Aufgabenbereich weiterhin eingesetzt.

9. Schulfahrzeuge

Mit der Formierung der Seepolizei im Juli 1950 entstand sofort die Forderung zur Heranbildung von Kadern.Auf Formationen zurückzugreifen,wie die Marinedienstgruppen, die sich aus ehemaligen Angehörigen der Kriegsmarine rekrutierten, den Streitkräften der USA bzw. Großbritanniens unterstanden und danach den Grundstock der Bundesmarine bildeten,kam für die DDR aus weltanschaulich-politischen Gründen nicht in Frage. Solche Einheiten gab es in der SBZ/DDR nicht. Es war also notwendig, einen eigenen Stamm von militärischen und seemännischen Fachleuten zu schaffen.

Bereits 1950 waren deshalb Sofortmaßnahmen zur Einrichtung von Ausbildungsstätten getroffen und im August die Seepolizeischule Parow eröffnet worden. Dort hatte sich bis 1945 ein Seefliegergeschwader der Luftwaffe befunden,auch ein kleiner Hafen am Strelasund war vorhanden. In dieser Dienststelle erfolgte zunächst die Ausbildung von Offizieren, Unteroffizieren und Mannschaften. Ab Dezember 1951 übernahm die neugebildete Seepolizei-Offiziersschule Stralsund-Schwedenschanze die Offiziersausbildung.

Zur praxisnahen Ausbildung in den Schulen war die Bereitstellung von Schiffen und Booten notwendig. Nachdem die vorher in Parow aufgestellte Räumflottille (sechs R-Boote der Kriegsmarine) Ende 1950 nach Wolgast verlegt worden war, stand der Hafen für Ausbildungsfahrzeuge zur Verfügung.

1952 wurden nacheinander zur Seepolizeischule nach Parow kommandiert:

- **Schulkutter 824,**
- **KS-Boot KS-L,**
- **Schullogger 233,**
- **Schulboote FÜRSTENBERG und PRENZLAU** (vorher R-Boote),
- **Schulschiff ERNST THÄLMANN** (Heimathafen Saßnitz) und
- **Schulboot WB-26 Projekt 5.**

Es entsprach den Forderungen nach einer qualitativ hohen Ausbildung,dass im Januar 1953 eine selbständige Schulbootsabteilung (später Schulbootsflottille) entstand. Neben den bereits vorhandenen Booten kamen bis Ende 1953 noch

- 6 **ehemalige R-Boote Typ R 216**

nach Parow.

Mit diesen zu Schulschiffen/-booten modifizierten Fahrzeugen, die eigentlich für andere Zweckbestimmungen konzipiert und gebaut waren, begann die Bordausbildung der beiden Ausbildungseinrichtungen.

Der Fahrzeugbestand wurde ergänzt durch **normale Serienfahrzeuge** (R-Boote, Hafen- und Reedeschutzboote, MLR, RS- und TS-Boote), die zeitweilig oder generell der Schulbootsabteilung/-flottille unterstellt wurden.
Zusätzlich verfügten beide Dienststellen – Stralsund und Parow – über einige Barkassen, die ebenfalls zur seemännischen Ausbildung dienten, aber dem Hafenkommando unterstanden und hauptsächlich als Verkehrsboote fungierten.

Nachdem die selbständige Schulbootsflottille vorübergehend aufgelöst und ihre Fahrzeuge der Flottenschule unterstellt waren, bildete man 1970 erneut eine Schulbootsbrigade. Aber auch sie bestand nur bis zu ihrer endgültigen Auflösung im Jahre 1981.

Bereits Anfang 1952 versuchte die Seepolizei, ein als spezielles Schulschiff konzipiertes Fahrzeug in der Werftindustrie der DDR entwickeln zu lassen. Aber dieser und auch ein weiterer Versuch 1974 scheiterten.
Obwohl die Flottenführung dringend ein Schulschiff auch für Repräsentationen im Ausland forderte, wurde erst 1976 ein solches Fahrzeug als

- **Schulschiff WILHELM PIECK** (Import VR Polen)

in Dienst gestellt.

Mit den abkommandierten Serienschiffen und dem speziellen Schulschiff führte die Volksmarine bis zu ihrer Auflösung 1990 die Bordausbildung von Offizieren, Unteroffizieren und Mannschaften durch.

Eine Besonderheit dabei war, dass die nach 1970 zur Schulboot-Brigade versetzten RS-und TS-Boote beim Übergang auf die Kriegsstruktur als Schiffsschlaggruppe wieder in den Bestand der Stoßkräfte eingegliedert werden sollten.

Schulkutter 824

Taktisch technische Daten			
D_N(t)	**$L_{üa}$(m)**	**$B_{üa}$(m)**	**T_g(m)**
82	17,2	4,1	1,6
Antrieb	**V_{max}(kn)**	**Besatzung**	**Bewaffnung**
1xDM	8	6	keine

Lebensakte		
Projekt-/ Bau-Nr.	**Name**	**in Dienst**
	ohne	06.51

Ende 1949 gab es die „Aktion Rose". Eine größere Anzahl Hotelbesitzer entlang der Ostseeküste wurde enteignet und ihr Besitz durch die Staatsorgane der DDR beschlagnahmt.
Während dieser Maßnahme erfolgte auch die Beschlagnahme eines Kutters wegen Menschenschmuggels nach Schweden. Dieser ehemalige dänische Fischkutter befand sich nach Ende des Zweiten Weltkrieges in Privatbesitz in Warnemünde.

Im Januar 1950 übernahm die Grenzpolizei den Kutter und brachte ihn zur Volkswerft Stralsund.
Sein weißer Anstrich, den er auch bei seinem späteren Flottendienst behalten hat, brachte ihm den Namen „SCHWAN DER OSTSEE" ein.
Nach einer Modernisierung und dem Umbau zum Kontrollkutter stellte die Grenzpolizei-Küste bereits im Juli 1950 den Kutter mit der Bord-Nummer G-41 in Dienst. Er trug keine Bewaffnung und erfüllte Kontroll- sowie Ausbildungsaufgaben.

1951 ging der Kutter erneut zur Modernisierung in die Volkswerft Stralsund. Dabei wurde unter anderem auch ein Funkraum eingebaut. Nach Abschluß der Arbeiten erhielt die Grenzpolizei-Küste die Weisung, den Kutter an die Seepolizei zu übergeben. Die Besatzung brachte das Fahrzeug G-41 nach Parow. Verärgert über den Befehl, verließ sie das Schiff, ohne es an die dortige Seepolizei-Dienststelle ordnungsgemäß übergeben zu haben.
Die inzwischen eröffnete Seepolizeischule in Parow übernahm den Kutter als Schulfahrzeug mit einer neuen Bordnummer (K-22, später 824) und ohne Namen. Es war das erste Fahrzeug, mit dem eine Bordausbildung der ersten inzwischen eingetroffenen Kursanten (68) durchgeführt werden konnte.

Anfang 1953, nach Bildung der Schulbootsabteilung und Zuführung weiterer Schulfahrzeuge, ging der Kutter erneut in die Werft. Dieses Mal erfolgte der Umbau in der Schiffswerft G. Sanitz in Barth (später Schiffsanlagenbau Barth). Es wurde ein Maschinenwechsel vorgenommen und das Schiff zum Taucherkutter umgebaut.

Nach Fertigstellung kam das Fahrzeug im April 1953 nicht mehr nach Parow zurück, sondern wurde zum Bergungs- und Rettungsdienst nach Saßnitz kommandiert. Wie lange es seine Aufgaben als Taucherkutter mit der Bordnummer 824 in dieser Dienststelle erfüllt hat, und wann es außer Dienst gestellt wurde, ist nicht mehr feststellbar.
Nach unbestätigten Informationen soll es ab 1954 zur Flottenbasis Ost kommandiert worden sein und dort bis mindestens Ende 1956 als Versorgungskutter für die Entmagnetisierungsstelle Lauterbach gedient haben. Es war dort stationiert und hielt die Verbindung zwischen dem Hafen Lauterbach, der Entmagnetisierungsstelle Lauterbach und der EM-Stelle Peenemünde aufrecht.

KS-Boot/Schulboot Typ SEEKUTTER (KS-L)

Taktisch technische Daten

D_N(t)	$L_{üa}$(m)	$B_{üa}$(m)	T_g(m)
63	26,6	4,6	1,4
Antrieb	V_{max}(kn)	**Besatzung**	**Bewaffnung**
2xDM 6NVD24	10	12	1x20

Lebensakte

Projekt-/ Bau-Nr.	Name	in Dienst	außer Dienst	Bemerkungen
-	ohne	22.12.51	08.56	danach GST

Im Kapitel U-Bootabwehrkräfte war bereits die Rede vom Bau der Küstenschutzboote Typ SEEKUTTER.
Noch während des Baus der sechs Boote der ersten Bauausführung in der Yachtwerft Berlin beauftragte die Hauptverwaltung Seepolizei die „Elbewerft Edgar Andre' " in Rothensee bei Magdeburg mit der Modifikation dieses Bootes. Auf der Grundlage der durch die Jachtwerft Berlin erstellten Konstruktionsunterlagen sollte ein Schulboot entstehen, das die Projektbezeichnung KS-L (L für Lehrfahrzeug) erhielt.

Bei der Fertigung des Bootskörpers traten aber in Rothensee Probleme auf – es kam zur Verformung in der Längsachse. Der Bau wurde daraufhin auf Forderung der Seepolizei abgebrochen und der Körper im Juli 1951 zur Weiterbearbeitung in die Peenewerft überführt.
Dort erfolgte der Endausbau. Statt der drei Flugzeugmotoren Jumo 205 D mit je 600 PS erhielt das Boot zwei Dieselmotoren 6 NVD 24 von Buckau-Wolf mit je 270 PS. Damit war zwar eine Rußbildung beseitigt, aber wegen der wesentlich geringeren Leistung der Motoren die Geschwindigkeit auf 10 kn gesunken.

Sie reichte zwar für ein Schulboot, wurde aber für die Serienboote nicht akzeptiert. Deshalb erhielten die Boote der zweiten Bauausführung genau wie die der ersten drei Flugzeugmotoren Jumo 205 D.

Das Schulboot fertigte die Peenewerft Wolgast noch vor den sechs Serienbooten der zweiten Bauausführung. Als Ari-Bewaffnung kam im Unterschied zu diesen Booten aber nur ein 20 mm-Geschütz auf dem Vorschiff an Bord.

Im Dezember 1951 stellte die Seepolizei das Küstenschutzboot/Schulboot in Dienst. Es erhielt keinen Namen, sondern nur die Bordnummer 842, wurde zur Seepolizeischule nach Parow kommandiert und diente dort der Bordausbildung der ersten Kursanten sowie des ersten Sonderlehrganges für Kommandanten, Wachoffiziere und Leitende Ingenieure (meist Angehörige der ehemaligen Kriegsmarine).
Seine geringe Geschwindigkeit war Ursache dafür, dass die Projektbezeichnung KS-L (KS-Lehrfahrzeug) im Flottenjargon in „KS langsam" umgedeutet wurde.

Das Boot verblieb bis 1956 in der Schulbootsabteilung/-flottille. Im August 1956 außer Dienst gestellt, wurde es in der Peenewerft Wolgast abgerüstet und anschließend der GST übergeben. Dort diente es in der Marineschule Greifswald bis 1957 unter dem Namen PATRIOT als Schulboot.

Schulboote FÜRSTENBERG und PRENZLAU Projekt 2

Taktisch technische Daten

D_N(t)	$L_{üa}$(m)	$B_{üa}$(m)	T_g(m)
168	28,8	6,3	2,7
Antrieb	**V_{max}(kn)**	**Besatzung**	**Bewaffnung**
2xDM 8VD136	12	12	1x37

Lebensakte

Projekt-/ Bau-Nr.	Name	in Dienst	außer Dienst	Bemerkungen
2	FÜRSTENBERG	03.52	22.09.59	ab 56 SHD; danach GST
	PRENZLAU	04.52	06.09.59	

Die FÜRSTENBERG und PRENZLAU waren zwei ehemalige dänische Marinefahrzeuge. Sie wurden auf der staatlichen Marinewerft Kopenhagen als „Minenkran" V und VI gebaut und liefen bereits 1917/18 vom Stapel. 1933 erhielten die beiden Schiffe die Namen QUINTUS (ex V) und SIXTUS (ex VI).

Nach der Besetzung Dänemarks durch die deutsche Wehrmacht versenkten die dänischen Besatzungen ihre Fahrzeuge, indem sie Sprengladungen zündeten. Die Kriegsmarine ließ beide Schiffe heben und instand setzen. 1945 lagen sie beschädigt im Stadthafen Rostock. Dänemark war an einer Rückführung der veralteten Schiffe nicht interessiert; 1950 übergab die SMAD sie an die deutschen Behörden. Nach Vorarbeiten in der Hansewerft Wismar erfolgte Ende 1950 die Überführung in die Peenewerft Wolgast.

Nachdem im September 1951 eine Aufgabenstellung an das Konstruktionsbüro Schwedenschanze (Vorläufer des Instituts für Schiffbautechnik Wolgast) zum Umbau der beiden Fahrzeuge zu Schulbooten für die Seepolizei ergangen war, entstand dort das Umbauprojekt mit der Projektnummer 2.

Die Instandsetzung und der Umbau erfolgten in der Peenewerft Wolgast. Dabei erhielten beide Boote unter anderem je zwei neue Dieselmotoren 8VD 136 von Buckau-Wolf. Auf dem Vorschiff wurde als leichte Artilleriebewaffnung ein 37 mm-Geschütz SK C-30 in U-Boot-Lafette (durch die UdSSR beigestellte Beutewaffe) aufgebaut; diese Waffe kam aber später wieder von Bord.

Nach erfolgreichem Abschluß der technischen Erprobung stellte die Seepolizei die Boote im März/April 1952 mit den Namen FÜRSTENBERG und PRENZLAU in Dienst. Sie wurden kurzzeitig der R- und KS-Division in Wolgast unterstellt, aber mit Bildung der Schulbootsabteilung Parow im Januar 1953 dieser neuen Einheit zugeordnet.

Die Boote waren entsprechend ihrer Zweckbestimmung als Schulfahrzeuge eingesetzt, erfüllten aber auch zusätzliche Aufgaben als Führungsboote bei den ersten taktischen Übungen der Seepolizei. Wegen der neu aufgesetzten, relativ hohen Aufbauten erhielten sie den Beinamen „Hochhäuser“.

Im Juli 1955 wurde das Schulboot FÜRSTENBERG aus der Schulbootsbrigade ausgegliedert, in der Peenewerft Wolgast zu einem Tonnenleger umgebaut und von Februar 1956 bis September 1959 im Seehydrografischen Dienst eingesetzt. Anschließend übernahm es die GST. Dort kam es mit dem neuen Namen FREUNDSCHAFT wieder als Schulboot zum Einsatz.

Das Schulboot PRENZLAU blieb in der Schulbootsabteilung in Parow. Es wurde ebenfalls im September 1959 außer Dienst gestellt und verschrottet.

Flagg- und Schulschiff ERNST THÄLMANN/ALBIN KÖBIS
Projekt 3

Taktisch technische Daten

D_N(t)	$L_{üa}$(m)	$B_{üa}$(m)	T_g(m)
1100	65,3	9,92	4,7
Antrieb	**V_{max}(kn)**	**Besatzung**	**Bewaffnung**
2xDampfmaschine	12	60	1x85;2x37;$1x25_2$

Lebensakte

Projekt-/ Bau-Nr.	Name	in Dienst	außer Dienst	Bemerkungen
3	ERNST THÄLMANN	10.10.52	30.09.61	danach Wohnschiff

Dieses Schiff hatte in der Volksmarine einen legendären Ruf. Auf ihm erlebten viele Jahrgänge von Offiziersschülern ihr erstes Bordpraktikum, und es wurde immer mit dem Entstehen der Flottenkräfte in Verbindung gebracht.

Bevor es als Schulschiff der Seepolizei zum Einsatz kam, hatte es bereits eine bewegte Vergangenheit hinter sich. Auch dieses Schiff gehörte wie die beiden Schulboote FÜRSTENBERG und PRENZLAU ursprünglich der Königlich Dänischen Marine. Im Juni 1928 war auf der Orlogsvaerftet in Kopenhagen mit der Baunummer 147 die Kiellegung für ein Fischereischutzschiff erfolgt. Im Mai 1929 wurde es als HVIDBJÖRNEN in Dienst gestellt. Seine Aufgabe bestand darin, in den Gewässern um Grönland und den Faröer-Inseln präsent zu sein und die Souveränität des Königreiches Dänemark zu demonstrieren. Das Schiff war dazu mit 2 x 87 mm-Kanonen sowie mit 2 x MG bewaffnet.

Wegen der schwierigen Eislage begann der Einsatz des Schiffes immer erst im späten Frühjahr. Zum Zeitpunkt des Überfalls Deutschlands auf Dänemark im April 1940 lag es deshalb noch in den heimatlichen Gewässern. Es durfte mit Genehmigung der Kriegsmarine zur Ausbildung dänischer Kadetten genutzt werden, bis im August 1943 die deutsche Wehrmacht im Rahmen der Operation Safari die letzten Reste der staatlichen Souveränität Dänemarks beseitigte. Im Großen Belt wurde die HVIDBJÖRNEN durch ein deutsches Enterkommando besetzt und der Kommandant aufgefordert, Korsör anzulaufen. Der dänischen Besatzung gelang es, nachdem sie die Reede Korsör erreicht hatte, ihr Schiff zu versenken.

Die deutsche Seekriegsleitung erteilte sofort an das Marinebergungs- und Seedienstkommando in Kiel den Auftrag zur Bergung des Wracks. Um es so herzurichten, dass es in eine deutsche Werft geschleppt werden konnte, war ein Jahr Arbeit notwendig. Im November 1944 erfolgte die Überführung in den Stadthafen Rostock.

Eine vollständige Wiederherstellung des Schiffes gelang aber nicht mehr. Zum Zeitpunkt der Kapitulation im Mai 1945 lag es genau wie die Fahrzeuge QUINTUS und SIXTUS noch als Wrack in Rostock. Die UdSSR bot 1945 der Königlichen Dänischen Marine die Rückführung des Schiffes an. Diese verzichtete aber wegen der hohen Wiederherstellungskosten. So verblieb die HVIDBJÖRNEN in Rostock.

1947 wurde das Hafenbecken als Liegeplatz für Reparaturschiffe der Neptunwerft benötigt.
Dabei bildeten die dort liegenden Wracks ein Hindernis. Beim Verholen kenterte die HVIDBJÖRNEN wegen fehlender Stabilität, lag quer im Hafenbecken des Stadthafens und wurde im sowjetischen Auftrag durch den Betrieb Schiffsbergung und Taucherei Stralsund gehoben.

Nachdem das Schiff im Juni 1949 durch drei Schlepper in die Hansewerft Wismar überführt worden war, begannen dort die Reparaturarbeiten; 1950 übergab die UdSSR das noch nicht fertig gestellte Schiff an die DDR. Die zuständigen Organe der Landesregierung Mecklenburg stellten Überlegungen an, wie aus dem Wrack ein Ausbildungsschiff für die zukünftige DDR-Fischerei-, Handels- und Technische Flotte geschaffen werden konnte.

Nach Bildung der Seepolizei wurde festgelegt, dass sie das Schiff erhält. Es sollte mit dem Projektnamen DORSCH als Schulschiff weiter ausgebaut werden.
In der Hansewerft Wismar waren bisher nur die notwendigsten Reparaturarbeiten zur Erhaltung der Schwimmfähigkeit des Schiffes erfolgt. Da in Stralsund bessere Bedingungen bestanden, schleppte man das Schiff im Oktober 1950 dorthin, und auf der neuen Slipanlage begannen die Reparaturarbeiten am Schiffskörper.

Im März 1951 wurde das Schiff zur Peenewerft Wolgast geschleppt, um dort die Reparatur und den Umbau zum Schulschiff fortzusetzen. Unter der Projektnummer 3 arbeitete das Konstruktionsbüro Stralsund-Schwedenschanze gemeinsam mit der Peenewerft Wolgast am Umbau und an der Fertigstellung des Schulschiffes DORSCH. Dabei erhielt das Schiff einen neuen schrägen Vorsteven, eine neue Brücke sowie nach hinten verlängerte Decksaufbauten. Die Hauptantriebsanlage, eine Vierzylinderkolbendampfmaschine und zwei Doppelflammrohrkessel mit Ölfeuerung, wurde instand gesetzt.

Als leichte Artilleriebewaffnung erhielt das Schiff vier sowjetische 37 mm-Geschütze 70 K und zwei deutsche 2o4mm-Geschütze C 38. Die Vierlingswaffen gingen aber bei den ersten Probeschüssen zu Bruch und wurden durch zwei 25 mm-Geschütze ersetzt.

In den Kammern und Decks konnten 56 Mann Stammbesatzung und in zwei Wohndecks zusätzlich 56 Offiziersschüler untergebracht werden.

Bei der Indienststellung im Oktober 1952 durch die Volkspolizei-See erhielt das Schiff den Namen ERNST THÄLMANN; der bisherige Projektname DORSCH wurde nicht übernommen. Das Schiff unterstand der Seepolizeischule und ab Januar 1953 der Schulbootsabteilung; wegen der Schiffsgröße war nicht Parow, sondern Saßnitz der Heimathafen.

Die THÄLMANN war das einzige Kampfschiff der Seestreitkräfte der DDR, welches den Schiffsnamen beiderseits am Vorschiff führte; alle anderen Schiffe/Boote trugen nur Bordnummern.

Anfang 1953 begannen die Ausbildungstörns für zukünftige Offiziere der Volkspolizei-See. Nach Gründung der NVA im März 1956 wurde das Schulschiff ERNST THÄLMANN Flaggschiff der neu gebildeten Seestreitkräfte der DDR. Es trug von diesem Zeitpunkt an die Doppelbezeichnung „Flagg- und Schulschiff".

Mitte 1956 erfolgte in der Peenewerft Wolgast eine Umrüstung der Bewaffnung. Auf dem Vorschiff wurde das neu eingeführte sowjetische 85mm-Universalgeschütz 90 K aufgebaut und achtern das 37mm-Geschütz durch ein 252mm-Geschütz 2M3 ersetzt.

Als 1957 die Zylinderkessel weitgehend unbrauchbar geworden waren – trotz wiederholter Reparaturen wiesen sie immer wieder Undichtigkeiten auf – erhielt das Schiff in der Neptunwerft Rostock nach einem im ISW erarbeiteten Umbauprojekt zwei neue Wasserrohrkessel. Dabei wurde der Generatorraum umgebaut und der Schornstein um ca.einen Meter nach hinten versetzt; der Maschinenraum und der Kesselraum sowie die Hauptmaschine (Dampfmaschine LES 9) blieben unverändert.

1959 dampfte das Flagg- und Schulschiff nach Leningrad. Es war der erste Besuch eines bewaffneten deutschen Kampfschiffes nach Kriegsende in der UdSSR.
Im Januar 1961 erfolgte aus Anlaß des 42. Jahrestages der Ermordung von Karl Liebknecht und Rosa Luxemburg unter Teilnahme von Rosa Thälmann die Verleihung der Namen KARL MARX, FRIEDRICH ENGELS, KARL LIEBKNECHT und ERNST THÄLMANN an die vier Küstenschutzschiffe Projekt 50.
Das Flagg- und Schulschiff wurde am gleichen Tage nach ALBIN KÖBIS, einem Führer des revolutionären Matrosenaufstandes 1917 in Kiel, umbenannt.

Unter dem neuen Namen erfüllte das Schiff seine Aufgabe als Flagg- und Schulschiff weiter bis zu seiner Außerdienststellung im September 1963. Der Veteran verblieb aber noch zwei Jahre als Wohnschiff in Saßnitz, bis er 1965 verschrottet wurde.

Schulboot WB-26 Projekt 5

Taktisch technische Daten

D_N(t)	**$L_{üa}$(m)**	**$B_{üa}$(m)**	**T_g(m)**
80	27,5	5,1	1,4
Antrieb	**V_{max}(kn)**	**Besatzung**	**Bewaffnung**
2xDM	12	11	2x20

Lebensakte

Projekt-/ Bau-Nr.	Name	in Dienst	außer Dienst	Bemerkungen
5	ohne	15.09.52	10.10.56	an GST

Bei diesem Fahrzeug handelte es sich um ein ehemaliges Flugbetriebsboot für Küstengewässer Typ FLB V. Es wurde 1940 in der Kröger-Werft Warnemünde gebaut und unterstand mit dem Namen AVISO bis 1945 der deutschen Luftwaffe. Nachdem es im Mai 1945 im Hafen Saßnitz durch die eigene Besatzung geflutet und im November 1946 gehoben wurde, fiel es als Beutegut an die UdSSR. Sie übergab das Boot 1951 an die DDR, wo es der Seepolizei zugeordnet wurde.

Im Mai 1951 erhielt das Ingenieurbüro Stralsund-Schwedenschanze die Aufgabe, das Fahrzeug zum Ausbildungsboot umzubauen. Das Umbauprojekt erarbeitete das Büro unter der Projektnummer 5, das Elektro-Projekt lieferte der VEB Schiffselektronik Rostock.

Der Umbau des Bootes erfolgte ab Januar 1952 in der Peenewerft Wolgast unter der Werft-Projektbezeichnung WB-26. Der in Kompositbauweise (Spanten aus

Stahl, Außenhaut und Deck aus Holz) hergestellte Bootskörper sowie das Deckshaus blieben erhalten. Die zwei MWM-Dieselmotoren, durch die das Fahrzeug eine Geschwindigkeit von 27 kn erreichte, wurden wegen fehlender Ersatzteile nicht wieder instand gesetzt. Dafür kamen zwei Junkers-Flugzeugmotoren Typ Jumo 205 D (gleiche Motoren wie in KS-Booten Typ SEEKUTTER) an Bord. Mit diesen Motoren erreichte das Boot aber nur eine V_{max} von 12 kn.

Wegen der vorhandenen Unterbauten waren in den Projektunterlagen ein 37 mm-Geschütz auf dem Vorschiff und ein 20 mm-Geschütz achtern vorgesehen. Aufgebaut wurden aber zwei ehemalige deutsche 20 mm-Geschütze C 38 (Beistellung durch die UdSSR).

Die Volkspolizei-See übernahm im September 1952 das Fahrzeug und kommandierte es zur Seepolizeischule Parow. Es erhielt keinen Namen, sondern nur die Bordnummer 841.
Nach der Bildung der Schulbotsabteilung in Parow erhielt es diese Einheit als Schulboot. Dort diente das Boot hauptsächlich zur Bordausbildung von seemännischem und maschinentechnischem Personal; dabei fuhr es ohne Bewaffnung.

Im Oktober 1956 übernahm die GST das Boot als Ausbildungsboot in Greifswald. 1960 baute es die Volkswerft Stralsund zum stationären Pionierschiff um. Es war bis 1976 im Ensatz. Danach wurde es abgebrochen.

Schulschiff WAL Projekt 9

Bereits 1952 erteilte die Seepolizei dem Ingenieurbüro Wolgast die Aufgabenstellung zum Bau eines speziellen Schulschiffes unter dem Projektnamen WAL
Als Zweckbestimmung war angegeben:
Schulschiff mit einer Verdrängung von ca. 2.500 t für die Ausbildung von Kursanten der Seepolizeischule.

Nachdem drei Typskizzen mit unterschiedlichen Antriebsanlagen

- eine Turbine mit 14.000 PS,
- zwei Turbinen mit je 14.000 PS,
- zwei Turbinen und zusätzlich ein Dieselmotor mit 2.400 PS

bearbeitet worden waren, ergab sich, dass bei Berücksichtigung verschiedener Bewaffnungsvarianten (z.B. 4x30 mm, 4x20 mm) zur Unterbringung der geforderten 150 Kursanten auch ein kleineres Schiff mit D_V ca. 1.500 t möglich ist. Ein entsprechendes Vorprojekt legte das Ingenieurbüro Wolgast im Juli 1953 vor. (Technische Daten nicht mehr zu ermitteln)

Mit diesem Vorprojekt war annähernd die Größe des seit Ende 1951 als Projekt 6 in der Bearbeitung befindlichen Mutterschiffes – Typname DRACHE – erreicht. Die Zweckbestimmung für jenes Projektes forderte ein

Mutterschiff zur Versorgung von Booten mit Torpedos, Munition, Treib- und Schmierstoffen sowie Wasser und für die Unterbringung der Besatzung dieser Boote bei Liegezeiten.

Damit sollte die Einführung von Torpedo-Schnellbooten Typ LACHS und Typ FORELLE vorbereitet werden.
Die Volkspolizei-See legte fest, dass die weitere Bearbeitung des Schulschiffes WAL Projekt 9 als Modifikation des Mutterschiffes DRACHE Projekt 6 zu erfolgen habe. Auf der Grundlage des Vorprojektes für das Mutterschiff wurden die weiteren Arbeiten im Ingenieurbüro Wolgast für beide Schiffstypen parallel ausgeführt. Bei gleichem Schiffskörper waren für die unterschiedlichen Aufgaben abweichende Einrichtungen und Ausrüstung vorgesehen. Nachdem im August 1954 beide Technischen Projekte vorlagen, ließ die Volkspolizei-See aus Gründen, die nicht bekannt wurden, die weitere Bearbeitung abbrechen.

Schulschiff Projekt 119

Nachdem bereits 1954 der Versuch der Volkspolizei-See gescheitert war, ein spezielles Schulschiff entwickeln und bauen zu lassen und 1963 auch das Flagg- und Schulschiff ERNST THÄLMANN/ALBIN KÖBIS außer Dienst gestellt war, machte sich das Fehlen eines solchen Schiffes immer stärker negativ bemerkbar.
Das galt nicht nur für eine praxisbezogene Bordausbildung von Offiziersschülern, sondern auch für den Einsatz zu repräsentativen Aufgaben im Interesse der Leitung der Volksmarine bei Visiten und offiziellen Flottenbesuchen im Ausland.

Im Juni 1972 erging deshalb die Aufgabenstellung zur Entwicklung und zum Bau eines Schulschiffes Projekt 119 an die Peenewerft Wolgast. Das Schiff sollte mit einem Deplacement von 1.500 t – 2.000 t als Einzelobjekt gebaut werden.
Bis August 1973 untersuchte die Peenewerft Wolgast verschiedene Varianten,

unter anderem die mögliche Modifikation des in der Flotte der UdSSR eingesetzten Küstenschutzschiffes Projekt 1159. Im Ergebnis dieser Untersuchungen lehnte die VVB Schiffbau wiederum ab, Einzelschiffe bauen zu lassen. Vorgeschlagen wurde, ein entsprechendes Schiff zu importieren und in der Werftindustrie der DDR als Schulschiff auszurüsten.
Der Chef der Volksmarine stimmte diesem Vorschlag der VVB Schiffbau zu. Das F/E-Thema Projekt 119 wurde abgebrochen und der Ingenieur-Technische Außenhandel beauftragt, ein entsprechendes Angebot in Polen einzuholen.

Motorschulschiff WILHELM PIECK Projekt 888 /WODNIK/

Taktisch technische Daten

D_N(t)	$L_{üa}$(m)	$B_{üa}$(m)	T_g(m)
1617	71,40	12,00	4,01
Antrieb	**V_{max}(kn)**	**Besatzung**	**Bewaffnung**
2xDM 6TD48	17	60	$2x30_2, 2x25_2$

Lebensakte

Projekt-/ Bau-Nr.	Name	in Dienst	außer Dienst
888/3	WILHELM PIECK	06.07.76	-

Nachdem die Entwicklung eines eigenen Schulschiffes aufgegeben und der

Ingenieur-Technische Außenhandel beauftragt worden war, den Import eines solchen Schiffes aus Polen zu prüfen, lagen 1974 Ergebnisse vor, die besagten, dass in der Nordwerft Gdansk der Bau einer Serie von vier Schulschiffen des Typs WODNIK Projekt 888 vorbereitet wird. Zwei Schiffe (WODNIK, GRYF) waren für die Polnische Seekriegsflotte und zwei etwas modifizierte Schiffe (LUGA, OKA) für die Flotte der UdSSR vorgesehen.

Die Volksmarine forderte den Ingenieur-Technischen Außenhandel auf, Polen zum zusätzlichen Bau eines solchen Schiffes zu gewinnen. Nach Abschluß eines entsprechenden Liefervertrages baute die Nordwerft Gdansk für die DDR ein fünftes Serienschiff mit geringfügigen Änderungen gegenüber der polnischen Ausführung als Projekt 888/3.

Das Schiff mit einem D_N = 1.617 t war als Zweischraubenschiff mit Verstellpropellern und einem Mittelruder ausgelegt. Durch zwei Dieselmotoren 6 TD 48 der polnischen Firma Chiegielski – Sulzer mit je 1.980 PS erreichte das Schiff eine maximale Geschwindigkeit von 17 kn. In den Aufbauten befanden sich der Hauptbefehlsstand, verschiedene technische Räume und Lehrkabinette. Zur Versorgung der 60 Mann Stammbesatzung und 93 Kursanten standen eine Bordbäckerei, eine Klimaanlage, eine Wäscherei und eine Arztstation zur Verfügung.
Die Ari-Bewaffnung des Schiffes bestand aus 2 x 30_2 mm-Geschützen AK-230, gekoppelt mit einer Waffenleitanlage MR -104, sowie 2 x 25_2 mm-Geschützen 2M3.

Gegenüber der polnischen Ausführung unterschied sich das für die Volksmarine gebaute Schiff nur durch etwas andere Brückenaufbauten, einen zusätzlichen Mast auf der Back sowie den Einbau der FuM-Anlage TSR-333.

Im Juli 1976 stellte die Volksmarine das Schiff als Motorschulschiff mit dem Namen WILHELM PIECK in Dienst. Wegen seiner Größe wurde es in Warnemünde stationiert und operativ durch die 4. Flottille geführt.

Bereits im selben Monat war das Schiff mit einer ersten Gruppe von Offiziersschülern zum Flottenbesuch in Leningrad. Da es für das Fahrtgebiet „unbegrenzte Fahrt" ausgelegt war, konnten mehr und mehr Fahrten in entfernte Seegebiete unternommen und damit die Ausbildung der Offiziersschüler praxisbezogener gestaltet werden.
Die erste große Fahrt fand 1978 statt und führte über 7.000 sm durch das europäische Nordmeer und den Atlantik bis Murmansk. Diese Fahrt wurde 1980 wiederholt. 1979 und 1981 erfolgten Ausbildungsfahrten in das Mittelmeer und ins Schwarze Meer, wobei die Häfen Sewastopol, Varna, Constanta und Split angelaufen wurden. 1983 lief das Schiff im Rahmen eines Ausbildungstörns mit Offiziersschülern den Hafen Turku zu einem offiziellen Flottenbesuch in der Republik Finnland an. 1984 erneut im Mittelmeer, wurde erstmalig in den Häfen

Tripolis und Piräus festgemacht.
Weitere Fahrten führten das Motorschulschiff WILHELM PIECK 1987 nach Latakia, 1989 nach Algier und 1990 nach Plymouth.(69)

Zum Zeitpunkt der Auflösung der Volksmarine befand sich das Schiff noch im Flottendienst. Die Bundesmarine war an einer Übernahme nicht interessiert. Das Schiff sollte einer zivilen Nutzung zugeführt werden, wurde aber 1994 verschrottet.

Als Schulfahrzeuge eingesetzte Serienschiffe/-boote

- Hafen- und Reedeschutzboote Typ DELPHIN:
  1956/57 zwölf Boote,
  alle Boote wurden im Februar 1957 mit Besatzung an die 6. GBK übergeben.

- Hafen- und Reedeschutzboote Typ TÜMMLER:
  ab 1963 Einsatz der Boote 2, 9, 10, 11 und 12,
  alle Boote wurden ab Juni 1961 mit Besatzung an die 6. GBK übergeben.

- Räumboote Typ SCHWALBE:
  1963/64 die Boote 21/15, 23/17, 24/18, 32/26 und 39/33, anschließend
  1965/66 die Boote 17/11, 18/12, 42/36 und 43/37,
  die Boote gingen teilweise wieder zurück in den Flottendienst, teilweise verblieben sie bis zur Außerdienststellung als Schulboote in Parow.

- Kleiner U-Boot-Jäger Typ HAI:
  Juli 1964 bis November 1970 das Schiff 12.1;
  es handelte sich um den Vorläufer der Serie 12.4. Anschließend wurde das Schiff verschrottet.

- MLR Typ HABICHT Projekt 1:
  1965 - 1970 das Schiff 2009,
  danach verblieb es als Wohnschiff in Parow.

- TS-Boot Projekt 183:
  Das Boot 183/1 befand sich vor seiner Außerdienststellung kurzzeitig in der Schulbootsabteilung und wurde im Mai 1968 verschrottet.

- MLR Typ KRAKE Projekt 15:
  Schiff 3001 1971 - 1976
  Schiff 3003 1971 - 1973
  Schiff 3008 1973 - 1976
  Schiff 3010 1973 - 1976
  Nach ihrem Einsatz für Ausbildungszwecke wurden alle Schiffe außer

Dienst gestellt und verschrottet.

- MSR Projekt 89.1:
  Schiff 89.101 1972 - 1981 Einsatz als Schulfahrzeug, danach Erprobungsschiff V-87
  Schiff 89.102 1971 - 1981, Einsatz als Schulfahrzeug, danach an Fischereiaufsichtsamt
  Schiff 89.103 1971 - 1976, Einsatz als Schulfahrzeug, danach als Schulschiff zur GST

- MSR Projekt 89.2:
  1971 - 1981 Einsatz der Schiffe 89.223, 224 und 225;
  nach Auflösung der Schulbootsbrigade wurde das Schiff 89.223 konserviert, die beiden anderen Schiffe gingen zurück in die 1. Flottille.

- RS-Boote Projekt 205:
  1971 - 1981 die Boote 205/1, 2 und 4;
  nach Auflösung der Schulbootsbrigade wurde das Boot 205/2 außer Dienst gestellt und verschrottet; die beiden anderen Boote gingen zurück zur 6. Flottille.

- TS-Boote Projekt 206:
  1977 - 1981 die Boote 206/1, 3 und 7;
  nach Auflösung der Schulbootsbrigade gingen alle Boote zurück zur 6. Flottille.

Bereits 1946 wurde die Volkspolizei gebildet und mit dem Aufbau der Grenzpolizei begonnen. In dem Zusammenhang erging der Befehl 161 der Sowjetischen Militäradministration in Deutschland (SMAD), ab April 1946 eine Wasserschutzpolizei aufzubauen. Entlang der Küste der sowjetischen Besatzungszone wurden ca. 150 Wasserschutzpolizisten stationiert. Ihre Aufgabe war die Überwachung und Kontrolle der 340 km langen Außenküste sowie der Bodden- und Haffküste. Dazu entstanden Wasserschutzpolizei-Reviere in Wismar, Rostock, Warnemünde, Stralsund, Greifswald und Saßnitz. Den Revieren waren Gruppenposten unterstellt, die in der Nähe von Anlandestellen der Küstenfischer stationiert waren.

Boote für Kontrolleinsätze auf dem Wasser gab es zu Anfang kaum. Durch Beschlagnahme nicht registrierter, versteckter Boote und durch Einziehung von Booten, mit denen Schwarzfischerei oder Schmuggel betrieben worden war, erhöhte sich der Bestand; auch ein ehemaliges Flugsicherungsboot der Kriegsmarine (Barkasse mit 12 m Länge) gehörte als Grenzboot G-18 zu den ersten Seefahrzeugen. Aber die Wasserschutzpolizei besaß bis zur Übernahme in die Grenzpolizei nie mehr als zehn einsatzklare Boote, von denen sieben nicht länger als acht Meter waren und nur eine Geschwindigkeit von ca. 5 kn erreichten.

Im November 1946 begann in Mecklenburg, ebenfalls auf Weisung der SMAD, die Aufstellung deutscher Grenzpolizeieinheiten. Sie wurden nach Befehl 155 des Chefs der SMAD vom 23.08.1947 an der Demarkationslinie zur britischen Besatzungszone und an der Grenze zu Polen eingesetzt.
Die Sicherung des unmittelbaren seeseitigen Küstenabschnitts der SBZ blieb weiter unter der Befehlsgewalt der SMAD-Marineabteilung Berlin-Karlshorst und somit vollständig in der Hand von Einheiten der Sowjetarmee. Kräfte der Grenzpolizei übernahmen die Aufrechterhaltung von Ordnung und Sicherheit nur an Land.

Ein Grund dafür, dass man an der Küste vorerst keine Grenzpolizeieinheiten aufstellte, war die Ostsee selbst, da sie ein natürliches Hindernis für den illegalen Grenzverkehr darstellte. Der Bestand an kleinen Booten in Privatbesitz, die von der offenen Küste ablanden konnten, hatte sich durch den Krieg stark verringert. Außerdem war der Schmuggel mit solchen kleinen Wasserfahrzeugen über die Ostsee weitaus riskanter, als ein Marsch mit dem Rucksack über die Landesgrenze.
Der grenzüberschreitende Verkehr erfolgte hauptsächlich über die vorhandenen Häfen. Die Kontrolle der Seeschiffe wurde von den in den Seehäfen bestehenden Kontrollpassierpunkten der Sowjetarmee wahrgenommen.

Fischereifahrzeuge sowie andere größere Boote konnten die offene See nur über kontrollierte Wasserstraßen oder von beobachteten Bootsliegeplätzen erreichen. Die Kontrolle dieser Fahrzeuge und der Sportboote beim Ein- und Auslaufen übernahm die Wasserschutzpolizei.
So blieb die Ostseeküste der einzige Grenzabschnitt der SBZ / DDR, an der bis 1950 keine Grenzpolizeieinheiten zum Einsatz kamen.

Mit der Gründung der DDR am 07.10.1949 ergaben sich neue Aspekte für die Sicherheitspolitik.
Die DDR war nun Völkerrechtssubjekt und übernahm souveräne Rechte und die internationale Pflicht, ihre Staatsgrenze in Übereinstimmung mit dem Völkerrecht zu sichern. Die Grenzpolizei wurde damit Grenzschutzorgan der DDR; es entstanden neue Bedingungen und Anforderungen hinsichtlich der Art und Weise der Grenzsicherung. Auch an der Küste der DDR war es jetzt notwendig geworden, die souveränen Rechte zur Sicherung der Seegrenze eigenständig und in vollem Umfang zu übernehmen.

Am 14.12.1949 erging dazu der Befehl 207/49 des Generalinspekteurs der Volkspolizei. Er enthielt die Festlegung zum Aufbau von drei VP-Grenzbereitschaften Nord/Küste.
Als Aufgabe war formuliert:

- Überwachung der Außenküste und der Dreimeilenzone,
- Kontrolle der Hafeneinfahrten an der Ostseeküste der DDR.

Mit den vorhandenen Booten sowie den meisten Kräften der Küstenschutzreviere der Volkspolizei übernahm die neu geschaffene Struktureinheit der Grenzpolizei ab 07.01.1950 die Überwachung der Ostseeküste und der Dreimeilenzone.

Im Befehl 106/50 des Ministers des Inneren vom 12.05.1950 wurde erstmalig geregelt, dass die Grenzpolizei bei Verstößen von ausländischen Handels- und Fischereifahrzeugen in den Territorialgewässern der DDR berechtigt sei, diese zu stoppen und zu kontrollieren. Entscheidungen darüber und über notwendige Folgemaßnahmen wurden aber noch von Offizieren der sowjetischen Kontrollkommission getroffen. (70)

Als Besonderheit gehörte zur Grenzbereitschaft Bad Doberan eine Bootswerft in Ribnitz. Diese Werft hatte im Zweiten Weltkrieg noch nicht bestanden. Die Wasserschutzpolizei hatte 1948 am Hafen in Ribnitz ein Gelände erhalten, auf dem eine kleine Baracke mit einer mechanischen Werkstatt und eine Slipanlage mit geringer Tragfähigkeit vorhanden waren. Seitdem wurden hier die Boote der Wasserschutzpolizei gewartet und in Stand gehalten.

Mit dem Übergang zur Grenzpolizei und der Einführung neuer Boote reichte aber die Kapazität der Werkstatt nicht mehr aus. Es mussten nun auch Unterstände für die Überwinterung geschaffen werden. Dazu erweiterte man das Objekt in Ribnitz. Zur Einlagerung der Grenzkontrollboote entstand eine Bootshalle mit Stellplätzen für alle Boote. Die vorhandene Slipanlage wurde erweitert und ihre Tragfähigkeit erhöht. Werkstätten, die mit entsprechenden Maschinen für Metall- und Holzarbeiten ausgerüstet waren, gestatteten es, alle Reparaturen an den vorhandenen Booten mit dem vorhandenen Personal selbst auszuführen. Ein seemännisch-technisches Lager im selben Objekt gewährleistete, dass die Boote nach Bedarf gewartet wurden.
In einem Mehrzweckgebäude waren die Bootsbesatzungen untergebracht, die an der Wartung ihrer Boote mitarbeiteten. Außerhalb der Winterperiode standen die Räume des Gebäudes für Schulungs- und Ausbildungsmaßnahmen zur Verfügung.(71) Später übernahm der Chef der Rückwärtigen Dienste das Objekt zur Reparatur von Barkassen u.a.

In der ersten Instruktion für die Grenzbereitschaften Nord/Küste zum Schutz der Ostseeküste der DDR vom 14.09.1950 waren folgende Forderungen formuliert:

- Bewachung der Küste und der Territorialgewässer gegen das Eindringen bewaffneter Banden, Spione, Diversanten, Schmuggler und anderer feindlicher Elemente,
- Kampf gegen alle Arten des Schmuggels, Schutz der Fischer sowie der Bevölkerung,
- Überwachung der Einhaltung der für die Schifffahrt auf See erlassenen Gesetze und Bestimmungen,
- Schutz des Lebens der DDR-Bürger und ihres Eigentums (Fahrzeuge und Fischfanggeräte).

Der vorhandene Bestand an kleinen Grenzbooten unterschiedlicher Bauart reichte nicht aus, um die seeseitige Überwachung der Hoheitsgewässer im notwendigen Umfang zu gewährleisten. Der Hauptmangel aller Fahrzeuge bestand in:

- ungenügender nautischer Ausrüstung (unkompensierte und ungenaue Kompaßanlage, keine Peilvorrichtung zur genauen Standortbestimmung),
- geringer Seetüchtigkeit,
- zu geringer Besatzungsstärke um Kontrollen auf Schiffen bzw. größeren Fischereifahrzeugen durchführen zu können,
- fehlender Fähigkeit zum Einsatz bei Eis. (72)

Um diesen Mangel zumindest teilweise zu beheben, wurden mehrere Boote ausgemustert und durch neue ersetzt. So erhielt die Grenzpolizei an der Ostseeküste von 1950 bis 1953 nacheinander verschiedene Typen kleiner Grenzfahrzeuge:

- 3 **umgebaute ehemalige Fischkutter,**
- 14 **Hafenbarkassen/Streckenboote,**
- 9 **Hafenlimousinen,**
- 16 **schnelle Kontrollboote,**

Im Juni 1950 wurde auf Beschluß des Ministerrates der DDR die Hauptverwaltung Seepolizei (HVS) gebildet. Sie übernahm ab Mitte 1951 den operativen Küstensicherungsdienst in See.
Um die Küstengewässer mit den wenigen damals vorhandenen Kräften ausreichend sichern zu können, erfolgte ab 1951 ein koordiniertes Vorgehen der HVS mit der Hauptabteilung Grenzpolizei in der Hauptverwaltung Deutsche Volkspolizei besonders bei der Beschaffung des Bootsparkes. Diese Zusammenarbeit auf dem Gebiet des Schiffbaus blieb auch nach Mai 1952 bestehen, als die Grenzpolizei in Deutsche Grenzpolizei umbenannt und dem Ministerium für Staatssicherheit unterstellt wurde. (73)

Zur Erfüllung ihrer Kontroll- und Sicherungsaufgaben in den Küstengewässern der DDR benötigte die Grenzpolizei bewaffnete seetüchtige Polizeiboote, die zu jeder Tageszeit und auch bei schlechten meteorologischen Bedingungen eingesetzt werden konnten.
So wurde im Juni 1952 entschieden,

- 8 **KS-Boote Typ SEEKUTTER**

einschließlich Besatzungen der Boote und arbeitsfähigen Stabes aus dem Bestand der Seepolizei zur Grenzpolizei zu kommandieren.

Mit dem Einsatz dieser acht Küstenschutzboote der Grenzpolizei im Sommer 1952 begann ein qualitativ neuer Abschnitt in der Grenzsicherung an der Ostsee. Die Grenzpolizei ging zur direkten seeseitigen Sicherung der Seegrenze der DDR über. Es soll an dieser Stelle nicht unerwähnt bleiben, dass bis 1955 fast immer kleine sowjetische Kommandos, in der Regel ein Offizier und drei Soldaten, an Bord der KS-Boote mit zum Grenzdienst fuhren. Befehlsgewalt an Bord hatte aber der jeweilige Kommandant des Bootes. (74)

Zur weiteren Verbesserung ihres Fahrzeugbestandes übernahm die Grenzpolizei

- 1954 2 **Zollkutter** und
- 1956 4 **Barkassen MB-12.**

Der Versuch, 1954 ein spezielles Grenzschutzboot Typ SKORPION entwickeln zu lassen, scheiterte am Fehlen geeigneter Motoren.

Bei der Sicherung der Seegrenze stützte man sich auf die Erfahrungen der UdSSR, die Grenzbewachung als eine Kombination von polizeilichen und militärischen Handlungen durchzuführen, um ein möglichst lückenloses Netz zu knüpfen. Dieses Verfahren als Teil des „eisernen Vorhangs" richtete sich vorwiegend gegen die eigene Bevölkerung, die gewaltsam am illegalen Verlassen der DDR über See gehindert werden sollte, hatte aber auch einen äußeren Aspekt.

Das Ziel nach außen bestand darin, die Grenztruppe an der nördlichen Staatsgrenze der DDR in die Lage zu versetzen, Einbrüche bewaffneter Gruppen mit eigenen Mitteln zu verhindern, im Falle eines Angriffs die Entfaltung der Seestreitkräfte zu decken und die Seegrenze zu verteidigen (75).

Im September 1955 schlossen UdSSR und DDR einen Staatsvertrag ab, der der DDR die volle Verantwortung für die Bewachung und Kontrolle ihrer Staatsgrenze übertrug. Dazu wurde im März 1957 das „Kommando der Deutschen Grenzpolizei" mit einem zentralen Führungsorgan in Rostock für die Sicherung der Seegrenze der DDR geschaffen. Damit war die Konsolidierungsphase der Grenzsicherung abgeschlossen!

Der Befehl 48/57 des Ministers des Inneren zur Umsetzung eines komplexen Programmes der Entwicklung der Deutschen Grenzpolizei leitete tiefgreifende Veränderungen in der Grenzsicherung an der Seegrenze der DDR ein.
Aus dem Grenzabschnittsstab VI wurde die 6. Grenzbrigade gebildet. Dazu gehörten die drei Grenzbereitschaften Rostock, Greifswald und Glowe mit landseitigen Struktureinheiten sowie je einer Bootsgruppe. Die Bootswerft Ribnitz blieb ebenfalls im Bestand der 6. Grenzbrigade.

Um das Zusammenwirken der Seestreitkräfte und der neuformierten 6. Grenzbrigade der Deutschen Grenzpolizei zu gewährleisten, erließen beide Chefs entsprechende Befehle und Maßnahmepläne. Diese beinhalteten konkrete Festlegungen zur operativen Arbeit, zu operativ-taktischen Übungen, zum Nachrichtendienst, zur Ausbildung, zu Kader- und Auffüllungsfragen sowie zur Ausrüstung, Versorgung und Modernisierung der Boote der Deutschen Grenzpolizei.
Im Zusammenhang mit diesen Maßnahmen übergaben die Seestreitkräfte

- 1957 12 **Hafen- und Reedeschutzboote Typ DELPHIN**

an die Grenzbrigade.

Ende 1957 beantragte deren Chef beim Ministerium des Inneren, den an der Seegrenze vorhandenen Bootsbestand zu erweitern und die vorhandenen Grenzboote zu modernisieren. Die Bootsgruppen hatten sich als Hauptmittel bei der Erfüllung der Grenzdienstaufgaben an der Seegrenze der DDR erwiesen.
Der Seeverkehr von Handels- und Fischereifahrzeugen hatte stark zugenommen, ebenso die Aufklärungstätigkeit von Schiffseinheiten der Bundesmarine und des Bundesgrenzschutzes.
Die Zuführung größerer Grenzboote wurde aber aus ökonomischen Gründen abgelehnt. Das Ministerium des Inneren veranlaßte nur den Bau von

- 4 **Barkassen MB-12,**

die die 6. Grenzbrigade 1959 in Dienst stellte.

Im Herbst desselben Jahres nahmen erstmals Einheiten der Grenzbereitschaft Rostock mit der Bootsgruppe Wismar an einer Übung von Truppenteilen und Verbänden der Landstreitkräfte und der Volksmarine im Küstengebiet teil.

Im Zusammenhang mit den Ereignissen am 13. August 1961 wurden am 12.08. mehrere kleine Grenzboote nach ihrer Zusammenführung im Hafen von Altwarp in einer Nachtfahrt über die Oder nach Berlin verlegt. Dort erfolgte ihr Einsatz auf den Berliner Grenzgewässern. Bis zur Zuführung neuer moderner Grenzkontrollboote verblieben sie in Berlin und auf der Elbe. Sie wurden nicht mehr der 6. Grenzbrigade unterstellt.

An der Seegrenze wurde in enger Zusammenarbeit zwischen Volksmarine und 6. Grenzbrigade das Beobachtungssystem durch die Entfaltung von Schiffsvorposten verstärkt und erweitert. Ein Zwischenfall besonderer Art war der Versuch des Fahrgastschiffes BINZ, die DDR illegal verlassen zu wollen. Ein Grenzboot Typ DELPHIN stoppte das Schiff und brachte es in einen DDR-Hafen ein. (76)

Im September 1961 übernahm die 6. Grenzbrigade wieder vollständig die Grenzsicherung. Die Volksmarine übergab in diesem Zusammenhang

- 12 ehemalige **Hafen- Reedeschutzboote Typ TÜMMLER.**

Die Boote wurden ohne schiffbauliche Veränderungen als Grenzkontrollboote eingesetzt.
Außerdem gingen bis 1962 nochmals

- 12 **KS-Boote Typ SEEKUTTER**

zur Grenzbrigade Küste über.

Im November 1961 übertrug der Minister für Nationale Verteidigung mit dem Befehl 88/61 die Verantwortung für die Sicherung der Seegrenze auf den Chef der Volksmarine. Ihm wurden die Einheiten der ehemaligen 6. Grenzbrigade mit der neuen Bezeichnung 6. Grenzbrigade-Küste unterstellt. Von diesem Zeitpunkt der operativen Unterstellung der Grenzsicherungskräfte unter das

Kommando der Volksmarine standen die für den Schutz der Seegrenze verantwortlichen Organe unter einem einheitlichen Kommando – diese Struktur blieb bis 1990 bestehen.

Im dazu erlassenen Befehl 63/61 des Chefs der Volksmarine heißt es dazu:

> Die Aufgaben im Gebiet der Küste und des Küstenvorfeldes zum Schutz der DDR werden von nun an Schulter an Schulter von Soldaten und Matrosen, Unteroffizieren und Maaten sowie Offizieren der 6. Grenzbrigade-Küste und der übrigen Verbände der Volksmarine gemeinsam gelöst.

Die Volksmarine sah sich damit in einer ganz spezifischen Lage, denn mit der 6. Grenzbrigade-Küste unterstand ihr ein kleiner Teil der Grenzsicherungskräfte (ca. 5 Prozent). Während die Landstreitkräfte keinerlei Bewachungsaufgaben an den Landesgrenzen zu erfüllen hatten, musste die Volksmarine sowohl die Verteidigung zur See, als auch die Grenzsicherung an der Küste wahrnehmen.
Das war eine international völlig unübliche Praxis – in der UdSSR waren die Grenztruppen insgesamt dem Staatskomitee für Staatssicherheit, in der VR Polen dem Innenministerium unterstellt.

Diese neue Struktur hatte aber auch Vorteile. Sie lagen darin, dass die Schiffskräfte der 6. Grenzbrigade-Küste im Mobilmachungsfalle sofort zu Räum- oder Beobachtungsaufgaben eingesetzt werden konnten, weil sie bereits im täglichen Dienst und in der Ausbildung darauf vorbereitet wurden. Auch die Umsetzung von Personal, die Zuführung neuer Schiffe und Boote sowie die materielle und technische Sicherstellung unter Leitung eines einheitlichen Führungsorgans war unter den neuen Bedingungen wesentlich einfacher.

Nachteile für die Volksmarine ergaben sich aus der nun auch polizeilichen Zuständigkeit für die Bewachung der Seegrenze. Das bedeutete im Laufe der Jahre in immer stärkerem Maße, DDR-Bürger am illegalen Verlassen der DDR zu hindern und die unbedingt notwendige Ordnung in den Territorialgewässern aufrechtzuerhalten. Damit waren die Aufgaben der Volksmarine sowohl nach außen als auch nach innen gerichtet.
Die Kontrolle des grenzüberschreitenden Personenverkehrs wurde jedoch von den Paßkontrolleinheiten des Ministeriums für Staatssicherheit durchgeführt. Das galt auch für die Bewachung der Schiffe aus dem nichtsozialistischen Ausland in den Seehäfen der DDR.

Nach der Übernahme in die Volksmarine bekam die 6. Grenzbrigade-Küste mehrere Typen von Schiffen und Booten aus dem Bestand der Flotte. Dabei wurde für den Mobilmachungsfall – trotz des Einsatzes als Grenzfahrzeug – die ursprüngliche Hauptfunktion erhalten. Bei der Bestandserweiterung handelte es sich um:

- 1965/69 9 **R-Boote Typ SCHWALBE Projekt 8**
- 1965 12 **U-Boot-Jäger Projekt 201M**
- 1971/73 18 **MSR Projekt 89.1.**

Dazu kamen aus dem operativen Dienst der Flotte ausgemusterte Fahrzeuge, die für den Grenzdienst umgerüstet wurden. Das waren:

- 1963 2 **TS-Boote Typ FORELLE**
- 1969 3 **TS-Boote Projekt 183**

Auch durch die Übernahme ehemaliger Fischereifahrzeuge konnte der Bootsbestand erhöht werden. So übernahm die 6. GBK

- 1965 7 **21m-Kutter SAS.**

Zusätzlich zum Einsatz ehemaliger Einheiten von operativen Verbänden der Volksmarine wurden auch Aufgabenstellungen für Boote eingeleitet, die speziell für den Grenzdienst konzipiert wurden. So erhielt die 6. GBK

- 1971 10 **Grenzboote GB-23.**

Dagegen mussten Arbeiten am

- Grenzsicherungsboot Projekt 410
- Küstenwachboot Projekt 155
- Küstenwachboot Projekt 422

aus unterschiedlichen Gründen abgebrochen werden.

Mit den im jeweiligen Zeitraum eingesetzten Fahrzeugen war die 6. Grenzbrigade-Küste in der Lage, im Rahmen der täglichen Grenzsicherung die von ihr geforderten Aufgaben zu erfüllen. Auch die ab Januar 1985 auf Beschluß der Regierung der DDR vorgenommene Erweiterung der Territorialgewässer auf zwölf Seemeilen konnte ohne besondere Probleme in das Sicherungssystem eingebunden werden.

Im April 1990 legte der neu ernannte Minister für „Abrüstung und Verteidigung" fest, dass die 6. Grenzbrigade-Küste an die Grenztruppen der DDR zu übergeben ist. Zum Zeitpunkt der Auflösung der Volksmarine befanden sich damit keine dieser Einheiten mehr in ihrem Bestand.

Grenzkutter/ehemalige Fischkutter

Im Dezember 1949 wurde in Wolgast ein in privatem Besitz befindlicher Fischkutter wegen Paßvergehens beschlagnahmt. Das Fahrzeug war 1905 in der Werft Fünning in Wolgast gebaut worden. Nach der Konfiszierung durch die Staatsorgane der DDR überholte die Volkswerft Stralsund Anfang 1950 das Fahrzeug; anschließend übernahm es die Grenzpolizei.
Nach kurzzeitiger Erprobung unter der Bordnummer G-43 stellte sich heraus, dass der Kutter für den Einsatz im Grenzkontrolldienst nicht geeignet war. Deshalb

ging er bereits im Juni 1950 an das Wasserstraßenhauptamt Rostock. Ab 1951 war er beim neugebildeten Betrieb Schiffsbergung und Taucherei in Stralsund eingesetzt, im Juni 1953 wurde das Fahrzeug ausgemustert und abgebrochen.
Bilder oder Skizzen sowie technische Angaben sind nicht mehr vorhanden.

Ein weiteres als Grenzkutter eingesetztes Fahrzeug war der ebenfalls beschlagnahmte Fischkutter KARLSHAGEN-11. Nach Überholung in der Volkswerft Stralsund wurde dieser Kutter ab Juni 1950 durch die Grenzpolizei-Küste unter der Bordnummer G-48 zu Kontrollaufgaben im Greifswalder Bodden eingesetzt.

Er befand sich bis Februar 1956 in Dienst und wurde dann wahrscheinlich abgebrochen. Technische Angaben sind nicht mehr vorhanden.
Durch die Grenzbrigade Küste erfolgte auch die Indienststellung des Kontrollkutters G-41, der an anderer Stelle bereits als Schulkutter 824 beschrieben wurde.

Hafenbarkasse/Streckenboot 12,3 m

Taktisch technische Daten			
D_N(t)	$L_{üa}$(m)	$B_{üa}$(m)	T_g(m)
7,3	12,3	2,60	0,90
Antrieb	V_{max}(kn)	**Besatzung**	**Bewaffnung**
1xDM SW4	11	2	keine

Lebensakte		
Projekt-/ Bau-Nr.	**Name**	**in Dienst**
012	ohne	14 x 1950

Unmittelbar nach der Aufgabenstellung für ein Kommandantenboot übergab die Hauptverwaltung Seepolizei im Auftrag der Grenzpolizei-Küste eine weitere Aufgabenstellung an die Yachtwerft Berlin und zwar für die Entwicklung und den Bau einer Hafenbarkasse.

Als Zweckbestimmung war formuliert:

> Dieses Fahrzeug dient als Streckenkontroll- und Hafenaufsichtsboot auf Binnengewässern und Seehäfen.
>
> Der Transport von Personen und das Schleppen kleinerer Wasserfahrzeuge ist möglich.

Bis Ende 1950 entwickelte und baute die Yachtwerft Berlin mit der internen Werft-Projekt-Nummer 012 ein Polizei-Hafenboot, im allgemeinen Sprachgebrauch auch als „Streckenboot“ bezeichnet. Es handelte sich hierbei um das

erste Neubauprogramm einer Serie von 14 Booten für die Grenzpolizei-Küste. Solche Boote baute die Werft auch für die Wasserschutzpolizei und andere Kontroll- und Aufsichtsbehörden.
Das Boot besaß einen 12,3 m langen, aus Schiffbaustahl in kombinierter Niet-Schweiß-Bauweise gebauten Bootskörper und einen von der Vorpiek bis zur 2,8 m langen Achterplicht (76) reichenden Kajütenaufbau aus Holz.
Als Antrieb diente ein Dieselmotor Typ SW-4 mit 130 PS vom Sachsenringwerk Zwickau. Damit erreichte das Boot eine Geschwindigkeit von ca. 11 kn.

Der Einsatz erfolgte zum Grenzdienst (Kontrolle und Überwachung) auf den Ansteuerungen zu DDR-Häfen und den Seewasserstraßen im Bereich der Insel Ruden, der Nordansteuerung Stralsund sowie an der Grenze zur VR Polen im Oderhaff, aber auch als schwimmende Kontrollpunkte in den genannten Bereichen.
In Ermanglung seegängiger Boote dienten die Boote bei günstiger Wetterlage auch als Strecken- und Kontrollboote auf offener See in Küstennähe.

Ab 1951 wurde dieser Bootstyp in einer Weiterentwicklung unter der Werft-Projektnummer 520 an andere Staatsorgane geliefert. Wesentlichste Veränderung war der Einbau des Dieselmotors Horch EM 6-20 mit 110 PS, mit dem diese Boote aber nur noch 8 kn liefen.

Drei Boote befanden sich 1952 in Parow bzw. in Stralsund / Schwedenschanze. Daraus kann geschlussfolgert werden, dass von den 14 Booten der Grenzpolizei-Küste einige Fahrzeuge an die Seepolizei abgegeben wurden. Exakte Angaben darüber waren nicht mehr zu finden.
Im November 1952 wurde eine dieser Barkassen in Stralsund verladen und auf dem Landwege zum Tollensesee transportiert. Dort unterstützte das Fahrzeug mit einer Besatzung der Seepolizei die eingesetzten Taucher bei der Suche von auf Grund liegenden Torpedos der ehemaligen Torpedoversuchsanstalt Eckernförde, Abt. Neubrandenburg.

Hafenlimousine

Taktisch technische Daten

D_N(t)	$L_{üa}$(m)	$B_{üa}$(m)	T_g(m)
3,4	10,00	2,10	0,65
Antrieb	**V_{max}(kn)**	**Besatzung**	**Bewaffnung**
1xDM EM20	12,5	2	keine

Lebensakte

Projekt-/ Bau-Nr.	Name	in Dienst
090	ohne	9 x 1950

Gleichzeitig mit dem Kommandantenboot und der Hafenbarkasse entwickelte die Yachtwerft Berlin eine Hafenlimousine. Weshalb 1950 drei verschiedene, aber annähernd gleich große Typen von Kontroll- und Verkehrsbooten in der Yachtwerft für die Seepolizei bzw. die Grenzpolizei-Küste gebaut wurden, läßt sich nicht mehr nachvollziehen.

Vom Typ Hafenlimousine erhielt die Grenzpolizei-Küste 1950 neun Boote, die auf der Yachtwerft unter der Werft-Projektnummer 090 entwickelt und gebaut wurden. Der Bootskörper war aus Schiffbaustahl im Nietverfahren hergestellt. Der Kajütaufbau bestand aus Holz. Als Antrieb diente ein Dieselmotor Horch EM 20 mit 80 PS, womit das Boot eine Geschwindigkeit von 12,5 kn erreichte. Die Limousine war erstmalig als Polizeiboot mit Scheinwerfer, Polizeilicht und Martinshorn ausgerüstet.

So wie die Hafenbarkassen wurden auch die Hafenlimousinen an den Zufahrten zu den inneren Seegewässern stationiert. Sie hatten die gleichen Aufgaben, allerdings erfolgte ihr Einsatz nur in den inneren Gewässern.
Im Rahmen des Mauerbaus ging im August 1961 ein Teil der Hafenbarkassen und der Hafenlimousinen nach Berlin bzw. an die Elbe.

Schnelles Kontrollboot/Kurierboot

Taktisch technische Daten

D_N(t)	$L_{üa}$(m)	$B_{üa}$(m)	T_g(m)
3,4	9,5	2,32	0,65
Antrieb	**V_{max}(kn)**	**Besatzung**	**Bewaffnung**
1xBenzinmotor Maybach HL 120	28	2 (+4)	keine

Lebensakte		
Projekt-/ Bau-Nr.	**Name**	**in Dienst**
0072	ohne	16 x 1951

Auf der Basis des Kommandantenbootes nahm die Yachtwerft Berlin 1951 unter der Werft-Projektnummer 0072 eine Weiterentwicklung vor.
Der 9,5 m lange flachbordige Holzkörper und der Antrieb mit einem Benzinmotor Maybach Typ H 120 mit einer Leistung von 300 PS blieben unverändert. Die Beplankung wurde von Eiche auf Mahagoni umgestellt.

Die Zweckbestimmung sah auch Repräsentationsfahrten vor. Dazu veränderte man die Achterplicht; sie konnte mit einer gepolsterten Sitzbank in U-Form sowie einem runden Tisch und zusätzlich zwei Polstersesseln ausgestattet und durch eine Persenning allseitig geschlossen werden.

Äußerlich unterschied sich das Kontrollboot Pr.0072 kaum von dem Kommandantenboot. In einzelnen Veröffentlichungen wird es deshalb als ein einheitlicher Bootstyp angegeben.

1951 baute die Yachtwerft Berlin eine Serie von 16 Booten für die Grenzpolizei-Küste; sie wurden allgemein als „S-Boote“ bezeichnet.
Die Hauptaufgabe dieser Boote bestand in überraschenden kurzzeitigen Kontrollfahrten in den inneren Seegewässern, Binnengewässern und auch in Ufernähe vor der Küste. Die Boote sollten zeitweilig in der Nähe der Grenzposten an der offenen Küste auf speziellen Slipanlagen stationiert werden. Dieser Plan war aber aus meteorologischen, technischen und ökonomischen Gründen nicht durchführbar. Die Boote wurden deshalb in der Regel an den Einsatzorten der Hafenbarkassen stationiert.

Der Einsatz erfolgte grundsätzlich nur in den Monaten Mai bis Oktober. In der Winterperiode gingen alle Boote zur Bootswerft Ribnitz auf Slip und zur Überholung.

Zollkutter

Taktisch technische Daten			
D_N(t)	**$L_{üa}$(m)**	**$B_{üa}$(m)**	**T_g(m)**
30	21,6	4,10	1,20
Antrieb	**V_{max}(kn)**	**Besatzung**	**Bewaffnung**
2xBenzinmotor Sumoa	13,2	8	(1xsMG)

Lebensakte

Projekt-/ Bau-Nr.	Name	in Dienst	außer Dienst
0088	ohne	2 x 02.54	2 x 05.63

1952 erhielt die Yachtwerft Berlin eine Aufgabenstellung zur Entwicklung und zum Bau von zwei Zollkuttern.

Die Zweckbestimmung sah vor:

Der Kutter wird für Zollkontroll- und Inspektionsfahrten auf Küstengewässern eingesetzt.

Sowohl der Bedarfsträger als auch der geplante Nutzer dieser immer nur als „Zoll"-Kutter bezeichneten Boote ist nicht mehr zu ermitteln. Es ist aber anzunehmen, dass die im Mai 1952 erfolgte Herauslösung der Grenzpolizei der DDR aus dem Ministerium des Inneren und ihre Unterstellung als Deutsche Grenzpolizei (DGP) unter das Ministerium für Staatssicherheit dabei eine Rolle gespielt und zu unklaren Vertragsbeziehungen geführt haben.

Die Ende 1953 in der Yachtwerft Berlin unter der werftinternen Projekt-Nummer 0088 fertig gestellten und im Februar 1954 in einer schwierigen Eisfahrt über die Oder nach Warnemünde überführten beiden Zollkutter wurden von der neugebildete Grenzbereitschaft Rostock übernommen.

Die Boote besaßen einen Stahlkörper, auch das Deckshaus bestand aus Stahl. In zwei Kammern und einem Mannschaftsraum war unter beengten Verhältnissen die Besatzung von acht Mann untergebracht. Die Boote hatten eine Funkanlage und führten Polizeilichter. Auf der Back war der Aufbau eines sMG Maxim möglich.
Als Antriebsanlage des Zweischraubers dienten zwei ehemalige französische Panzermotoren des Typs Sumoa mit je 400 PS. Damit wurde eine Geschwindigkeit von 13,2 kn erreicht.

Nach der Indienststellung durch die Deutsche Grenzpolizei gingen die Zollkutter zur Bootsgruppe Greifswald/Wiek; teilweise waren sie in Freest stationiert und wurden auch zum Grenzdienst im Oderhaff eingesetzt.
Die Boote besaßen die gleichen Nachteile bzw. Mängel wie die Küstenschutzboote; außerdem war ihre Geschwindigkeit noch wesentlich geringer. Trotzdem erfuhren sie bis zu ihrer Außerdienststellung 1963 keine Modernisierung.

Hafen- und Reedeschutzboot Typ DELPHIN

Taktisch technische Daten

D_N(t)	$L_{üa}$(m)	$B_{üa}$(m)	T_g(m)
37,6	22,41	4,10	1,29
Antrieb	**V_{max}(kn)**	**Besatzung**	**Bewaffnung**
2 x Jumo205D	16	10 (+12)	1x12,7

Lebensakte

Projekt-/ Bau-Nr.	Name	in Dienst	außer Dienst	Bemerkungen
0095 1	ohne	16.11.53	17.05.69	
2		16.11.53	15.12.65	
3		16.11.53	05.03.65	
4		13.07.54	25.04.69	
5		13.07.54	01.10.66	an GST
6		13.07.54	15.10.66	
7		13.07.54	01.10.64	
8		13.07.54	01.11.67	
9		13.07.54	17.05.69	
10		13.07.54	01.10.66	an GST
11		13.07.54	01.10.66	
12		13.07.54	22.12.64	

Nachdem der Serienbau der Küstenschutzboote in der Yachtwerft Berlin begonnen hatte und die Boote der Seepolizei/VP-See kontinuierlich zuliefen, erhielt die Werft Ende 1952 den Auftrag zur Entwicklung und zum Bau weiterer Typen von Booten. Zum seeseitigen Schutz von Reeden, Ansteuerungen und Häfen wurden zwei Typen von Booten gefordert, die ausreichend manövrierfähig sein und einen geringen Tiefgang besitzen sollten. Einer der beiden Typen sollte außerdem als Schulboot einsetzbar sein. Diesen Auftrag erteilte bereits die VP-See und nicht mehr, wie noch bei den KS-Booten, die SMAD.

Die Yachtwerft Berlin erarbeitete auf der Grundlage des Zollkutters und einer Reisemotoryacht das Projekt für zwei fast identische Hafen- und Reedeschutzboote mit den Typnamen DELPHIN und TÜMMLER und baute anschließend unter der werftinternen Projektnummer 0095 insgesamt zwölf Boote DELPHIN.
Drei Boote wurden im Oktober 1953 auf dem Binnenwasserweg zur Peenewerft Wolgast überführt. Dort erfolgten Endausrüstung und Aufbau der Bewaffnung. Nach dem gleichen technologischen Ablauf wurden 1954 nacheinander die übrigen neun Boote zugeführt.

Der Bootskörper war noch zum Teil genietet, einige Nähte aber bereits geschweißt. Der offene flache Brückenaufbau bestanden aus Leichtmetall mit Nietverbindungen. Eine Funkmess-Anlage befand sich nicht an Bord.

Die Bewaffnung bestand aus einem sowjetischen 12,7 mm - sMG DSchK auf dem Vorschiff.
Mit zwei ehemaligen Flugzeugdieselmotoren Jumo 205 D war die gleiche Antriebsanlage wie auf den KS-Booten eingebaut worden. Um ein Verrußen der Bordwände zu verhindern führte man aber hier die Abgasleitungen hinter den Aufbauten nach oben.

Die Hafen- und Reedeschutzboote DELPHIN erhielten keine Namen, sondern nur Bordnummern. Sie unterstanden den Hafenkommandos der Stützpunkte. Ab Juni 1956 gingen sie zur Schulbootsabteilung nach Parow und dienten der praktischen Seeausbildung von Offiziersschülern. Zu den zehn Mann Stammbesatzung konnten jeweils zusätzlich zwölf Kursanten an Bord genommen werden.

Nach Bildung der 6. Grenzbrigade übernahm diese alle zwölf Boote von den Seestreitkräften. Nach der im September 1957 abgeschlossenen Übergabe wurden alle Boote ohne schiffbauliche Veränderungen zum Grenzdienst eingesetzt; sie gehörten mit je vier Booten zu den Grenzbootsgruppen Saßnitz, Greifswald-Wiek und Wismar.

Anfang der 60er Jahre erhielten alle Boote nacheinander in der Yachtwerft Berlin eine Modernisierung. Die wesentlichsten Maßnahmen waren:

- Austausch der Motoren Jumo 205 D gegen zwei Dieselmotoren 6 NVD 26 A vom Dieselmotorenwerk Rostock,
- Aufbau eines leichteren Dreibeinmastes an Stelle des alten Pfahlmastes,
- Anbau von Signalnocken beiderseits der Brücke.

Anschließend gingen die Boote wieder zum Grenzdienst. Nachdem sie technisch weitgehend verbraucht waren, begann ab 1963 ihre Außerdienststellung, die 1969 mit dem Boot DELPHIN 9 abgeschlossen war.
Die Boote 5 und 10 übernahm nach Abbau der Waffen die GST; dort waren sie weiter als Schulfahrzeuge ERNST THÄLMANN und VOLKSMARINEDIVISION im Einsatz.

Hafen- und Reedeschutzboot Typ TÜMMLER

Taktisch technische Daten

D_N(t)	$L_{üa}$(m)	$B_{üa}$(m)	T_g(m)
38,4	22,63	4,10	1,28
Antrieb	V_{max}(kn)	**Besatzung**	**Bewaffnung**
2xDM Jumo205 bzw.	13	9 (+12)	$2x12,7_2$
2xDM EM-6-20	11		

Lebensakte

Projekt-/ Bau-Nr.		Name	in Dienst	außer Dienst
503	1	ohne	15.07.54	20.05.63
	2		26.07.54	01.10.64
	3		15.07.54	20.05.63
	4		26.07.54	30.10.65
	5		20.08.54	20.05.63
	6		20.08.54	20.05.63
535	7		30.08.56	20.05.63
	8		26.10.56	20.05.63
	9		26.10.56	01.11.66
	10		27.11.56	30.10.65
	11		27.11.56	30.10.65
	12		27.11.56	22.12.64

Die Entwicklung und der Bau der Hafen- und Reedeschutzboote Typ TÜMMLER erfolgte parallel zu den Booten Typ DELPHIN. Es ist nicht mehr nachvollziehbar, warum die VP-See zwei fast identische Projekte eines Hafen- und Reedeschutzbootes in Auftrag gegeben hat.

Vom Grundtyp gleich, auf der Grundlage des Zollkutters und einer Reisemotoryacht entwickelt, unterschieden sich beide Boote im Bootskörper kaum. Sie hatten die gleiche Raumaufteilung mit sechs durch Querschotte getrennten Abteilungen.

Dieses Boot besaß aber andere Aufbauten und unterschied sich auch in der Bewaffnung vom Typ DELPHIN. Der Typ TÜMMLER war mit einem höher gesetzten, oben geschlossenen Brückenfahrstand ausgerüstet. Als Bewaffnung waren je ein 12,72 mm - sMG DSchK auf dem Vor- und auf dem Achterschiff installiert, wobei zur Erreichung eines maximalen Schußsektors beide Waffen auf Stahlstützen erhöht angeordnet waren. Die Boote vom Typ TÜMMLER fuhren ohne Funkmessanlage.

Im ersten Baulos von sechs Booten Typ TÜMMLER I (Werft-Projekt-Nummer 503) waren wie auf den Booten Typ DELPHIN zwei ehemalige Flugzeugdieselmotoren JUMO 205 als Antriebsanlage eingebaut. Damit erreichten die Boote eine maximale Geschwindigkeit von 13 kn.
Diese Boote wurden 1954 in der Yachtwerft Berlin gebaut, paarweise auf dem Binnenwasserwege nach Wolgast überführt und genau wie die Boote Typ DELPHIN dort endausgerüstet und mit der vorgesehenen Bewaffnung versehen. Sie erhielten nur Bordnummern.

Sechs weitere Hafen- und Reedeschutzboote Typ TÜMMLER II baute die Yachtwerft Berlin 1956. Sie liefen unter der werftinternen Projektnummer 535, unterschieden sich aber nur in der Antriebsanlage von den bereits gelieferten Booten. Anstelle der Motoren Jumo 205 erhielten diese Boote je 2 IFA-Horch Dieselmotoren vom Typ EM-6-20. Diese Motoren hatten mit nur 240 PS eine wesentlich geringere Leistung und die Boote erreichten damit auch nur eine V_{max} = 11 kn.
Diesen Nachteil nahm aber die VP-See/Seestreitkräfte in Kauf, da die technische Sicherstellung der Motoren wesentlich problemloser realisiert werden konnte. Die sechs Boote Typ TÜMMLER II wurden nach dem gleichen technologischen Ablauf in Wolgast fertiggestellt.

Nach mehrjährigem Flotteneinsatz übenahm ab Mitte 1961 die 6. Grenzbrigade die zwölf Hafen- und Reedeschutzboote Typ TÜMMLER zur weiteren Verbesserung der seeseitigen Grenzsicherung. Der Einsatz im Grenzdienst erfolgte ohne schiffbauliche Veränderungen.

Ab 1963 begann die planmäßige Außerdienststellung aller Hafen- und Reedeschutzboote Typ TÜMMLER. Die fünf Boote Nr. 2, 9, 10, 11 und 12 wurden 1963 an die Flottenschule Parow kommandiert. Sie dienten der praktischen Bordausbildung von Matrosen und Unteroffizieren.

Zu den neun Mann Stammbesatzung konnten jeweils zusätzlich zwölf Kursanten an Bord genommen werden.
Beginnend ab Ende 1964 wurden auch diese fünf Boote außer Dienst gestellt und verschrottet.

Küstenwachboot/Fischkutter „SAS“

Taktisch technische Daten

D_N(t)	$L_{üa}$(m)	$B_{üa}$(m)	T_g(m)
68,5	21,0	5,6	2,8
Antrieb	V_{max}**(kn)**	**Besatzung**	**Bewaffnung**
1xDM 4NVD36	9	7	keine

Lebensakte

Projekt-/ Bau-Nr.	Name	in Dienst	außer Dienst	Bemerkungen
202	ohne	13.09.65	30.09.88	
204		12.10.65	12.09.86	
206		20.10.65	30.09.88	an FPG Warnemünde
207		13.09.65	28.06.86	
208		27.10.65	29.04.76	
210		13.09.65	24.04.85	
211		13.09.65	12.09.86	

Zwischen 1945 und 1948 baute die Deutsche Werft Kremer und Sohn in Elmshorn bei Hamburg eine Serie von 21m-Kuttern für die Glückstädter Heringsfischerei und andere Auftraggeber.
Diese Stahlkutter lagen in der Größenordnung zwischen den beiden in der DDR ab 1947 in Großserie als Reparationslieferung an die UdSSR gebauten 17 m-Kuttern Typ D und den 24 m - Kuttern Typ G.
Um die Küstenfischerei in der SBZ/DDR aufbauen zu können, wurden bereits 1949, vor Beginn der eigenen Produktion, insgesamt elf dieser Kutter aus Elmshorn gekauft. Die Finanzierung erfolgte über Zuckerlieferungen, weshalb diese Fahrzeuge auch als „Zuckerkutter" bekannt wurden. Es war das erste und einzige Mal, dass die DDR Fischereifahrzeuge aus der BRD kaufte.

Bis 1965 setzte das Fischkombinat Saßnitz die Kutter in seiner Flotte ein; sie befischten, bis zu 200 sm vom Heimathafen entfernt, die Danziger Bucht und Bornholmer Gewässer.
Die Boote bekamen Bordnummern mit den Buchstaben SAS 200 bis SAS 211 (SAS für Saßnitz).
Die in der Bauwerft vergebenen Namen wurden in Saßnitz geändert. Die ersten fünf Kutter erhielten die Namen der damaligen Länder der DDR, die übrigen Kutter führten westdeutsche Städtenamen wie LÜBECK, BREMEN, ...

1965 übernahm die Volksmarine sieben dieser Kutter und setzte sie in der 6. Grenzbrigade-Küste als Küstenwachboote ein. Die Bootsnamen wurden nicht übernommen; die Kutter liefen nur unter den Bordnummern G 91 - G 97. Aber auch nach der Indienststellung war die Bezeichnung dieser Fahrzeuge als „SAS - Kutter" weiterhin üblich.

1967 erhielten die Kutter im Rahmen einer Modernisierung unter anderem einen neuen Dieselmotor 4 NVD 36, ein neues Ruderhaus, eine neue Mastkonstruktion für die Antenne der FuM-Station KSA-5 sowie neue Funkgeräte, aber keine Ari-Bewaffnung.

1976 endete die Dienstzeit des Küstenwachbootes 208. Auch die restlichen sechs Fahrzeuge wurden aus dem operativen Grenzkontrolldienst herausgezogen und als „schwimmende Kontrollpunkte" weiterverwendet. Sie lösten die seit 1952 unter anderem in der Fahrstraße zwischen der Insel Ruden und Peenemünde, vor Klein-Zicker, am Südbug sowie zwischen Hiddensee und Bock eingerichteten schwimmenden Kontrollpunkte ab. Ihre Aufgabe war die Kontrolle solcher Fahrzeuge, die ihre Fahrt von solchen Küstenabschnitten, Häfen und Anlegern antraten, die keiner ständigen landseitigen Kontrolle unterlagen.

Ab 1985 begann nach 40jährigem Einsatz in der Fischerei und in der 6. Grenzbrigade-Küste die Außerdienststellung und Verschrottung der sechs äußerst robusten Kutter. Der Kutter 206 wurde nach seiner Außerdienststellung 1988 an die Fischerei-Produktionsgenossenschaft Warnemünde verkauft. Dort arbeitete er als WAR 50 mit dem Bootsnamen ALTER STROM wieder im Fischfang.

Grenzkontrollboot GB - 23 /BREMSE/

Taktisch technische Daten

D_N(t)	$L_{üa}$(m)	$B_{üa}$(m)	T_g(m)
37,8	23,13	4,70	1,48
Antrieb	V_{max}(kn)	**Besatzung**	**Bewaffnung**
2xDM 6VD18/15	17	6	keine

Lebensakte

Projekt-/ Bau-Nr.	Name	in Dienst	außer Dienst
1589	ohne	10 x 1971	-

Nachdem 1969 die letzten beiden Hafen- und Reedeschutzboote Typ DELPHIN außer Dienst gestellt wurden und die Motorbarkassen MB-13 nur noch bis 1974 in der 6. Grenzbrigade- Küste eingesetzt werden sollten, war es notwendig, einen Nachfolger zu konzipieren.

Dazu sollte das Kontrollboot KB-23 (Werft-Projektnummer 1587) das im Auftrag des Ministeriums des Inneren und des Seefahrtsamtes Rostock in der Yachtwerft Berlin entwickelt wurde, als Grundlage dienen.
Die Yachtwerft Berlin erhielt eine Technische Aufgabenstellung, die im wesentlichen beinhaltete:

- Umprojektierung des Kontrollbootes KB-23 zum Grenzboot GB-23,
- Erarbeitung einer Studie für ein modifiziertes Projekt RB-23 (FuM-Boot).

Nach Vorliegen der Studie verzichtete die Volksmarine aber aus Kostengründen auf die weitere Bearbeitung des Projektes RB-23.

Das Projekt GB-23 bearbeitete die Yachtwerft Berlin unter der werftinternen Projektnummer 1589 parallel zum Projekt KB-23. Es erhielt den gleichen Bootskörper und mit zwei Dieselmotoren 6 VD 18/15 HA-SWR die gleiche Antriebsanlage wie das Projekt KB-23. Verändert wurden das aus Leichtmetall gefertigte Deckshaus und die Einrichtung.

Nach dem Kennenlernen des Technischen Projektes war das Ministerium für Staatssicherheit an der Lieferung von zwei Booten Projekt GB-23 interessiert. Abweichend vom ursprünglichen Plan (zehn Boote für die Volksmarine/6. GBK) entschied man daraufhin, 1971 eine Serie von insgesamt zwölf Booten zu bauen. Die beiden ersten Boote der Serie sollte das Ministerium für Staatssicherheit erhalten. Die Serie Projekt KB-23 begann bereits ab 1970 mit vier Booten für die Wasserschutzpolizei. Da es sich um den gleichen Bootskörper und die gleiche Antriebsanlage handelte, entstanden dadurch keine besonderen technologischen Probleme. Nach Fertigstellung der beiden Boote GB-23 für das Ministerium für Staatssicherheit erhielt die Volksmarine 1971 wie geplant zehn Boote dieses Typs. Alle Boote wurden auf dem Binnenwasserwege über die Oder nach Saßnitz transportiert und dort durch die 6. Grenzbrigade Küste in Dienst gestellt. Die Boote erhielten nur Bordnummern.

Da 1971 außer den zehn Grenzkontrollbooten GB-23 auch Minensuch- und -räumschiffe MSR Projekt 89.1 zugeführt wurden, reichte der Fahrzeugbestand nach der Außerdienststellung der Boote Typ DELPHIN und Typ TÜMMLER wieder aus, um die Aufgaben der Grenzsicherung in der 6. Grenzbrigade-Küste erfüllen zu können. Außerdem konnten nun die Motorbarkassen MB-12 nacheinander außer Dienst gestellt und verschrottet werden.

Die Boote GB-23 konnten unter allen Belastungsbedingungen eingesetzt werden, sie waren sehr betriebssicher. Einziger Nachteil war die mit V_{max} = 17 kn zu geringe Geschwindigkeit. Ein Umbau der Boote erfolgte aber wegen des Fehlens geeigneter anderer Motoren sowie wegen der angespannten Finanzlage trotzdem nicht.

Nach der Trennung der 6. Grenzbrigade-Küste von der Volksmarine im April 1990 verblieben die Grenzkontrollboote GB-23 bei dieser Einheit und gingen mit zu den Grenztruppen der DDR.

Da der Bundesgrenzschutz nach der Auflösung der Grenztruppen nicht an einer Übernahme interessiert war, wurden die Boote über die VEBEG zum Verkauf angeboten.
1992 erhielt Tunesien fünf Grenzkontrollboote GB-23 und setzte sie in der Marine als Wachfahrzeuge ein; im gleichen Jahr gingen zwei Boote nach Malta, wo sie ebenfalls als Wachboote Dienst tun. Die restlichen Boote wurden verschrottet.

Grenzsicherungsboot – See Projekt 410

Im Januar 1974 erteilte die Volksmarine den Auftrag zur Entwicklung und zum Bau eines „30 m - Grenzbootes" an die Yachtwerft Berlin. Zu diesem Zeitpunkt standen für den Grenzdienst die MSR Projekt 89.1 und die Grenzkontrollboote GB-23 zur Verfügung.
Das neue Fahrzeug mit $D_N < 200$ t sollte die beiden im Einsatz befindlichen Typen ergänzen, aber mit einer geforderten maximalen Geschwindigkeit von 30 kn wesentlich schneller sein.

Nach der Voruntersuchung lehnte die Yachtwerft Berlin die Realisierung ab, da zu befürchten war, dass die technologischen Möglichkeiten des Betriebes erheblich überschritten würden.
Im Ergebnis einer Überprüfung entband die VVB Schiffbau als übergeordnetes Planungsorgan die Yachtwerft Berlin von der weiteren Bearbeitung und bestimmte die Peenewerft Wolgast als Bauwerft. Die im Auftrag geforderte Geschwindigkeit wurde mit Einverständnis der Volksmarine von 30 kn auf 27 kn herabgesetzt. Die bereits vorher vergebene Projektnummer 410 (Nummer der Yachtwerft Berlin) wurde aber bei der weiteren Bearbeitung durch die Peenewerft nicht verändert.

Nachdem das Projekt mehrere Jahre geruht hatte, erarbeitete die Peenewerft Wolgast 1979 eine Studie, wobei zwei Probleme auftraten:

- unklare Beschaffungssituation für die vorgesehenen Schnellbootsmotoren M 504 (Import UdSSR),
- wesentliche Überschreitung des in der Taktisch-technischen Aufgabenstellung vorgegebenen Deplacement von max. 200 t und damit Unterschreitung der geforderten Geschwindigkeit von 27 kn.

Trotz gemeinsam durch die Volksmarine und Peenewerft Wolgast vorgenommene Massereduzierungen wurde das Deplacements mit $D_N = 344$ t immer noch wesentlich überschritten. Der Chef der Volksmarine forderte daraufhin eine neue Konzeption für das Grenzsicherungsboot Projekt 410; einen Abruch lehnte er kategorisch ab.

Als neue Ausgangsbedingungen wurden festgelegt:

- Einsatz der Antriebsanlage 3 x 12 KVD 21 (DDR-Produktion),
- Höchstgeschwindigkeit 21 kn.

Die Peenewerft Wolgast erarbeitete 1980 eine neue Studie, die als Hauptparameter erbrachte:

$L_{üa}$ = 39,2 m $B_{üa}$ = 6,5 m T_g = 2,0 m
D_N = 245 t V_{max} = 20 kn.

Damit waren die Forderungen der Aufgabenstellung annähernd erreicht. Der Schiffskörper sollte aus Stahl und die Aufbauten aus Leichtmetall gefertigt werden. Als Standardbewaffnung war auf dem Vorschiff der Aufbau einer 23$_2$ mm-Waffe ZU-23 (Import UdSSR) geplant.
Für den Mob.-Fall war von der Konstruktion her eine zweite ZU-23 auf dem Brückendeck und eine Anlage FASTA4- 4 vorgesehen. Zusätzlich zwei Minenschienen an Oberdeck, auf denen auch Wasserbomben gezurrt werden konnten, vervollständigten die Ausrüstung. Damit war – als Nebenaufgabe – der Einsatz zum Minenlegen bzw. zur U-Bootabwehr möglich.
Eine Besonderheit bildete die im Heck eingelassene Slipwanne, in der ein unsinkbares GUP-Beiboot mit der Länge von 6,8 m abgerollt und wieder aufgeslipt werden konnte. Zur Ausrüstung für den Grenzdienst gehörten auch ein Hochleistungsscheinwerfer, ein Lautsprecher und eine Arrestzelle.

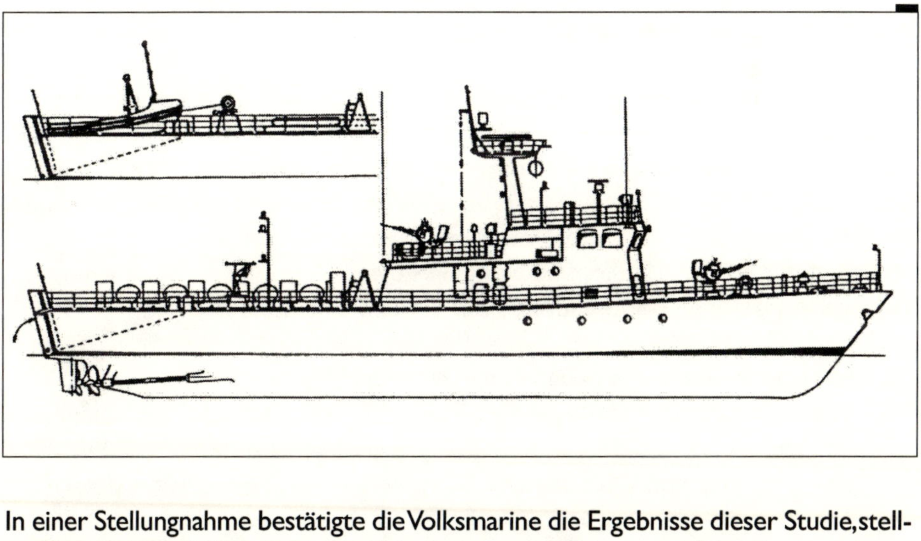

In einer Stellungnahme bestätigte die Volksmarine die Ergebnisse dieser Studie, stellte aber gleichzeitig für die weiterführende Entwicklung zusätzliche Forderungen:

- Erhöhung der Geschwindigkeit auf 22 – 26 kn,
- Umrüstmöglichkeiten zum MAW-Schiff.

Der Hintergrund für diese Haltung der Volksmarine waren die in den 80er Jahren immer weiter auseinanderlaufenden militärischen Notwendigkeiten und ökonomischen Möglichkeiten. Das teilweise überzogene Sicherheitsbedürfnis und das aus der Schließung der Grenzen abgeleitete strenge Grenzregime führten dazu, dass von den höchsten Gremien der DDR Abstriche an Forderungen der Grenztruppen der DDR und damit auch der 6. Grenzbrigade-Küste nicht zugelassen wurden, während Streichungen bzw. Kürzungen von Finanzmitteln bei den anderen Teilstreitkräften an der Tagesordnung waren.
Da die Volksmarine außer neuen Grenzfahrzeugen auch dringend eine Verbesserung des Minenabwehrpotentials benötigte, wurde versucht, beide Komponenten über die Grenzsicherung zu realisieren. Die Verantwortlichen der Volksmarine waren sich der daraus ergebenden technischen Konsequenzen durchaus bewusst.

Die neuen Forderungen und die damit veränderten Operativ-taktischen Forderungen konnten natürlich mit dem vorliegenden Vorprojekt nicht mehr realisiert werden. Der Chef der Verwaltung Schiffbau unterbreitete deshalb dem Chef der Volksmarine folgende Empfehlungen:

- Abbruch der Arbeiten am Grenzsicherungsboot Projekt 410,
- Prüfung der Einsatzverlängerung des MSR Projekt 89.1 als Grenzschiff,
- Wiederaufnahme der Arbeiten erst nach Klärung der erforderlichen Nebenaufgaben des Bootes.

Diese Empfehlungen wurden bestätigt und damit die Arbeiten sechs Jahre nach der ersten Aufgabenstellung ohne praktische Ergebnisse abgebrochen.

Küstenwachboot Projekt 422

Nachdem im Dezember 1980 die Arbeiten an der Entwicklung des Grenzsicherungsbootes Projekt 410 abgebrochen worden waren, meldete 1985 der Chef der Volksmarine erneut Forderungen zur Ablösung von Schiffen und Booten der 6. Grenzbrigade-Küste an. Es sollten die sechs Grenzkutter SAS nach 20 Jahren und die zehn Grenzkontrollboote GB-23 nach 14 Jahren Grenzdienst ersetzt werden. Der Chef der Volksmarine forderte eine Serie von 16 Booten, d.h. eine Ablösung der auszusondernden Boote im Verhältnis 1:1 und eine Serienfertigung ab 1992.

Als Zweckbestimmung des neuen Projektes wurde genannt:

- Durchführung von Kontrollaufgaben im Küstenvorfeld und vor Hafeneinfahrten,
- Sicherstellung von Ordnung und Sicherheit in den Territorialgewässern.

Die Bearbeitung sollte in der Yachtwerft Berlin als Gemeinschaftsprojekt mit dem dort vorgesehenen „Großen Kontrollboot“ für das Ministerium für Staatssicherheit erfolgen.

Im November 1986 lag der Entwurf eines Technischen Angebots vor. Darin wurden zwei Varianten für ein Küstenwachboot Projekt 422 dargestellt. Gleichzeitig teilte das Ministerium für Staatssicherheit mit, dass ein Gemeinschaftsprojekt unterstützt werde.

Die daraufhin durch die Volksmarine erarbeiteten vorläufigen Operativ-taktischen Forderungen zur Entwicklung und zum Bau des Küstenwachbootes Projekt 422 beinhalteten als Hauptaufgabe die Grenzsicherung; im Kriegsfalle die Minenabwehrkräfte der Volksmarine zu unterstützen, wurde aber als zusätzliche Aufgabe formuliert. Es sollte geprüft werden, ob der Einsatz bestimmter Varianten der Minenabwehrbewaffnung des ebenfalls in Entwicklung befindlichen Reede-MAW-Bootes Projekt 415 möglich ist. Dazu war aber entgegen bisherigen Untersuchungen die Installation einer hydroakustischen Anlage auf dem Küstenwachboot notwendig.

Eine daraufhin durchgeführte Realisierbarkeitsuntersuchung führte zu einer Entscheidungsvorlage für den Chef der Volksmarine.
Es wurde festgestellt:

> Ein Küstenwachboot, welches im Kriegsfalle Minenabwehraufgaben unter Nutzung containerisierter Minenabwehrbewaffnung durchführen kann, ist aus taktischen, technischen und ökonomischen Gründen abzulehnen.
> Es führt zwangsläufig zur Entwicklung eines Minenabwehrschiffes, welches nebenbei für Grenzaufgaben eingesetzt wird.

Überarbeitete Operativ-taktische Forderungen zeigten gegenüber den bisherigen Forderungen nur geringe Veränderungen; als Hauptaufgabe wurde Grenzsicherung, als Nebenaufgabe aber wiederum der Einsatz als Hilfs-MAW-Schiff angegeben.

Im Dezember 1987 gab das Kombinat Schiffbau Rostock die Aufgabenstellung zurück und erklärte, dass sie in der Yachtwerft Berlin nicht zu realisieren sei. Das Deplacement von mehr als 200 t und die geforderte technische Ausrüstung würden genau wie beim Projekt 410 die Produktionsmöglichkeiten der Werft übersteigen.

Unter Berufung auf die „Liefer- und Leistungsverordnung für die bewaffneten Organe“ übergab der Chef der Verwaltung Schiffbau die Aufgabenstellung erneut an das Kombinat Schiffbau Rostock und forderte die Einordnung des Themas. Nach gemeinsamen Beratungen aller Beteiligten unterbreitete das Kombinat Schiffbau Rostock den Vorschlag, Entwicklung und Bau des Küstenwachbootes Projekt 422 in die Peenewerft Wolgast einzuordnen. Bei Beginn der technischen Vorbereitung im Anschluß an das Reede-MAW-Boot Projekt 415 wäre der Serienbeginn ab 1996 möglich. Als Preis für ein Boot wurden 20 bis 25 Millionen Mark genannt.

Sowohl die Volksmarine, als auch das Ministerium für Staatssicherheit lehnten diesen Vorschlag ab. Es wurde der Serienbeginn, wie bisher geplant, ab 1992 und eine Überprüfung des zu hohen Preises gefordert.

Mit Einverständnis des Chefs der Volksmarine entstand ein Kompromißvorschlag. Er beinhaltete ein Küstenwachboot mit einer Hilfsräumausrüstung. Die hydroakustische Anlage und die Räumwinde wurden aus den Operativ-taktischen Forderungen gestrichen.
Trotz einer Reduzierung der ursprünglichen Forderungen der Volksmarine entsprach das Boot nicht den Ausgangsvorstellungen des Ministeriums für Staatssicherheit. Darüber wurde das MfS informiert und der Vorschlag unterbreitet, die weitere Bearbeitung in zwei getrennten Projekten durchzuführen.
Damit endeten alle Arbeiten am Projekt 422.

Küstenwachboot Projekt 155

Hauptaufgabe des zu entwickelnden Küstenwachbootes war die Grenzsicherung und wie bei dem abgebrochenen Vorgänger Projekt 422 der Einsatz als Hilfs-Minenabwehrschiff, allerdings ohne Berücksichtigung einer Minenjagdkomponente. Nach erneuter Kürzung der Finanzmittel beschränkte man sich endgültig auf die Erfüllung von Grenzsicherungsaufgaben. Damit bestanden erneut, wie bereits beim Projekt 422, Voraussetzungen zur Entwicklung eines Gemeinschaftsprojektes Volksmarine/Ministerium für Staatssicherheit.

Die Technische Aufgabenstellung wurde im Juli 1988 dem Kombinat Schiffbau Rostock zur Einordnung in die Peenewerft Wolgast übergeben. Deshalb erhielt das Projekt auch die Nummer 155.
Es wurde für die beiden Modifikationen Projekt 155 (Volksmarine) und Projekt 155 M (MfS) Einheitlichkeit im Bootskörper, in den Aufbauten und bei der Antriebsanlage gefordert.
Als Hauptaufgabe galt:

Grenzsicherung in den Territorialgewässern und Kontrollaufgaben im Bereich von Hafenzufahrten.

Die ursprüngliche eigene Technische Aufgabenstellung zog das Ministerium für Staatssicherheit zurück.

Grundlage der weiteren Bearbeitung war ein Bedarf der Volksmarine in den Jahren 1993 bis 1995 von zehn Booten und von vier Booten für das Ministerium für Staatssicherheit. Bestimmender Parameter für die Entwicklung war aber nicht mehr ein technisches Kriterium, sondern eine Preisobergrenze von 15 Mio. Mark je Boot.

Bis Oktober 1989 erarbeitete die Peenewerft Wolgast zwei gesonderte Skizzenprojekte 155 und 155 M. Beide erfüllten die Aufgabenstellung; sie waren mit je zwei Dieselmotoren 6 VD 18/16 AL ausgerüstet, mit denen das Projekt 155 eine Maximalgeschwindigkeit von 14,5 kn erreichen sollte und unterschieden sich in Anzahl und Unterbringung der Besatzung, Bewaffnung und Funkausrüstung.

Die Fischereiaufsicht und die Wasserwirtschaftsdirektion Küste zeigten Interesse an der Entwicklung dieses Projektes. Beide Institutionen erhielten ein Exemplar des Skizzenprojektes zur Information.

Im Ergebnis der politischen Ereignisse in der DDR und der im Oktober/November 1989 eingeleiteten politischen Wende kam es aber nicht mehr zur Realisierung des Entwicklungsprogrammes Küstenwachboot Projekt 155/Kontrollboot Projekt 155 M.

Im November 1989 trat das aus dem Ministerium für Staatssicherheit neu gebildete Amt für Nationale Sicherheit von der Entwicklung des Kontrollbootes Projekt 155 M zurück, und im Januar 1990 entschied der Chef der Volksmarine, dass die weitere Entwicklung eines Küstenwachbootes Projekt 155 auf der Grundlage der vorliegenden Aufgabenstellung und des daraus entstandenen Skizzenprojektes nicht mehr zweckmäßig ist.

Zum Zeitpunkt der Auflösung der Volksmarine befand sich damit kein neues Grenzfahrzeug mehr in der Entwicklung.

Anlage 1

Befehl
des Obersten Chefs der Sowjetischen Militäradministration des Oberbefehlshabers der Gruppe der sowjetischen Besatzungstruppen in Deutschland
Nr. 103

7. Juli 1948 Berlin

Inhalt: Einrichtung von Werften für den Bau von Schiffen für die Fischereiflotte in den Städten Stralsund, Wolgast und Damgarten und zur Vergrößerung der Produktion der in Betrieb befindlichen Werften

Zwecks Sicherstellung der Erfüllung des Planes zum Bau von Fischereischiffen zur Hebung des Fischfangs

befehle ich:

1. Die Produktionskapazität der in Betrieb befindlichen Werften in der Sowjetischen Besatzungszone Deutschlands zu heben und bis 1950 auf den Stand zu bringen, welcher den Bau von

Logger	-	158 Einheiten
Seiner	-	34 Einheiten
Kutter	-	159 Einheiten
insgesamt		351 Einheiten

jährlich sicherstellt.

2. Die Deutsche Wirtschaftskommision hat:
a) die Werft „Ingenieur-Bau" in Stralsund für eine jährliche Fertigstellung von 100 Loggern herzurichten und sie ab 1. Januar 1949 in Betrieb zu bringen;
b) auf dem Gelände des früheren Flughafens im Kreise Damgarten eine Schiffswerft zum Bau von Kuttern von 50 t Wasserverdrängung und einer jährlichen Fertigstellung von 120 Einheiten ins Leben zu rufen und sie ab 1. Januar 1949 in Betrieb zu bringen;
c) unter Verwertung des Lagerraumes und des dreistöckigen Betriebsgebäudes des früheren Bikormik-Kombinats in Wolgast eine Schiffswerft zum Ausbau von Loggern und Seinern in Höhe von 68 Schiffen jährlich, welche von den Werften der Binnengewässer anfallen, einzurichten und diese ab 1. Januar 1949 in Betrieb zu bringen;
d) entsprechend dem in der Anlage 1 verzeichneten Programm zum 15. Juni d. J.

Maßnahmen zur Vergrößerung der Werften vorm. „Thomsen" in Boizenburg, „Thälmannwerft" in Brandenburg, „Schiffswerft" in Roßlau und „Stadtwerft" in Magdeburg (Rothensee) auszuarbeiten zur Sicherstellung des Baus von Loggern und Seinern für 1949 bis 1950;

...

11. Die Kontrolle über die Erfüllung diese Befehls ist dem Chef der Verwaltung der SMA des Landes Mecklenburg und dem Chef der Industrieverwaltung der SMAD zu übertragen.

Im Auftrage:

Oberster Chef der Sowjetischen Militärverwaltung – Oberbefehlshaber der Gruppe der Sowjetischen Besatzungstruppen in Deutschland

Marschall der Sowjetunion
W. Sokolowski

Chef des Stabes der Sowjetischen Militäradministration in Deutschland

General-Leutnant
G. Lukjantschenko

Anlage 2 (77)

Modellboote der M-Reihe

Es handelte sich um selbstlaufende Boote, mit denen die nicht vorhandenen theoretischen Grundlagen für die Optimierung der Bootskörper von Schnellbooten geschaffen und gleichzeitig die Fertigungstechnologie mit untersucht werden sollte.

Modellboot M1	entwickelt 1953 L = 10,61m B = 2,20m genietetes Alu-Boot zwei Benzinmotoren Ford V8 mit je 90 PS V_{max} = 24 kn;
Modellboot M2	entwickelt 1954 gleiche Abmessungen, nach Auswertung der Ergebnisse mit M1 (besonders Bodendruckmessungen) aber korrigierter Bootskörper gleiche Fertigung, zwei Dieselmotoren Maybach mit je 100 PS
M2a	nach Anbau einer Abrißkante am Heck V_{max} = 29 kn;

Modellboot M3	entwickelt 1955 Alu-Spanten, auf die Alu-Außenplatten aufvulkanisierte Holzplatten Antrieb wie M2 Boot war nicht längsstabil.

Die erzielten Ergebnisse flossen in die weitere Bearbeitung des Schnellbootes Typ FORELLE ein. Um noch höhere Geschwindigkeiten zu erreichen, entwickelte die Forschungsstelle ein weiteres Boot:

Modellboot M4	entwickelt 1957 Tragflügelboot auf Seewasserkühlung umgebauter sowjetischer Panzermotor W-2, Erprobung mit drei Tragflügelsätzen für unterschiedliche Geschwindigkeiten.

Weder die Seestreitkräfte, noch die Grenztruppen waren an einem solchen Boot interessiert. Da die Forschungsstelle Roßlau aber weiterhin an der theoretischen und praktischen Bearbeitung der Problematik Tragflügel interessiert war (dafür war sie auch gebildet worden), begannen 1957 die Arbeiten am Tragflügelboot TF-10 (F/E-Themen-Nummer 1354; es handelt sich um keine Projekt-Nummer der Seestreitkräfte).

Anlage 3

Projekt-Nummern (78)

Legende: * Entwicklung abgebrochen; Projekt wurde nicht gebaut.

Projekt-Nummer	Schiffs-/Bootstyp
1	Minenleg- und -räumschiff Typ HABICHT
2	Schulboote FÜRSTENBERG, PRENZLAU (Umbauprojekt)
3	Flagg- und Schulschiff ERNST THÄLMANN (Umbauprojekt)
4	Hochsee-Bergungsschlepper WISMAR (Umbauprojekt)
5	Schulboot WB-26 (Umbauprojekt)
6	Mutterschiff DRACHE *
7	Schwimmdock 6500 t *
8	Räumboot Typ SCHWALBE
9	Schulschiff WAL *
10	Küstenschutzschiff FALKE A *
12	Kleiner U-Boot-Jäger HAI
12.1	Versuchsschiff
12.2	überarbeitetes Projekt *
12.3	Nullschiff
12.4 M	Serienschiff
13	Küstenschutzschiff FALKE B *
14	Feuerschiff UHU *
15	Minenleg- und -räumschiff Typ KRAKE
16	Torpedo-Schnellboot Typ LACHS *
17	Hochsee-Schlepper 700 Typ HECHT
18	Schlepper 450 *
19	Reedeschlepper 270
23	Torpedofangboot Typ SPERBER
24	Taucherboot Typ TAUCHER
25	Grenzschutzboot Typ SKORPION *
26	Küstenschutzschiff FALKE C *
27	Tonnen- und Kabelleger DORNBUSCH
29	Küstenschutzschiff FALKE D und E *
30	Hebezylinder 80 t
32	Kabelschute
35	Tanker 600
36	Segelschulschiff *
37	Lazarettschiff *
38	Werkstattschiff *
39	Binnentonnenleger FREESENDORF
40	Tonnenleger *
41	Munitionstransporter *

42	Eisbrecher *
45	Fahrzeug für Funkbeschickung *
46	Landungsboot Typ LABO
47	Mittleres Landungsschiff Typ ROBBE
48	Vermessungsschiff *
50	Küstenschutzschiff /RIGA/ (Import UdSSR)
51-53	Projekte für zivile Bedarfsträger
55	Verkehrsboot
56	Schwimmtank 60 t
57	Torpedo-Schnellboot Typ FORELLE
58	Versuchsboot / Plaste MÖWE
59	Begleitschiff *
61	Feuerlöschboot /IBIS/
62	Wohnschiff/JUGEND/
63	Leichtes Torpedo-Schnellboot Typ ILTIS /ILTIS A/
63.1	1. Funktionsmuster LTS-Boot Pr. 63
63.2	2. Funktionsmuster LTS-Boot Pr. 63
63.3	3. Funktionsmuster LTS-Boot Pr. 63
63.300	Leichtes Torpedo-Schnellboot; Serienprojekt
64	Tonnenleger *
65	Tragflügelboot TF-10
67	Rettungsschiff (Modifikation Pr. 1)
68	Leichtes Torpedo-Schnellboot Typ WIESEL / HYDRA /ILTIS B/
68.1	1.Versuchsboot LTS-Boot Pr. 68
68.2	2.Versuchsboot LTS-Boot Pr. 68
68.200	Leichtes Torpedo-Schnellboot; Serienprojekt
69	Wassertrecker Typ MOLCH *
70	Zollboot Typ I *
71	Zollboot Typ II *
72	Zollboot Typ III *
73	Umbauprojekt für KS-Boote und Schulboote Typ DELPHIN
74	Großer U-Boot-Jäger Typ ADLER *
75	Transportmittel für Taucher *
76	Feuerschiff *
78	Wassertanker *
81	Leichtes Torpedo-Schnellboot
81.2	Tragflügelvariante des Pr. 81
82	Schwimmende Entmagnetisierungsstelle *
83	großes Tragflächenboot TF-60 *
84	Tragflächenboot TF-50 *
85	kleines Tragflächenboot TF-15 *
87	Luftpolsterfahrzeug (Versuchsobjekt)
89	Minensuch- und -räumschiff

89.0	Minensuch- und -räumschiff Nullschiff
89.1	Minensuch- und -räumschiff 1. BA /KONDOR-I/
89.2	Minensuch- und -räumschiff 2. BA /KONDOR-II/
91-94	Projekte für zivile Bedarfsträger
95	Großer U-Boot-Jäger Typ ADLER (Weiterbearbeitung) *
97	Versorger *
98	Forschungsschiff *
105	Schulschiff *
108	Mittleres Landungsschiff /FROSCH-I/
109	Gefechtsversorger /FROSCH-II/ (Modifikation Pr. 108)
112	Tanker *
115	Aufklärungsschiff FB 65.2 (Modif. Pr. 89.1)
116	Flugsicherungsboot HUGO ECKENER
117	Kleines Mehrzweckschnellboot KMS-55 *
119	Schulschiff *
121	Motoryacht OSTSEELAND (Staatsyacht, Modifikation Pr.89.2)
126	Kleines Mehrzweckschnellboot KMS-55 * (Weiterbearbeitung)
128	Kleines Mehrzweckschnellboot KMS-55 * (Weiterbearbeitung)
129	Torpedofangboot FB 65.1 (Modifikation Pr. 89.1)
130	Schnellschleppscheibe
131	Kleines Torpedo-Schnellboot /LIBELLE/
131.1 - 131.3	Versuchsboote KTS-Boot Pr. 131
131.400	Kleines Torpedo-Schnellboot; Serienprojekt
133.1	UAW-Schiff/KS-Schiff /PARCHIM-I/
133.1M	UAW-Schiff/KS-Schiff Exportvariante /PARCHIM-II/
133.2	UAW-Schiff/KS-Schiff 2. Bauausführung *
136	Vermessungsschiff CARL-FRIEDRICH GAUSS (Modifikation Pr. 89.2)
141	Kleines Artillerie-Raketen-Schnellboot *
141.1	Kleines Raketen-Schnellboot *
141.2	Kleines Artillerie-Schnellboot *
142	Raketen-Artillerie-Schnellboot - Zwischenlösung - *
151	Kleines Raketenschiff /BALCOM-10/
152	belegt für Entwicklung Seezielrakete durch UdSSR
155	Kontrollboot MfS *
156	Küstenwachboot *
162	Schwimmender Stützpunkt /OHRE/
163	Schwimmender Stützpunkt mit Torpedoregelstelle *
164	Führungsschiff *
183	Torpedo-Schnellboot /P-6/ (Import UdSSR)
189	Basis-MAW-Schiff *
189.1	Minensuch- und -räumschiff *
189.2	Minensuch- und -jagdschiff *

189.3	Minenräum- und -jagdschiff *
190	Minenidentifizierungs- und -vernichtungssgerät (MIVG)
192	ferngesteuertes vorauslaufendes Simulationsräumgerät FRG-5 *
201M	U-Boot-Jäger /SO-1/ (Import UdSSR)
205	Raketen-Schnellboot /OSA-I/ (Import UdSSR)
206	Torpedo-Schnellboot /SHERSHEN/ (Import UdSSR)
289	Hochsee-MAW-Schiff *
401	Motorausbildungsboot der GST MAB-12
402	MAB-12 S für Zentralvorstand der GST
403	MAB-12 SS für MfS
404	MAB-12 SV für MfNV
405	MAB-12 BMR für Büro des Ministerrates
406	Grenzsicherungsboot ohne FuM/Grenztruppen der DDR
406 R	Grenzsicherungsboot mit FuM/Grenztruppen der DDR
407	Motorbarkasse
407 SHD	Vermessungsbarkasse BESSEL
408	100-Mann-Barkasse *
409	100-Mann-Barkasse *
410	Grenzsicherungsboot - See *
411	Seezeichenschute KAMP
412	Arbeits- und Wohnschif des SHD MERCATOR
413	Arbeits- und Wohnschiff
414	Reedeschlepper
415	Reede-MAW-Boot *
416	Minenjagdboot (Tauchereinsatz) *
417	Lenkboot (Sperrbrecher) *
418	Schwimmpfahlramme SPR 1250 DER BOCK
419	Grenzsicherungsboot GSB-12/Grenztruppen der DDR
420	Seezielscheibe mit automatischer Trefferanzeige
421	Schwimmtank
422	Küstenwachboot *
425	MAW-Katamaran *
498	Hochsee- und Hafenschlepper (Import UdSSR)
570	Bergungsschiff OTTO VON GUERICKE (Import Polen)
601	Seezeichenkontrollboot
602	Hochseeversorger /DARSS/
602.137	Aufklärungsschiff (Modifikation des Hochseeversorgers Pr.602)
603	Mess- und Erprobungsschiff *
604	Aufklärungsschiff *

605	Werkstattschiff *
870	Tonnenleger /(KAMENKA/ (Import Polen)
872	Tonnenleger /FINIK/ (Import Polen)
888	Motorschulschiff WILHELM PIECK /WODNIK/ (Import Polen)
1241 RÄ	Kleines Raketenschiff /TARANTUL-II/ (Import UdSSR)
KMS-55	Kleines Mehrzweckboot (Vorarbeit für Pr. 131)
M1 - M4	Modellboote der Forschungsstelle Roßlau
MB-12	Motorbarkasse
MB-13	Motorbarkasse
MBK-14	Motorbarkasse Projekt 407
R-218	Räumboot (ehem. KM)
066	Grenzsicherungsboot/Grenztruppen der DDR
066S	Reedeverkehrsboot (Modifikation Pr. 066)
075.3	Grenzsicherungsboot/GT der DDR *
075.5	Grenzsicherungsboot/GT der DDR
075.7	Grenzsicherungsboot für CSSR
075.8	Grenzsicherungsboot für Bulgarien
075.9	Grenzsicherungsboot/Modifikation Pr. 75.5
080	Grenzsicherungsboot/GT der DDR *

Anlage 4

Schiffs-/Bootsnamen von Fahrzeugen der Volksmarine

ADAM KUCKHOFF	TS-Boot Projekt 183, Boot183/14 TS-Boot Projekt 206, Boot 206/8
ADLER	U-Boot-Jäger Projekt 201M, Boot 201/1
AHRENSHOOP	MSR Projekt 89.1, Schiff 89.116
ALBATROS	U-Boot-Jäger Projekt 201M, Boot 201/12
ALBERT GAST	RS-Boot Projekt 205, Boot 205/12
ALBIN KÖBIS	Flagg- und Schulschiff RS-Boot Projekt 205, Boot 205/2 Kleines Raketenschiff Projekt 1241 RÄ, Schiff 1241/1
ALFRED MERZ	Tonnenleger
ALTENBURG	MSR Projekt 89.2, Schiff 89.249
ALTENTREPTOW	MSR Projekt 89.1, Schiff 89.107
ALTMARK	Schwimmender Stützpunkt Projekt 162, Schiff 162.02
ANGERMÜNDE	UAW-Schiff Projekt 133.1, Schiff 133.116
ANKLAM	Räumboot Typ SCHWALBE Projekt 8, Boot 39/33 MSR Projekt 89.1, Schiff 89.103 Mittleres Landungsschiff Projekt 108, Schiff 108.09
ANTON SAEFKOW	TS-Boot Projekt 183, Boot 183/25 TS-Boot Projekt 206, Boot 206/14
ARKONA	Seezeichenkontrollboot Typ SPERLING, Boot 1 Seezeichenkontrollboot Projekt 601, Boot 601.3
ARTUR BECKER	TS-Boot Projekt 183, Boot 183/8 TS-Boot Projekt 206, Boot 206/1
ARVID HARNACK	TS-Boot Projekt 183, Boot 183/15 TS-Boot Projekt 206, Boot 206/16
AUE	Räumboot Typ SCHWALBE Projekt 8, Boot 13/7
AUGUST LÜTTGENS	RS-Boot Projekt 205, Boot 205/5

BAD DOBERAN	Kleiner U-Boot-Jäger Typ HAI Projekt 12.4M, Boot 12.408 UAW-Schiff Projekt 133.1, Schiff 133.106
BANSIN	MSR Projekt 89.1, Schiff 89.121
BARTH	Wohnschute des SHD
BERGEN	MLR Typ HABICHT Projekt 1, Schiff 2007 MSR Projekt 89.1, Schiff 89.102 UAW-Schiff Projekt 133.1, Schiff 133.115
BERGER I – II	Feuerlöschboote
BERLIN	MLR Typ KRAKE Projekt 15, Schiff 3001
BERLIN-HAUPTSTADT DER DDR	KS-Schiff Projekt 1159, Schiff 1159/2
BERNAU	MSR Projekt 89.2, Schiff 89.240
BERNHARD BÄSTLEIN	TS-Boot Projekt 183, Boot 183/7 TS-Boot Projekt 206, Boot 206/3
BESSEL	Vermessungsbarkasse Projekt 407 SHD
BITTERFELD	MSR Projekt 89.2, Schiff 89.233
BLITZ	Tonnenleger
BÖRDE	Schwimmender Stützpunkt Projekt 162, Schiff 162.05
BOLTENHAGEN	MSR Projekt 89.1, Schiff 89.118
BORNA	Räumboot Typ SCHWALBE Projekt 8, Boot 31/25
BORWIN	Schlepper des SHD
BRANDENBURG	Räumboot Typ SCHWALBE Projekt 8, Boot 41/35
BREITLING	Seezeichenkontrollboot Typ SK 64, Boot 64.103
BRUNO KÜHN	TS-Boot Projekt 183, Boot 183/16 TS-Boot Projekt 206, Boot 206/17
BÜTZOW	Kleiner U-Boot-Jäger Typ HAI Projekt 12.4M, Boot 12.409 UAW-Schiff Projekt 133.1, Schiff 133.104
BUK	Tonnenleger ex WOLF Tonnenleger Projekt 870
BURG	Räumboot Typ SCHWALBE Projekt 8, Boot 36/30
BUSSARD	U-Boot-Jäger Projekt 201M, Boot 201/6

CALBE	Räumboot Typ SCHWALBE Projekt 8, Boot 34/28
CARL FR. GAUSS	Vermessungsschif Projekt 136
COTTBUS	MLR Typ HABICHT Projekt 1, Schiff 2006 Mittleres Landungsschiff Projekt 108, Schiff 108.08
DÄNHOLM	Seezeichenschute des SHD Seezeichenschiff ex LEITHOLM
DARSS	Hochseeversorger Projekt 602, Schiff 602.131
DARSSER ORT	Seezeichenkontrollboot Typ SPERLING Boot 3 Seezeichenkontrollboot Projekt 601, Boot 601.2
DELPHIN	Typname Hafen- und Reedeschutzboote Reedeschlepper Projekt 414, Boot 414.03
DEMMIN	MSR Projekt 89.1, Schiff 89.105
DESSAU	MSR Projekt 89.2, Schiff 89.232
DORNBUSCH	Tonnenleger ex MÖWE Tonnen- und Kabelleger Projekt 27 Tonnenleger Projekt 872
DRESDEN	MLR Typ KRAKE Projekt 15, Schiff 3003
EBERSWALDE	Mittleres Landungsschiff Typ Robbe Projekt 47, Schiff 47.5
EBERSWALDE/FINOW	Mittleres Landungsschiff Projekt 108, Schiff 108.04
EILENBURG	MSR Projekt 89.2, Schiff 89.241
EISENACH	Räumboot Typ SCHWALBE Projekt 8, Boot 23/17
EISENHÜTTENSTADT	Mittleres Landungsschiff Typ Robbe Projekt 47, Schiff 47.1 Mittleres Landungsschiff Projekt 108, Schiff 108.11
EISLEBEN	Räumboot Typ SCHWALBE Projekt 8, Boot 28/22 MSR Projekt 89.2, Schiff 89.245
ELBE	Typname Schleppboote
ELSTER	U-Boot-Jäger Projekt 201M, Boot 201/8
ERFURT	MLR Typ KRAKE Projekt 15, Schiff 3007
ERICH KÜTTNER	TS-Boot Projekt 183, Boot 183/17
ERNA	Barkasse des SHD

ERNST GRUBE	TS-Boot Projekt 206, Boot 206/10
ERNST SCHNELLER	TS-Boot Projekt 183, Boot 183/26 TS-Boot Projekt 206, Boot 206/13
ERNST THÄLMANN	Flagg- und Schulschiff KS-Schiff Projekt 50, Schiff 50/1
ESPER ORT	Seezeichenkontrollboot Typ SK 64, Boot 64.107
ETKAR ANDRÉ	TS-Boot Projekt 183, Boot 183/2 TS-Boot Projekt 206, Boot 206/4
FALKE	U-Boot-Jäger Projekt 201M, Boot 201/3
FIETE SCHULZE	TS-Boot Projekt 183, Boot 183/24 TS-Boot Projekt 206, Boot 206/15
FLAGGTIEF	Vermessungs-/Seezeichenkutter ex STRALSUND
FORELLE	Typname TS-Boote/Grenzkontrollboote Projekt 57
FORST	Räumboot Typ SCHWALBE Projekt 8, Boot 17/11
FRANKFURT/ODER	MLR Typ HABICHT Projekt 1, Schiff 2008 Mittleres Landungsschiff Projekt 108, Schiff 108.03
FREESENDORF	Tonnenleger ex MARS Binnentonnenleger Projekt 39
FREIBERG	Räumboot Typ SCHWALBE Projekt 8, Boot 15/9
FREUNDSCHAFT	KS-Boot Typ Seekutter, Boot 1/50
FRIEDRICH ENGELS	KS-Schiff Projekt 50, Schiff 50/4
FRITZ BEHM	TS-Boot Projekt 183, Boot 183/9 TS-Boot Projekt 206, Boot 206/12
FRITZ GAST	RS-Boot Projekt 205, Boot 205/11
FRITZ GLOBIG	Kleines Raketenschiff Projekt 1241 RÄ, Schiff 1241/3
FRITZ HECKERT	TS-Boot Projekt 183, Boot 183/13 TS-Boot Projekt 206, Boot 206/5
FRITZ LESCH	TS-Boot Projekt 183, Boot183/19
FRITZ RIEDEL	TS-Boot Projekt 183, Boot 183/21
FÜRSTENBERG	Schulboot

GADEBUSCH	Kleiner U-Boot-Jäger Typ HAI Projekt 12.4M, Boot 12.402 UAW-Schiff Projekt 133.1, Schiff 133.113
GRASORT	Seezeichenkontrollboot Typ SK 64, Boot 64.105
GELLEN	Tonnenleger ex BLITZ Seezeichenkontrollboot Projekt 601, Boot 601.1
GENTHIN	MSR Projekt 89.2, Schiff 89.235
GERA	MLR Typ KRAKE Projekt 15, Schiff 3005
GERHARD PENZLER	Landungsboot Typ LABO Projekt 46, Boot 46.6
GÖRLITZ	Räumboot Typ SCHWALBE Projekt 8, Boot 20/14
GOLLWITZ	Barkasse des SHD ex ORION Seezeichenkontrollboot Typ SK 64, Boot 64.101
GOTHA	Räumboot Typ SCHWALBE Projekt 8, Boot 24/18
GRAAL-MÜRITZ	MSR Projekt 89.1, Schiff 89.114
GRANITZ	Hochseeversorger Projekt 602, Schiff 602.135
GRANSEE	MSR Projekt 89.2, Schiff 89.246
GRASORT	Seezeichenkontrollboot Typ SK 64, Boot 64.105
GREIFSWALD	MLR Typ HABICHT Projekt 1, Schiff 2012 MSR Projekt 89.1, Schiff 89.101
GREIZ	Räumboot Typ SCHWALBE Projekt 8, Boot 26/20
GREVESMÜHLEN	Kleiner U-Boot-Jäger Typ HAI Projekt 12.4M, Boot 12.401 UAW-Schiff Projekt 133.1, Schiff 133.114
GRIMMA	MSR Projekt 89.2, Schiff 89.251
GRIMMEN	Mittleres Landungsschiff Typ Robbe, Projekt 47, Schiff 47.2 Mittleres Landungsschiff Projekt 108, Schiff 108.12
GROBIAN	Wohnschiff
GÜSTROW	Räumboot Typ SCHWALBE Projekt 8, Boot 43/37 UAW-Schiff Projekt 133.1, Schiff 133.107
HABICHT	U-Boot-Jäger Projekt 201M, Boot 201/4
HAGENOW	Räumboot Typ SCHWALBE Projekt 8, Boot 45/39 Mittleres Landungsschiff Projekt 108, Schiff 108.02
HAI	Typname Kleiner U-Boot-Jäger Projekt 12 Binnenschlepper

HALLE	MLR Typ KRAKE Projekt 15, Schiff 3002 KS-Schiff Projekt 1159, Schiff 1159/3
HANNO GÜNTHER	TS-Boot Projekt 183, Boot 183/12
HANS BEIMLER	TS-Boot Projekt 183, Boot 183/10 Kleines Raketenschiff Projekt 1241 RÄ, Schiff 1241/5
HANS COPPI	TS-Boot Projekt 183, Boot 183/11 TS-Boot Projekt 206, Boot 206/2
HARZ	Schwimmender Stützpunkt Projekt 162, Schiff 162.03
HAVELLAND	Schwimmender Stützpunkt Projekt 162, Schiff 162.04
HEINRICH DORRENBACH	RS-Boot Projekt 205, Boot 205/13
HEINZ KAPELLE	TS-Boot Projekt 183, Boot 183/18 TS-Boot Projekt 206, Boot 206/18
HEINZ WILKOWSKI	Landungsboot Typ LABO Projekt 46, Boot 46.8
HERBERT BALZER	TS-Boot Projekt 183, Boot 183/5
HETTSTEDT	MSR Projekt 89.2, Schiff 89.248
HIDDENSEE	Tanker 600 Projekt 35, Schiff 600/3 Kleines Raketenschiff Projekt 1241 RÄ, Schiff 1241/2
HOYERSWERDA	Mittleres Landungsschiff Typ Robbe Projekt 47, Schiff 47.4 Mittleres Landungsschiff Projekt 108, Schiff 108.01
HUGO ECKENER	Flugsicherungsboot Projekt 116
HYDRA	Typname LTS-Boote Projekt 68
HYDROGRAPH	Vermessungskutter des SHD Vermessungsschiff/Aufklärungsschiff
HYDROLOGE	Motorboot des SHD
ILMENAU	Räumboot Typ SCHWALBE Projekt 8, Boot 46/40
ILTIS	Typname LTS-Boote Projekt 63
JASMUND	Aufklärungsschiff Schiff 602.137; (Modifikation Versorger Projekt 602)
JENA	Räumboot Typ SCHWALBE Projekt 8, Boot 25/19

JORDAN	Kutter des SHD
JOSEF RÖMER	TS-Boot Projekt 183, Boot 183/22
JOSEF SCHARES	RS-Boot Projekt 205, Boot 205/15
JÜTERBOG	MSR Projekt 89.2, Schiff 89.239
JULIUS ADLER	TS-Boot Projekt 183, Boot 183/1
KAMENZ	Räumboot Typ SCHWALBE Projekt 8, Boot 21/15 MSR Projekt 89.2, Schiff 89.223
KAMP	Seezeichenschute Projekt 411
KARL FR. GAUSS	Seiner/Vermessungsschiff des SHD
KARL LIEBKNECHT	KS-Schiff Projekt 50, Schiff 50/3
KARL MARX	KS-Schiff Projekt 50, Schiff 50/2
KARL-MARX-STADT	MLR Typ KRAKE Projekt 15, Schiff 3008
KARL MESEBERG	RS-Boot Projekt 205, Boot 205/7
KIRCHDORF	MSR Projekt 89.1, Schiff 89.117
KLÜTZ	MSR Projekt 89.1, Schiff 89.119
KÖTHEN	Räumboot Typ SCHWALBE, Boot 29/23
KOLLICKER ORT	Seezeichenkontrollboot Typ SK 64, Boot 64.106
KOMET	Aufklärungsschiff FB 65.2, Schiff 65.201; (Modifikation Pr.89.1)
KOMPASS	Arbeitsboot des SHD
KORMORAN	U-Boot-Jäger Projekt 201M, Boot 201/11 Reedeschlepper Projekt 414, Boot 414.02
KRANICH	Barkasse des SHD U-Boot-Jäger Projekt 201M, Boot 201/9
KRÜGER	Kutter des SHD Logger des SHD Seiner des SHD
KÜHLUNG	Hochseeversorger Projekt 602, Schiff 602.134
KÜHLUNGSBORN	MSR Projekt 89.1, Schiff 89.115
KÜRITZ	MSR Projekt 89.2, Schiff 89.226

LABO	Typname Landungsboote Projekt 46
LACHS	Typname TS-Boote Projekt 16
LANDTIEF	Seezeichenkontrollboot Typ SK 64, Boot 64.104
LEIPZIG	MLR Typ KRAKE Projekt 15, Schiff 3010
LEITHOLM	Seezeichenschiff
LIBBEN	Torpedofangboot FB 65.1, Boot 65.101; (Modifikation Projekt 89.1)
LUCKENWALDE	Räumboot Typ SCHWALBE Projekt 8, Boot 40/34
LUDWIGSLUST	Kleiner U-Boot-Jäger Typ HAI Projekt 12.4M, Boot 12.406 UAW-Schiff Projekt 133.1, Schiff 133.110
LÜBBEN	Mittleres Landungsschiff Typ Robbe, Projekt 47, Schiff 47.3 Mittleres Landungsschiff Projekt 108, Schiff 108.05
LÜBZ	Kleiner U-Boot-Jäger Typ HAI Projekt 12.4M, Boot 12.410 UAW-Schiff Projekt 133.1, Schiff 133.105
LUMME	Taucherboot
MAGDEBURG	MLR Typ KRAKE Projekt 15, Schiff 3006
MAGNETOLOGE	Kutter des SHD
MALCHIN	MSR Projekt 89.1, Schiff 89.106
MARS	Tonnenleger
MAX REICHPIETSCH	RS-Boot Projekt 205, Boot 205/1
MAX ROSCHER	TS-Boot Projekt 183, Boot 183/23
MECKLENBURG	Seezeichenboot
MEININGEN	Räumboot Typ SCHWALBE, Boot 47/41
MEISSEN	Räumboot Typ SCHWALBE, Boot 19/13
MERCATOR	Arbeits- und Wohnschiff des SHD Projekt 412
METEOR	Aufklärungsschiff FB 65.2, Schiff 65.202; (Modifikation Pr. 89.1)
MÖNCHGUT	Hochseeversorger Projekt 602, Schiff 602.132
MÖWE	U-Boot-Jäger Projekt 201M, Boot 201/10 Tonnenleger des SHD

NAUEN	Räumboot Typ SCHWALBE, Boot 42/36
NEUBRANDENBURG	MLR Typ HABICHT Projekt 1, Schiff 2004 Mittleres Landungsschiff Projekt 108, Schiff 108.07
NEURUPPIN	MSR Projekt 89.2, Schiff 89.227
NEUSTRELITZ	MSR Projekt 89.1, Schiff 89.110
NORDPERD	Gefechtsversorger Projekt 109, Schiff 109.01; (Modifikation Projekt 108)
ORANIENBURG	MSR Projekt 89.2, Schiff 89.238
ORION	Barkasse des SHD
OSTSEEBAD BINZ	Kleines Raketenschiff Projekt 151, Schiff 151.2
OSTSEEBAD SELLIN	Kleines Raketenschiff Projekt 151, Schiff 151.1
OTTO TOST	RS-Boot Projekt 205, Boot 205/14
OTTO VON GUERICKE	Bergungsschiff
PALMER ORT	Seezeichenkontrollboot Typ SK 64, Boot 64.108
PARCHIM	Kleiner U-Boot-Jäger Typ HAI Projekt 12.4M, Boot 12.405 UAW-Schiff Projekt 133.1, Schiff 133.102
PASEWALK	MSR Projekt 89.1, Schiff 89.108
PAUL EISENSCHNEIDER	RS-Boot Projekt 205, Boot 205/6 Kleines Raketenschiff Projekt 1241 RÄ, Schiff 1241/4
PAUL SCHULZE	RS-Boot Projekt 205, Boot 205/9
PAUL WIECZOREK	RS-Boot Projekt 205, Boot 205/10
PERLEBERG	Kleiner U-Boot-Jäger Typ HAI Projekt 12.4M, Boot 12.407 UAW-Schiff Projekt 133.1, Schiff 133.103
PIONIER	KS-Boot Typ Seekutter, Boot 2/50
POEL	Tanker 600 Projekt 35, Schiff 600/2
PÖSSNECK	Räumboot Typ SCHWALBE, Boot 27/21
POTSDAM	MLR Typ KRAKE Projekt 15, Schiff 3009
PRENZLAU	Schulboot Räumboot Typ SCHWALBE, Boot 22/16 UAW-Schiff Projekt 133.1, Schiff 133.109

PREROW	MSR Projekt 89.1, Schiff 89.113
PRITZWALK	MSR Projekt 89.2, Schiff 89.230
RANZOW	Seezeichenkontrollboot Typ SK 64, Boot 64.102
RATHENOW	MSR Projekt 89.2, Schiff 89.231
REIHER	U-Boot-Jäger Projekt 201M, Boot 201/5
RERICK	MSR Projekt 89.1, Schiff 89.120
RIBNITZ-DAMGARTEN	Kleiner U-Boot-Jäger Typ HAI Projekt 12.4M, Boot 12.411 UAW-Schiff Projekt 133.1, Schiff 133.111
RICHARD SORGE	RS-Boot Projekt 205, Boot 205/4
RIEMS	Tanker 600 Projekt 35, Schiff 600/1
RIESA	MSR Projekt 89.2, Schiff 89.242
ROBBE	Binnenschlepper
RÖBEL	MSR Projekt 89.2, Schiff 89.229
ROLAND	Schlepper des SHD
ROLF PETERS	Landungsboot Typ LABO Projekt 46, Boot 46.7
ROSSLAU	MSR Projekt 89.2, Schiff 89.237
ROSTOCK	MLR Typ KRAKE Projekt 15, Schiff 3004 KS-Schiff Projekt 1159, Schiff 1159/1
RUDEN	Versorger-Logger
RUDI ARNDT	TS-Boot Projekt 183, Boot 183/4
RUDOLF BREITSCHEID	TS-Boot Projekt 183, Boot 183/3 TS-Boot Projekt 206, Boot 206/11
RUDOLF EGLHOFER	RS-Boot Projekt 205, Boot 205/3 Kleines Raketenschiff Projekt 1241 RÄ, Schiff 1241/2
RÜGEN	Torpedo-Logger
RÜGEN – II	Erprobungsschiff
SASSNITZ	MLR Typ HABICHT Projekt 1, Schiff 2010 Kleines Raketenschiff Projekt 151, Schiff 151.0

SCHÖNEBECK	MSR Projekt 89.2, Schiff 89.250
SCHOLLE	Seiner-Schlepper
SCHWALBE	Motorboot des SHD
SCHWEDT	Mittleres Landungsschiff Typ Robbe, Projekt 47, Schiff 47.0 Mittleres Landungsschiff Projekt 108, Schiff 108.10
SCHWERIN	MLR Typ HABICHT Projekt 1, Schiff 2002 Mittleres Landungsschiff Projekt 108, Schiff 108.06
SENFTENBERG	Räumboot Typ SCHWALBE Projekt 8, Boot 16/10
SENTA	Vermessungs-Tjalk des SHD
SEXTANT	Arbeitsboot des SHD
SÖMMERDA	MSR Projekt 89.2, Schiff 89.244
SOLIDARITÄT	KS-Boot Typ Seekutter, Boot 3/50
SONNEBERG	Räumboot Typ SCHWALBE Projekt 8, Boot 48/42
SPERBER	U-Boot-Jäger Projekt 201M, Boot 201/2
SPERBER 1 - 4	Torpedofangboote Projekt 23
STENDAL	Räumboot Typ SCHWALBE Projekt 8, Boot 35/29
STERNBERG	Räumboot Typ SCHWALBE Projekt 8, Boot 44/38 Kleiner U-Boot-Jäger Typ HAI Projekt 12.4M, Boot 12.404
STRALSUND	MLR Typ HABICHT Projekt 1, Schiff 2009 MSR Projekt 89.2, Schiff 89.224 Vermessungs- und Seezeichenkutter
STRASSBURG	MSR Projekt 89.2, Schiff 89.228
STRELASUND	Torpedofangboot FB 65.1, Boot 65.102 (Modifikation Pr.89.1)
STUBBENKAMMER	Seezeichenkontrollboot Typ SPERLING, Boot 2
SÜDPERD	Gefechtsversorger Projekt 109, Schiff 109.02; (Modifikation Projekt 108)
SUHL	MLR Typ HABICHT Projekt 1, Schiff 2001
TANGERHÜTTE	MSR Projekt 89.2, Schiff 89.234
TAUCHER I – II	Taucherboote Projekt 24
TEMPLIN	MSR Projekt 89.1, Schiff 89.109

TETEROW	Kleiner U-Boot-Jäger Typ HAI Projekt 12.4M, Boot 12.412 UAW-Schiff Projekt 133.1, Schiff 133.112
THALE	Hochseeschlepper 700 Projekt 17
TIMMENDORF	Versorger
TORGAU	Räumboot Typ SCHWALBE Projekt 8, Boot 33/27
TÜMMLER	Typname Hafen- und Reedeschutzboote
UCKERMARK	Schwimmender Stützpunkt Projekt 162, Schiff 162.06
ÜCKERMÜNDE	MSR Projekt 89.1, Schiff 89.104
UMMANZ	Hochsee- und Hafenschlepper
USEDOM	Hochseetanker Projekt 1545
VILM	Tank-Logger
VITTE	MSR Projekt 89.1, Schiff 89.111
VOGTLAND	Schwimmender Stützpunkt Projekt 162, Schiff 162.01
WALFISCH	Schlepper des SHD ex BORWIN
WALTER HUSEMANN	TS-Boot Projekt 206, Boot 206/7
WALTER KRÄMER	RS-Boot Projekt 205, Boot 205/8
WAREN	Räumboot Typ SCHWALBE Projekt 8, Boot 18/12 UAW-Schiff Projekt 133.1, Schiff 133.108
WARNOW	Typname Schleppboote
WEIHE	U-Boot-Jäger Projekt 201M, Boot 201/7
WEIMAR	Räumboot Typ SCHWALBE Projekt 8, Boot 38/32
WEISSWASSER	Räumboot Typ SCHWALBE Projekt 8, Boot 37/31
WERDAU	Kleiner U-Boot-Jäger Typ HAI Projekt 12, Boot 12.3 Hochseeversorger Projekt 602, Schiff 602.136
WILHELM FLORIN	TS-Boot Projekt 206, Boot 206/9
WILHELM LEUSCHNER	TS-Boot Projekt 183, Boot 183/20
WILHELM PIECK	Motorschulschiff Projekt 888

WILHELM-PIECK-STADT GUBEN	MSR Projekt 89.2, Schiff 89.243
WILLI BÄNSCH	TS-Boot Projekt 183, Boot 183/6 TS-Boot Projekt 206, Boot 206/6
WISMAR	Hochseeschlepper Projekt 4 Kleiner U-Boot-Jäger Typ HAI Projekt 12.4M, Boot 12.403 UAW-Schiff Projekt 133.1, Schiff 133.101
WITTOW	Hochseeversorger Projekt 602, Schiff 602.133
WITTSTOCK	MSR Projekt 89.2, Schiff 89.225
WOLF	Tonnenleger
WOLFGANG THIESS	TS-Boot Projekt 183, Boot 183/27
WOLGAST	MLR Typ HABICHT Projekt 1, Schiff 2011 MSR Projekt 89.2, Schiff 89.222
WURZEN	Räumboot Typ SCHWALBE Projekt 8, Boot 32/26
ZANDER	Reedeschlepper Projekt 414, Boot 414.01
ZEITZ	Räumboot Typ SCHWALBE Projekt 8, Boot 30/24 MSR Projekt 89.2, Schiff 89.247
ZERBST	MSR Projekt 89.2, Schiff 89.236
ZINGST	MSR Projekt 89.1, Schiff 89.112
ZWICKAU	Räumboot Typ SCHWALBE Projekt 8, Boot 14/8

Anlage 5

Raketen-, Artillerie-, MAW-, Torpodobewaffnung

Raketen

Typ	NATO-Code	Reichweite (km)	Geschw. (Mach)	Lenkung	Bemerkungen
P 15	SS-N-2A	46	0,9	FunkMess	Seezielrakete,Träger RS-Boot Pr.205
P21/22	SS-N-11	80	0,9	P21 FunkMess P22 Infrarot	Seezielrakete, verbesserte P15 mit Klappflügeln, Träger Kleines Raketenschiff Pr. 1241 RÄ
8-Ä-10$_2$	SA-N-4	12	2,0	Leitstrahl	Nahbereichs-Luftabwehrrakete auf versenkbarem Zwillingsstarter,Träger Küstenschutzschiff 1159
FAM-4$_4$	SA-N-5	3	1,5	Infrarot	Luftabwehrrakete in Vierfachstarter, Richten von Hand,Träger Kampf- und Hilfsschiffe

Artillerie

Typ	Kaliber (mm)	Feuergeschw. (Schuß/min.)	Schußweite (m)	Bemerkungen
DschHK	12,7$_2$	600	3500	Doppellafette
2-M-7	14,5$_2$	550	2500	Doppellafette
Oerlikon	20	220	2200	Waffe der KM
ZU-23	23$_2$	430	2500	Waffe der LaSK
2M3	25$_2$	500	300	Doppellafette mit Kreiskornvisier
AK 230	30$_2$	1000	4000	Zwillingsturm
AK 630	30$_6$	4300	4000	sechsläufige Revolverkanone
W-11-M	37$_2$	160	3400	handstabilisierte Doppellafette
AK 725	57$_2$	180	13000	Zwillingsturm
AK 726	76$_2$	100	15600	Zwillingsturm
AK 176	76	120	10500	Einzelwaffe
90 K	85	16	15500	Einzelwaffe
B-34	100	15	14500	Einzelwaffe

Torpedos

Typ	Kaliber (mm)	Geschw. (kn)	Laufstrecke (m)	Ladungsgewicht (kg)	Bemerkungen
53-39	533	51 39 34	4000 8000 10000	320	Dampfgastorpedo mit mechanischem Aufschlagzünder
53-39 PW	dito				mit Winkelschuß
53-56 W	dito				mit Schleifenlauf
SÄT-40-UÄ	400	29	7500	80	UAW-Torpedo mit Zielsuchsystem

Räumgeräte

PRINZIPSKIZZE	TAKTISCH-TECHNISCHE DATEN														BEMERKUNGEN
	Einsatz-varianten	Räum-/Suchbreite [m]	Räum-/Suchtiefe [m]	Wassertiefe		Räumgeschwindigkeit (v=kn) [illegible] min.	max	Trossenzuge (KN)	Einsatz bis See	Ruderlage max [°]	Gerätelänge [m]	Drehkreisdurchmesser [m]	Gesamtmasse [kg]	Grundabstand [m]	Räummittel	
MSG-1 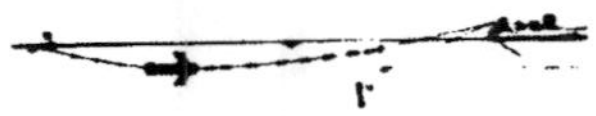	Schneidgreifer Sprenggreifer doppelseitig einseitig	120-150 m	10-50 m	≥ 18m	≥ 18m	S: 8-15	Sp: 8-12	9-36	4	5-10°	366-478 m	650-1800 m	2000		S: 6 Sp: 6	-Räumtiefe wird durch proportional-integral geregelte Scherbojen gewährleistet. -Räumleinen: 6-kardelige 14 mm Stahldrahtleinen. -Schneid-und Sprenggreifer in den Räumleinen eingesetzt.
MSG-2 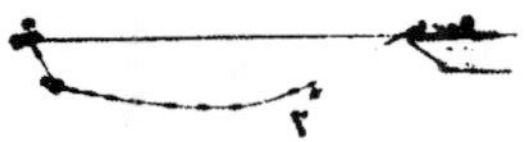	Schneidgreifer Sprenggreifer doppelseitig einseitig	100-140 m	4-18 m bei 5-30 m Schwimmerstander	≥ 15m	≥ 10m	8-12		8-17	S bis 5 Sp bis 3	10°	230m	550m	650		S: 6 Sp: 6	- Raumtiefe wird durch die Schwimmerstanderlange gewährleistet. - Raumstell, Schneid-und Spreng-greifer wie Gerät MSG-1.
MSG-3 	Schneidgreifer Sprenggreifer doppelseitig einseitig	40-220 m	10-50m 5 7,5m uber Grund	≥ 15m	≥ 15m	6-16		30-150	4	5-15°	500m	1080m	2180	5 m 7,5m programmierbar	S: 10 Sp: 10	- Raumtiefe und Grundabstand wird durch ein hydroakustisches Abstandsmeßsystem mit Mikrorechner Steuerung in den Scherbojen und der Tiefenboje gewährleistet. - Raumleinen 6-kardelige 10 mm Stahldrahtleinen - Schneid-und Sprenggreifer sind auf den Raumleinen aufgesetzt.
MSG-4 	VARIANTE 1 Schneidgreifer Sprenggreifer doppelseitig einseitig	40-80 m	2m±1 uber Grund	4m	22m	4-8		10-50	4	15°	200m	350m	3200	2m±1	S: 12 Sp: 12	- Grundabstand wird durch hydrodynamische geregelte Grundabstandssysteme gewährleistet. - Räumleinen, Schneid-und Spreng-greifer wie Gerät MSG-3. - Einsatz des Gerätes als 2-Schiffs-verbundräumgerät ist möglich.
	VARIANTE 2 Schneidgreifer Sprenggreifer doppelseitig einseitig	80-120 m	2m±1 uber Grund	4m	22m	4-8		10-50	4	15°	200m	350m	3200	2m±1	S: 12 Sp: 12	

Fernräumgeräte (Stellaufbau)

FRG-1-SS mit AT-2/M
SS: Schleppspule
AT-2/M: akustisches Räumgerät

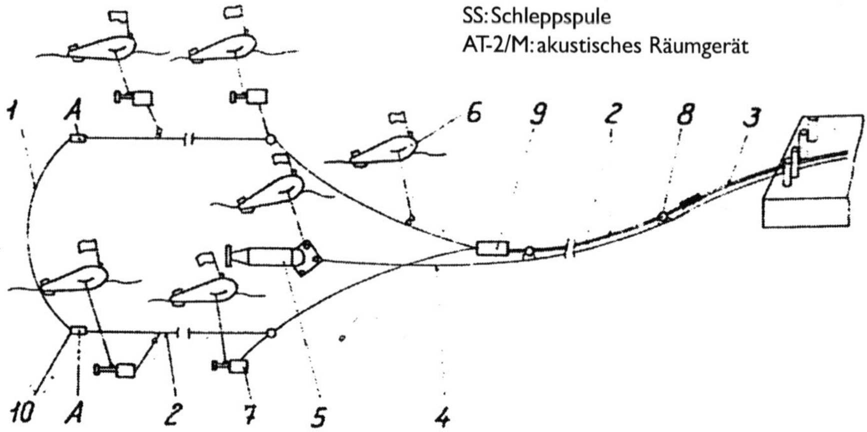

1 – *Kabelbucht* 170 m
2 – *Kabel* 430 m
3 – *Kabel (Verlängerg.)* 240 m
4 – *Speisekabel* AT-2/M
5 – *Schwinger* AT-2/M
6 – *Trageboje „RL"*
7 – *Scherdrachen RAV*
8 – *Distanzschelle*
9 – *Spreizpunktschelle*
10 – *Kupplung*

FRG-1-E mit AT-2/M
E. Elektrode

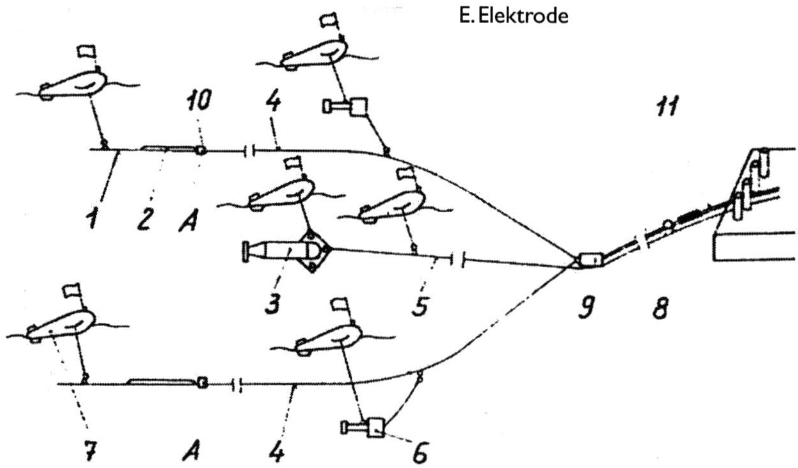

1 – *Elektrode*
2 – *Isolierstück*
3 – *Schwinger* AT-2/M
4 – *Kabel* 430 m
5 – *Kabel* AT-2/M
6 – *Scherdrachen RAV*
7 – *Trageboje „RL"*
8 – *Distanzschelle*
9 – *Spreizpunktschelle*
10 – *Kupplung*
11 – *Kabel* 240 m (Verlängerung

Akustisches Räumgerät AT-2/M

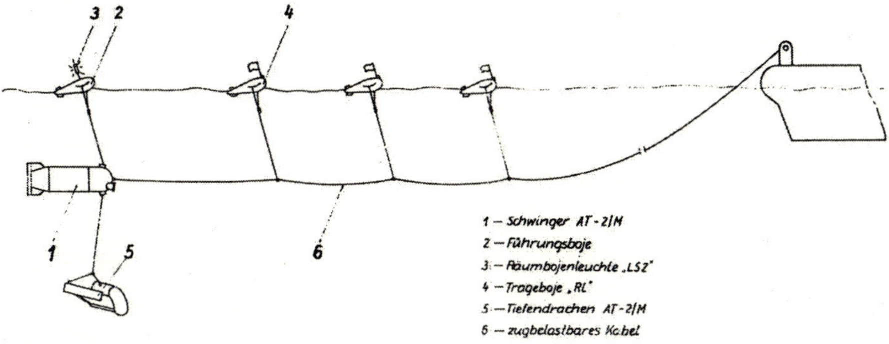

Akustisches Räumgerät AT-6

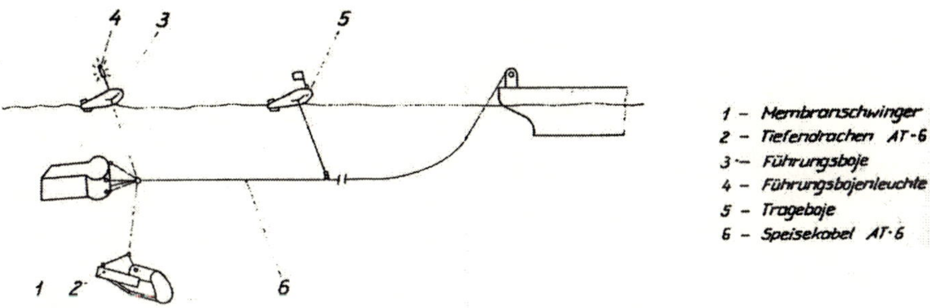

Hohlstabfernräumgerät 13m bzw. 26m

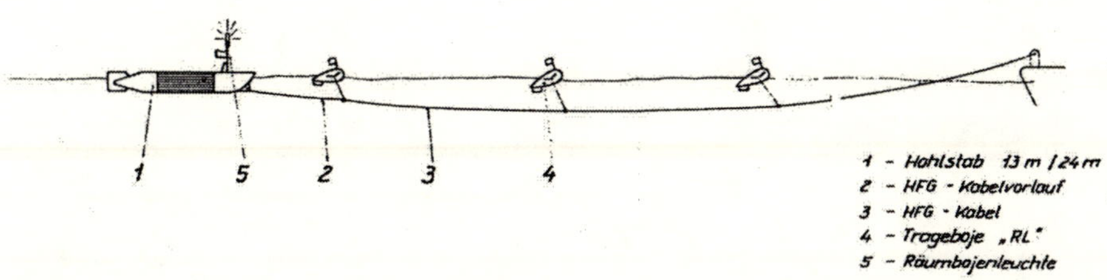

Anlage 6

Schiffs-/Bootsbestand

(außer Fahrzeuge der 6. GBK und Schulfahrzeugen)[1]

Schiffs-Stoßkräfte	**1950**	**1955**	**1960**	**1965**	**1970**	**1975**	**1980**	**1985**	**1990**[2]
RS-Boote Projekt 205 /OSA-I/				12	12	15	15	12	12
Raketenschiffe Projekt 1241 /TARANTUL-I/								3	5
RS-/Patrouillenboote Projekt 151 /BALCOM-10/									1
TS-Boote Projekt 183 /P – 6/			27	27					
TS-Boote Projekt 206 /SHERSHEN/					15	18	18	12	
LTS-Boote Projekt 63.3 /ILTIS-I/				34	31	18			
LTS-Boote Projekt 68.2 /ILTIS-II/				3	23				
KTS-Boote Projekt 131 /LIBELLE/						13	30	15	2
Schiffs-Sicherungskräfte									
Räumboote Projekt R-218	6								
Räumboote Typ SCHWALBE Projekt 8		12	36	28	21	4	4		
MLR Typ HABICHT Projekt 1		12	12	8					
MLR Typ KRAKE Projekt 15			10	10	10	3			
MSR Projekt 89.1 /KONDOR-I/					21[3]	21	20	19	6
MSR Projekt 89.2 /KONDOR-II/						30	30	30	21
KS-Boote Typ SEEKUTTER		3	20[4]	20	2[5]				
KS-Schiffe Projekt 50 /RIGA/			4	4	2	2			
KS-Schiffe Projekt 1159 /KONI/							2	2	3
U-Boot-Jäger Projekt 201M /SO-1/		12	12[6]						
U-Boot-Jäger Typ HAI Projekt 12.4M			6	12	12	12			
UAW-/KS-Schiffe Projekt 133.1 /PARCHIM/								16	16
Landungsschiffskräfte									
Landungsboote Typ LABO Projekt 46				12	12	12			
Landungsschiffe Typ ROBBE Projekt 47					6	6			
Landungsschiffe Projekt 108 /FROSCH-I/							12	12	12
Hilfs-/Sicherstellungsschiffe[7]									
Bergungsschiffe/Schlepper		2	9	11	11	11	10	11	14
Versorger		3	3	4	4	3	4	7	7
Tanker		1	8	10	11	11	11	11	9
schw. Stützpunkte, Wohnschiffe			1	10	10	10	10	14	9
Aufklärungsschiffe				1	1	3	3	3	3
Feuerlöschboote		2	6	6	6	5	3	3	
Such- u. Rettungsschiffe, Taucherboote	1	1	3	5	3	3	2	2	2
Erprobungsschiffe		1	1	1	1	1	1	2	1
Torpedofangboote			4	1	1	2	2	2	1
Repräsentationsfahrzeuge/Yachten				1	1	2	2	2	1

Fahrzeuge des SHD	**1950**	**1955**	**1960**	**1965**	**1970**	**1975**	**1980**	**1985**	**1990**[2)]
Vermessunsschiffe	7	13	6	5	3	1	2	3	3
Seezeichenschiffe		19	20	20	20	13	14	14	13

1) Wegen der teilweise unklaren Außerdienststellungen und unterschiedlicher Unterstellung werden Kontroll- und Schulfahrzeuge nicht aufgeführt

2) Als Stichtag für die Jahre 1950 – 1985 gilt der 31.12. des jeweiligen Jahres, für 1990 der 02.10. (Auflösung der Volksmarine)

3) 1971 18 MLR Pr.89.1 zur 6. Grenzbrigade

4) 1962 8 KS-Boote zur Grenzpolizei

5) 1971 12 KS-Boote zur 6. Grenzbrigade

6) Alle ab 1966 zur 6. Grenzbrigade

7) Bei der Aufstellung wurden Verkehrsboote nicht berücksichtigt

Anlage 7

Verbleib der Schiffe und Boote nach Auflösung der Volksmarine (79)

Projekt-Nr.	Name	Verbleib
12 RS-Boote Pr. 205		
205.01	MAX REICHPIETSCH	verschrottet
205.04.	RICHARD SORGE	verschrottet
205.05.	AUGUST LÜTTGENS	verschrottet
205.07	KARL MESEBERG	verschrottet
205.08	WALTER KRÄMER	verschrottet
205.09	PAUL SCHULZE	verschrottet
205.10	PAUL WIECZOREK	Abgabe an Lettland
205.11	FRITZ GAST	Abgabe an Lettland
205.12	ALBERT GAST	verschrottet
205.13	HEINRICH DORRENBACH	Abgabe an Lettland
205.14	OTTO TOST	Abgabe an Lettland
205.15	JOSEF SCHARES	Abgabe an Lettland
5 Raketenschiffe Pr. 1241 RÄ /TARANTUL/		
1241.01	ALBIN KÖBIS	verschrottet
1241.02	RUDOLF EGELHOFER	Bundesmarine P 6165, neuer Name HIDDENSEE, am 27.11.91 Abgabe an US-Navy, Abtransport nach USA, Durchführung von Erprobungen mit Volksmarine-Besatzung
1241.03	FRITZ GLOBIG	verschrottet
1241.04	PAUL EISENSCHNEIDER	verschrottet
1241.05	HANS BEIMLER	museumsgerechte Demilitarisierung, Liegeort Historisch-technisches Informationszentrum Peenemünde
1 RS-/Patrouillenboot Pr. 151 /BALCOM 10/		
151.0	SASSNITZ	1992/93 Umrüstung zum Patrouillenboot Bundesgrenzschutz-Küstenwache, 9/93 in Dienst als NEUSTRELITZ
(151.1)	SEEBAD BINZ	Fertigstellung am 02.10.90, befristete Indienststellung durch Bundesmarine, 1995/96 Umrüstung zum Patrouillenboot-Küstenwache, 5/96 in Dienst als BAD DÜBEN
(151.2)	SEEBAD SELLIN	Fertigstellung am 13.12.90, Auflieger
2 KTS-Boote Pr. 131 /LIBELLE/		
131.408	ohne	Museumsgerechte Demilitarisierung, Liegeort Marinemuseum Stralsund-Dänholm
131.410	ohne	Museumsgerechte Demilitarisierung, Liegeort Wissenschaftliches Institut für Schifffahrts- und Marinegeschichte Hamburg
6 MSR-/Grenzschiffe Pr. 89.1 /KONDOR-I/		
89.104	ÜCKERMÜNDE	Verkauf an Malta
89.105	DEMMIN	Verkauf an Tunesien

89.106	MALCHIN	Verkauf an Tunesien
89.107	ALTENTREPTOW	Verkauf an Tunesien
89.108	PASEWALK	Verkauf an Malta
89.109	TEMPLIN	Verkauf an Tunesien

21 MSR Pr. 89.2 /KONDOR-II/

89.222	WOLGAST	Verkauf an Indonesien;Wachfahrzeug PULAU ROTE
89.223	KAMENZ	Abgabe an Lettland, Wachfahrzeug VIESTURS
89.224	STRALSUND	verschrottet, nicht mehr reparaturwürdig
89.229	RÖBEL	Abgabe an Lettland, Wachfahrzeug IMANTA
89.230	PRITZWALK	Verkauf an Indonesien;Wachfahrzeug PULAU ROMANG
89.232	DESSAU	Verkauf an BAIJ-MA Military Departement/ Belgien
89.233	BITTERFELD	BuMa M 2672;Verkauf an Indonesien; Wachfahrzeug PULAU RIMAU
89.234	TANGERHÜTTE	Verkauf an BAIJ-MA Military Departement/ Belgien
89.235	GENTHIN	Verkauf an BAIJ-MA Military Departement/ Belgien
89.236	ZERBST	Verkauf an Indonesien;Wachfahrzeug PULAU RONDO
89.237	ROSSLAU	Verkauf an BAIJ-MA Military Departement/ Belgien
89.238	ORANIENBURG	Verkauf an Indonesien;Wachfahrzeug PULAU RUSO
89.239	JÜTERBOG	Verkauf an Indonesien;Wachfahrzeug PULAU RANGSANG
89.240	BERNAU	Bundesmarine M 2673;Verkauf an Uruguay; Wachboot FORTUNA
89.241	EILENBURG	Bundesmarine M 2674;Verkauf an Uruguay; Wachboot VALIENTE
89.242	RIESA	Verkauf an Uruguay;Wachboot TEMERARIO
89.244	SÖMMERDA	Bundesmarine M 2670;Verkauf an Indonesien;Wachfahrzeug PULAU RAIBU
89.245	EISLEBEN	Bundesmarine M 2671;Verkauf an Uruguay; Wachboot AUDAZ
89.247	ZEITZ	Verkauf an BAIJ-MA Military Departement/ Belgien
89.248	HETTSTEDT	Verkauf an Indonesien;Wachfahrzeug PULAU RAAS
89.251	GRIMMA	Verkauf an Indonesien;Wachfahrzeug PULAU REMPANG

3 KS-Schiffe Pr. 1159 /

1159.01	ROSTOCK	Ansprengversuche im WTD-71;Verschrottung geplant
1159.02	BERLIN	verschrottet
1159.03	HALLE	verschrottet

16 UAW-/KS-Schiffe Pr. 133.1 /PARCHIM-I/

133.101	WISMAR	Alle 16 Schiffe wurden 1993 an Indonesien übergeben.
133.102	PARCHIM	Im Gegensatz zu sämtlichen anderen Fahrzeugen wurden sie aber nicht abgerüstet,
133.103	PERLEBERG	sondern mit Munition und Ausrüstung
133.104	BÜTZOW	übergeben.
133.105	LÜBZ	Die Herstellung der Fahrbereitschaft erfolgte in der Peenewerft.
133.106	BAD DOBERAN	Dazu führte die indonesische Marine selbstständig die Bauaufsicht durch.
133.107	GÜSTROW	Die letzten vier Schiffe verließen im Juni
133.108	WAREN	1996 mit indonesischer Besatzung die
133.109	PRENZLAU	Peenewerft.
133.110	LUDWIGSLUST	
133.111	RIBNITZ-DAMGARTEN	
133.112	TETEROW	
133.113	GADEBUSCH	
133.114	GREVESMÜHLEN	
133.115	BERGEN	
133.116	ANGERMÜNDE	

12 Landungsschiffe Pr. 108 /FROSCH-I/

108.01	HOYERSWERDA	Verkauf aller 12 Schiffe an Indonesien.
108.02	HAGENOW	
108.03	FRANKFURT/ ODER	
108.04	EBERSWALDE/ FINOW	
108.05	LÜBBEN	
108.06	SCHWERIN	
108.07	NEUBRANDENBURG	
108.08	COTTBUS	
108.09	ANKLAM	
108.10	SCHWEDT	
108.11	EISENHÜTTENSTADT	
108.12	GRIMMEN	

14 Bergungsschiffe und Schlepper

700	THALE	Verkauf an Roal Feenstra Scheepvaertbedryf den Helder/Niederlande
270.1	ohne	Verkauf an BAIJ-MA Military Departement/ Belgien
270.2	ohne	Verkauf an PELT/Niederlande
270.3	ohne	Buundesmarine Y 1654;Verkauf an Roal Feenstra Scheepvaertbedriyt den Helder/Niederlande
270.4	ohne	Bundesmarine Y 1655;Verkauf an Uruguay; Schlepper BANCO ORTIZ
270.5	ohne	Bundesmarine Y 1659;Verkauf an BAIJ-MA Military Departement/Belgien
270.6	ohne	Bundesmarine Y 1660;Verkauf an BAIJ-MA Military Departement/Belgien
2672	HAI	verschrottet

2673	ROBBE	Verkauf an Schaafstra Sleep-en Bergringsbedryf Drimmelen/Niederlande
570	OTTO VON GUERICKE	Verkauf an Uruguay
498	ohne	Bundesmarine Y 1650; neuer Name UMMANZ; Auflieger
414.1	ZANDER	Bundesmarine Y 1656, neuer Name WUSTROW
414.2	KORMORAN	Bundesmarine Y 1658, neuer Name DRANSKE
414.3	DELPHIN	Bundesmarine Y 1651, neuer Name KOOS
414.4	HAI	Verkauf an BAIJ-MA Military Departement/ Belgien
7 Versorger		
109.01	NORDPERD	Verkauf an Indonesien
109.02	SÜDPERD	Verkauf an Indonesien
602.131	DARSS	Bundesmarine A 1432; Verkauf an Norwegen
602.132	MÖNCHGUT	Bundesmarine A 1431; Verkauf an Norwegen
602.133	WITTOW	Bundesmarine A 1430; Verkauf an Norwegen
602.134	KÜHLUNG	Bundesmarine A 1433; Verkauf an Norwegen
602.135	GRANITZ	Bundesmarine P 816; Verkauf an Norwegen
9 Tanker		
235	VILM	Verkauf an Löll und Temme Wolgast/ BRD
506	ohne	Verkauf an Adnan el-Ali Hamburg/ BRD
600/1	RIEMS	Verkauf an Ocean Way Malta
2852	ohne (Typ GUSTAV KOENIG)	Verkauf an Niederlande
2853	ohne (Typ GUSTAV KOENIG)	BuMa Y 1652, neuer Name KÖLPINSEE; Verkauf an Niederlande
2854	ohne (Typ GUSTAV KOENIG)	BuMa Y 1657, neuer Name FLEESENSEE; Verkauf an Niederlande
2855	ohne (Typ GUSTAV KOENIG)	Verkauf an Niederlande
2856	ohne (Typ GUSTAV KOENIG)	Verkauf an Niederlande
1545	USEDOM	Verkauf an Zakher Marine Oilfield Service Est Abu Dhabi/Vereinte Arabische Emirate
9 schwimmende Stützpunkte, Wohnschiffe		
62.4	ohne	Umbau, danach Verkauf nach Duisburg
62.6	ohne	Übergabe an Hansestadt Rostock, Liegeort Stadthafen
162.01	VOGTLAND	Bundesmarine Y 890
162.02	ALTMARK	Bundesmarine Y 891
162.03	HARZ	Bundesmarine Y 895, neuer Name WISCHE
162.04	HAVELLAND	Bundesmarine Y 892; Auflieger
162.05	BÖRDE	Bundesmarine Y 894; Auflieger
162.06	ÜCKERMARK	Bundesmarine Y 893
413	ohne	Verkauf an Ludwig Voss GmbH & Co. KG/ Cuxhaven
3 Aufklärungsschiffe		
FB 65.201	KOMET	Abgabe an Estland
FB 65.202	METEOR	Abgabe an Estland
602.07	JASMUND	Verkauf an Spanien; Aufklärungsschiff ALERTA

2 Such- und Rettungsschiffe

24/2	TAUCHER II	Verkauf an Hermann / Freest
256	HUGO ECKENER	Verkauf an M.van der Zee,Westzaan / Niederlande

1 Torpedofangboot

FB 65.102	STRELASUND	Verkauf an Lettland

1 Erprobungsfahrzeug

602.136	WERDAU	Bundesmarine A 1434,Verkauf an Norwegen

1 Repräsentationsfahrzeug

121	OSTSEELAND-II	Verkauf an Niederlande

16 Schiffe des Seehydrografischen Dienstes

64.101	GOLWITZ	Wasser- und Schifffahrtsdirektion Kiel
64.102	RANZOW	dito
64.104	LANDTIEF	dito
64.105	GRASORT	dito
64.106	KOLLICKER ORT	dito
64.107	ESPER ORT	dito
64.108	PALMER ORT	dito
870/10	BUK	Bundesamt für Seeschifffahrt und Hydrografie
601/1	GELLEN	Wasser- und Schifffahrtsdirektion Kiel
601/2	DARSSER ORT	dito
601/3	ARKONA	dito
411	KAMP	dito
872	DORNBUSCH	Verkauf an privaten Nutzer
136	CARL FR. GAUSS	Bundesamt für Seeschifffahrt und Hydrografie
412	MERCATOR	dito
407 SHD	BESSEL	dito

1 Schulschiff

888/3	WILHELM PIECK	verschrottet

10 Grenzkontrollfahrzeuge

GB-23	ohne	5 x Tunesien 2 x Malta 3 x verschrottet

Anmerkungen

(1) Strobel, Dietrich / Dame, Günter: *Schiffbau zwischen Elbe und Oder*, Herford 1993, S. 12 ff.

(2) Ebenda, S.45.

(3) Elchlepp, Friedrich u.a.: *Volksmarine der DDR - Deutsche Seestreitkräfte im Kalten Krieg*; Hamburg 1999, S. 23.

(4) Ebenda, S. 37.

(5) Otte, Erwin: *Küstenwacht und Grenzsicherung zur See 1945-1961*, (Hrsg: Politabteilung der 6. Grenzbrigade Küste), Rostock 1989, S. 63.

(6) Fock, Harald: *Schnellboote* (Band 3), Herford 1974, S.281.

(7) Mehl, Hans / Schäfer, Knut: *Die andere deutsche Marine*, Berlin 1992, S. 8.

(8) Pfeiffer, Ingo: *Aufbau und Einsatz der Marineverbände der DDR*, in: Marineforum 10/1991.

(9) *Chronik des ISW* (unveröff. Material, Archiv M.R.).

(10) *Chronik des Bereiches der Verwaltung Schiffbau*, S. 68/2 (unveröff. Material, Archiv M.R.).

(11) Ebenda, S.77/1.

(12) Gall, Ulrich: *Technik und Bewaffnung - Zwischen Vorrang, Mangel und Abhängigkeit*, in: Backerra (Hrsg.): NVA - Ein Rückblick für die Zukunft, Köln 1993, S.299.

(13) *Technisch-Organisatorische Bedingungen für den militärischen Schiffbau in der DDR (TOB) vom 01.05.1980* (Dienstvorschrift des Ministeriums für Nationale Verteidigung - MfNV).

(14) Mehl: *Die andere Deutsche Marine*, S.20.

(15) AO 72/60 des Chefs Volksmarine (Dienstvorschrift des Ministeriums für Nationale Verteidigung - MfNV).

(16) GVS-Nr. D 604 10, Blatt 102 (unveröffentlichtes Material - MfNV).

(17) GVS-Nr. VS-1/835 (unveröffentlichtes Material - MfNV).

(18) *Chronik der Verwaltung Schiffbau*, a.a.O., S. A2/11.

(19) Domhardt, Joachim: *Zivile Flotten im Krieg - Technische Vorbereitung der Zivilschiffe der DDR*, in: Schiff und Zeit, Nr. 46/Sept. 1997, (Hrsg.: Deutsche Gesellschaft für Schifffahrts- und Marinegeschichte e.V..

(20) *Chronik der Verwaltung Schiffbau*, a.a.O., S. 70/4.

(21) Elchlepp, S. 217.

(22) Fock, S. 183.

(23) Hauptsächliche Quellen: Archivunterlagen der Verwaltung Schiffbau im Militärarchiv Freiburg; *Chronik der Verwaltung Schiffbau*, a.a.O.; *Chronik des Institutes für Schiffbautechnik*, (Archiv M.R.); *Entwicklungs- und Bauprogramme 1965-1990*, Bd. 1 und 2, (unveröff. Material, Archiv M.R.); *Katalog 246/3/004 über Kampfschiffe/ -boote und Hilfsschiffe* (unveröff. Material, MfNV 1982).

(24) Stoßkräfte: Kräfte und Verbände mit den größten Voraussetzungen zur Führung von Schlägen auf den Gegner (übernommene sowjetische Terminologie nach Wörterbuch (russ.)), Moskau 1986; in den Seestreitkräften/ Volksmarine wurden darunter Torpedo- und Raketenschnellboote bzw. Raketenschiffe (bis 1960 auch KS-Schiffe) verstanden.

(25) Ehm, Wilhelm/Groenke, Erwin/Kautz, Georg/Freitag, Günther: *Grundfragen der Entwicklung und der Rolle der Volksmarine der Nationalen Volksarmee als Teil der verbündeten Ostseeflotten 1955/56 bis 1976*, Dissertation zur Erlangung des Grades eines Dr. phil., Potsdam im Oktober 1977, Bd. 1, S. 6.

(26) Schnellboote: Die Volksmarine klassifizierte alle Fahrzeuge, die eine Geschwindigkeit von mehr als 36 kn erreichten, als Schnellboote. Fahrzeuge von mehr als 300 t Normaldeplacement wurden als Schiffe klassifiziert, auch wenn sie nach ihrer Geschwindigkeit zu den Schnellbooten gehört hätten.

(27) Nach Angaben von Dr. Reinecke, der als Vertreter der Forschungsstelle Roßlau an der Beratung im Februar 1958 teilgenommen hatte, forderte der Chef der Seestreitkräfte ein LTS-Boot als Gemeinschaftsentwicklung. Es gab aber keine einheitlichen Vorstellungen über die Vorgehensweise und jede Entwicklungsstelle wollte die Leitung für sich in Anspruch nehmen. Daraufhin übergab der Stab der Seestreitkräfte getrennte Aufgabenstellungen und akzeptierte drei selbständige Projekte.

(28) Pöschel, Günter: *Froschschwimmer, Torpedoreiter, Zwerg-U-Boote*, Berlin 1961, S. 15 ff.

(29) Normaldeplacement (D_N): Verdrängung des voll ausgerüsteten kampffähigen Schiffes mit 50 Prozent Betriebsstoffen; Volldeplacement (D_V): Verdrängung des voll ausgerüsteten, kampffähigen Schiffes mit 100 Prozent Betriebsstoffen und allen Zuladungen; t_g - größter Tiefgang.

(30) Mitteilung vom 13.06.1993 durch Horst von Duisburg, Bereich Erzeugnisentwicklung in der Peenewerft Wolgast, an den Autor.

(31) VVS I 8088 des Ministeriums für Nationale Verteidigung (unveröff. Material).

(32) GVS A 437 des Ministeriums für Nationale Verteidigung (unveröff. Material).

(33) 1241 RÄ ist eine sowjetische Projektnummer, die übernommen wurde. Die Bezeichnung 1241 R (raketnoij : Raketen-) als Unterscheidung zu 1241 P (protiwolodotschnoij : U-Bootabwehr-) war erforderlich, da es in der Flotte der UdSSR einen einheitlichen Schiffstyp (gleicher Schiffskörper) mit unterschiedlicher Bewaffnung und entsprechend unterschiedlichen Aufgaben gab, und zwar 1241 R (TARANTUL) und 1241 P (PAUK).
Ä war die Transkription für eksport : Export, d.h. diese Schiffe waren für den Export an befreundete Flotten vorgesehen.

(34) Rosentreter, Robert: *Im Seegang der Zeit*, Rostock 2000, S.258.

(35) Befehl 119/84 des Ministers für Nationale Verteidigung (unveröff. Material).

(36) Auf Empfehlung der UdSSR sollte auch die polnische Seekriegsflotte mit Kleinen Raketenschiffen Projekt 151 ausgerüstet werden. Im Ergebnis von Lizenzverhandlungen bestellte Polen 1990 drei Bootskörper, die außerhalb der laufenden Serie für die Volksmarine gefertigt, in einer polnischen Werft auf der Grundlage der übergebenen technischen Dokumentation ausgerüstet und 1992-1995 ohne Raketenbewaffnung in Dienst gestellt wurden.

(37) Pestow, Olaf: *BALCOM-10*, in: Schiff & Zeit/Panorama maritim 50.

(38) Landwehrs, Hans: *Stand und Entwicklung moderner Seeminen und ihre Bekämpfung*; Dissertation zur Erlangung des akademischen Grades Dr. phil., Dresden 1982.

(39) Mineneigenschutzanlage (MES): In den Schiffskörper werden Schleifen aus Elektrokabeln verlegt, durch die man Gleichstrom leitet. Das entstehende Magnetfeld mit entgegengesetzter Polarität neutralisiert das Schiffsmagnetfeld.

(40) Auf den Räumbooten Typ R-218 wurden eingesetzt: SDG/R (kleines Scherdrachengerät für Räumboote mit Doppelschneidgreifer und Sprenggreifer B), SSG (Schleppspulgerät; dazu war ein Stromversorgungsgerät mit einer Umpolvorrichtung an Bord installiert), GBT (akustisches Räumgerät - mechanisch - „Geräuschboje T").

(41) Befehl des Chefs der Seestreitkräfte Nr. 38/57 vom 13.03.1957 - VA-04/1701 (unveröff.).

(42) Die irritierende Projektnummer 8 entstand durch die im Institut für Schiffbautechnik Wolgast eingeführte fortlaufende Numerierung der zu bearbeitenden Themen: Projekt 1 - MLR Typ HABICHT Aufgabenstellung Mai 1951, weitere Aufgabenstellungen 1951: Projekt 2 - Umbau Schulboote FÜRSTENBERG, PRENZLAU; Projekt 3 - Umbau Schulschiff ERNST THÄLMANN; Projekt 4 - Umbau Schlepper WISMAR; Projekt 5 - Umbau Schulboot B 26; Projekt 6 - 1500-Tonnent-Mutterschiff DRACHE (Entwicklung abgebrochen); Projekt 7 - 2500-Tonnen-Schwimmdock (Entwicklung abgebrochen). Die im Januar 1952 übergebene Aufgabenstellung zur Überarbeitung des vorhandenen Projektes Typ SCHWALBE wurde danach als Projekt 8 eingeordnet. Die bereits seit Ende 1950 im Zentralen Konstruktionsbüro Berlin und in der Thälmann Werft Brandenburg laufenden Arbeiten fanden dabei keine Berücksichtigung.

(43) Mitteilung vom 23.06.1993 durch FK a.D. Dr. Peter Schubert an den Autor: Der Nachbau von Geräten der ehemaligen Kriegsmarine erfolgte auf der Grundlage von Kriegsmarine-Vorschriften und Katalogen bzw. Beschreibungen des Deutschen Minendienstes. Um auf Originalteile zurückgreifen zu können, informierte der Betrieb Schiffsbergung Karlshagen die Seepolizei über geborgene KM-Technik, und es erfolgte ein gemeinsames Sortieren des von Wracks an der Küste oder in Häfen geborgenen Schrotts. Brauchbare Teile erhielt das Schiffslaternenwerk Ückermünde zum Nachbau. Kleinteile konnten dort direkt bearbeitet werden, bei größeren Teilen war die Mitarbeit der Peenewerft Wolgast, des Instituts für Schiffbautechnik Wolgast oder anderer Betriebe erforderlich (z.B. Kabelwerk Vacha/Rhön, Kabelwerk Oberspree, Drahtseilwerk Wurzen). Mit dieser aus heutiger Sicht kaum noch zu verstehenden primitiven Methode musste die Sicherstellung der Räumkräfte bis zur Eigenentwicklung von Geräten in der DDR-Industrie erfolgen.

(44) Sicherheitstiefe: rechnerisch und durch Messungen ermittelte Mindestwassertiefe, die das Schiff einhalten muss, um selbst vor Grundfernzündungsminen geschützt zu sein.

(45) Substitutionsstrategie: Ersatz von Materialien, die im herkömmlichen militärischen Schiffbau verwendet wurden, durch schwachmagnetische Werkstoffe. Dabei musste aber geklärt werden, wie sich der Einsatz von Motoren, Waffen, Munition u.a., die nach wie vor aus ferromagnetischen Materialien hergestellt werden mussten, auf das Magnetfeld des Schiffes auswirkten.

(46) GVS IVg/142/53 des Ministerium für Nationale Verteidigung: (unveröff.).

(47) Küstenschutzschiff: aus der sowjetischen Klassifikation (storoschewoij korabl - SKR) übernommen; entspricht in Deplacement und Bewaffnung einer Korvette/Fregatte.

(48) Koeffizient der technischen Einsatzbereitschaft (KTE): Er betrug bei den einzelnen Kampfschiffstypen der Volksmarine 0,8, d.h. z.B. von 15 im Flottendienst befindlichen RS-Booten Projekt 205 hatten 15 x 0,8 = 12 Boote ständig technisch einsatzklar zu sein. Einsatzklar war dabei eindeutig definiert. Es gab einen Einsatzklarzustand (EKZ) 1-5. EKZ 1 besaß ein völlig klares Schiff. Jede Störung setzte diesen EKZ herab; z.B. führte ein Fehler in der Hauptbewaffnung sofort zum EKZ 5, ein kaputter Magnetkompaß, aber ein klarer Kreisel brachte EKZ 3. Bis einschließlich EKZ 3 galt ein Schiff/Boot als klar bzw. bedingt einsatzklar und durfte zu den Schiffen/Booten gerechnet werden, die den Koeffizienten der technischen Einsatzbereitschaft zu erbringen hatten.

(49) Torsten, Diedrich: *Aufrüstungsvorbereitung und -finanzierung in der SBZ/DDR in den Jahren 1948-1953 und deren Rückwirkung auf die Wirtschaft*, in: Bruno Thoß: *Volksarmee schaffen - ohne Geschrei*, München 1994, S. 297.

(50) Befehl 86 des Chefs der Seestreitkräfte; VA-04/1701, Blatt 169-176, (unveröff. Material).

(51) Elchlepp, S. 39.

(52) Liste der Indienst- und Außerdienststellungs-Befehle für Schiffe und Boote, geführt von Freg.Kptn. Schwenke im Kommando der Volksmarine/ Bereich Organisation und Auffüllung (unveröff. Material).

(53) Der Verfasser hat diese Schwierigkeiten als Artillerieoffizier auf dem KS-Schiff 50/2 selbst kennengelernt. Da nur ein kleiner Teil der Offiziere und praktisch kein Unteroffizier bzw. Mannschaftsdienstgrad die russische Sprache beherrschte, traten ernsthafte Probleme auf.
Die Einweisung durch die sowjetische Besatzung war zwar sehr hilfreich, sie genügte aber nicht, um das Schiff sofort und vollständig zu beherrschen.

(54) Das Vorhaben der UdSSR wurde anschließend am Bau der 16 Schiffe Projekt 133.1 realisiert. Die Peenewerft Wolgast lieferte auf der Grundlage eines Handelsabkommens an die Baltische Flotte zwölf Schiffe Projekt 133.1M (PARCHIM-II) mit gleichem Schiffskörper, aber teilweise veränderter Bewaffnung und Ausrüstung.

(55) Richterspruch des Zentralen Staatlichen Vertragsgerichtes: Die Peenewerft Wolgast hat an die Volksmarine 13,7 Mio Mark Qualitätsverfahrensstrafe zu zahlen; die Peenewerft Wolgast hat für die Schiffe 133.113 - 133.115 die kostenlose Nachbesserung durchzuführen; der Antrag der Volksmarine zur kostenlosen Nachbesserung der Schiffe 133.101 - 133.112 wird abgewiesen; die Kosten des Verfahrens trägt zu vier Fünftel die Peenewerft Wolgast und zu einem Fünftel die Volksmarine. (Aus Chronik der VWSB, S.86/7).

(56) Ostseezeitung vom 09.07.1996.

(57) Mehl, Hans/Schäfer, Knut: *Vom Küstenschutzboot zum Raketenschiff*, Berlin 1989, S. 131.

(58) Befehl 100/71 des Ministers für Nationale Verteidigung - Ausbildungsbefehl für 1971/72 (unveröff. Material).

(59) Befehl 22/51 des Leiters der Hauptverwaltung Seepolizei (unveröff. Material).

(60) Befehl 119/84 des Ministers für Nationale Verteidigung (unveröff. Material).

(61) In der Volksmarine galten für Hilfs-/Sicherstellungsschiffe Kennbuchstaben vor den Bordnummern:
- A Bergungsschiffe und Schlepper
- B Reedeverkehrsboote
- C Tanker
- D Fahrzeuge des Seehydrografischen Dienstes
- E Hochseetransporter und Versorger
- F Feuerlöschboote
- G Fahrzeuge der Grenzbrigade-Küste
- H Schwimmende Stützpunkte
- M Schwimmkrane und Rammen
- N Wohnschiffe
- P Werkstattschiffe
- R Such- und Rettungsschiffe
- S Schulschiffe
- V Erprobungsschiffe des WTZ
- W Werftschiffe bei der Erprobung, sie waren noch nicht an die Volksmarine übergeben.

(62) Die UdSSR entwickelte für die Kleinen Raketenschiffe Projekt 151 eine neue Seezielrakete 152. Die Peenewerft Wolgast war beauftragt, für diese Rakete Container zu entwickeln und in Serie zu bauen, in denen diese Rakete transportiert und von Bord aus abgeschossen werden konnte.

(63) Piek: äußerer durch Bug- und Heckform mehr oder weniger spitz zulaufender Raum im Vor- und Achterschiff (Vor- und Achter-Piek); Plicht: offener Raum in einem Boot (Vor- und Achter-Plicht).

(64) Der Einbau der aus Schweden importierten Volvo-Motoren erfolgte unter strenger Geheimhaltung. Im November 1966 stellte eine Pioniereinheit der NVA im Gelände der Schiffswerft Rechlin eine Lagerhalle auf. Im Juni 1967 fand eine Inspektion durch Vertreter der Firma Volvo statt. Dazu wurden von Seiten der NVA gesonderte Festlegungen getroffen:
- Es ist zu verhindern, dass Boote im endgültigen Zustand vorgeführt werden.

- Während der Inspektion werden keine Abnahmen bzw. Übergaben durchgeführt.

Es ist kaum anzunehmen, dass auf Dauer in Schweden die Zweckbestimmung der Motoren nicht bekannt war. Die Umrüstung 1974/76 und 1978/80 auf leistungsstärkere Motoren verlief aber ohne Einschränkungen.

(65) Rost, Gerhard: *Aufbau und Entwicklung des Seehydrografischen Dienstes der DDR*, in: *40 Jahre SHD*, Rostock 1990, S. 11 (unveröff. Material).

(66) ebenda; S.29.

(67) Ozeanografische oder Meeresforschung: Sie befaßt sich mit der zeitlichen und räumlichen Verteilung der physikalischen und chemischen Eigenschaften sowie der Energie des Meerwassers. Dazu gehören Temperaturschichtungen, Salzgehalt, Strömungen u.ä.

(68) Übernommene russische Bezeichnung für Schüler.

(69) Elchlepp, S.275.

(70) MA, Pt 7005, Bl. 125 ff (unveröff. Material).

(71) Mitteilung vom 17.10.1995 durch KzS Friedrich Schröder an den Autor.

(72) Mitteilung vom 08.08.1995 durch FK a.D. Ernst Göring an den Autor.

(73) Mitteilung von KA a.D. Dr. Elchlepp vom 05.05.1999 an den Autor.

(74) Otte, S. 94.

(75) Befehl 48/57 des Ministers des Innern (unveröff. Material).

(76) Otte, S. 206.

(77) Nach Informationen von Dr. Reinecke, Direktor der Forschungsstelle Roßlau, und Dipl.-Ing von Duisburg, wissenschaftlicher Mitarbeiter in Roßlau.

(78) Es existieren keine Unterlagen mehr, aus denen lückenlos die Vergabe von Projekt-Nummern hervorgeht. Die Anlage 3 entstand aus Erinnerungen und persönlichen Aufzeichnungen von FK a.D. Kretschmer und Dipl.-Ing. Stiller.

(79) Nach Informationen vom Marinearsenal Cuxhaven, Bauleitung Mecklenburg-Vorpommern; H. Theuerkauf: *Verkauft an fremde Flotten*, in: Zeitschrift der Marinekameradschaft, Hansestadt Stralsund 1995, S. 34-41; P. Goldner.

Tabellenverzeichnis

Entwicklungs- und Bauprogramme:

Abkürzungen

AdW	Akademie der Wissenschaften
AWS	Arbeits- und Wohnschiff
BA	Bauausführung
BBB	Bagger- Bugsier- und Bergungsreederei
BRK	Bergungs- und Rettungskommando
BT	Bedarfsträger
D_N	Normaldeplacement: Verdrängung des voll ausgerüsteten kampffähigen Schiffes mit 50 Prozent der Betriebsstoffe
D_V	Volldeplacement: Verdrängung des voll ausgerüsteten kampffähigen Schiffes mit 100 Prozent Betriebsstoffen und allen Zuladungen
DGP	Deutsche Grenzpolizei
DHI	Deutsches Hydrografisches Institut
DK	Dieselkraftstoff
DM	Dieselmotor
DSRK	Deutsche Schiffsrevision und -klassifikation
DT	Dampfturbine
EKR	Entwicklungs- und Konstruktionsbüro Roßlau
EKZ	Einsatzklarzustand
EM-Stelle	Entmagnetisierungsstelle
F/E	Forschung und Entwicklung
FB	Fangboot
FLB	Feuerlöschboot
FuM	Funkmess (Radar)
GA	Gefechtsabschnitt
GB	Grenzkontrollboot
GBK	Grenzbrigade Küste
GFP	Glasfaserverstärktes Polyesterharz
GST	Gesellschaft für Sport und Technik
GT	Grenztruppen
HVA	Hauptverwaltung Ausbildung
HVS	Hauptverwaltung Seepolizei
IST	Institut für Schiffbautechnik Warnemünde
ISW	Institut für Schiffbautechnik Wolgast
ITA	Ingenieur-Technischer Außenhandel

KB	Kontrollboot
KBR	Konstruktionsbüro Roßlau
KCB	Kern- chemische, bakteriologische (NATO = ABC)
KM	Kriegsmarine
KMS	Kleines Mehrzweckschnellboot
KS-Boot	Küstenschutzboot
KTE	Koeffizient der technischen Einsatzbereitschaft
KTS-Boot	Kleines Torpedo-Schnellboot
KVP	Kasernierte Volkspolizei
LABO	Landungsboot
LTS-Boote	Leichte Torpedo-Schnellboote
LVO	Lieferverordnung für die bewaffneten Organe
MAB	Motorausbildungsboot
MAW	Minenabwehr
MB/MBK	Motorbarkasse
MDI	Ministerium des Innern
MES	Mineneigenschutz
MfNV	Ministerium für Nationale Verteidigung
MfS	Ministerium für Staatssicherheit
MIVG	Minenidentifizierungs- und -vernichtungsgerät
MLR-Schiff	Minenleg- und -räumschiff
MSR-Schiff	Minensuch- und -räumschiff
MTW	Mathias-Thesen-Werft Wismar
NSW	Nichtsozialistisches Wirtschaftsgebiet
NVA	Nationale Volksarmee
NWR	Neptunwerft Rostock
OHS	Offiziershochschule
OTF	Operativ-Taktische Forderungen
PWW	Peenewerft Wolgast
RB	Radarboot (Funkmessboot)
RGW	Rat für gegenseitige Wirtschaftshilfe
RS-Boot	Raketenschnellboot
RuSB	Rettungs- und Sicherungsboot
SAG	Sowjetische Aktiengesellschaft
SBZ	Sowjetische Besatzungszone
SHD	Seehydrografischer Dienst
SMAD	Sowjetische Militäradministration in Deutschland
SPR	Schwimmpfahlramme
SSK	Seestreitkräfte

T_g	größter Tiefgang
TF-Boot	Tragflügelboot
TK	Technisches Komitee beim Oberkommandierenden der Vereinten Streitkräfte des Warschauer Vertages
TP	Technisches Projekt
TR	Torpedorohr
TS-Boot	Torpedo-Schnellboot
UAW	U-Boot-Abwehr
VEB	Volkseigener Betrieb
VEBEG	Verwertung bundeseigener Güter
VM	Volksmarine
VMS	Vermessungsschiff
VOF	Verbündete/Vereinte Ostseeflotten
VVB	Vereinigung Volkseigener Betriebe
WB	Wasserbombe
WTZ	Wissenschaftlich-Technisches Zentrum (Erprobungsstelle)
WWW	Warnowwerft Warnemünde
YWB	Yachtwerft Berlin
ZKB	Zentrales Konstruktionsbüro Berlin

Register der Schiffe und Boote

Literatur

Autorenkollektiv: *1950 - 1975 – 25 Jahre SHD der DDR*, Rostock 1975
Autorenkollektiv: *1950 - 1990 – 40 Jahre SHD*, Rostock 1990
Autorenkollektiv: *35 Jahre Dienststelle Warnemünde des SHD der DDR*, Rostock 1987
Autorenkollektiv: *Volksmarine - ein Ehrenname*, Rostock 1985
Backerra (Hrsg.): *NVA – ein Rückblick für die Zukunft*, Köln 1993
Breyer, Lapp: *Die Volksmarine der DDR*, Koblenz 1985
Chronik der Verwaltung Schiffbau 1986 - 1990 (unveröffentlicht)
Chronik des Bereiches/der Verwaltung Schiffbau 1965 - 1985 (unveröffentlicht)
Chronik des Institutes für Schiffbautechnik Wolgast (unveröffentlicht)
Dietrich, Wenzke: *Die getarnte Armee; Geschichte der KVP 1952 - 56*, Berlin 1998
Ehm, Groenke, Kautz, Freitag: *Grundfragen der Entwicklung und der Rolle der Volksmarine der Nationalen Volksarmee als Teil der verbündeten Ostseeflotten 1955/56 bis 1976*; Dissertation zur Erlangung des Grades eines Dr. phil., Potsdam im Oktober 1977
Elchlepp, Jablonsky, Minow, Röseberg: *Volksmarine der DDR - Deutsche Seestreitkräfte im Kalten Krieg*, Hamburg 1999,
Entwicklungs- und Bauprogramme 1986 - 1990 und 1986 - 1990 (unveröffentlicht)
Fock: *Kampfschiffe, Marinebau auf Deutschen Werften - 1980 bis heute*, Hamburg 1995
Fock: *Schnellboote*, Band 2 und 3, Herford 1974
Gebauer, Krenz: *Marine-Enzyklopädie*, Berlin 1998
Hoffmann: *Das letzte Kommando*, Herford 1994
Labjon, Dietrich: *Holt nieder Flagge*, Peenemünde 1996
Landwehrs: *Stand und Entwicklung moderner Seeminen und ihre Bekämpfung*; Dissertation zur Erlangung des akademischen Grades eines Dr. phil., Dresden 1982
Mehl, Schäfer, Israel: *Vom Küstenschutzboot zum Raketenschiff*, Berlin 1986
Mehl, Schäfer: *Die andere deutsche Marine*, Berlin 1992
Naumann (Hrsg.): *NVA - Anspruch und Wirklichkeit*, Bonn 1993
Otte: *Küstenwacht und Grenzsicherung zur See 1945 - 1961*, Rostock 1989
Pöschel, Günter: *Froschschwimmer, Torpedoreiter, Zwerg-U-Boote*; Berlin 1961
Rosentreter: *Im Seegang der Zeit - Vier Jahrzehnte Volksmarine*, Rostock 2000
Schade: *Auszüge aus dem Schiffsregister der Yachtwerft Berlin GmbH 1948-1990*
Strobel, Dame: *Schiffbau zwischen Elbe und Oder*, Herford 1993
Strobel, Hahlbeck: *Hiev up - So war die Hochseefischerei der DDR*
Thoß (Hrsg.): *Volksarmee schaffen - ohne Geschrei*, München 1994
Wünsche: *Rührt Euch - Zur Geschichte der NVA*, Berlin 1998

Zeitschriften Jahrbücher, Dienstvorschriften:
- Jane's Fighting Ships, London, verschiedene Jahrgänge
- Weyers Flottentaschenbuch, wechselnde Orte, verschiedene Jahrgänge
- PANORAMA maritim, versch. Jahrgänge

- Schiff und Zeit, versch. Jahrgänge
- Marineforum, versch. Jahrgänge
- Katalog K 246/3/004: Kampfschiffe und Boote, Hilfsschiffe, Küstenraketen- und Fliegerkräfte der Volksmarine sowie mit ihr zusammenwirkende Kräfte, MfNV 1982
- Technisch-organisatorische Bedingungen für den militärischen Schiffbau in der DDR, MfNV 1980.

Bildquellen

Titelbild: Seemann

Rockenschuh (31), Röseberg (29), Seemann (21), Berger (21), Dr. Minow (6)

aus: Mehl/Schäfer/Israel: Vom Küstenschutzboot zum Raketenschiff, Berlin 1986 (13)

Autorenkollektiv: 40 Jahre SHD, Rostock 1990 (8)

Otte: Küstenwacht und Grenzsicherung zur See, Rostock 1989 (4)

Weitere maritime Literatur aus dem Ingo Koch Verlag
(vormals Neuer Hochschulschriftenverlag, Dr Ingo Koch & Co.KG)

Friedrich Elchlepp/Manfred Kretzschmar
Katastrophen auf See
Die Seeunfälle der zivilen DDR-Schifffahrt

304 Seiten, 130 Abbildungen und Karten, gebunden,
30,60
ISBN 3-929544-41-5

Ursachen, Umstände und Folgen der 2 423 Seeunfälle, die sich in den drei zivilen Flotten der DDR ereignet haben, liefern den Hintergrund dieses Buches. Anschaulich und im Detail schildern die Autoren dramatische Seeunfälle – vom tragischen Untergang des Motorschiffes CAPELLA über Kollisionen im Nord-Ostseekanal bis hin zu tragikomischen Vorfällen. An den Verhandlungen vor der Havariekommission/Seekammer nahm meist nur ein kleiner Personenkreis teil, in der Regel Seeleute und Techniker. In den Medien gab es bestenfalls kurze Meldungen über den Seeunfall selbst, kaum aber über Verhandlungen. So behandelt das Buch gleichzeitig einen besonderen Teil der DDR-Geschichte.

Willi Hahn
Wirren eines einfachen Lebens
Erinnerungen in Geschichten und Bildern

104 Seiten, 35 Abbildungen, gebunden,
12,70
ISBN 3-929544-99-7

„Diensttüchtigkeit: gut, Nüchternheit: stets, Betragen: gut." So lautet 1931 das Zeugnis für den Leichtmatrosen Willi Hahn, Sohn einer einfachen Fischerfamilie, die in Warnemünde und auf dem Fischland zu Hause ist. Der spätere Kapitän der legendären UNDINE, der auf den großen Bergungsschleppern und für die Weiße Flotte der DDR fuhr, berichtet aus seinem bewegten Leben, das seit Kindertagen mit Küste und Seefahrt eng verbunden ist und dessen Alltag von den Höhen und Tiefen eines Jahrhunderts geprägt wurde.

Gerhart Kotzian
Ein Rostocker Hochseefischer erzählt

überarbeitete Auflage, 277 Seiten, Paperback
12,70
ISBN 3-935319-18-5

Feinfühlig und kompetent, informativ und nicht ohne Humor entführt uns der Autor in das überwiegend harte und schwere Leben der Hochseefischer, die – immer auf der Suche nach ergiebigen Fangplätzen und im Kampf mit den Naturgewalten – auch die romantischen und exklusiven Seiten dieses Berufes auszukosten verstanden. Dokumentiert wird der beschwerliche Anfang der Hochseefischerei, Rückschläge, Misserfolge und Unzulänglichkeiten werden nicht ausgespart Das Buch erinnert an die großen Zeiten der ostdeutschen Fischereiwirtschaft. Nachvollziehbar ist der Stolz, den viele empfanden, als die Hochseefischerei der DDR in den 1960er Jahren zu einem international anerkannten Wirtschaftspartner aufstieg.

Robert Rosentreter
Im Seegang der Zeit
Vier Jahrzehnte Volksmarine
Geschichten und Anekdoten

2. durchgesehene Auflage, 278 Seiten, gebunden
25,50
ISBN 935319-07-X

Der Autor war als Militärjounalist bei den wichtigsten Ereignissen, Ausbildungsfahrten, Gefechtsdiensteinsätzen, Manövern, Flottenbesuchen, Paraden und Besuchen mit Notizbuch, Kamera und Mikrofon dabei. Er berichtete über Erntehilfen der Matrosen und Bewährungen bei Naturkatastrophen genauso wie über Sportwettkämpfe bzw. Kulturveranstaltungen, über tragische Unglücksfälle Rettungstaten und alles das, was den Dienst in der Flotte und das militärische Alltagsleben ausmachte. Das Buch enthält Erinnerungen, Anekdoten, Geschichten und Episoden, die „mit Herz", aber auch mit kritischer Distanz geschrieben wurden, hier und da mit einem Schuss Selbstironie.

Robert Rosentreter

Schonerbrigg GREIF ex Wilhelm Pieck

Eine Segelschiffslegende

126 Seiten, 25 Abbildungen, gebunden
13,70
ISBN 3-935319-25-8

Am 2. August 1951 wurde sie in Dienst gestellt. Doch trotz ihrer 50 Jahre ist sie nach wie vor eine Schönheitskönigin auf der Ostsee, die Schonerbrigg Greif. Nicht wegzudenken aus den Gewässern und dem Küstengebiet zwischen Wismarer Bucht und Greifswalder Bodden, ist sie ein Stück Heimat von Mecklenburg-Vorpommern. Ungewöhnlich war schon die Entstehungsgeschichte dieses Segelschiffes, unter dessen „weißen Fittichen“ einige tausend spätere Kapitäne, Marineoffiziere, Steuerleute und Bootsmänner das seemännische ABC erlernten. Sie war das vielleicht populärste Schiff der DDR. In den alten Bundesländern ist sie vielfach erst nach 1989 bekannt geworden als die kleine Gorch Fock des Ostens“. Der Autor Dr. Robert Rosentreter hat Geschichte und Geschichten der Schonerbrigg aufgeschrieben. Durch teilweise bisher unveröffentlichte Fotos und Skizzen ergänzt, vermittelt das Buch ein maritimes Zeitbild, das nicht nur für Schiffsliebhaber und Freunde der Seefahrt interessant sein dürfte.

Wolfgang Steusloff

In der Ferne und daheim

Seefahrer-Souvenirs in Mecklenburg-Vorpommern Ende des 20. Jahrhunderts

142 Seiten, 150 Abbildungen, gebunden
10,00
ISBN 3-929544-67-9

Im Blickfeld dieses Sachbuches zur maritimen Kultur stehen Reisemitbringsel von DDR-Fahrensleuten, die sie aus den Häfen der Welt mit nach Hause brachten.
Wie und in welcher Intensität äußert sich das maritime Motivspektrum in den Seefahrerwohnungen, welche Funktionen erfüllen die importierten fremdländischen Kulturgüter? Welche Veränderungen zu früheren Perioden sind erkennbar, und charakterisieren heutige Interieurs eine jüngste regtional-maritimkulturelle Entwicklung? diesen und anderen fragen geht das Buch nach. Es erhellt Umstände des Kaufs der Souvenirs und legt Motive des Erwerbs offen.

Erno Wiebeck, Herrmann Winkler

Segler im Monsun

Die Dau am indischen Ozean

130 Seiten, 170 Abbildungen, gebunden

35,20

ISBN 3-929544-82-2

Die Ursprünge der unter dem Namen Dau bekannten Schiffe reichen weit in die Geschichte des Orients und Südostasiens zurück. Die Sage berichtet, dass schon Sindbad der Seefahrer während seiner abeneteuerlichen Reisen im Monsun auf Dauen gesegelt sein soll. Heute sind es nur noch wenige Seeleute, die ihr Brot durch Arbeitssegeln verdienen.
Dieser einmalige Band gibt erstmals eine vollständige Übersicht über den Schiffstyp in seiner gesamten Vielfalt: von den Dauen der Sklavenhändler vergangener Zeiten bis hin zu den Fracht- und Schmugglerdauen der Gegenwart. Beschrieben haben die Autoren auch das Leben an Bord dieser Schiffe, die maritimen Sitten und Bräuche um die Dauen. Entstanden ist ein maritim-ethnologischer Streifzug durch die Technikgeschichte am Indischen Ozean, im Gebiet der westlichen Monsunwinde. Etwa einhundert Originalzeichnungen und siebzig Fotos setzen das Thema anspruchsvoll ins Bild.